"十一五"国家重点图书出版规划项目

闪速炼铜工艺与控制

中国有色金属工业协会组织编写

杨国才 编著

图书在版编目(CIP)数据

闪速炼铜工艺与控制/杨国才编著. —长沙:中南大学出版社,2010.12

ISBN 978-7-5487-0214-6

Ⅰ.闪… Ⅱ.杨… Ⅲ.炼铜—闪速熔炼 Ⅳ.TF811

中国版本图书馆 CIP 数据核字(2011)第 032480 号

闪速炼铜工艺与控制

杨国才 编著

□**责任编辑** 史海燕

□**责任印制** 文桂武

□**出版发行** 中南大学出版社

社址:长沙市麓山南路 邮编:410083

发行科电话:0731-88876770 传真:0731-88710482

□**印　　装** 国防科大印刷厂

□**开　　本** 787×1092 1/16 □**印张** 19 □**字数** 474 千字

□**版　　次** 2010 年 12 月第 1 版 □2010 年 12 月第 1 次印刷

□**书　　号** **ISBN 978-7-5487-0214-6**

□**定　　价** **65.00 元**

中国有色金属丛书
CNMS 编委会

王海东	中南大学出版社
乐维宁	中铝国际沈阳铝镁设计研究院
许　健	中冶葫芦岛有色金属集团有限公司
刘同高	厦门钨业集团有限公司
刘良先	中国钨业协会
刘柏禄	赣州有色冶金研究所
刘继军	茌平华信铝业有限公司
李　宁	兰州铝业股份有限公司
李凤轶	西南铝业(集团)有限责任公司
李阳通	柳州华锡集团有限责任公司
李沛兴	白银有色金属股份有限公司
李旺兴	中铝郑州研究院
杨　超	云南铜业(集团)有限公司
杨文浩	甘肃稀土集团有限责任公司
杨安国	河南豫光金铅集团有限责任公司
杨龄益	锡矿山闪星锑业有限责任公司
吴跃武	洛阳有色金属加工设计研究院
吴锈铭	中国有色金属工业协会镁业分会
邱冠周	中南大学
冷正旭	中铝山西分公司
汪汉臣	宝钛集团有限公司
宋玉芳	江西钨业集团有限公司
张　麟	大冶有色金属有限公司
张创奇	宁夏东方有色金属集团有限公司
张洪国	中国有色金属工业协会
张洪恩	河南中孚实业股份有限公司
张培良	山东丛林集团有限公司
陆志方	中国有色工程有限公司
陈成秀	厦门厦顺铝箔有限公司
武建强	中铝广西分公司
周　江	东北轻合金有限责任公司
赵　波	中国有色金属工业协会
赵翠青	中国有色金属工业协会
胡长平	中国有色金属工业协会
钟卫佳	中铝洛阳铜业有限公司
钟晓云	江西稀有稀土金属钨业集团公司
段玉贤	洛阳栾川钼业集团有限责任公司
胥　力	遵义钛厂
黄　河	中电投宁夏青铜峡能源铝业集团有限公司
黄粮成	中铝国际贵阳铝镁设计研究院
蒋开喜	北京矿冶研究总院
傅少武	株洲冶炼集团有限责任公司
瞿向东	中铝广西分公司

中国有色金属丛书
NMS 学术委员会

王林生	赣州有色冶金研究所
尹晓辉	西南铝业(集团)有限责任公司
邓吉牛	西部矿业股份有限公司
吕新宇	东北轻合金有限责任公司
任必军	伊川电力集团
刘江浩	江西铜业集团公司
刘劲波	洛阳有色金属加工设计研究院
刘昌俊	中铝山东分公司
刘侦德	中金岭南有色金属股份有限公司
刘保伟	中铝广西分公司
刘海石	山东南山集团有限公司
刘祥民	中铝股份有限公司
许新强	中条山有色金属集团有限公司
苏家宏	柳州华锡集团有限责任公司
李宏磊	中铝洛阳铜业有限公司
李尚勇	金川集团有限公司
李金鹏	中铝国际沈阳铝镁设计研究院
李桂生	江西稀有稀土金属钨业集团公司
吴连成	青铜峡铝业集团有限公司
沈南山	云南铜业(集团)公司
张一宪	湖南有色金属控股集团有限公司
张占明	中铝山西分公司
张晓国	河南豫光金铅集团有限责任公司
邵　武	铜陵有色金属(集团)公司
苗广礼	甘肃稀土集团有限责任公司
周基校	江西钨业集团有限公司
郑　莆	中铝国际贵阳铝镁设计研究院
赵庆云	中铝郑州研究院
战　凯	北京矿冶研究总院
钟景明	宁夏东方有色金属集团有限公司
俞德庆	云南冶金集团总公司
钱文连	厦门钨业集团有限公司
高　顺	宝钛集团有限公司
高文翔	云南锡业集团有限责任公司
郭天立	中冶葫芦岛有色金属集团有限公司
梁学民	河南中孚实业股份有限公司
廖　明	白银有色金属股份有限公司
翟保金	大冶有色金属有限公司
熊柏青	北京有色金属研究总院
颜学柏	陕西有色金属控股集团有限责任公司
戴云俊	锡矿山闪星锑业有限责任公司
黎　云	中铝贵州分公司

总 序

有色金属是重要的基础原材料，广泛应用于电力、交通、建筑、机械、电子信息、航空航天和国防军工等领域，在保障国民经济建设和社会发展等方面发挥了不可或缺的作用。

改革开放以来，特别是新世纪以来，我国有色金属工业持续快速发展，已成为世界最大的有色金属生产国和消费国，产业整体实力显著增强，在国际同行业中的影响力日益提高。主要表现在：总产量和消费量持续快速增长，2008 年，十种有色金属总产量 2 520 万吨，连续七年居世界第一，其中铜产量和消费量分别占世界的 20% 和 24%；电解铝、铅、锌产量和消费量均占世界总量的 30% 以上。经济效益大幅提高，2008 年，规模以上企业实现销售收入预计 2.1 万亿以上，实现利润预计 800 亿元以上。产业结构优化升级步伐加快，2005 年已全部淘汰了落后的自焙铝电解槽；目前，铜、铅、锌先进冶炼技术产能占总产能的 85% 以上；铜、铝加工能力有较大改善。自主创新能力显著增强，自主研发的具有自主知识产权的 350 kA、400 kA 大型预焙电解槽技术处于世界铝工业先进水平，并已输出到国外；高精度内螺纹铜管、高档铝合金建筑型材及时速 350 km 高速列车用铝材不仅满足了国内需求，已大量出口到发达国家和地区。国内矿山新一轮找矿和境外矿产资源开发取得了突破性进展，现有 9 大矿区的边部和深部找矿成效显著，一批有实力的大型企业集团在海外资源开发和收购重组境外矿山企业方面迈出了实质性步伐，有效增强了矿产资源的保障能力。

2008 年 9 月份以来，我国有色金属工业受到了国际金融危机的严重冲击，产品价格暴跌，市场需求萎缩，生产增幅大幅回落，企业利润急剧下降，部分行业已出现亏损。纵观整体形势，我国有色金属工业仍处在重要机遇期，挑战和机遇并存，长期发展向好的趋势没有改变。今后一个时期，我国有色金属工业发展以控制总量、淘汰落后、技术改造、企业重组、充分利用境内外两种资源，提高资源保障能力为重点，推动产业结构调整和优化升级，促进有色金属工业可持续发展。

实现有色金属工业持续发展，必须依靠科技进步，关键在人才。为了全面提高劳动者素质，培养一大批高水平的科技创新人才和高技能的技术工人，由中国有色金属工业协会牵头，组织中南大学出版社及有关企业、科研院校数百名有经验的专家学者、工程技术人员，编写了《中国有色金属丛书》。《丛书》内容丰富，专业齐全，科学系统，实用性强，是一套好教材，也可作为企业管理人员和相关专业大学生的参考书。经过编写、编辑、出版人员的艰辛努力，《丛书》即将陆续与广大读者见面。相信它一定会为培养我国有色金属行业高素质人才，提高科技水平，实现产业振兴发挥积极作用。

2009 年 3 月

前 言

现代的火法炼铜生产流程分为四个工序：

熔炼:用熔炼炉将含铜27%左右的铜精矿混合物进行富氧熔炼，得到含铜70%左右的铜锍。铜熔炼的方法比较多，用闪速熔炼法对铜精矿混合物进行熔炼的炉子被称为闪速熔炼炉。

吹炼:用吹炼炉将含铜70%左右的铜锍进行富氧吹炼，得到含铜98.5%左右的粗铜。以前大多用PS转炉对铜锍进行吹炼，现多用闪速炉进行吹炼，故该炉称之为闪速吹炼炉。

精炼:用回转阳极炉将含铜98.5%左右的粗铜进行精炼，得到含铜99.5%左右的阳极铜。

电解:将含铜99.5%左右的阳极板和阴极板一起放到装满电解液的电解槽里进行电解，从阴极就可以得到含铜99.99%左右的阴极铜，又称为“电解铜”，简称“电铜”。

熔炼工序、吹炼工序、精炼工序都是火法生产(熔炼三大炉)，放在一个生产单位容易管理，通常称该单位为“熔炼车间”；电解工序是湿法生产，若放在熔炼车间则不好管理，故另外成立一个“电解车间”；冶炼过程会产生大量SO_2烟气，为了处理回收这些冶炼烟气，又成立一个“硫酸车间”；由于熔炼时会产生大量的炉渣，炉渣中还含有很多铜，为了回收这些宝贵的铜资源，又成立一个“选矿车间”；由于铜矿除含有铜、硫等元素外，还伴生有金、银、铂、钯等贵重金属元素和其他一些杂质元素，为了回收这些贵重金属，又成立一个“金银车间”；由于现在都采用富氧熔炼和富氧吹炼，生产过程需要大量的氧气，又成立一个“制氧车间”；由于冶炼过程需要大量的风、气、水、电及各种能源，为了管理方便，又成立一个“动力车间”，将这些设备全部划归为动力车间管理。

综上所述，一个闪速炼铜厂至少有熔炼、硫酸、选矿、电解、金银、制氧、动力等生产车间。当然，还有一些辅助车间和机关单位。

刚参加工作的新职工对铜冶炼不很熟悉，无法很好地自学，若有一本这方面的参考资料，对他们的学习、成长和工作都是非常有利的。本人长期从事铜冶炼行业自动控制方面的工作，先后在三个铜冶炼厂工作过，至今已有40年，积累了一些经验，现将平时给职工进行培训的资料进行总结、整理，编辑成本书——《闪速炼铜工艺与控制》。在这本书中，按照上述七个生产车间的顺序(包括各车间内部的生产工艺顺序)，也就是根据闪速炉炼铜生产工艺流程的顺序，分章进行介绍。

每个车间的内容为一章，车间内每个工序(也称子项)是一节，每节介绍的内容包括:工序功能、带检测点的工艺流程图(P&I 图)、工序设备、主要设备介绍、工艺描述、控制系统、联锁逻辑等。在文章的附录部分，还介绍了自动控制的一些基础知识。

本书对铜冶炼行业生产一线的操作工人、仪表维修人员都有重要的参考价值，尤其是对刚参加工作的新职工，通过自学将会得到事半功倍的效果，对新建的铜冶炼厂将有更大的好处，会给他们的培训工作提供极大的方便。本书的读者是铜冶炼行业的操作工人及机、电、仪维修人员，也可以作为铜冶炼专业大专院校学生的参考书。

本书在编辑过程中得到了南昌有色冶金设计研究院、贵溪冶炼厂等单位有关人员的大力协助，在此向他们表示衷心的感谢!

但愿此书的出版能为我国铜冶炼行业的发展壮大贡献一点微薄之力。

由于作者水平有限，书中难免有叙述不清、解释不明之处，甚至还有一些错误的地方，敬请各位读者批评指正。

杨国才

目 录

CNMS

绪论　铜及铜冶炼的有关知识

0.1　铜的物理化学性质

铜是紫红色金属，密度是 8.96 g/cm^3，熔点是 1083.4℃，沸点是 2325℃。其导热性和导电性在所有金属中仅次于银。铜在干燥的空气中不易氧化，但在含有二氧化碳的潮湿空气中，表面易生成一层有毒的碱式碳酸铜（铜绿），这层薄膜能保护铜不再被腐蚀。铜在盐酸和稀硫酸中不易溶解，但能溶于有氧化作用的硝酸和含有氧化剂的盐酸中。铜还能溶于氨水。铜易加工，可制成管、棒、线、带以及箔等型材。

铜易与许多元素组成合金，如青铜（铜锡合金）、黄铜（铜锌合金）、白铜（铜镍合金）等。地壳中铜的含量仅占 0.01%，铜的常见矿物有黄铜矿、斑铜矿和孔雀石。前两者属于硫化铜矿，后者属于氧化铜矿。

0.2　铜的重要作用

铜是一种重要的有色金属，也是人类最先发现和最早使用的金属。远在史前时代，人类就用天然铜及其合金来制造各种劳动工具、兵器及生活用具、装饰品等。现在，铜及其合金在国民经济各部门仍然起着重要的作用，其消耗量仅次于钢铁和铝。

由于铜具有良好的导电性、传热性、延展性、较强的抗拉和耐腐蚀性，所以在电力工业、机械制造业、国防工业以及国民经济其他部门都有广泛的用途，特别是在国防工业和电力工业中尤其突出。

在国防工业上，制造枪弹、飞机、大炮、坦克、战车、兵舰都要使用铜。在电气、电子工业中，铜可制造电缆、导线、电机及输电、电讯器材、精密电器等。

0.3　铜冶炼

铜一般是以化合物的形式存在于地下的矿藏中，经过采、选出来的铜精矿，除含有一定量的铜元素外，还伴生有一些其他的元素，如：金、银、铂、钯、铋、镍、铁、铅、硫、砷等。相对于铜来说，这些都是杂质，都是要除去的。所谓铜冶炼，就是想办法将铜元素以外的其他杂质去掉，得到纯净铜。

在这些杂质中，金、银、铂、钯等属于贵重金属，是不能随意扔掉的，要想法回收；为了加强资源的再利用，要想法回收这些杂质中的铋、镍等；而这些杂质中的铁、铅、砷等由于品位不高，不具备回收价值，是真正的杂质，要尽量去掉；硫在燃烧过程中会产生大量的热，这是铜冶炼的基本能源。

0.4 铜的生产方法

铜的生产方法分为火法炼铜和湿法炼铜两大类。采用的方法主要是根据能否节省能源、防止公害、保护环境、矿石成分、矿物组成及当地的交通运输等情况。现在，硫化铜矿主要是采用火法冶炼处理，湿法冶炼占15%左右。随着富矿逐渐枯竭、矿石品位下降，矿物原料综合利用程度的提高，环境保护标准的日趋严格，湿法冶炼将会有较大的发展，但火法冶炼仍然是主流。

铜的火法熔炼方法比较多，以前老的铜冶炼厂都是采用反射炉或密闭鼓风炉等传统熔炼工艺；现在陆续从国外引进了各种新的铜冶炼工艺，如闪速熔炼、艾萨熔炼、诺兰达熔炼等，还有特尼恩特熔炼、三菱连续炼铜法、顶吹浸没熔炼法等。尤其是将焙烧、熔炼和部分吹炼合成一个工序的强氧化冶炼——闪速熔炼技术，正在取代传统的铜冶炼方法，使得火法冶炼具有更大的优势。

闪速炼铜是现代火法炼铜的主要方法，它克服了传统冶炼方法存在的诸多缺点，大大减少了能源消耗，提高了硫的利用率，改善了环境。自从1949年第一座闪速炉在芬兰奥托昆普公司诞生以来，经过60年来的不断改造、创新，闪速炼铜技术得到飞速的发展，尤其是近20多年来富氧熔炼技术和新型精矿喷嘴的采用，使闪速熔炼技术又进入一个更高的发展阶段。目前，最大的闪速炉冶炼年生产能力已达450 kt。闪速炉不仅已成为主要的熔炼设备，而且已经开始取代传统的PS转炉，成为连续吹炼设备。

0.5 铜冶炼的原理

火法处理硫化铜精矿有两种工艺可以选择，其一是将硫化铜精矿先经过焙烧再还原熔炼得到粗铜；其二是将硫化铜精矿经过造锍熔炼得到铜锍，再将铜锍送入吹炼炉吹炼成粗铜。目前世界上广泛采用造锍熔炼 - 铜锍吹炼工艺处理硫化铜精矿。

本书主要介绍闪速熔炼炉的原理。现代造锍熔炼是在1150 ~ 1250℃的高温下，使硫化铜精矿和熔剂在熔炼炉内进行熔炼，炉料中的铜、硫与未氧化的铁形成液态铜锍。这种铜锍是以 $FeS - Cu_2S$ 为主，并溶有 Au、Ag 等贵金属及少量其他金属硫化物的共熔体。炉料中的 SiO_2、Al_2O_3、CaO 等成分与 FeO 一起形成液态炉渣，炉渣是以 $2FeO \cdot SiO_2$（铁橄榄石）为主的氧化物熔体。铜锍与炉渣互不相溶，密度不一样，铜锍的密度大于炉渣的密度而沉于炉渣下面。

0.6 铜冶炼的主要化学反应

闪速熔炼的原料主要是干燥的铜精矿，还有渣精矿；为冶炼造渣，还需要添加一些石英砂熔剂。铜精矿主要有铜和铁的硫化物，如黄铜矿（$CuFeS_2$）、斑铜矿（Cu_3FeS_3）、黄铁矿（FeS_2）等；渣精矿含有硫化铜（Cu_2S）、少量金属铜和一些化合物，如铁橄榄石（$2FeO \cdot SiO_4$），磁铁矿（Fe_3O_4）等。

闪速炉内进行的主要物理化学变化包括燃料的燃烧，硫化物的离解，硫和铁的氧化，烟灰的熔化分解，造铜锍和造渣。

硫化铜精矿的主要矿物组成是 FeS、CuFeS、CuS、ZnS、PbS 等。

黄铁矿（FeS_2）在反应塔内首先离解，所得的硫蒸气及 FeS 进一步氧化为 SO_2和 FeO，FeO 再与熔剂中的 SiO_2发生造渣反应，其反应式为：

$FeS_2 \longrightarrow FeS + 0.5S_2$

$S + O_2 \longrightarrow SO_2$

$2FeS + 3O_2 \longrightarrow 2FeO + 2SO_2$

$2FeO + SiO_2 \longrightarrow 2FeO \cdot SiO_2$

黄铁矿在反应塔内还以下列反应直接氧化：

$2FeS_2 + 5.5O_2 \longrightarrow Fe_2O_3 + 4SO_2$

$3FeS_2 + 8O_2 \longrightarrow Fe_3O_4 + 6SO_2$

生成的 Fe_2O_3在有硫化物存在时容易转化为磁性氧化铁：

$10Fe_2O_3 + FeS \longrightarrow 7Fe_3O_4 + SO_2$

$16Fe_2O_3 + FeS_2 \longrightarrow 11Fe_3O_4 + 2SO_2$

Fe_3O_4在温度低于 1000 ~ 1100℃时始终不变化，但在温度达 1300 ~ 1500℃的反应塔内，发生下列反应，很快被 SiO_2和 FeS 分解：

$3Fe_3O_4 + FeS + 5SiO_2 \longrightarrow 5(2FeO \cdot SiO_2) + SO_2$

在反应塔内由于氧化反应强烈，炉料在炉内停留的时间很短促，各组分之间的接触不良，Fe_3O_4不能完全被还原，而溶解于炉渣和铜锍中，一同进入沉淀池。

黄铜矿（$CuFeS_2$）在熔炼过程中发生离解反应：

$2CuFeS_2 \longrightarrow Cu_2S + 2FeS + 0.5S_2$

还有部分 $CuFeS_2$直接反应生成 SO_2和 FeO：

$2CuFeS_2 + 2.5O_2 \longrightarrow Cu_2S \cdot FeS + 2SO_2 + FeO$

生成的 FeO 与 SiO_2造渣：

$2FeO + SiO_2 \longrightarrow 2FeO \cdot SiO_2$

少量的硫化亚铜以下列反应被氧化：

$2Cu_2S + 3O_2 \longrightarrow 2Cu_2O + 2SO_2$

当有足量的 FeS 存在时，Cu_2O 会与 FeS 反应生成 Cu_2S 进入铜锍。

由上述反应可看出，炉料中 FeS 的存在能阻止铜进入炉渣，但正如上述 Fe_3O_4一样，由于反应塔内氧化反应强烈，仍有少量的 Cu_2O 溶于炉渣。由反应塔降落到沉淀池表面的产物是铜锍与炉渣的混合物，在沉淀池内进行澄清和分离，分离过程铜锍中的硫化物与炉渣中的金属氧化物还进行如下反应，从而完成造铜锍和造渣过程。

$Cu_2O + FeS \longrightarrow Cu_2S + FeO$

$2FeO + SiO_2 \longrightarrow 2FeO \cdot SiO_2$

$6Fe_2O_3 + 2FeS + 7SiO_2 \longrightarrow 7(2FeO \cdot SiO_2) + 2SO_2$

熔炼炉渣的密度比较小，铜锍的密度比较大，熔炼炉渣浮在铜锍的上面，故先将浮在上面的炉渣放掉以后，再放铜锍。这样，闪速熔炼炉就将混合铜精矿熔炼成含铜 2.3% 左右的炉渣和含铜 70% 左右的铜锍。

0.7 闪速炼铜的未来趋势

闪速冶炼已经成为当今炼铜行业最有竞争力的熔炼技术。目前闪速炉处理的铜精矿品位为12% ~56%，生产的铜锍品位为45% ~78%，单台闪速炉的冶炼能力可高达450 kt/a。

由于闪速吹炼的诸多优点，有人预测，闪速吹炼工艺将完全取代PS转炉吹炼工艺，并为铜冶炼工业开创一个崭新的局面。

由于闪速吹炼炉的诞生和吹炼技术的不断提高，粗铜中所含氧、硫等杂质越来越少。闪速吹炼炉在对铜锍进行吹炼的同时还同步完成对粗铜的精炼。在不久的将来，闪速吹炼炉将完全取代阳极炉进行精炼作业，阳极精炼炉将从炼铜行业中彻底消失。多少年来传统的火法炼铜三大炉（熔炼炉、吹炼炉、精炼炉）将变为两大炉（熔炼炉、吹炼炉），这将是火法炼铜行业的一次彻底革命，其经济效益是不可估量的。

现在，新建的闪速炉和改造的旧闪速炉，都是采用高投料量、高锍品位、高富氧浓度、高热强度等“四高”技术，这是闪速炼铜技术发展的总趋势。

0.8 闪速熔炼、闪速吹炼工艺流程图

闪速熔炼、闪速吹炼工艺流程参见图0－1，闪速熔炼、转炉吹炼工艺流程参见图0－2。

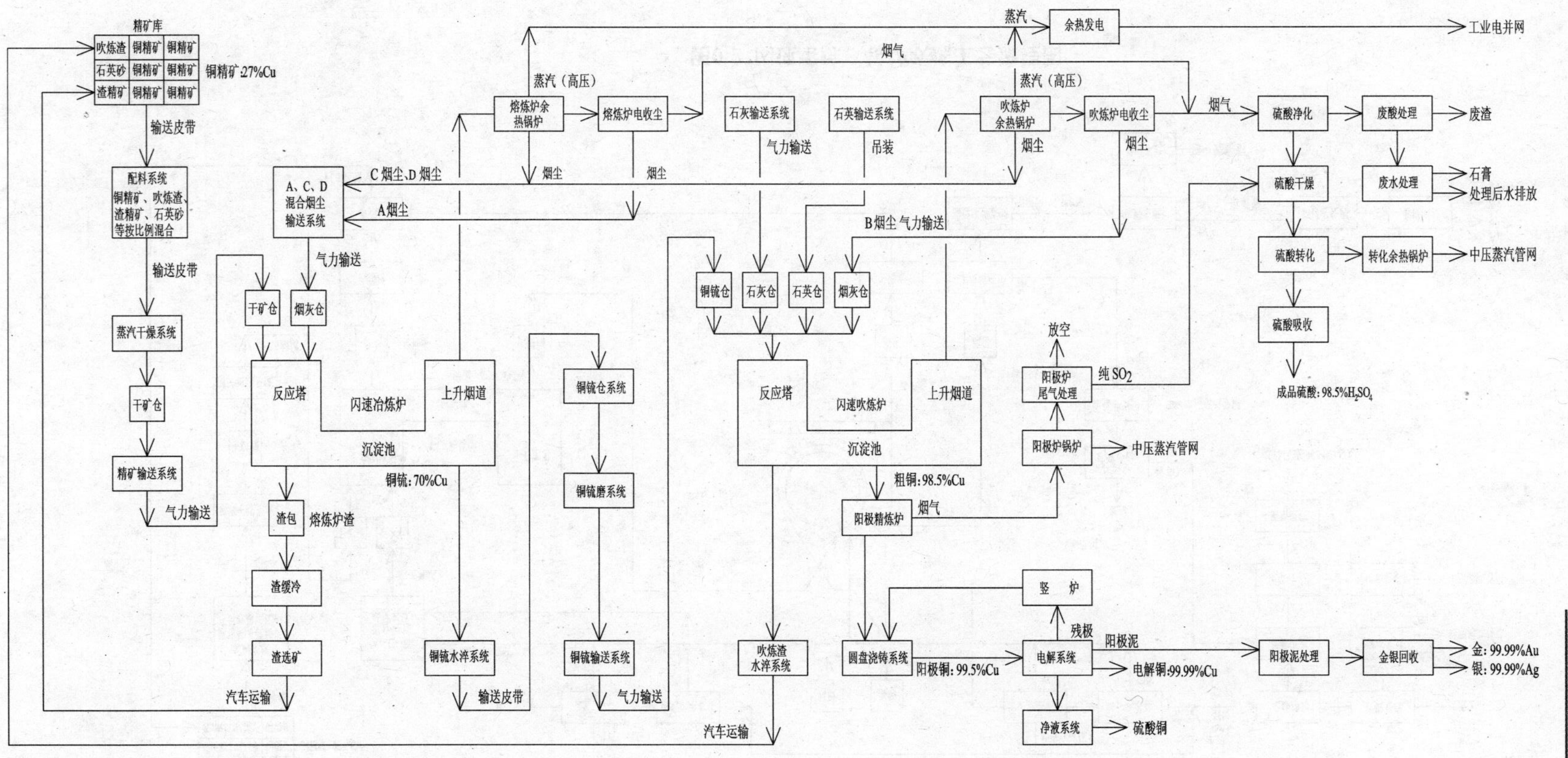

图0-1　闪速熔炼、闪速吹炼工艺流程图

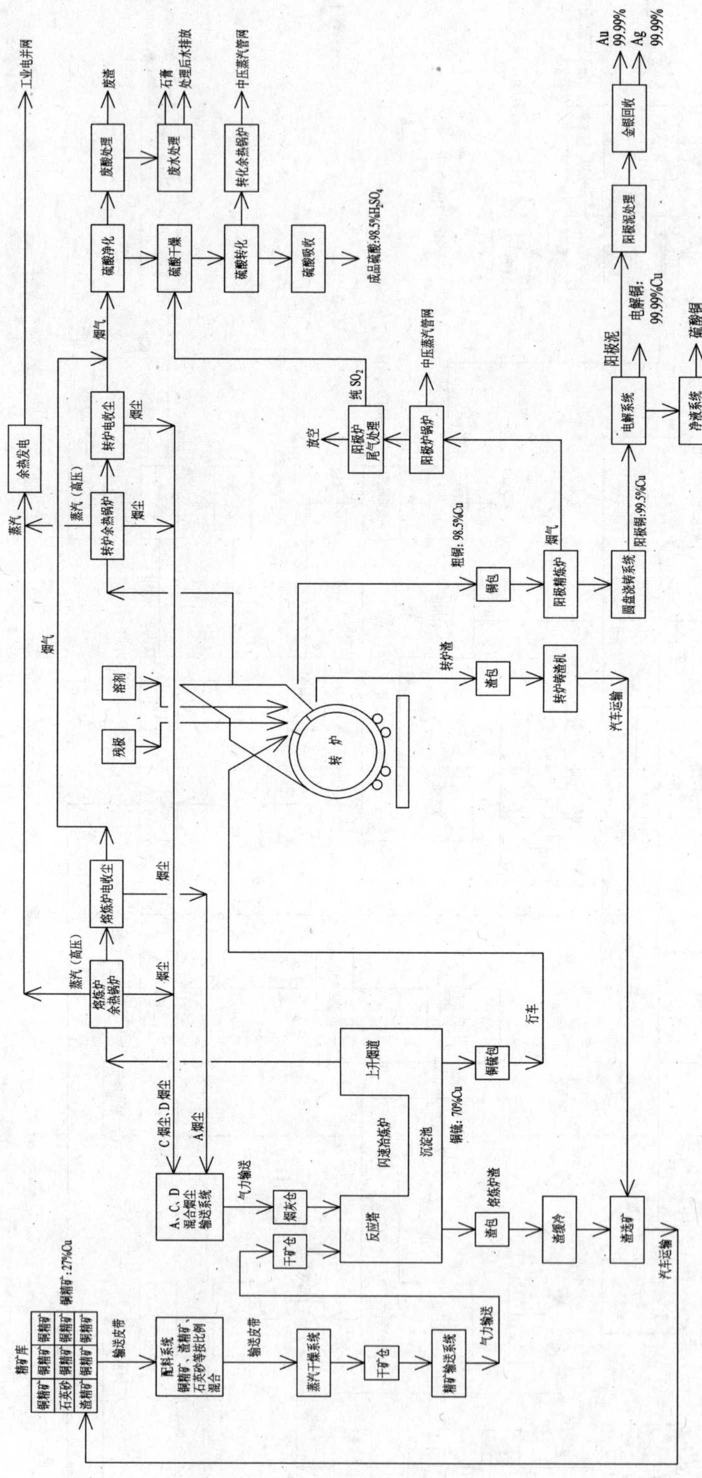

图0-2 闪速熔炼、转炉吹炼工艺流程图

第 1 章　熔炼车间

熔炼车间是铜冶炼的主要生产车间，主要设备是三大炉（熔炼炉、吹炼炉、精炼炉）和其他一些配套设施。

与熔炼炉配套的是下列工序：首先是精矿库，接着是配料、蒸汽干燥、精矿输送，最后是闪速熔炼炉。处理熔炼炉高温烟气的是余热锅炉、电收尘；处理铜锍的是铜锍水淬。

与吹炼炉配套的是下列工序：首先是铜锍仓系统，接着是铜锍磨及热风炉系统、铜锍输送，最后是闪速吹炼炉。处理吹炼炉高温烟气的是余热锅炉、电收尘、烟尘处理；处理吹炼炉渣的是渣水淬系统。

与阳极精炼炉配套的是下列工序：处理阳极炉高温烟气的是余热锅炉、尾气脱硫系统；处理阳极铜的是圆盘浇铸系统。

还有竖炉、保温炉系统，主要是处理阳极板电解后的残极。若是用 PS 转炉吹炼粗铜，这些阳极板电解后的残极就作为冷料直接加到转炉里，不再需要竖炉、保温炉系统，这就是用闪速炉吹炼粗铜的弊病。

熔炼系统共有 22 个生产工序，本文按前述生产工艺顺序进行简单介绍。

全车间用一套 DCS 系统对整个冶炼生产过程进行监控，为了操作方便，设置了精矿库、闪速炉、阳极炉、竖炉四个仪表操作室，见图 1 - 1。

1.1　精矿库系统

1.1.1　工序功能及工艺流程

精矿库用于贮存各种铜精矿、铜锍渣、渣精矿、石英砂等物料，属生产准备系统。工艺流程图见图 1 - 2。

1.1.2　工序设备

本工序设备都是一般的国产通用设备，主要是行车、给料机、各种运输皮带，还有袋式除尘器、电磁除铁器、振动筛等。在现场有一个仪表控制室，配置一套 DCS 系统，用于精矿库系统的自动控制。

1.1.3　工艺说明

精矿库是一个长方形的水泥结构设施，中间铺有铁轨，可供装有各种铜精矿、石英砂等物料的火车进出。在铁轨的两边分别构筑成多个容量大小不同的空间（仓），用以存放不同的铜精矿及铜锍渣、渣精矿、石英砂等物料。在仓的两边有两条较长的皮带运输机（工艺图 1 - 2 中是 1 号皮带运输机和7号皮带运输机），往这两条皮带运输机上加料的共有11台精矿给料机和各自的转运小皮带。在每一条加料皮带上都有一台单机袋式除尘器，用以回收加料过程中飞起的铜精矿粉。在两条长皮带运输机的出口还装有电磁除铁器和振动筛，电磁除铁器用来除掉物料中的铁；振动筛则是为了去掉混在物料中的各种杂质，还用于将挤压成堆的铜精矿打散，以方便运输和冶炼。各种物料经多条皮带倒运，最后经配料仓仓顶卸料皮带送到配料系统。

从工艺流程图可以看出，精矿输送系统共有三条输送线路：

（1）1号皮带→2号皮带→3号皮带→4号皮带→5号皮带→1号换向皮带、配料仓仓顶卸料皮带。

当工艺决定需要右边某仓的一种物料时，操作工就将该仓(6号~11号仓)的物料用抓斗抓到相应的水泥制料斗里，经6号~11号精矿给料机和相应的转运小皮带，送到1号皮带运输机上，经过2号皮带、3号皮带的倒运，经1号电磁除铁器除铁和1号振动筛除掉杂物后，再经4号皮带、5号皮带倒运到1号换向皮带上，最后通过配料仓仓顶卸料皮带送到配料系统。

（2）1号精矿给料机→6号皮带→4号皮带→5号皮带→1号换向皮带、配料仓仓顶卸料皮带。

当工艺决定需要1号精矿仓的物料时，操作工就将该仓的物料用抓斗抓到该料斗里，经1号精矿给料机和相应的转运小皮带，送到6号皮带运输机上，经1号电磁除铁器除铁和1号振动筛除掉杂物后，再经过4号皮带、5号皮带倒运到1号换向皮带上，最后经配料仓仓顶卸料皮带送到配料系统。

（3）7号皮带→8号皮带→1号换向皮带、配料仓仓顶卸料皮带。

当工艺决定需要左边某仓的一种物料时，操作工就将该仓(1号~5号仓)的物料用抓斗抓到相应的水泥制料斗里，经1号~5号精矿给料机和相应的转运小皮带，送到7号皮带运输机上，经2号电磁除铁器除铁和2号振动筛除掉杂物后，再经过8号皮带倒运到2号换向皮带上，最后经配料仓仓顶卸料皮带送到配料系统。

说明：所有运行设备在机旁都有一个“本地/远方”转换开关，当将此开关置于“本地”时，可以在现场启动该设备，当将此开关置于“远方”时，可以在中控室启动该设备。正常生产时一般要求将此开关置于“远方”，即在中控室启动该设备。此开关置于“本地”，只能用于设备维修后检查用。在中控室启动、停止该设备也有自动和手动两种方式，可以手动启动、停止该设备，也可以按预先在DCS系统里编制好的控制逻辑，自动启动、停止该设备。在以后的章节里对这部分不再进行详细说明，所有的操作都是指在中央控制室进行。

1.1.4 联锁逻辑

一般设备的启动和停止都遵循“逆向启动、顺向停止”这一原则。当运行设备在运行过程中某台设备出故障时，则执行联锁停车逻辑。一般是某台设备因故停止后，前面的设备马上顺序停止，当最后一台设备停止了以后，延迟一段时间，再停止后面的设备。例如，以刚才输送石英砂为例，假设突然4号皮带因故障而停止运行，这时3号皮带、2号皮带、1号皮带、11－1号皮带机、11号精矿给料机都按顺序停止，过一段时间，再顺序停止5号皮带、1号换向皮带、配料仓仓顶卸料皮带。一般电磁除铁器、振动筛和单机袋式除尘器都不参与联锁。若因故按下“紧急停车”按钮，则所有运行设备瞬间全部停止下来。

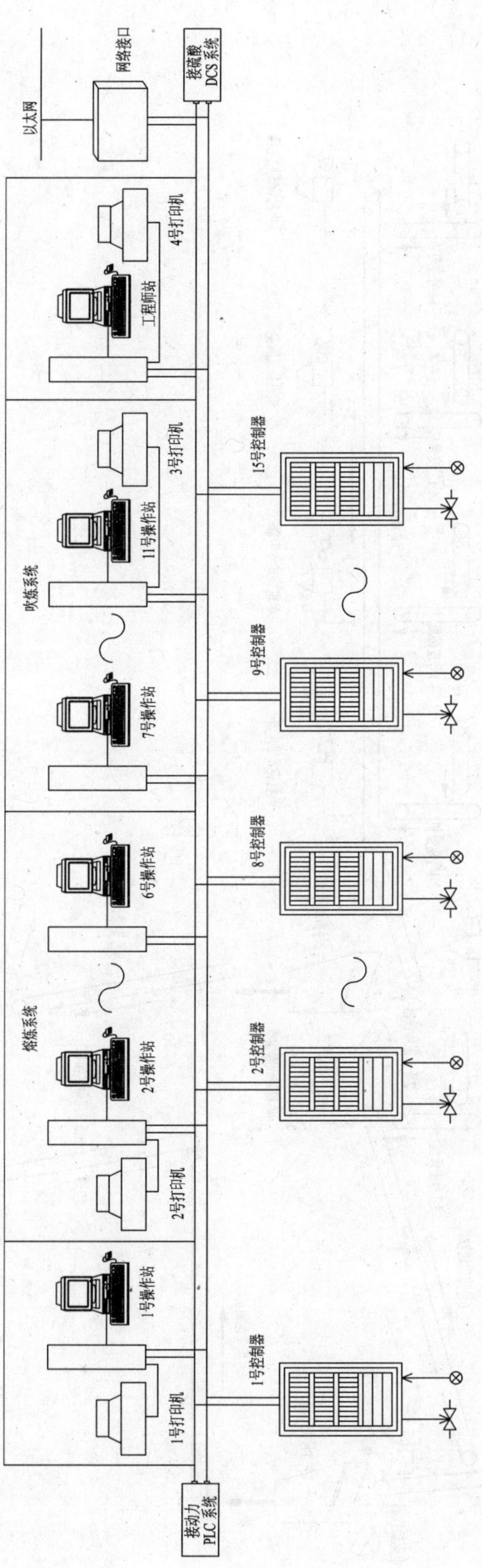

图1-1　熔炼车间DCS系统配置图

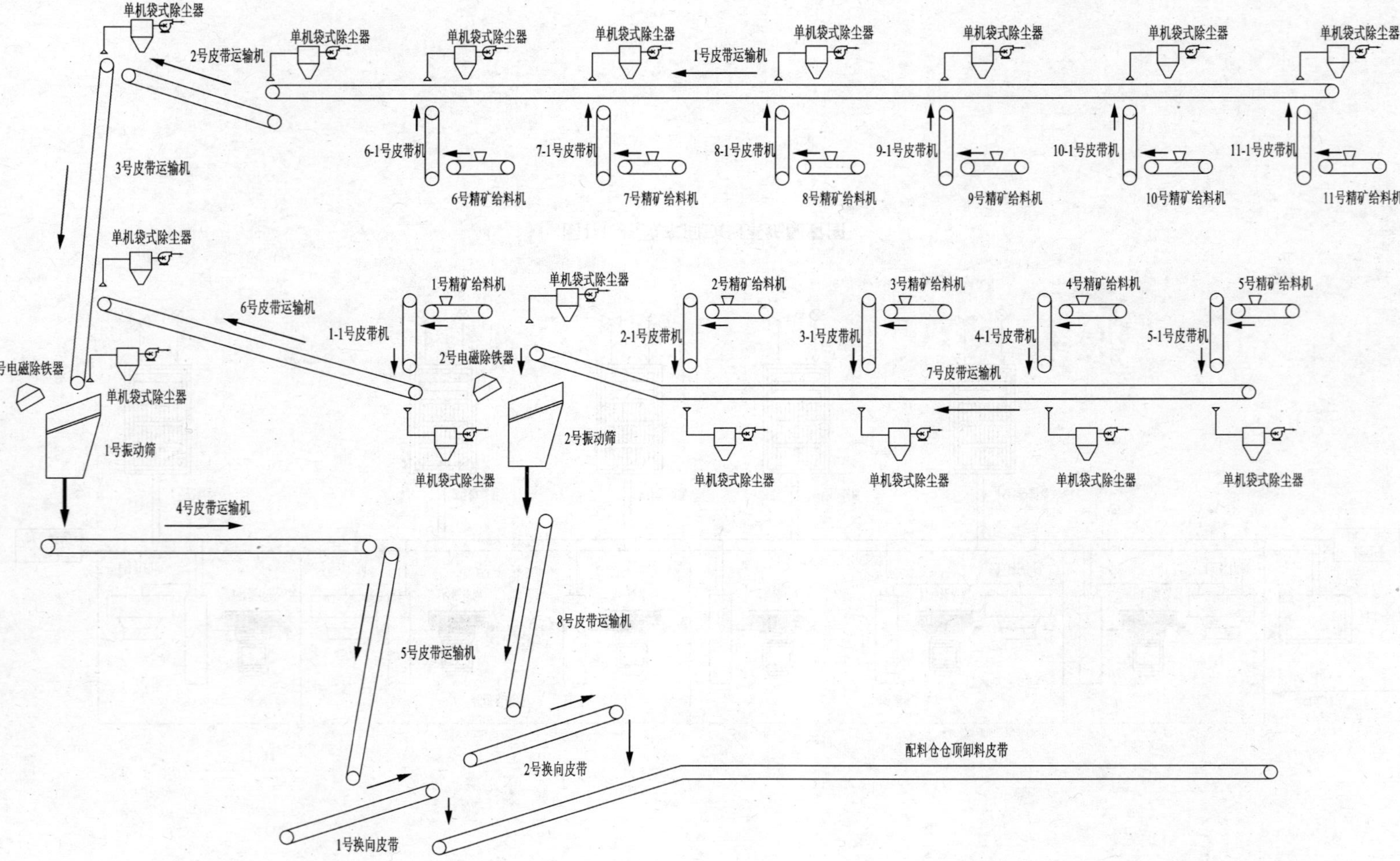

图1-2 精矿库系统工艺流程图

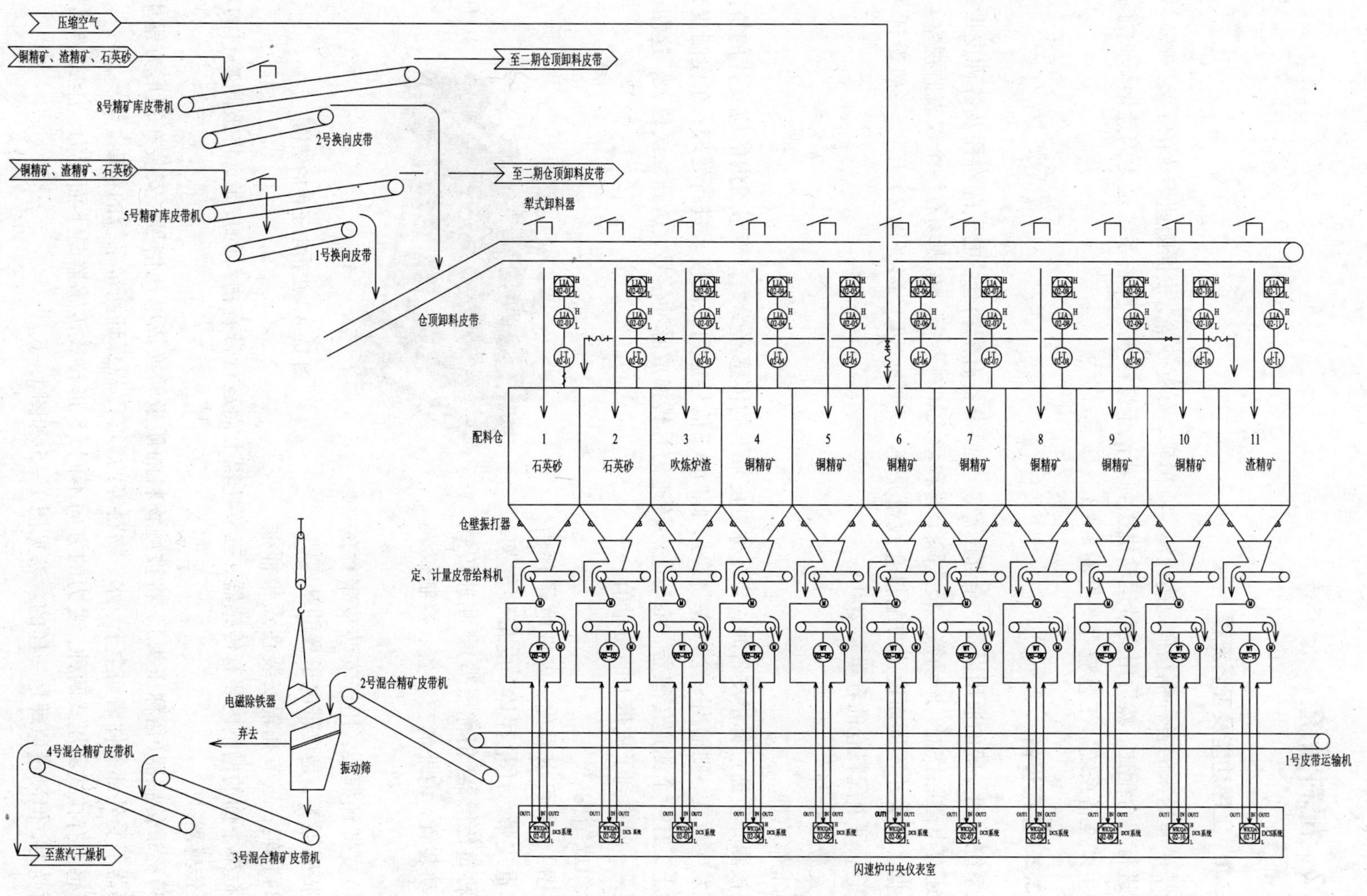

图1-3　配料系统工艺流程图

1.2 配料系统

1.2.1 工序功能及工艺流程

将精矿库送来的各种铜精矿、铜锍渣、渣精矿、石英砂等，根据闪速熔炼的需要，按一定的比例进行混合配比，然后用皮带运输机送到蒸汽干燥系统。配料系统是为闪速熔炼炉准备原料的生产准备系统。工艺流程图见图1－3。

1.2.2 工序设备

该系统采用一般的通用设备，全部国产。主要设备有配料仓、电子配料秤及各种皮带运输机，还有电磁除铁器、振动筛、袋式除尘器和犁式卸料器等。在现场有一个仪表监视室。

根据产量大小不同而设计的配料仓数量是不一样的。年产阴极铜 20 万 t，一般设计 11 个配料仓，每个配料仓的容量是 200 t。

1. 皮带电子秤

1)工作原理

当被测介质通过称量皮带时，装在称量皮带下的传感器受力，传感器内的应变片的桥路电阻值发生改变，则输出一个"mV"信号，此"mV"信号送到二次仪表进行处理；在控制皮带的马达上，有一个测速传感器，将马达的转速信号转换成脉冲信号，送到二次仪表，这两个信号相乘，就得到了皮带上的质量值。

2)组成结构

从图1－4可以看出，皮带电子秤由计量称重皮带、计量秤体、皮带秤框架、托辊、称重传感器(俗称压头)、测速传感器、驱动装置，内外清扫装置、控制仪表等组成。

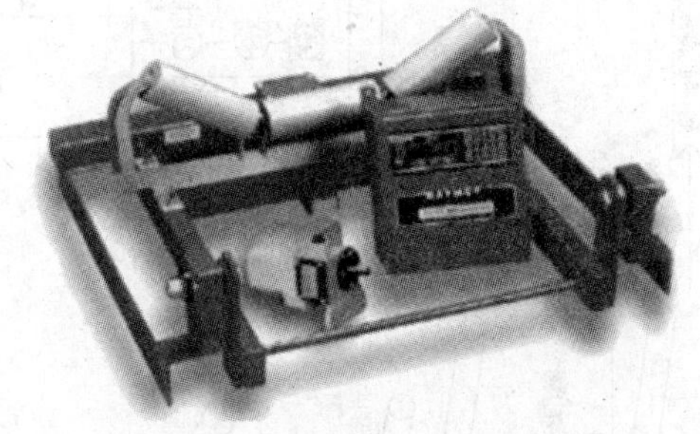

图1－4 皮带电子秤的结构

(1)皮带秤框架：用于安装皮带秤的托辊、传感器等，是皮带电子秤的基座。

(2)托辊：三节托辊安装在皮带秤框架上，框架下面的槽钢内装有传感器，三节托辊上面运行带有物料的皮带，将被测物料的质量传给传感器。

(3)称重传感器(俗称压头)：将被测物料的质量转换成电压信号，安装在矩形方钢中，使传感器不受外部条件诸如尘土、水、物料等的影响，以保证测量系统的精度。

传感器有拉式和压式两种，受力的方向不同，S形拉式传感器是下面受力，压式传感器是上面受力，但测量原理是一样的。参见图1－5和图1－6。

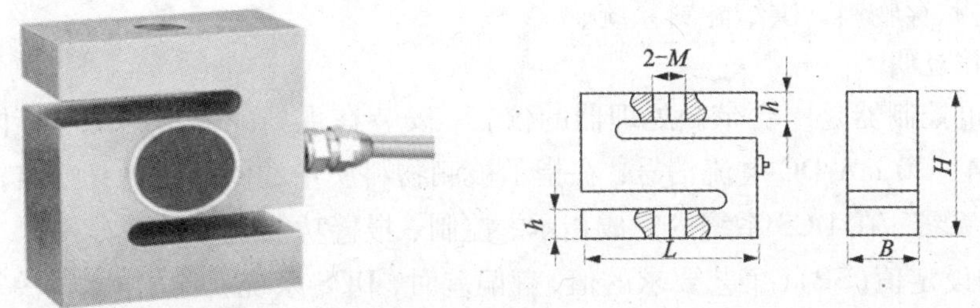

图1-5　S形拉式传感器

图1-6　压式传感器

图1-7　测速传感器

(4)测速传感器：检测计量皮带的速度，一般安装在皮带辊的轴上，其输出脉冲信号正比于皮带速度，参见图1-7。

(5)称重控制器：称重控制器是一台带微处理器的调节仪表，当被测介质通过称量皮带时，装在称量皮带下的传感器受力，传感器内的应变片的桥路电阻值发生改变，则输出一个"mV"信号，此"mV"信号送到称重控制器；在皮带辊的轴上，装有一个测速传感器，将皮带的转速信号转换成脉冲信号，也送到称重控制器。这两个信号在称重控制器里进行运算，就得到了测量皮带上单位时间内的质量值。

3)仪表的维护

定期去现场检查，看皮带有没有跑偏，清扫各处灰尘。

4)仪表的校验

校验要用从厂家买来的专用链码来校，一般一年一次，若发现问题则随时校。

2. 电子自动配料系统

配料系统由皮带电子秤、计量皮带及驱动系统、整形皮带及驱动系统、配料仓等组成。

(1)皮带电子秤：用于称量物料的质量。

(2)计量皮带：用于安装电子皮带秤，该皮带上的物料就是被测量的质量，皮带由变频器控制的调速电机驱动，变频器的频率是受称重控制器的输出信号控制的。

(3)整形皮带：是靠近配料仓的下料皮带，作用是保证计量皮带上的物料流动时稳定，则测量准确可靠。该皮带也是由变频器控制的调速电机驱动，变频器的频率也是受称重控制器的输出信号控制的，两种皮带同步运行。

(4)配料仓：仓内贮存物料，供给配料系统。

3. 配料系统的工作说明

皮带电子秤的称重控制器是一台带微处理器的仪表，安装在现场配电室的配电柜内，它将配料的质量转换成4～20 mA DC电流信号，在指示被测物料质量的同时还将其输出，传送到中央控制室的DCS系统，在DCS系统内完成指示、控制、报警功能。

当测量值(PV)和设定值(SP)(工艺要求的值)有偏差时，DCS系统就输出两路4～20 mA DC电流信号，分别送到安装在电气控制柜内的两个变频器上，这两个变频器就根据这个新的控制信号，同步改变“计量皮带”和“整形皮带”的控制马达的频率，从而改变其转速，也就是改变下矿量，使其设定值(SP)与测量值(PV)相等，系统出现新的平衡。

配料是根据计算机在线计算决定的，但是要由操作工进行操作，其操作方法和一般的控制系统一样，只不过这个系统同时输出两个信号，控制两条皮带。由于“整形皮带”短，“计量皮带”长，当两条皮带以相同的控制信号运转时，“整形皮带”带下的物料不能完全被“计量皮带”带走，会产生物料的积压。这里若适当提高“计量皮带”的转速，使两条皮带的转速真正同步，就会有利于系统的稳定。故在DCS系统里将控制“计量皮带”的输出信号(AO)乘以一个约5%的系数，提高了“计量皮带”的转速，就不会发生积料现象。在配料仓的下部加上振打装置的目的是为了防止下料口堵塞。

配料系统采用累积偏差控制，而不是采用一般的常规PID控制，累积偏差控制的最大特点是可以消除配料误差。累积偏差控制计算公式如下：

$$C_3 = [(P_2 - C_1)/3600 + C_3] \times C_4$$

式中：P_2为现场来的质量信号(4～20 mA)；C_1为设定值(人工计算值)；C_4为累积偏差复位信号(0/1)。

累积偏差过程说明：开始时，偏差 $C_3=0$(后边的 C_3)，过了1 s后，累积偏差

$C_3 = [(P_2 - C_1)/3600 + C_3] \times C_4$

$P_2 - C_1$：可以大于0($P_2 > C_1$)(正偏差)；也可小于0($P_2 < C_1$)(负偏差)。

再过1 s后，C_3又有一个新值，就是前面的偏差C_3和现在的($P_2 - C_1$)之和；又过了1 s后，C_3又有一个新值，就是刚才的累积偏差C_3和现在的($P_2 - C_1$)之和。

如此循环下去，每秒钟的C_3相加(有正有负)，当C_3大于或小于某值，或时间等于某值(多长时间以后)，自动使C_4为“0”，偏差$C_3=0$，又开始从头循环。这就是“配料累计偏差计算”。

1.2.3 工艺说明

精矿库将准备好的各种铜精矿、铜锍渣、渣精矿、石英砂等，通过精矿库控制的配料仓仓顶卸料皮带，由各料仓顶部的犁式卸料器控制，分别送到不同的料仓。每个料仓顶上装有物位计，用于检测料仓的料位；每个料仓下面都有一套下料系统和一套计量系统，根据闪速熔炼炉不同的配料要求，各料仓将投放不同质量的物料，分别下到1号混合精矿皮带运输机上，经过2号、3号、4号混合精矿皮带运输机的传送，送到蒸汽干燥机的给料皮带上，进入精矿干燥系统。

1.3　蒸汽干燥系统

1.3.1　工序功能及工艺流程

蒸汽干燥系统的作用是将配料系统送来的潮湿的混合冶炼原料进行干燥，由含水10%干燥到含水0.3%以下，是闪速熔炼炉原料准备的生产准备系统。工艺流程图见图1-8。

1.3.2　工序设备

蒸汽干燥系统由蒸汽干燥机系统和收尘排烟系统两个部分组成。

蒸汽干燥机系统由蒸汽供给、冷凝水回收、蒸汽干燥机与驱动、润滑、加料、排料等组成。

收尘排烟系统由布袋收尘器和变频调速的排烟风机组成。

蒸汽干燥机以前都是进口的，现在国内也有蒸汽干燥机生产，可以用于铜精矿的干燥。

1. 蒸汽干燥机

1）蒸汽干燥机的工作原理

蒸汽干燥机是由一个多盘管机组构成的转子和一个固定的壳体组成的，由一台大功率的变频电机驱动旋转。蒸汽从转子的中心管进入，穿过辐射状联箱，然后分配给盘管内所有的环路，加热盘管后，由盘管外壁与精矿接触，将热能传递给精矿，使精矿加热干燥。蒸汽变成的冷凝水在干燥机转动离心力的作用下，流向每组盘管的最低点，当冷凝水到达最低点时，汇集进入中心集水管，经冷凝水阀组排出，返回动力纯水系统，回收纯水。

在蒸汽干燥过程中，精矿干燥分为升温、蒸发、再升温三个阶段。在升温阶段，常温的湿精矿进入干燥机后与加热了的转子接触，随着精矿向前推进，精矿温度迅速上升，当精矿推进到干燥机的3/10处时，精矿温度升至90℃，精矿中水分开始大量蒸发。在精矿蒸发阶段，精矿温度无明显变化。当精矿推进到干燥机的8/10处时，精矿中的水分已蒸发完毕，随着精矿的进一步加热，精矿温度随之上升。干燥机的干矿出口温度控制在120℃左右，就能保证干燥后的物料含水<0.3%。

2）蒸汽干燥机的结构

干燥机由一个不锈钢材质的转子和固定的外壳组成，是一个圆筒形结构，筒体支承在两个滚圈上，由变频器控制的电动机通过驱动系统带动蒸汽干燥机筒体旋转，筒体从供料端向出料端倾斜，精矿的干燥全部在干燥机内完成。

蒸汽干燥机的前端是供料口，湿的铜精矿通过皮带给料机送到干燥机筒体内。2.5 MPa的蒸汽从干燥机的尾部通过旋转接头进入到干燥机内部的加热管内，失去温度后变成的冷凝水也从同一汽管，经汽水分离站回到冷凝水回收系统。旋转的干燥机筒体带动内部的蒸汽加热管和湿的铜精矿一起转动，蒸汽的热量就传递给湿的铜精矿，使铜精矿完成干燥脱水过程，干精矿的含水在0.3%以下。

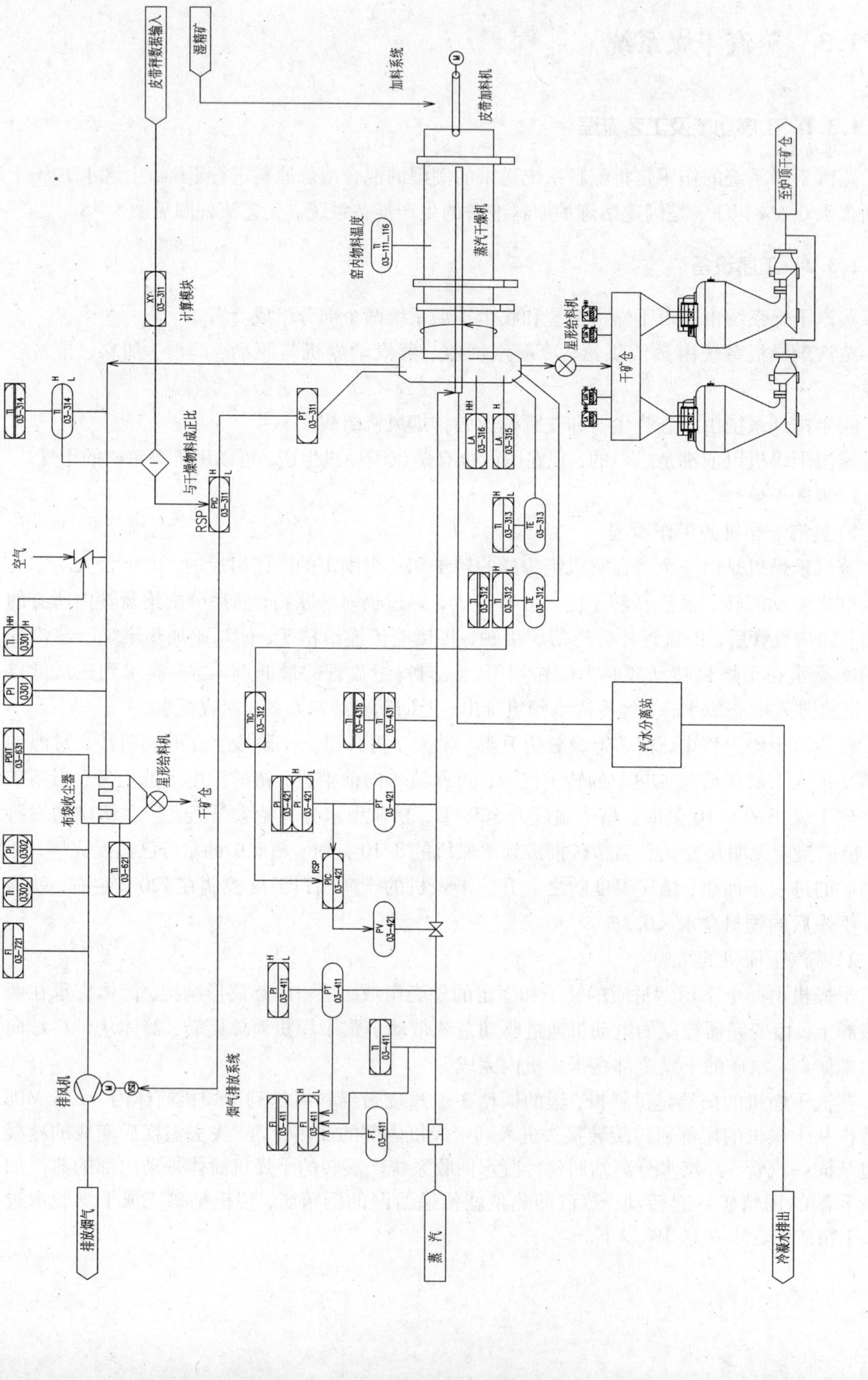

图1-8 蒸汽干燥系统工艺流程图

在蒸汽干燥机的出料端有一个调节挡板，干燥的铜精矿翻越调节挡板下落到干矿中间仓里，这个调节挡板还可以控制干燥机内的填充率。在出料端上部，热汽载有挥发的水蒸气和少量的烟尘，经过布袋收尘器收尘后被排气风机排到烟囱，排出的空气由蒸汽干燥机进料端的漏气来补充，干燥系统是负压操作。

2. 布袋收尘器

干燥机内精矿中的水分从精矿蒸发后形成水蒸气，为了使干燥后的铜精矿和废汽分离，在干燥机出口处设置了一台布袋收尘器和配套的排气风机。

1) 布袋收尘器的结构

布袋收尘器(图1-9、图1-10)是一个长方体的壳体，由壳体、灰斗、排灰装置、支架、清灰系统和控制部分组成。壳体里面装满了一个个由金属骨架支撑的长圆筒形耐温布袋，布袋的外面是布袋收尘器的进口端；布袋上面的开口部汇合在一起，组成布袋收尘器的出口端；布袋收尘器的出口空间一般都和排气风机连接在一起。布袋数量的多少和空间的大小是根据要求的收尘面积决定的。

图1-9　布袋收尘器外形

图1-10　布袋收尘器的出口和反吹系统

2) 布袋收尘器的工作原理

布袋入口含尘10～50 g/m^3(标况)，当含有大量精矿的气体从进口端经过布袋时，精矿被布袋挡在外面，因自身重力的作用而落到下面的干矿仓里；过滤后的废汽含尘小于10 mg/m^3(标况)，透过布袋从布袋的上面出口汇合，经过排气风机排向室外。

由于种种原因，在布袋收尘时有不少烟灰会粘在布袋的外面，使系统阻力加大，这样将会严重影响收尘器的工作效率，为此一般都为布袋收尘器系统加装反吹装置。

3) 布袋收尘器的反吹装置

所谓反吹装置，即将一部分布袋暂时停止收尘工作，从这些布袋的开口处往下吹入0.6 MPa以上的高压压缩空气，将粘在布袋上的精矿反向吹落到下面的干矿仓里。这个反吹装置是由PLC系统自动控制的，有的是根据布袋收尘器进、出口的压力差进行的：压力差小，则说明布袋没有堵塞，不需要进行反吹；若压力差大，则说明布袋有堵塞，要进行反吹。但大多数都是根据时间来控制的，即不管布袋有无堵塞，设定时间一到，就对某一部分进行反吹，这一部分反吹完了再对另一部分进行反吹，最后全部都反吹一次，轮流循环进行，确保布袋收尘系统工作正常。

布袋收尘器是一个长方体的壳体，里面方方正正摆满了布袋，如图 1－10 所示（图中孔内还未装布袋）。在每一排横向布置的布袋上空，有一根 DN100 钢管，钢管的前端接上由电磁阀控制的压缩空气。在这根 DN100 的钢管下面，焊有一根约 DN15 的小管，正对着布袋出口的地方，小管和布袋口的距离约 100 mm。

每一台布袋收尘器都有一套 PLC 控制系统，用于对反吹电磁阀的控制。当布袋收尘器开始工作时，要先将 PLC 系统投入使用。程序开始执行时首先是对第一排的布袋进行反吹，这时 PLC 控制系统让控制第一排压缩空气的电磁阀得电，缓冲罐内的压缩空气通过控制阀很快充满这根 DN100 的钢管的整个空间，通过 DN15 的小管，立即对着布袋进行吹扫。由于这个反吹的正压力远远超过了排气风机的抽力（负压），故此时收尘系统停止工作，由这个反吹的正压力将粘在布袋上的精矿反向吹落到下面的精矿仓里。这个吹扫时间很短，约 1 s。接着对第二排布袋进行反吹，方式完全一样。最后以同样的方式对最后一排布袋进行反吹，然后再从第一排布袋重新开始再次进行反吹。周而复始，无限循环下去。这里要注意的是反吹压力不能太大，否则会将布袋吹破；DN15 的小管离布袋口也不能太近，太近了也容易将布袋吹破；当然，若安装的太远则起不到反吹的作用。

由于布袋过滤含尘蒸汽湿度达 45%，如布袋内部温度降低，极易形成冷凝水，导致烟尘粘结，影响布袋运行。为防止布袋内部温度下降，在布袋侧壁安装了四台电加热器，用于保温，以保证壳体温度在 90℃ 以上。为了防止收尘器内部温度太高而烧坏布袋，在收尘器进口安装了温度调节阀，当温度过高时吹入一定量的冷空气，降低里面的温度。

1.3.3 工艺说明

蒸汽干燥系统由蒸汽干燥机系统和收尘排烟系统两个部分组成。由电动机和变频器组成的驱动系统使蒸汽干燥机旋转，潮湿的物料从头部进入蒸汽干燥机筒体内，蒸汽则从尾部进入蒸汽干燥机筒体内的盘管内。在蒸汽干燥机旋转的过程中，潮湿的物料和蒸汽作相向运动，这样，蒸汽的热量就通过盘管传给潮湿的物料，使其干燥。蒸汽的热量传递给潮湿的物料后，温度降低，变成了冷凝水，汇集进入中心集水管，从冷凝水阀组排出，返回动力纯水系统，回收纯水。

由于干燥机筒体从进料端向出料端是倾斜的，在蒸汽干燥机旋转的过程中，干燥好的物料就从尾部排出，排到下部的干矿仓。在出料端，热汽载有挥发的水蒸气和少量的烟尘，经过布袋收尘器收尘后被排风机排向烟囱，抽出的空气由进料端的漏气补充，排风机是变频调速的，目的是控制蒸汽干燥机筒体内的压力。

1.3.4 控制系统

蒸汽干燥系统共有三个主要控制系统：蒸汽干燥机出口压力控制系统、蒸汽压力控制系统、精矿温度控制系统，下面分别予以介绍。

1. PIC03311 蒸汽干燥机出口压力控制系统

该系统（见图 1－8）由下列部分组成：

（1）检测仪表：压力变送器，将蒸汽干燥机出口压力转换成 4 ~ 20 mA DC 电流信号。

（2）指示调节器：指示、控制蒸汽干燥机出口压力，量程是 －0.5 ~ 0 kPa，控制值是 －0.1 kPa，其输出是正作用（DA）。

(3)执行机构：执行机构由下列部分组成。

①变频器：接受调节器输出的 4 ~ 20 mA DC 电流信号，控制排风机电机的频率，从而控制排风机的转速，达到控制蒸汽干燥机出口压力的目的。

②排风机：接受变频器改变频率后的电源，改变转速，改变抽力，保证蒸汽干燥机出口压力控制在一定范围内。

注：蒸汽干燥机出口压力控制系统是一个串级调节系统，现对其远方设定值(RSD)进行说明。

从工艺流程图上可以看出，该远方设定值由两个因数组成：

①精矿计量皮带秤的输出信号(XY03311)。对压力的设定值是根据线性公式来决定的，用计算模块 XY03311 来计算。

$$p_{sp} = K_a \times Q_{mat} + K_b$$

式中：　p_{sp}——压力设定值，kPa；

K_a——能力系数；

K_b——压力因素；

Q_{mat}——物料流量，t/h，蒸汽干燥机进口皮带加料机的测量值(0 ~ 100%)。

由于蒸汽干燥机的进口没有设计总的计量皮带秤，故可以将配料系统用到的各个皮带秤的质量进行求和，作为这一个值。因数 K_a、K_b 可以调整，故进口物料水分的变化可以手动补偿。$K_a = 0.001$ kPa · h/t，$K_b = 0.010$ kPa，可以作为初始值。

例如，上述物料流量为 35 t/h 时，压力设定值可以计算如下：

$$p_{sp} = 35 \text{ t/h} \times 0.001 \text{ kPa} \cdot \text{h/t} + 0.01 \text{ kPa} = 0.045 \text{ kPa}$$

该压力调节器的输出信号就是排风机的转速控制信号。故干燥机的投料量增加，就要相应增加排风机的抽力，即加大风机的转速。

② TI03314 蒸汽干燥机出口烟气温度控制系统。TI03314 用于蒸汽干燥机出口压力控制系统的外部设定，用铂电阻温度计将烟气的温度值转换成电阻值，在 DCS 系统上进行指示，当温度超过 120℃时，将发出报警。

为了防止布袋被烧坏，在布袋收尘器的进口始终要防止过高的烟气进口温度。当进口温度超过预设定值时，压力设定值可以设到较高值。这时压力控制器就增加排风机的转速，通往布袋收尘器的空气温度由于流量增加而降低。

2. PIC03312 蒸汽压力控制系统

该系统由下列部分组成。

(1)检测仪表：压力变送器，将蒸汽压力转换成 4 ~ 20 mA DC 电流信号。

(2)指示调节器：指示、控制蒸汽压力值，量程是 0 ~ 2.5 MPa，控制值是 2.0 MPa，调节器的输出是反作用(RA)。

(3)执行机构：笼式调节阀，气开式(PO)。接受指示调节器输出的 4 ~ 20 mA DC 电流信号，控制蒸汽阀门的开度，将压力控制在一定的范围内。

3. TIC03312 铜精矿的温度控制系统

该系统由下列部分组成。

(1)检测仪表：铂电阻温度计，将铜精矿的温度值转换成电阻值，用来测量铜精矿从干燥机转筒下落到卸料斗时的温度。

(2)指示调节器：指示、控制铜精矿的温度，量程是0～150℃，控制值是110℃，调节器的输出是反作用(RA)。

说明：该控制系统和蒸汽压力控制系统PIC03421组成一个串级控制系统，本控制系统为主调节器，故没有执行机构，其TIC03312输出值作为蒸汽压力控制系统PIC03421调节器的外部设定值(RSP)。

控制原理：当铜精矿的温度测量值(PV)有变化时(假设潮湿的被加热物增多)，与其设定值(SP)有偏差，则调节器就输出一个新的输出值(OP)(增加)，此值为蒸汽压力控制系统(PIC03421)的新设定值，在这个调节器里，测量值(PV)和设定值(RSP)有偏差，则调节器必然输出一个新的输出值(OP)(增加)，调节阀接到这个新的控制信号后，改变阀门的开度(增加)，即改变蒸汽量(增加)，也就会使铜精矿的温度测量值(PV)(上升)，达到设定值(RSP)的要求。

4. TICR0301 布袋收尘器进口烟气温度控制系统

该系统由下列部分组成。

(1)检测仪表：铂电阻温度计，将烟气的温度转换成电阻值。

(2)指示调节器：指示、控制烟气的温度，量程是0～200℃，正常控制值是115℃。

(3)执行机构：气动高性能蝶阀，气关式(PC)。作用是保证布袋收尘器进口烟气温度不会过高，保证布袋收尘器的安全。

1.3.5 关于设备的联锁

蒸汽干燥系统不管是什么设备出了故障，首先要停止给料皮带机，并同时通知上游的配料系统，马上停止给料。

这些设备包括：排气系统、布袋收尘系统、星形给料机、蒸汽供给系统、蒸汽干燥机本体、排料系统、汽水分离系统、驱动系统、润滑系统、给料皮带机等。

1.4 精矿输送系统

1.4.1 工序功能及工艺流程

精矿输送系统只是一个独立的设备，就是气力输送泵和与之配套的压缩空气缓冲罐。采用气力输送的方式，将铜精矿送到闪速炉炉顶的精矿仓，其工艺流程图见图1－11。

1.4.2 气力输送泵的工作原理

气力输送泵的上面是进口，通过一个闸板阀接到铜精矿干矿仓的出料口；下面是出口，通过输送管道连接到受料仓(闪速炉炉顶的精矿仓)。气力输送泵的进口有一个加料圆顶阀，受PLC系统控制。

当供给料仓料位高，接受料仓料位低，控制压缩空气压力正常时，打开圆顶阀就加料，装满料后，圆顶阀就关闭，并马上向接受料仓输送，仓泵排空后，又开始进料，如此反复循环。

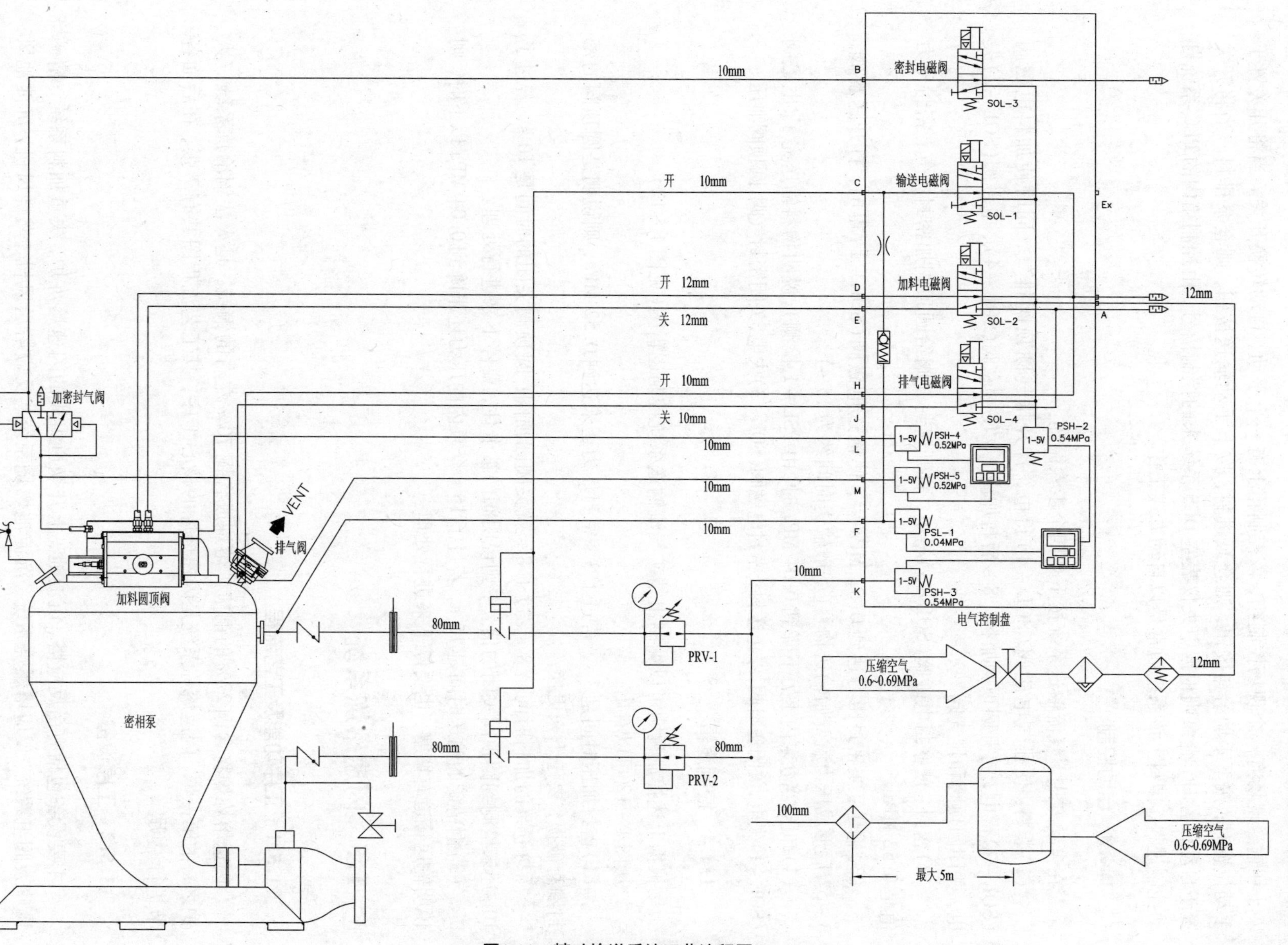

图1-11 精矿输送系统工艺流程图

在输送现场有一个现场控制箱，该控制箱上有一个手动、自动转换开关。当将开关置于手动位置时；按下手动给料按钮，则仓泵进料，按下手动输送按钮，则仓泵排料。当将开关置于自动位置时，仓泵则根据中央仪表室 DCS 系统来的控制信号，由控制箱内的 PLC 系统自动控制进料、排料。该系统通常是以自动方式工作。

1.4.3 自动控制

在自动方式下气流输送系统按下列四个步骤循环：

(1)装料：使排气电磁阀(SOL－4)得电，打开排气圆顶阀排气，同时使加料电磁阀(SOL－2)得电，打开圆顶阀加料。8 s 后料加满了，使电磁阀(SOL－4)、电磁阀(SOL－2)失电，关闭圆顶阀和排气阀。

(2)密封：使密封电磁阀(SOL－3)得电，打开密封气阀给圆顶阀加密封空气，密封压力值是 0.52 MPa。

(3)输送：当密封压力达到 0.52 MPa 后，使输送电磁阀(SOL－1)得电，打开送料阀，3～5 s后形成压力就开始输送物料(一般输送时间约为 15 s)。

(4)卸压：当仓泵内压力下降到 0.04 MPa 时(由 PSL－1 检测)，说明物料输送完了，电磁阀(SOL－1)失电，关闭送料阀，停止送料；密封电磁阀(SOL－3)失电，关闭密封气阀，圆顶阀泄压。

1.4.4 控制逻辑

根据上述控制说明可以编制出精矿气流输送系统控制逻辑图(见图 1－12)。

从图 1－12 可以看出：

(1)密封加压时间是 3 s，若过了 3 s 密封压力还未达到 0.52 MPa，则说明是圆顶阀的密封圈有破损，要停下来更换。

(2)仓泵的加料时间是 8 s，过了 8 s 就关闭圆顶阀；圆顶阀关闭的时间是 10 s，若过了 10 s还未检测到圆顶阀关闭的信号，则说明阀门被卡住，要停下来进行处理。

(3)铜精矿的输送时间是 15 s，若过了 15 s 仓泵内的压力还未降到 0.04 MPa 以下时，则说明输送管道有堵塞，也要停下来进行处理。

1.5 闪速熔炼系统

1.5.1 工序功能及工艺流程

闪速熔炼炉将含铜 27% 的铜精矿熔炼成含铜 70% 左右的铜锍，是火法铜冶炼系统三大炉之一的第一炉，闪速熔炼系统是闪速熔炼的核心工序，其工艺流程图共有 7 张，在后面各节进行说明。

1.5.2 工序设备

主要设备包括有由反应塔、沉淀池、上升烟道组成的闪速熔炼炉，失重加料系统、精矿喷嘴及阀组系统、反应塔燃烧系统、沉淀池燃烧系统、反应塔送风机、燃烧风机、沉淀池风机、冷却水套系统和循环水系统等。

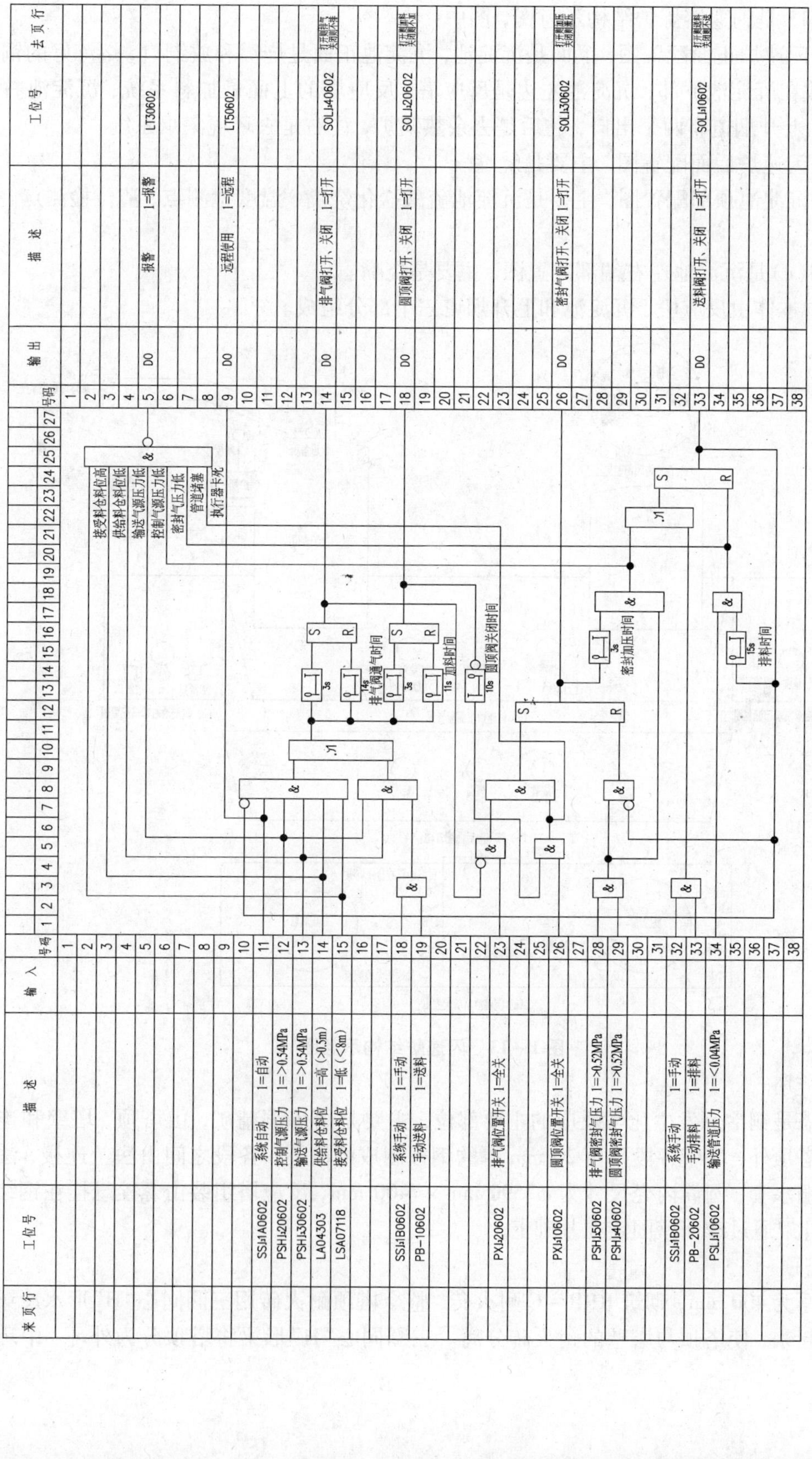

来页行	工位号	描述	输入	号码	号码	输出	描述	工位号	去页行
				1	1				
				2	2				
				3	3				
				4	4				
				5	5	DO	报警 1=报警	LT30602	
				6	6				
				7	7				
				8	8				
				9	9	DO	远程使用 1=远程	LT50602	
				10	10				
	SSJ1A0602	系统自动 1=自动		11	11				
	PSHJ20602	控制气源压力 1=>0.54MPa		12	12				
	PSHJ30602	输送气源压力 1=>0.54MPa		13	13				
	LA04303	供给料仓料位 1=高（>0.5m）		14	14	DO	排气阀打开、关闭 1=打开	SOLJ40602	打开则排气 关闭则不排
	LSA07118	接受料仓料位 1=低（<8m）		15	15				
				16	16				
				17	17				
	SSJ1B0602	系统手动 1=手动		18	18	DO	圆顶阀打开、关闭 1=打开	SOLJ20602	打开则加料 关闭则不加
	PB-10602	手动送料 1=送料		19	19				
				20	20				
				21	21				
				22	22				
	PXJ20602	排气阀位置开关 1=全关		23	23				
				24	24				
				25	25				
	PXJ10602	圆顶阀位置开关 1=全关		26	26	DO	密封气阀打开、关闭 1=打开	SOLJ30602	打开则加压 关闭则泄压
				27	27				
	PSHJ50602	排气阀密封气压力 1=>0.52MPa		28	28				
	PSHJ40602	圆顶阀密封气压力 1=>0.52MPa		29	29				
				30	30				
				31	31				
	SSJ1B0602	系统手动 1=手动		32	32				
	PB-20602	手动排料 1=排料		33	33	DO	送料阀打开、关闭 1=打开	SOLJ10602	打开则送料 关闭则不送
	PSLJ10602	输送管道压力 1=<0.04MPa		34	34				
				35	35				
				36	36				
				37	37				
				38	38				

1 2 3 4 5 6 7 8 9 10 11 12 13 14 15 16 17 18 19 20 21 22 23 24 25 26 27

接受料仓料位高
供给料仓料位低
输送气源压力低
控制气源压力低
密封气压力低
管道堵塞
执行器卡死
&
≥1
S
R
3s
14s
排气阀通气时间
11s
加料时间
10s
圆顶阀关闭时间
密封加压时间
15s
排料时间

图1-12 精矿输送系统控制逻辑图

1. 闪速熔炼炉

图 1 – 13 是闪速熔炼炉结构示意图，图中：

(a)是闪速炉正面配置图，下面是沉淀池，沉淀池正面是烧嘴和放铜口，熔炼好的铜锍和炉渣都存放在沉淀池下部；沉淀池左边是反应塔，反应塔的上面是加料系统；沉淀池右边是上升烟道，上升烟道有两个出口，往后是去余热锅炉，往右是去环境集烟系统。

(b)是闪速炉后面配置图，主要是烧嘴。

(c)是沉淀池顶部配置图，主要是沉淀池硫酸盐化烧嘴、温度检测点、渣位检测点、炉内压力检测点。

(d)和(e)是沉淀池左右端部配置图，主要是烧嘴。

闪速炉本体由反应塔、沉淀池和上升烟道三个部分组成。

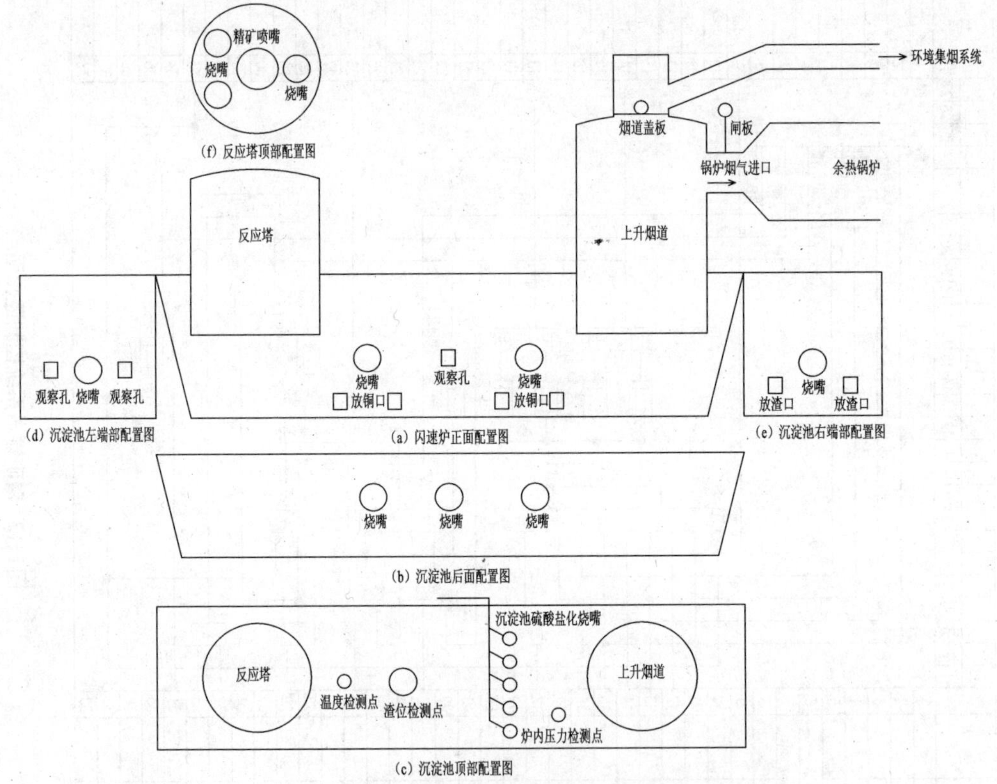

图 1 – 13 闪速炉结构示意图

1)反应塔

反应塔是铜冶炼发生化学反应的主要部位，主要是熔炼铜精矿，由塔顶、塔壁和连接部组成。除塔顶外，塔壁各段是由 20 mm 厚的钢板制成的筒体，各段之间由法兰连接，法兰连接处设置铜水套，圆筒内壳尺寸为 ϕ7590 mm × 7400 mm，反应塔组装由螺栓悬挂在钢结构骨架上，钢骨架通过球面座固定在基础上。

(1)塔顶

塔顶厚为 400 mm，砌筑 RRR – C 耐火砖，整个塔顶耐火砖用三圈同心“H”形水冷梁通过构架吊挂起来，使塔顶与塔壁的耐火砖分离。三圈同心“H”形梁将塔顶分为外环、中环和内环三部分，外环为锥形拱，上设有两个点检孔，以便点检和投放生铁，三支氧燃料烧嘴的二次风管及两个点检孔分布在中环平顶上。中央精矿喷嘴安装在内环正中央，喷嘴筒体部分与塔顶耐火砖用隔热板分开。三圈 H 梁用钢结构连接在一起，内圈 H 梁和上方的圆梁焊在一起，圆梁用四根圆钢悬挂在钢结构骨架上，中央精矿喷嘴安装在圆梁上。

(2)塔壁

根据反应塔工作条件，塔壁上部内衬选用 RRR－RCE－Vb_4 耐火砖，而中下部选用 MAC－EC耐火砖，沿高度方向设有 11 层环形铜板水套。在侧壁两圈外壳筒体法兰间安装有 6 层 65 mm 厚的环形铜板水套，水套凸出塔壁 50 mm。在两层 65 mm 厚的环形钢板水套间设有一层厚 75 mm 的环形铜板水套，共 5 层。

反应塔与沉淀池连接部因受高温熔体及含尘气流的强烈冲刷和侵蚀，是闪速炉容易损坏的部位，用“倒 F”形铜水套的方法冷却所砌耐火砖。

(3)三角区

反应塔底部三角区采用吊挂方式砌筑 RRR－C 耐火砖。砖与底部环形“H”形梁间预先设置异形砖，并在“H”梁上焊筋爪后浇注 C－CrMgS。

2)沉淀池

沉淀池是一个长方形池子，沉淀池除顶部外四周及底部由钢板围起，底板厚为 16 mm，铺在底梁上。底板分成数块，两块底板接缝处选在工字钢底梁的翼缘上，一端不焊接，另一端只在中部焊 300 mm，两块底板接缝处留 10 mm 间隙，池外壳钢板为 9 mm 厚，相互之间不焊接，各留出 10 mm 的间隙。外壳钢板与底板之间也不焊接以满足钢板的热膨胀。外壳四周，由沉淀池立柱加固，池端部有 6 根异形钢柱；侧部有 13 根立柱，立柱上固定 9 根方形断面梁，从上至下顶住外壳钢板，使沉淀池构架形成一个整体。

沉淀池侧墙设有 4 个铜锍口，2 个放渣口，2 个点检孔，12 个烧嘴孔，顶部有 6 个物料投入孔(检尺孔)和 2 个测温孔。

(1)炉底

炉底厚为 1823 mm，为防止炉底漏铜，沿沉淀池内表面四周焊上筋爪，捣固一周厚 50 mm、高 2784 mm 的 C－CrMgS 浇注料。而且炉底各层耐火砖均为反拱形，反拱形高为 305 mm。炉底共有 8 层，从底部向上依次是厚 90 mm 的耐热混凝土，厚 40 mm 的石棉板。三层立砌 PX－C_3 砖，每层厚为 230 mm，一层立砌 SK－34 耐火砖，厚为 230 mm，一层厚为 114 mm 的 S－MH 镁质捣打料和一层 250 mm 厚的 RRR－S 耐火砖，一层 400 mm 厚的 RRR－C 耐火砖。

(2)炉墙

沉淀池墙厚为 662 mm，倾斜角为 10°，其耐火砖根据工作状况进行选择。在渣线区渣侵蚀严重，选用了抗渣性、抗冲刷性强的 MAC－EC 耐火砖，在气流区选用抗冲刷，耐剥落性强的 RRR－ACE－U_{34} 耐火砖，而铜锍区选 RRR－C 耐火砖。

为了保护炉衬，延长耐火砖的使用寿命，沿渣线一周设有 39 块倾斜铜板水套；在反应塔下面沉淀池的三面墙及另一端墙，因熔体冲刷、侵蚀激烈，炉墙易损坏，在渣上方设有 40 块水平铜板水套，并在反应塔下的三面墙上，在砖与波纹板之间设有 6 根翅片冷却铜管，以加强炉墙易损区的保护。

(3)拱顶

拱顶吊挂砌筑 RRR－C(材质与 RRR－C 相同，外表面用铁皮包裹)。为防止拱顶耐火砖轴向变形、脱落以延长其使用寿命，用6根"H"形梁以固定拱顶砖。该"H"梁埋2根带翅片的铜管后浇注C－CrMgS，上部为水槽，冷却水经铜管后排放到水槽内，经水槽再进入排水管。对人形"H"梁，为了使上部水槽各处保持一定的水位，在槽内不同高度设置了挡水板。

3）上升烟道

上升烟道由顶部、侧墙、后墙和连接部组成，是闪速炉烟气通入废热锅炉的通道。烟道顶部分为斜顶和平顶，均采用吊挂方式砌筑耐火砖。在上升烟道的出口和废热锅炉的入口之间装有两块水冷闸板，用于控制高温烟气的走向。正常生产时这个水冷闸板是提起来的，使冶炼烟气经过废热锅炉、电收尘器再到制酸系统；而在故障检修时，则关闭这个水冷闸板，冶炼烟气从上升烟道顶部的事故排烟口，经环集风机、环集烟囱排空。

（1）顶部

顶部分斜顶和平顶，厚度为375 mm，均采用吊挂方式砌筑RRR－C耐火砖，平顶设有5根"H"形梁，以加固平顶砖。

（2）上升烟道两侧墙在高度方向分成12段，各砖体由托板承受其重量，在各段砖体中上下层砖以啮合方式砌筑RRR－C耐火砖，在高度方向壳体上焊有2根工字钢，用槽形开口砖与工字钢嵌在一起，用槽形开口砖再与二侧砖啮合，以增强侧砖体的整体稳定性。

（3）连接部

上升烟道与沉淀池部，在靠沉淀池拱顶一侧其断面为圆弧形过渡，该部位因受气流冲刷、侵蚀严重，采用内埋双排（每排7根）翅片铜管、浇注C－CrMgS结构；另一侧为垂直相交，砌砖结构，砌筑RRR－C。在砖与上升烟道侧墙交接处内埋2根（一排）铜管并浇注C－CrMgS。

2. 加料系统（精矿失重秤计量系统）

闪速炉的铜精矿计量装置在生产过程中起着非常重要的作用，它直接关系到闪速炉的正常生产和安全。以前闪速炉的铜精矿计量是采用"冲板流量计"，例如江西贵溪冶炼厂20世纪70年代末从日本引进的闪速炉冶炼技术，就是用"冲板流量计"对铜精矿进行计量、控制。主要问题是测量精度低，零点不稳定，经常要进行校验，而校验起来又非常麻烦。

现在的铜精矿失重秤计量系统是芬兰奥托昆普公司从食品工业的计量装置借鉴过来的，最大特点就是测量精度高、控制稳定、维护工作量小。目前世界上闪速炉的加料系统大多都淘汰了过去使用的一些落后方法，这一先进的测控装置，是闪速炼铜工艺中不可缺少的一套控制设备，用于铜精矿、烟灰、铜锍粉、石灰等的计量和控制。

失重秤计量系统是奥托昆普公司的专用产品，价格非常昂贵，一套要1000多万元人民币。随着进口设备的国产化，现在国内也有一些厂家在生产失重秤计量系统，除应用于铜冶炼行业外还在推广应用于其他各种行业。

1）失重秤计量系统的组成

图1－14是失重秤计量系统工艺流程图，从该图可以看出，指定框内为失重秤计量系统设备。失重秤计量系统由料仓流态化系统、排气系统、加料系统、给料系统、称量系统、控制系统等组成。

（1）料仓流态化系统

料仓上共装有2套流态化系统，每套有20个流态化喷嘴（分三排），由截止阀、分配管、控制阀、流量计、减压阀、橡胶软管、流态化喷嘴等组成。这套系统只在计量仓进料时使用，加完料后就关闭，下一次再加料时再投入使用。

干燥的压缩空气经球阀（HV0305、HV0306）控制、经自力式减压阀减压后，送给流态化

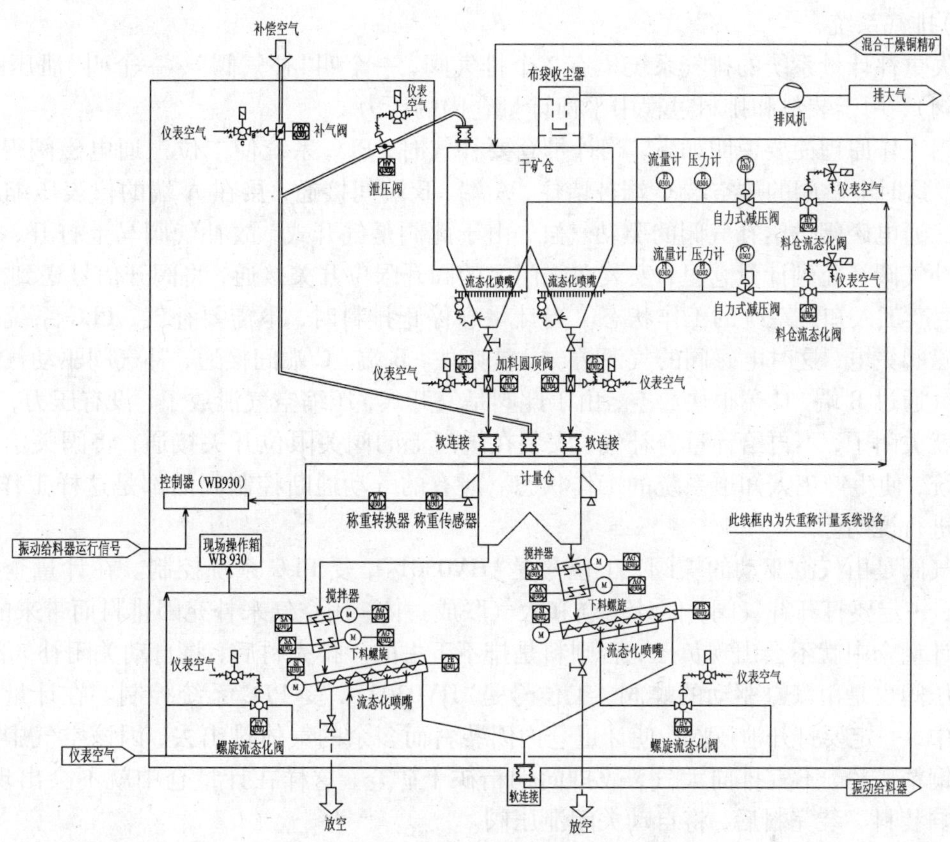

图 1－14　精矿失重计量系统工艺流程图

喷嘴，对干矿仓下部周围进行吹扫，使铜精矿呈沸腾状态，容易流动，方便下料，称流态化。球阀受电磁阀控制，电源电压是 AC 220 V，电磁阀又是受 PLC 系统控制的。自力式减压阀的作用是降低流态化空气的压力，同时还起稳定流态化空气压力的作用。图 1－15 是失重秤的流态化、供料系统，图 1－16 是失重秤的输送系统。

图 1－15　失重秤的流态化、供料系统

图 1－16　失重秤的输送系统

(2)排气系统

在失重秤计量系统的排气系统里有 2 个排气阀，一个叫“补气阀”，一个叫“泄压阀”(也称呼吸阀)，用于装料和排料过程中平衡计量仓内的压力。

阀门工作原理简要说明如下：当计量仓要补气时，PLC 系统使二位三通电磁阀得电(AC 220 V)，这时电磁阀的放空端 C 端被堵住，A 端、B 端间接通，接在 A 端的仪表压缩空气通过二位三通电磁阀供给补气阀的驱动气缸，由于此阀是气开式，故补气阀马上打开，自由空气通过补气阀补充到计量仓里；安装在阀门上的阀开限位开关接通，将阀开信号送到 DCS 系统，使生产工人知道系统的工作状态。当计量仓停止排料时，不需要补气，PLC 系统使二位三通电磁阀失电，这时电磁阀的气源端(A)被堵住，B 端、C 端间接通，补气阀驱动气缸内的压缩空气通过 B 端、C 端很快放空，由于此阀是气开式，压缩空气泄放了，没有压力，故补气阀很快就关闭了，不再给计量仓补气；安装在阀门上的阀关限位开关接通，将阀关信号送到 DCS 系统，使生产工人知道系统的工作状态。所有的气动通断控制阀门都是这样工作的，以后不再进行说明。

补气阀是由气缸驱动的蝶阀，工位号是“HV0301”，受 PLC 系统控制。在计量仓排料的过程中，一定要打开补气阀，使计量仓和大气联成一体，用空气来补充因排料而带来的空间，这样在计量仓中就不会出现负压，否则料是排不下去的。排完料后，将自动关闭补气阀。

泄压阀也是由气缸驱动的蝶阀，工位号是“HV0302”，受 PLC 系统控制。在计量仓装料的过程中，一定要打开泄压阀，使计量仓内因装料而多余的气体排出去，因该空气中还混有一定的铜精矿粉，不宜排向大气，故排向铜精矿干矿仓，这样在计量仓中就不会出现正压，不会影响装料。装完料后，将自动关闭泄压阀。

注意：呼吸阀不能堵塞，否则加料系统不能正常工作。

(3)加料系统

加料系统主要是 2 个加料用的圆顶阀(HV0303、HV0304)。

加料阀是气动控制的圆顶阀，密封好、下料快，受电磁阀控制，电磁阀受 PLC 系统控制。圆顶阀内有一个密封圈，在关闭时要给它加上密封用压力，铜精矿就不会泄漏，“PS0301”就是测量密封压力的压力开关，该开关开路表示密封压力低下，密封已经失效，会发生物料泄漏，故要马上更换密封圈。

在圆顶阀上安装有阀开和阀关的限位开关，阀门动作时将有关信号送到 DCS 系统，使生产工人知道系统的工作状态。下面对圆顶阀的驱动和密封原理进行简要说明(见图 1－17)。

圆顶阀的驱动和密封都受二位三通电磁阀的控制。

当失重秤计量系统要开阀加料时，控制系统输出一个 DO 信号，二位三通电磁阀得电切换，仪表气源切换到汽缸的上部，使活塞向下运动，阀杆带动圆顶阀阀顶旋转 90°，圆顶阀打开加料。

当计量仓加料到设定值的上限值(例如 50 t)，控制系统停止输出，二位三通电磁阀失电复位，仪表气源切换到汽缸的下部，使活塞向上运动，阀杆带动圆顶阀阀顶反向旋转 90°，圆顶阀关闭，停止加料。

从图中可以看出，关阀气源管后接有一个三通，一路气输出到控制汽缸，用以关闭圆顶阀；另外一路气输出到二位二通阀的输入端。当圆顶阀关闭时，装在阀轴上的限位开关动作，使二位二通阀的输入端和输出端接通，0～0.8 MPa 的仪表空气就送到密封圈，对密封圈

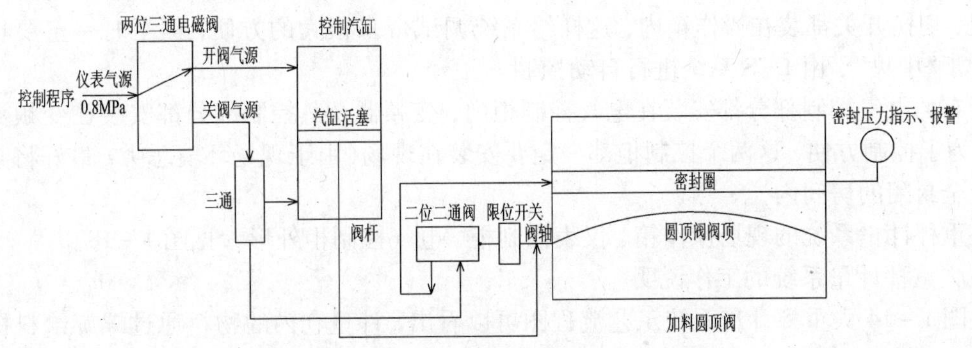

图 1－17　加料圆顶阀的驱动和密封原理

进行加压，使阀门密封良好，上面的物料就不会泄漏出来。

(4)称量系统

称量系统由计量仓和电子秤组成，用于对铜精矿的计量。

铜精矿电子秤系统由称重传感器(WE0301)、转换器(WT0301)、PLC 系统组成。称重传感器共有 3 个，安装在计量仓周围，每个呈 120°。称重传感器将计量仓的质量转换成 mV 信号，转换器(WT0301)将称重传感器送来的 mV 信号转换成 4～20 mA DC 的电流信号，再送给 PLC 系统进行指示、控制。

称重系统的对象是计量仓、两台螺旋给料器、四台机械搅拌装置等，称量设备和非称量设备间用软连接管隔开，以免造成计量误差。在计量仓装料称量之前，将上述设备的质量作为皮重除去，即空仓时称重仪表指示为 0%(4 mA)。

(5)给料系统

给料系统由机械搅拌装置和螺旋给料机组成。机械搅拌装置的作用是对计量仓往给料螺旋下装的物料进行搅拌，使其下料快速。螺旋给料机的作用是将计量仓输出的铜精矿送到振动给料机，是变速螺旋给料机，有效长度 3600 mm，倾角 17°，由变频器控制的齿轮电机驱动。在每个螺旋给料机内还装有四个流态化喷嘴，用压缩空气对螺旋给料机内的物料进行流化，以防止结块堵塞。

(6)控制系统

控制系统由电气控制系统和仪表控制系统组成。有 2 套电气控制器，通过改变变频器的频率来控制螺旋给料机的速度，安装在现场。PLC 控制系统(WB930 控制系统)用于失重秤计量装置的自动和手动控制，可远程或现场操作，安装在中央控制室。还有用于现场操作和调试的现场操作箱。

2)失重秤计量系统的设置

失重秤计量系统有一个仪表控制柜，PLC 系统(WB930 系统)就安装在该控制柜内，整个计量系统都是通过 PLC 系统(WB930 系统)进行自动控制的。这个控制柜本应该安装在生产现场，由于生产现场条件比较恶劣，使用时会产生很多故障，故一般都安装在中央控制室(江铜贵冶开始就是安装在生产现场，但由于现场条件比较恶劣，使用时常常出故障而影响生产，后来将这个控制柜改装到中央控制室后就再也没有出什么故障了)。

由于 PLC 系统安装在控制室，现场调试不太方便，故增加一个现场操作箱，将所有的操作按钮、切换开关都装在操作箱内，这样给系统调试带来很大的方便，但平时一定要将切换开关置于"中央"，由 DCS 系统进行自动控制。

所有的电气控制部分都安装在电气控制柜内，变频器及其控制部分都安装在变频器控制柜内，为了控制方便，这两个控制柜都一定要安装在现场(由于现场环境恶劣，最好将其安装在一个全封闭的房间内)。

失重秤计量系统的现场操作箱、仪表控制柜、电气控制柜外形参见图 1 - 18。

3)失重秤计量系统的工作说明

从图 1 - 14 失重秤计量系统工艺流程图可以看出，计量仓内的物料通过螺旋给料机源源不断地送到闪速炉的中央精矿喷嘴。随着投料量的增加，计量仓内的铜精矿不断减少，到了计量仓内物料质量的下限设定值时(例如 20 t)，控制系统就打开加料圆顶阀，往计量仓内补充铜精矿。在极短的时间内，计量仓重新装料到上限设定值(例如 50 t)，控制系统就停止加料。当装料的影响结束后，螺旋给料机又开始自动进行速度调节(在重新装料的过程中，螺旋给料机的速度是不变的，被锁定在装料前的值)。

失重秤计量控制系统随时都将计量仓的进料总量和现在称量的瞬时值进行差值计算，得到失去物料的质量，除以时间，就能准确计算出从计量仓中排出的物料，并通过调节螺旋给料机的转速来控制排料流量(投料量)，这就是失重秤的测量原理。

铜精矿失重秤计量系统是由 PLC 系统控制的，该系统可以手动控制，也可以全自动程序控制，还可以通过网络通信和闪速炉的 DCS 系统连起来，由 DCS 系统进行远程控制，正常生产时是以后一种控制方法为主。

我们希望的投料量，即来自 DCS 系统的铜精矿给料远方设定值，是由闪速炉给料混合程序(DCS 系统)计算输出的。

说明：

(1)在计量仓重新自动装料的过程中，螺旋给料机的速度是固定不变的，被锁定在装料前的值，当装料过程结束后，两台螺旋给料机的速度再根据中控室的调速信号进行调整。

(2)在 DCS 系统上设定投料量，量程是 0 ~ 160 t/h，其输出信号是 4 ~ 20 mA DC。这个信号送给电气的变频器，调整其频率，实际上是调整螺旋给料机的转速，4 mA 时速度最低，20 mA 时速度最快，故其转速与设定的投料量成正比。

(3)计量仓上的称重传感器将仓内的铜精矿量随时传送到 PLC 系统，这个质量与后面传送来的信号随时进行减法运算，其差值再除以这一段时间，就是我们要求的投料量，这个值是随时变化的。

(4)将这个现场送来的投料量与在 PLC 系统上设定的投料量进行自动运算，就可以自动调整螺旋给料机的转速，保证系统正常、稳定自动运行。

3. 反应塔送风机

1)反应塔送风机的用途

反应塔送风机(见图 1 - 19)是一台离心风机。它送出的空气和制氧车间送来的氧气混合后，由中央精矿喷嘴与精矿混合喷入反应塔内，和精矿等产生化学反应。

2)反应塔送风机的工作原理

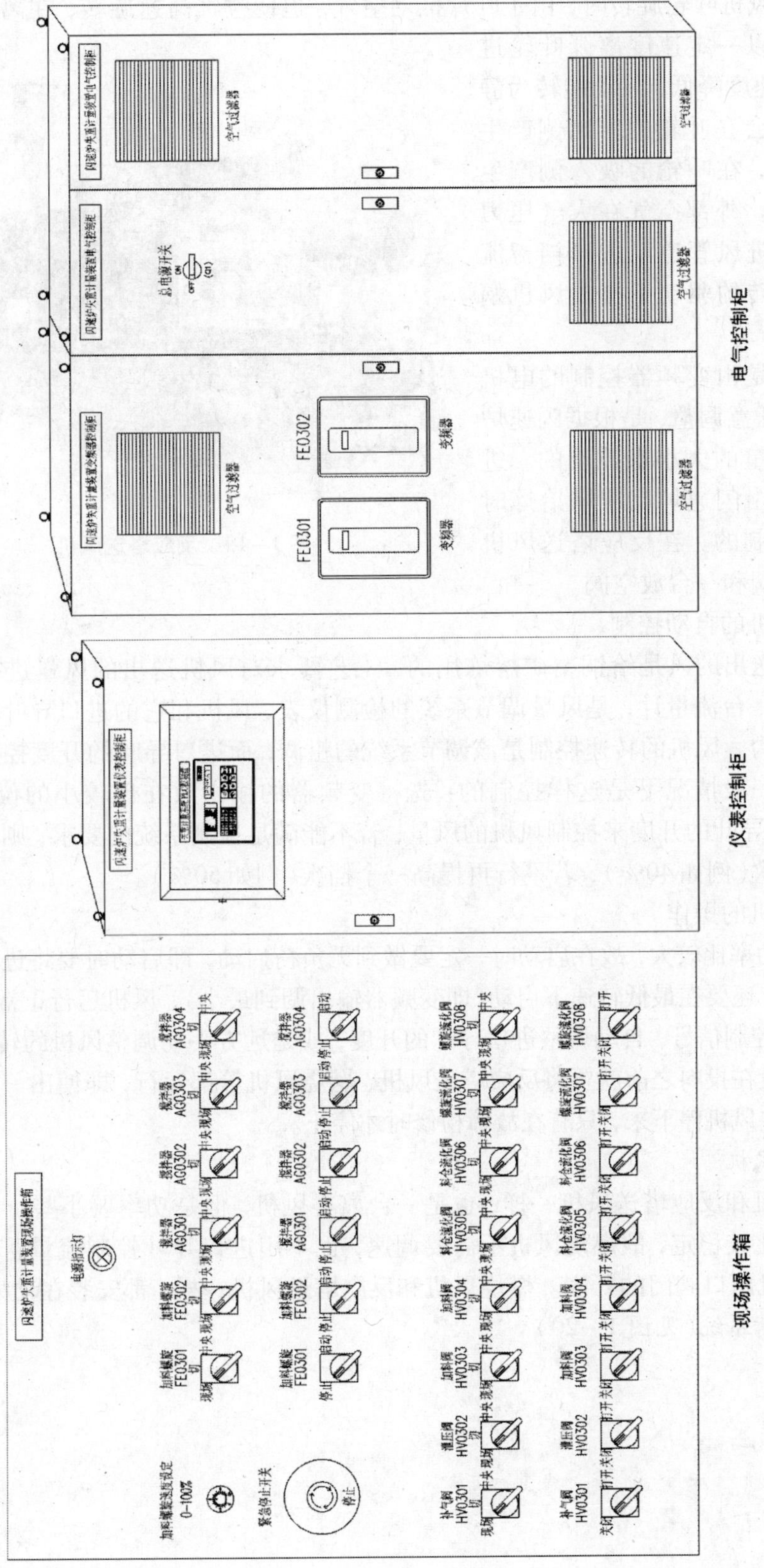

图1-18　失重秤计量系统控制柜及操作箱外形

当电动机带动风机叶轮旋转时，由于叶片推动空气，迫使空气高速旋转，在离心力的作用下沿叶片流动，以一定速度离开叶轮进入蜗壳，在蜗壳中速度降低，将动能转为静压而排出。这样就会在叶轮的排出侧产生一定压力的高压区，在叶轮的吸入侧产生一定负压的低压区。外部空气在大气压力的作用下，经风机进风管道至进口挡板流入叶轮，在叶轮旋转的驱动下排出风机蜗壳，经出口阀送出。

图 1－19　反应塔送风机

反应塔送风机是由变频器控制的电机驱动的，速度可以任意调整，是根据闪速炉反应塔冶炼时用风量的大小来控制的。进口挡板的开度也是由闪速炉反应塔冶炼时用风量的大小来控制的。在反应塔送风机出口还有一台出口阀和一台放空阀。

3）反应塔送风机的自动控制

反应塔送风机送出的风是给铜精矿熔炼用的，工艺要求对风机送出的风量进行自动调节。在风机出口有一台流量计，是风量调节系统的检测仪表，风机和它的进口导叶都是风量调节系统的执行机构。风机的转速控制是该调节系统的粗调，而进口导叶的开度控制则是该调节系统的微调。一般情况下是这样控制的：先将变频器的输出放在比较小的位置（例如30%），由风机进口导叶的开度来控制风机的风量；若不能满足控制系统的要求，则将变频器的输出提高一个档次（例如40%），若不行再提高一个档次（例如50%）。

4）反应塔送风机的操作

反应塔送风机功率比较大，故在启动时一定要做到无负荷启动，即启动时要将进口导叶全部关闭（不带负荷），还要在最低转速下启动（即变频器输出调到最小），风机运行正常以后，再根据DCS系统来的控制信号，自动调整进口导叶的开度，或是远方手动调整风机的转速，以满足生产的需要。一般在投料之前就要将反应塔送风机、燃烧风机等都运行，即使出一点问题临时停产也不要将这些风机停下来，只有在故障检修时才停止。

4. 反应塔燃烧风机

反应塔燃烧风机和反应塔送风机一样，也是一台离心风机，但是功率要小些。由于反应塔燃烧风机的风量比较稳定，故燃烧风机不需要调速，也不用进口导叶控制流量，若要调整流量，可以调整风机出口阀门的开度。燃烧风机和反应塔送风机一样，都安装在动力中心。

5. 中央精矿喷嘴系统（见图 1－20）

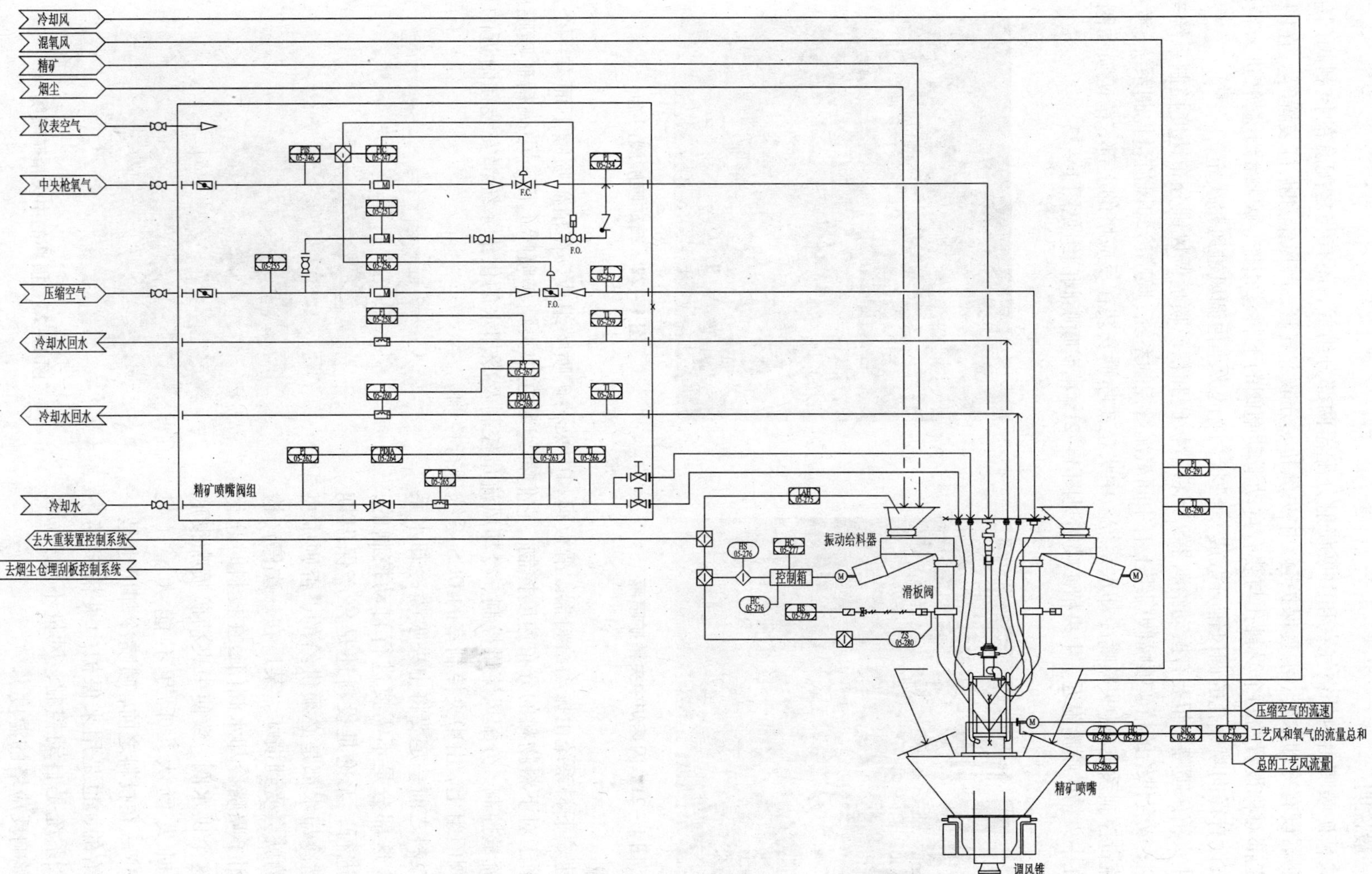

图1-20　中央精矿喷嘴系统工艺流程图

1）一般说明

中央精矿喷嘴由内外空气室和中央喷射分配器两部分组成，还有与之配套的控制阀门组。中央喷射器设有冷却水套、水套保护套、中央氧枪、分散空气管、调风锥和振打装置等。在中央喷射器上部对称设置的两个受料孔与装有自动滑动闸阀的下料管相连，炉料沿下料管进入精矿喷嘴，被设有径向喷气孔的调风锥分散成"伞"状，伞的大小由调风锥风量决定。

在中央精矿喷嘴上组装有振动给料器、下料滑板阀和精矿喷嘴调风锥分布速度控制系统等，用于下料；成套供给的精矿喷嘴阀门组上有中间氧流量控制系统、喷嘴冷却风流量控制系统、喷嘴分配风流量控制系统、中央喷嘴冷却水系统。中央精矿喷嘴安装在反应塔的上部，精矿喷嘴阀门组安装在中央精矿喷嘴附近。中央精矿喷嘴见图1－21，精矿喷嘴阀门组见图1－22。

图1－21　闪速炉中央精矿喷嘴

图1－22　精矿喷嘴阀门组

闪速炉下料系统由振动给料器、滑板阀和中央精矿喷嘴组成，在精矿喷嘴下面有一个调风锥，用于对下料物料的分布速度控制，它们都组装在中央精矿喷嘴上面。中央精矿喷嘴的中间氧流量控制、分配风流量控制、冷却风流量控制及冷却水的供给系统都安装在附近的精矿喷嘴阀门组上，由中央控制室的DCS系统进行控制。

在投料之前一定要将中央喷嘴冷却水系统投用，这部分是不需要进行自动控制的，全手动进行，无论是投料还是停产保温期间，喷嘴冷却水都是必须供给的，否则中央精矿喷嘴就会受到损坏。某厂在一次停产检修时关闭了喷嘴冷却水阀门，在投料时忘记了打开这个供水阀，致使中央精矿喷嘴彻底报废，损失巨大，千万不能大意（见图1－23）。在投料之前，喷嘴冷却风也是一定要供给的，也是用来保护中央精矿喷嘴的，这个系统是自动控制，风量不能过大，否则会影响反应塔的温度。

图1－23　损坏的中央精矿喷嘴

系统投料的顺序是先启动中间氧流量控制系统、分配风流量控制系统（此时将自动关闭冷却风），接着放下精矿喷嘴调风锥，打开滑板阀，再启动振动给料器。由给料螺旋送来的混合物料经振动给料器、滑板阀和精矿喷嘴调风锥下到反应塔，在反应塔的上部，物料在富氧空气燃烧的高温环境下，瞬间就熔化成了铜锍和炉渣，下落到沉淀池的底部。

系统停料的顺序是先停止振动给料器，关闭滑板阀，再将调风锥提到最高位置，关闭中间氧流量控制系统、分配风流量控制系统（此时将自动供给冷却风）。下面介绍中央精矿喷嘴的附属设备和有关控制系统。

2）控制系统

（1）振动给料器的控制（HC05277）

从图1－20中央喷嘴系统工艺流程图可以看出，振动给料器是组装在中央精矿喷嘴上的一个附属设备，其作用是为了使铜精矿下料更加均匀快速。

振动给料器是由变频器控制的调速电机驱动的，故其给料速度是连续可调的。在振动给料器旁边有一个现场控制箱，可以用于振动给料器的现场启动、控制，但正常生产时必须由中央控制室DCS系统启动和控制。振动给料器的速度可以在现场和远方根据加料系统自动调节，正常操作来自中央控制室的DCS系统。

振动给料器上有一个料位开关，如果出现料斗高位报警表示给料系统出现故障，报警的同时给料器将被DCS系统联锁停止运转，加料系统则自动联锁终止运行。

（2）滑板阀的控制（HS05279）

在振动给料器的下边装有一个滑板阀，主要用于保护振动给料器等设备。如果精矿喷嘴加料系统停止工作，没有任何一种低温的气体吹进精矿喷嘴，反应塔内的高温烟气就会传到振动给料器上，增加这一滑板阀后就可以将现场的给料系统与闪速熔炼炉的高温烟气隔离。滑板阀的工作与振动给料器联锁，二者同时处在工作或关闭的状态。

在滑板阀上装有限位开关，如果滑板阀打不开，则自动停止振动给料器和上游的精矿运输、给料系统。

（3）精矿喷嘴调风锥分布速度控制系统（SIC05288）

精矿喷嘴调风锥是一台关键设备，它工作状态的好坏关系到整个闪速熔炼炉的生产是否能正常运行。调风锥的位置信号和开口处的内部几何形状一起被用来计算调风锥开口处的空气速度，在精矿喷嘴开始工作后，控制器一定要连接成远程方式，由中央控制室的DCS系统进行远程自动控制。在精矿喷嘴停止加料（失败）的情况下，调风锥要提到最高位置，远离热源，以避免高温烟气损坏。

调风锥控制装置是一个单独的装置，它是由电动执行器控制的，驱动调风锥的三个阶段电动执行器，被调整到一个准确的控制位置，是用精矿加料速度和富氧空气的流动速率计算后对调风锥进行定位控制的，以便实现在调风锥开口处最好的物料分布速度。控制装置安装在精矿喷嘴附近。

该控制系统由下列部分组成。

①检测仪表：位置转换器，将精矿喷嘴调风锥位置转换成4～20 mA DC电流信号。

②指示、调节器：由手操器和指示调节器组成。手操器是现场控制精矿喷嘴调风锥的位置的，量程是0～300 mm，控制值是200 mm。在精矿喷嘴旁边有一块现场控制仪表盘，这个现场盘用于精矿喷嘴设备的测试和检查，例如调风锥定位控制。系统的正常操作一定要在中央控制室DCS上进行，也就是DCS系统的输出信号经手操器切换后再去控制执行机构。指

示调节器是自动控制精矿喷嘴调风锥的位置的，量程是 0 ~ 300 mm，控制值是 200 mm，由 DCS 系统进行控制。调节器的输出是反作用(RA)。

③执行机构：由 AC 380 V 电机和调风锥组成，安装在调风锥边上。电机驱动调风锥，改变其位置，包括位置变送器和安全限位开关。

说明：精矿喷嘴的总工艺风流量(FY05289)参与计算调风锥的位置。将总的工艺风温度信号(TI05290)、压力信号(PI05291)一起送到 DCS 系统，进行温度、压力补偿，以减少因温度、压力波动而带来的总工艺风流量的测量误差。

工艺风总流动速率信号的计算，被进一步用到工艺风送往闪速熔炼炉喷嘴的出口速度计算。出口速度用作速度控制器的工艺变量，如果速度计算是基于测量的变量，将在系统中会产生一个正反馈，引起调风锥连续上下振荡。

将装置总工艺风流量[m^3/h(标况)]转换成实际工况的体积流量(m^3/s)：

$F_{act} = F_{tot} \times (T + 273) \times 101/3600/273/p$

计算工艺风的总流动速率(m^3/s)和喷嘴环出口面积(m^2)，以计算从精矿喷嘴到闪速熔炼炉的工艺风出口速度。出口面积根据调风锥 ZIT05286 的位置依次计算，位置范围是 0 ~ 250 mm，对应于位置变送器 ZIT05286 的 4 ~ 20 mA DC 输出信号，4 mA 是输出底值(调风锥最低位置)。

在调风锥的位置范围 180 ~ 250 mm(17.6 ~ 20 mA)中，出口面积是固定的，

$A = 0.0825\ m^2$

在调风锥位置范围 0.00 ~ 180 mm(4 ~ 17.6 mA)中，出口面积(m^2)用下式计算：

$$A = -1.24 \times 10^{-4} \times I^2 + 0.0073 \times I - 0.0076$$

这里 I 为：0.00 ~ 180 mm。

工艺风出口速度是现在的流量除以面积：

$$S = F_{act}/A$$

式中：S 是计算模块 DIV 的输出值，m/s，这个值受工艺风出口速度的控制。

DCS 系统正常的 PID 控制，带有出口速度现场设定点，控制器的输出被连接到调风锥 ZIT05286 的定位系统。如果任一工艺风控制器是在手动模式，该控制器被强制为手动(在这些情况下，没有传感器在自动工作，这里有一个控制不稳定的风险)。不过，工艺变量(出口速度)的指示将保持。当所有的流量控制器再次处于自动时，这个速度控制器 SIC05288 将认定最后的操作状态。

在正常的自动操作时，控制器的输出仅允许在 4 ~ 17.6 mA 范围内。当精矿给料停止时，为了冷却的目的，调风锥将缩回到喷嘴本体(最高处)，而控制器被强制输出 20 mA。

控制器 SIC05288 的输出(RSP)和调风锥位置变送器 ZIT05286 的输出(PV)，被连接到定位器的输入之中，如果控制器 SIC05288 的信号和位置变送器 ZIT05286 的信号之间存在差别，定位器将驱使调风锥装置使差别接近于零。

该系统还有上高扭矩报警、下高扭矩报警、顶部位置限制开关、底部位置限制开关和控制装置电气故障公共报警信号，这些报警信号送往 DCS 系统，定位器包括必要的调风锥驱动的保护电路和信号，这些信号也在 DCS 系统中指示不正常的情况。

定位器上有现场模式和远程模式，包括现场、远程开关以及现场“上”和“下”操作按钮，来自 DCS 系统的控制只可能在远程模式。如果调风锥是从控制室进行控制，这些信号则被送往 DCS 系统，以便提醒操作者。联锁控制逻辑见图 1 - 24。

(4)精矿喷嘴中间氧流量控制系统(FIC05247)(中间氧气)。

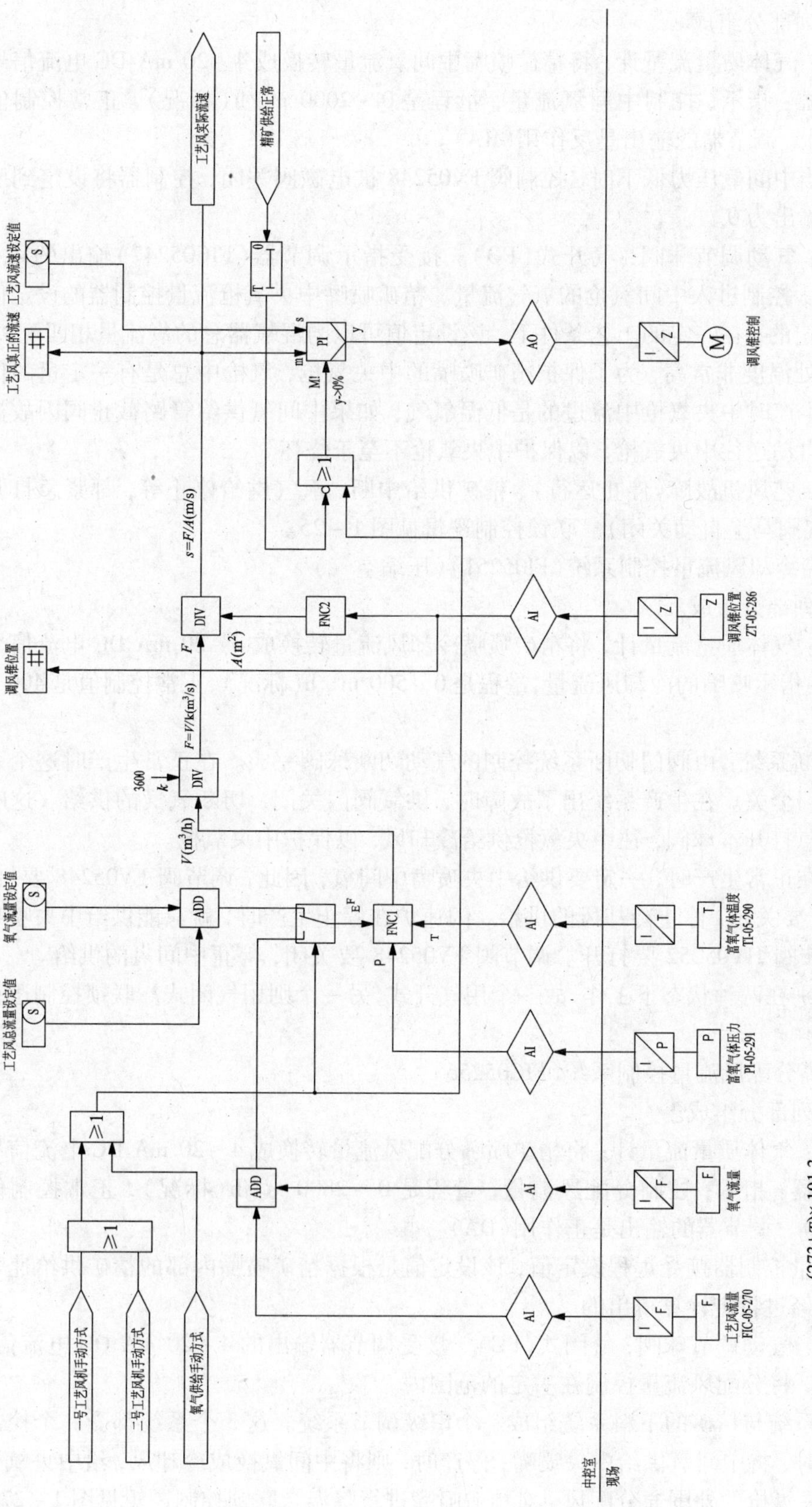

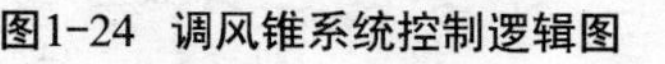

$$FNC1=\frac{(273+T)\times 101.3}{273\times (101.3+P)\times E}F$$

$$FNC2=-1.24\times 10^{-4}\times I^2+0.0073\times 10^{-2}\times I-0.0076$$

图1-24 调风锥系统控制逻辑图

该系统由下列部分组成。

①检测仪表：气体质量流量计，将精矿喷嘴中间氧流量转换成4～20 mA DC电流信号。

②指示调节器：指示、控制中间氧流量，量程是0～2000 m^3/h（标况），正常控制值是1500 m^3/h（标况）。调节器的输出是反作用（RA）。

联锁条件：当中间氧压力低下时，控制阀FV05248被电磁阀关闭，控制器将设定到手动模式，并且控制输出为0。

③执行机构：气动调节球阀，气开式（PO）。接受指示调节器（FIC05247）输出的4～20 mA DC电流信号，控制进入中间氧枪的氧气流量。精矿喷嘴中央氧枪流量控制器的设定值通常是由操作者给定的，在一定的工艺条件下，该设定值可以与混氧器总的氧流量相匹配。

由于反应塔处温度非常高，为了保护精矿喷嘴的中央氧枪，氧枪中总是有一定量的低温气体流过，正常生产时中央氧枪中流过的是低温氧气，如果中间氧供给管路截止阀因故被关闭，则冷却风就自动送往中央氧枪，以保护中央氧枪不至于烧坏。

联锁条件：工艺风机故障（停止运行）、精矿供给中断、氧气供给停止等，都紧急打开冷却风截止阀（氧气阀马上自动关闭）。联锁控制逻辑见图1－25。

（5）精矿喷嘴冷却风流量控制系统（FI05251）（压缩空气）

该系统由下列部分组成。

①检测仪表：气体质量流量计，将精矿喷嘴冷却风流量转换成4～20 mA DC电流信号。

②指示仪表：指示喷嘴的冷却风流量，量程是0～500 m^3/h（标况），正常控制值是400 m^3/h（标况）。

③冷却风切断系统：由阀门切断系统控制的气动切断球阀完成。在正常生产时这个系统不起作用，即阀门全关。在生产系统出了故障时，供氧阀门关闭，切断氧气的供给。这时通过联锁回路，紧急打开本球阀，往中央氧枪供给冷却风，以保护中央氧枪。

注：闪速炉在正常生产时，一定要供给中央喷嘴中间氧，因此，调节阀FV05248要打开，调节阀HV05252要关闭，停止冷却风的供给。闪速炉在停止生产时，就只能供给中央喷嘴冷却风，因此，调节阀HV05252要打开。调节阀FV05248要关闭，停止中间氧的供给。

这两个阀分别在两种状态下工作，故一个用气开式，另一个则用气闭式。联锁控制逻辑见图1－26。

（6）精矿喷嘴分配风流量控制系统（FIC05256）

该系统由下列部分组成。

①检测仪表：气体质量流量计，将精矿喷嘴分配风流量转换成4～20 mA DC电流信号。

②指示调节器：指示、控制分配风流量，量程是0～2800 m^3/h（标况），正常控制值是2500 m^3/h（标况）。调节器的输出是正作用（DA）。

分配空气流量控制器接受远程设定值，该设定值是根据精矿喷嘴内部的精矿供给速率和工艺风流出速度经过特定计算得出的。

③执行机构：气动调节球阀，气闭式（PC）。接受调节器输出的4～20 mA DC电流信号，控制阀门的开度，将分配风流量控制在一定的范围内。

注：该控制系统与精矿的下料系统组成一个串级调节系统。这3个系统都受一个控制逻辑控制，即生产时，将中间氧供给中央喷嘴；停产时，则将中间氧换成冷却风，给中央氧枪降温，同时，经中央氧枪的外围通分配风，对精矿喷嘴进行降温。联锁控制逻辑见图1－27。

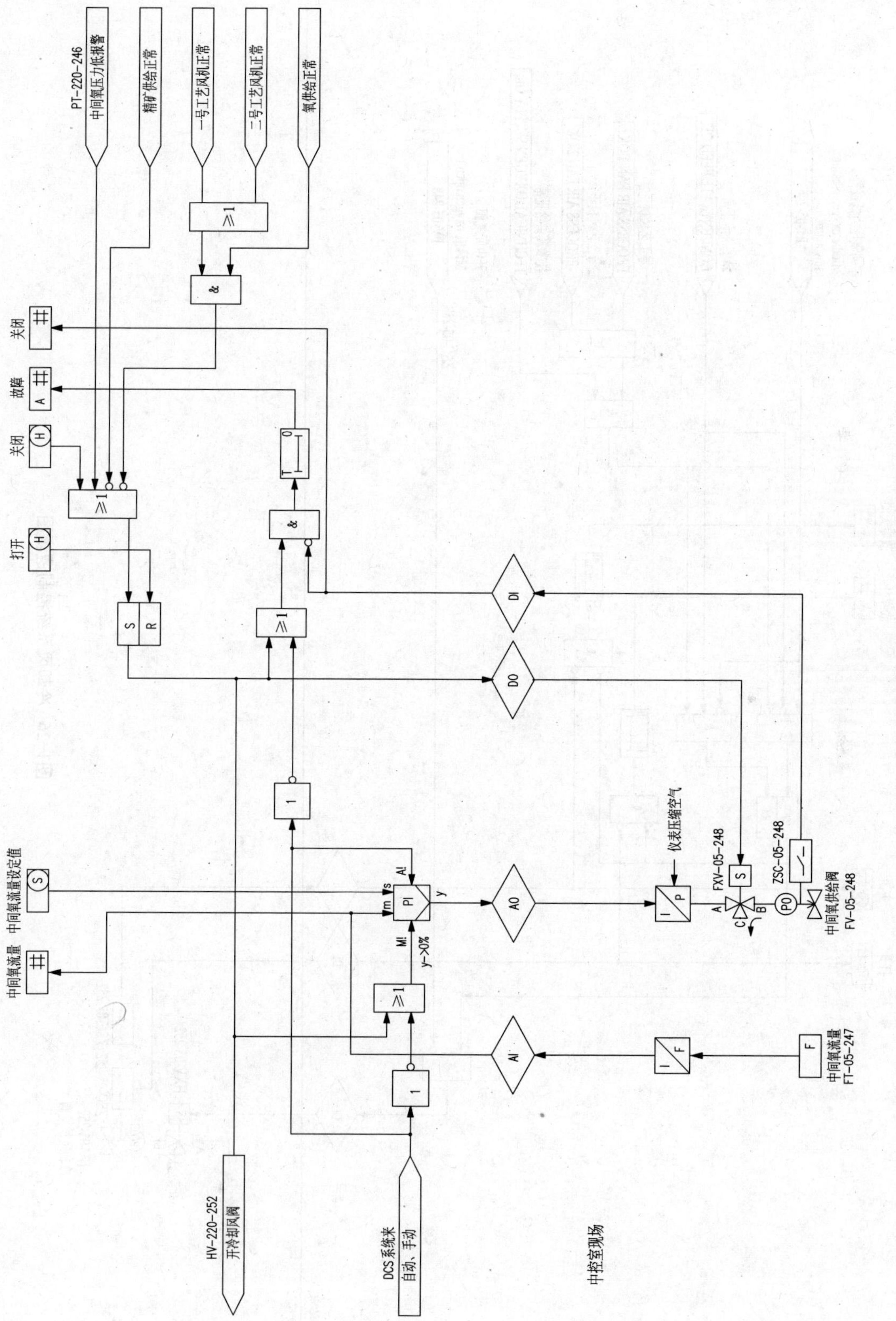

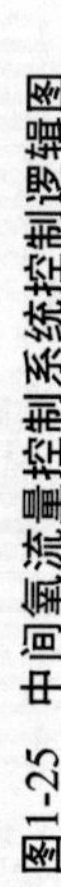

图1-25 中间氧流量控制系统逻辑图

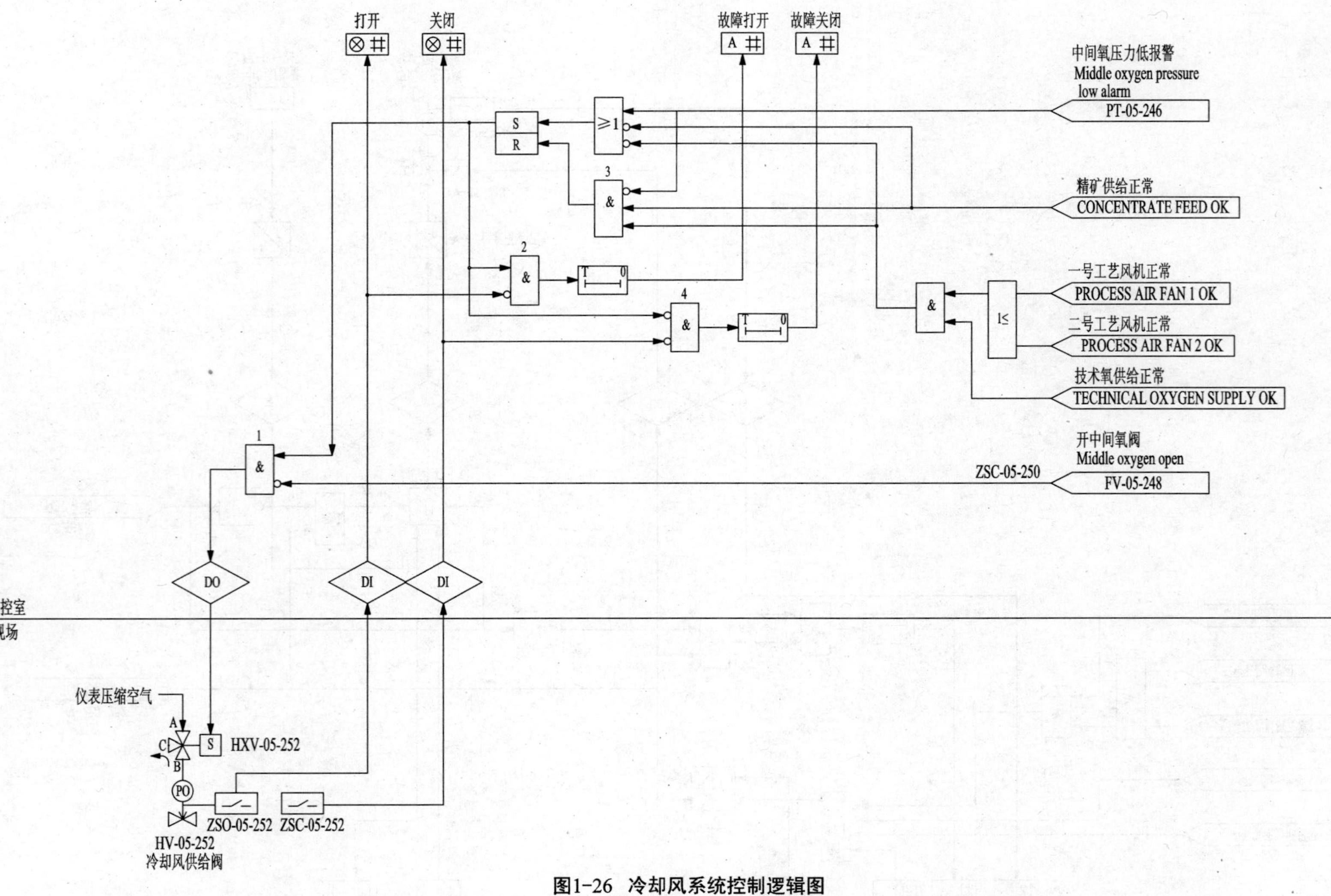

图1-26 冷却风系统控制逻辑图

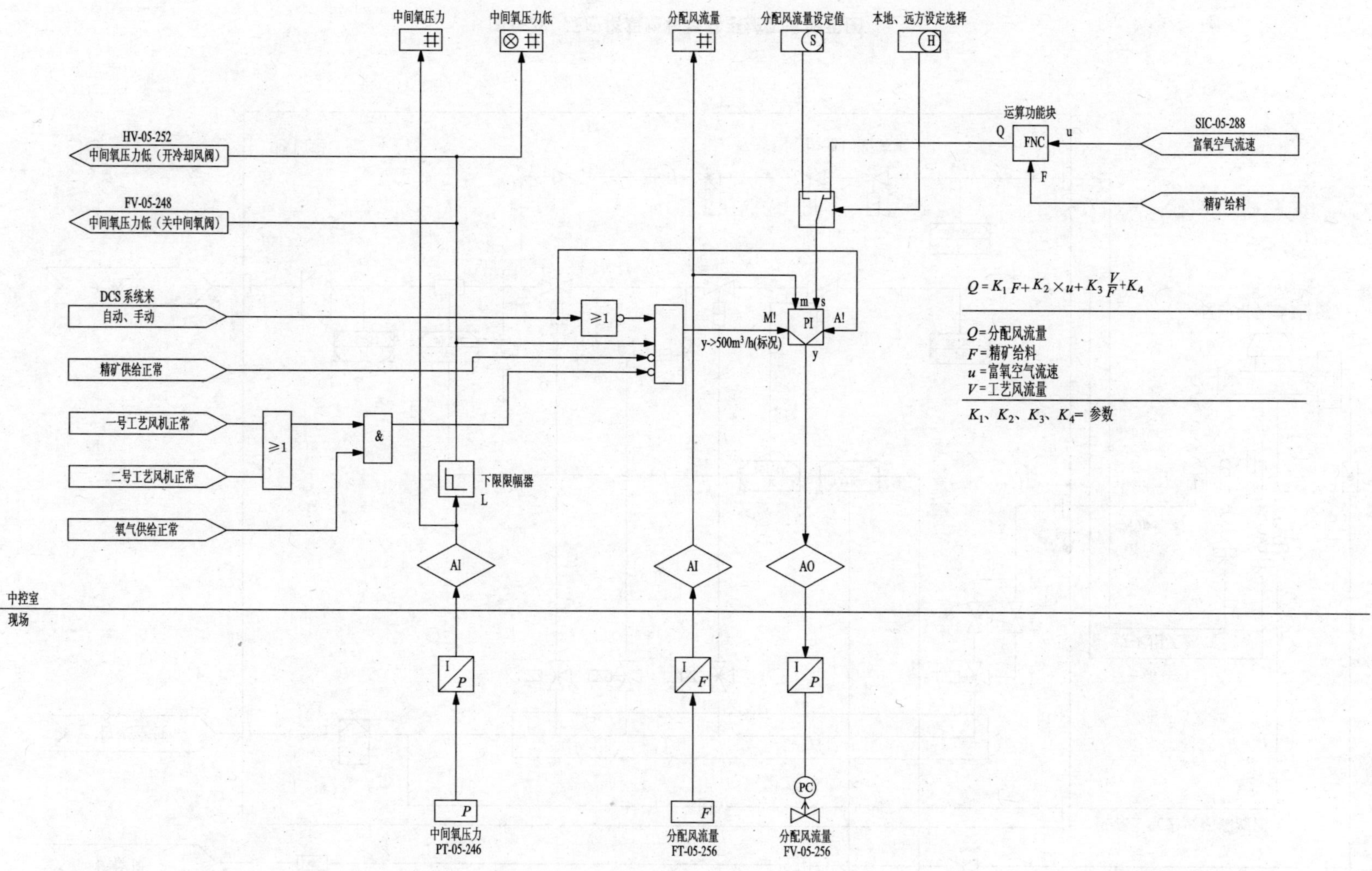
中间氧压力
中间氧压力低
分配风流量
分配风流量设定值
本地、远方设定选择
HV-05-252
中间氧压力低（开冷却风阀）
FV-05-248
中间氧压力低（关中间氧阀）
DCS 系统来
自动、手动
精矿供给正常
一号工艺风机正常
二号工艺风机正常
氧气供给正常
运算功能块
FNC
SIC-05-288
富氧空气流速
精矿给料
$Q=K_1F+K_2\times u+K_3\frac{V}{F}+K_4$
Q = 分配风流量
F = 精矿给料
u = 富氧空气流速
V = 工艺风流量
K_1、K_2、K_3、K_4 = 参数
y>500m³/h(标况)
PI
AO
AI
下限限幅器
L
中控室
现场
中间氧压力
PT-05-246
分配风流量
FT-05-256
分配风流量
FV-05-256

图1-27 分配风流量控制系统控制逻辑图

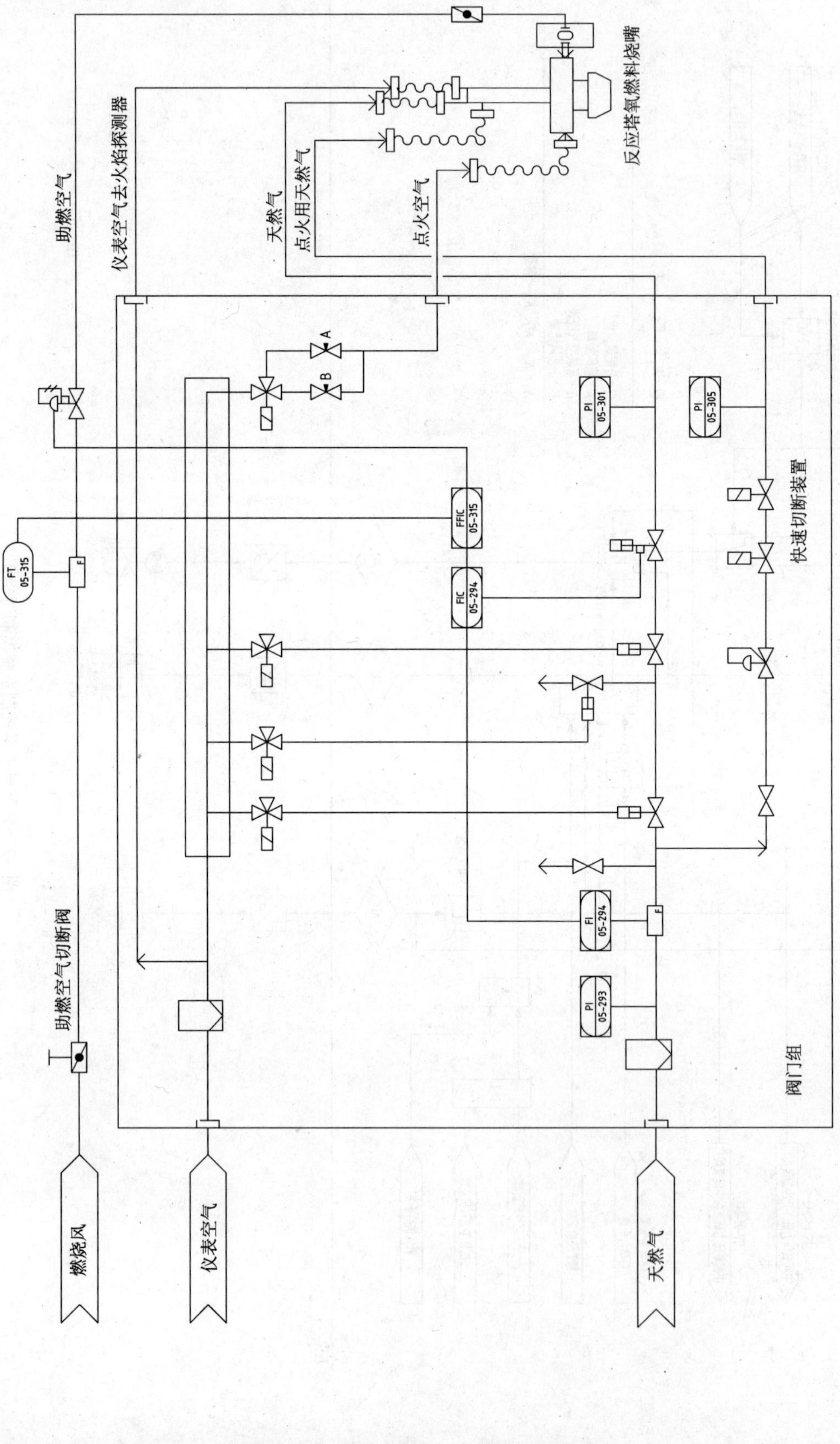

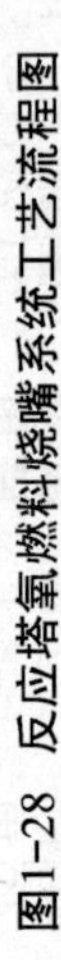

图1-28 反应塔氧燃料烧嘴系统工艺流程图

(7)中央喷嘴冷却水系统

该系统由1个供水流量检测、2个回水流量检测、2个回水流量相加计算及流量差计算系统组成，若回水流量小于供水流量，则说明系统有泄漏的地方。

(8)水过滤器效果检测

在喷嘴冷却水系统里难免有些杂质，这些杂质的存在将会影响喷嘴冷却水的供给，威胁着精矿喷嘴的安全，为此在冷却水系统里安装了两个并联的水过滤器，一用一备。用差压变送器测量过滤器前后的压力差，若该值超过了某设定值，则说明正在使用的过滤器有堵塞，就要进行处理。方法很简单，将备用过滤器前后的手动阀门打开，将正在使用的过滤器的前后阀门关闭，取出过滤器芯，用水冲洗干净就可以了。

6. 反应塔燃烧系统(见图1－28)

1)一般说明

这部分主要是燃烧天然气使反应塔升温、保温。在闪速熔炼过程中，若温度不够高，则要通过反应塔烧嘴的燃烧给熔炼过程增加热量。

两台燃烧风机，一用一备，安装在动力中心厂房内，用于给闪速熔炼炉反应塔上的氧燃料燃烧系统提供天然气燃烧用空气。另外还有反应塔烧嘴系统。

在投料之前要将反应塔烧嘴点燃，使反应塔升温、保温。投料以后，由于铜精矿内伴生的硫在燃烧时产生大量的热量，故可以酌情停止某些烧嘴，但有时因添加的烟灰等返料比较多，料中含硫较少，热量不足以熔炼物料，则要点燃反应塔烧嘴。

一般燃烧风机启动以后就不再停止，即使反应塔烧嘴熄火不需要燃烧风也不停。这时可以将风机出口放空阀全开，将不用的燃烧风全部放空，并将氧气阀全关。若由于某种原因要点燃反应塔烧嘴，操作就很简单。若该风机是在停止状态，要重新启动就会花较长的时间。故即使出一点问题临时停车也不会将这些风机停下来，只有在故障检修时才停止这些运行的风机。

2)控制系统说明(见图1－29、图1－30)

图1－29　反应塔烧嘴控制系统

图1－30　反应塔烧嘴

从工艺流程图可以看出，反应塔烧嘴由五条气路组成：火焰检测器用冷却空气、引火用空气、引火天然气、燃烧天然气、燃烧富氧空气。下面对这五条气路分别进行简单介绍。

(1)火焰检测器用冷却空气

将仪表压缩空气直接吹到火焰检测器处，给火焰检测器降温，用以保护火焰检测器。

(2)引火用空气控制

由 HXV05306 控制，而 HXV05306 又是由安装在现场控制盘上的控制程序控制的，就是控制干燥的压缩空气(电磁阀得电时，二位三通阀的上、下两端通，供给引火用空气；电磁阀失电时，二位三通阀的右、下两端通，上端封堵，不供给引火用空气)。

(3)引火用天然气控制

由 HXV05303 和 HXV05304 控制，而 HXV05303 和 HXV05304 又是由安装在现场控制盘上的控制程序控制的，就是控制天然气。

注：为了安全，这里用了两个自动控制通断阀控制，同时，在天然气的供给管道上，还加了一个自动控制用的二通电磁阀和一个自力式减压阀。二通电磁阀是 HV05295，受二位三通电磁阀 HXV05295 控制。

在正常情况下，由现场控制柜发出一个控制信号(DO)，二位三通电磁阀 HXV05295 得电，仪表用压缩空气通过 HXV05295 阀供给 HV05295，HV05295 打开，通过自力式减压阀 PCV05302 减压后，供给反应塔烧嘴，作引火气(天然气)用。反应塔烧嘴正常燃烧后，再不要引火了，故 HXV05303 和 HXV05304 两个阀都马上关闭。

(4)燃烧用天然气流量控制系统

该控制系统由下列部分组成。

①检测仪表：由流量孔板和差压变送器两部分组成。流量孔板将天然气流量值转换成差压信号，量程是 0 ~ 330 m^3/h(标况)，转换成的差压信号是 0 ~ 20 kPa。差压变送器将流量孔板检测出的 0 ~ 20 kPa 的差压信号转换成 4 ~ 20 mA DC 电流信号。

②指示调节器：指示、控制天然气流量，量程是 0 ~ 330 m^3/h(标况)，控制值是 300 m^3/h(标况)。调节器的输出是反作用(RA)。

③执行机构：气动调节球阀，气开式(PO)。接受调节器输出的 4 ~ 20 mA DC 电流信号，控制天然气阀的开度，将流量控制在一定的范围内。

为了安全,在调节阀前还加了一个通断控制阀 HV05299,此阀受二位三通电磁阀 HXV05299 控制。在正常情况下,由现场控制盘发出一个控制信号,二位三通电磁阀 HXV05299 得电,仪表用压缩空气通过 HXV05299 阀供给 HV05299,HV05299 打开,将天然气供给反应塔烧嘴。若有故障,则二位三通电磁阀 HXV05299 失电后关闭,通断阀 HV05299 关闭,天然气就被切断了。

(5)燃烧用富氧空气流量控制系统

该控制系统由下列部分组成。

①检测仪表：涡街流量计，将燃烧用富氧空气流量转换成 4 ~ 20 mA DC 电流信号。

②指示调节器：指示、控制富氧空气流量，量程是 0 ~ 1600 m^3/h(标况)，控制值是 1200 m^3/h(标况)。调节器的输出是正作用(DA)。

③执行机构：气动调节蝶阀，气关式(PC)。接受调节器输出的 4 ~ 20 mA DC 电流信号，控制阀门的开度，将流量控制在一定的范围内。

天然气流量总是接受富氧空气流量(FFIC05315)遥控的设定值，进行(或断开)自动 - 遥控模式控制。

天然气流量自动地以恰当比例与所测量到的燃烧空气流量混合，操作者可以在控制室细调一定范围内烧嘴的空气－天然气混合比。当烧嘴负荷增加时，首先增加富氧空气流量，然后天然气流量将自动增加(如果富氧空气流量增加的话)。当烧嘴负荷减少时，首先减少天然气流量，然后燃烧富氧空气流量自动减少。这种安排，使用流量设定值(SP)和流量测量值(PV)在DCS系统程序上的最小－最大选择器，以确保总是有足够的空气燃烧燃料。这些功能在烧嘴控制程序上是自动的，以防止所有可能的错误。

1 m^3(标况)天然气在燃烧时需要11 m^3(标况)空气(含20.95% O_2)，若用60%的富氧，则需要3.85 m^3(标况)，也就是说它们的比率是1∶3.85。

当烧嘴负荷增加时，首先增加空气流量，这时，其比率就会大于1∶3.85。在DCS系统组态时，就“选大”，选择FIC05294为串级调节器，它接受FFIC05315的测量值为远方设定值(RSP)，自动跟踪FFIC05315的变化。当烧嘴负荷减少时，首先减少天然气流量，这时，其比率就会小于1∶3.85。在DCS系统组态时，就“选小”，选择FFIC05315为串级调节器，它接受FIC05294的测量值为远方设定值(RSP)，自动跟踪FIC05294的变化。

氧燃料烧嘴通常在炉子升温时使用。如果精矿给料临时停止时，它们也能用于维持操作温度，如果精矿是那种不能产生足够热量的返料，使用富氧空气的氧燃料烧嘴能在反应塔区域作支持烧嘴。

7. 沉淀池烧嘴系统(见图1－31)

这部分主要是燃烧天然气，使沉淀池升温、保温，在熔炼和保温过程中是不能将沉淀池烧嘴全部停止燃烧的。

两台沉淀池风机，一用一备，一般安装在闪速炉厂房的一楼，用于给沉淀池周围的烧嘴提供天然气燃烧风。另外还有沉淀池烧嘴系统，见图1－32、图1－33。

在闪速炉投料之前要将沉淀池烧嘴点燃燃烧，使沉淀池升温；投料以后，暂存在沉淀池内的铜锍、炉渣要保温，即使沉淀池内什么东西都没有，沉淀池也要保温；在年底闪速炉停炉检修时，沉淀池还要保温。故沉淀池烧嘴系统是任何时候都不能熄火的。只有在闪速炉使用若干年后要进行全面彻底的停产检修，这时才使沉淀池烧嘴系统熄火。

沉淀池风机有两个作用，即给沉淀池烧嘴提供燃烧用空气和给精矿喷嘴提供冷却风。前者是必须常用的，而后者则是精矿喷嘴停止下料时，给喷嘴进行降温的。沉淀池风机是最普通的离心风机，不调速，也不进行自动控制。在风机的进风口安装有一台电动蝶阀，用于远方控制风机的进口风量，当部分烧嘴停止燃烧，不需要太多的燃烧空气时，就将进口阀关闭一些，减少风机的负荷，也可以节能。

每个沉淀池上安装的烧嘴数量因沉淀池大小不同而不一样，每个烧嘴都由天然气和助燃空气两个部分组成。下面对沉淀池烧嘴的控制系统进行介绍。

1)FICQ0505 沉淀池GB1烧嘴天然气流量控制系统

该系统由下列部分组成。

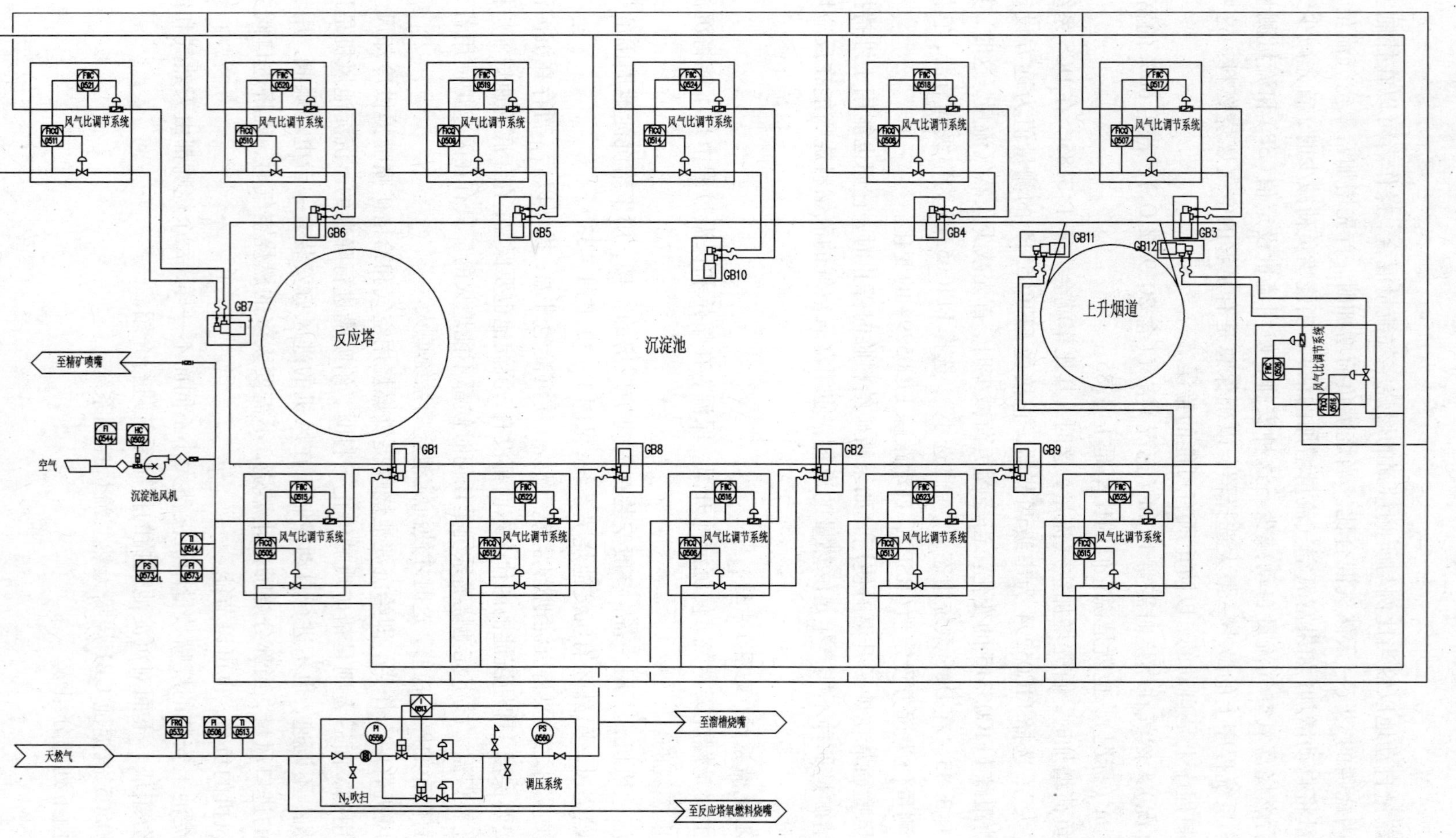

图1-31 沉淀池烧嘴系统工艺流程图

图1-32 沉淀池烧嘴控制系统

图1-33 沉淀池烧嘴

①检测仪表：涡轮流量计，将天然气流量转换成4～20 mA DC电流信号，量程是20～400 m^3/h(标况)。

②指示调节器：指示、控制天然气流量，量程是20～400 m^3/h(标况)。调节器的动作方向为反作用(RA)。

③执行机构：气动调节阀，气开式(PO)；控制沉淀池GB1烧嘴天然气流量。

2)FfIC0515沉淀池GB1烧嘴助燃风流量控制系统

该系统由下列部分组成。

①检测仪表：热式气体质量流量计，将助燃风流量转换成4～20 mA DC电流信号。

②指示调节器：指示、控制助燃风流量，量程是0～5500 m^3/h(标况)，正常流量是2000 m^3/h(标况)。调节器的动作方向为反作用(RA)。

③执行机构：气动高性能蝶阀，气开式(PO)；控制沉淀池GB1烧嘴助燃风流量。

GB1烧嘴天然气流量控制系统(FICQ0505)和GB1烧嘴助燃风流量控制系统(FfIC0515)组成一个比值控制系统，前者作为后者的远方设定值(RSP)，也就是说GB1烧嘴助燃风流量始终跟踪天然气流量。

8. 闪速炉冷却水系统(见图1-34)

闪速炉结构的特点就是炉体的立体冷却，从闪速炉的组成结构中我们知道，闪速炉的三大组成部分反应塔、沉淀池、上升烟道等都是由钢板焊接而成，耐火砖筑衬在这些设备的内壁上。在闪速炉进行铜冶炼过程中，反应塔、沉淀池、上升烟道等各部分都要承受超过千度的高温，这些耐火砖会将高温迅速传递到紧固它们的设备上，使设备用不久就会损坏。

我们在这些设备和耐火砖之间安装了许多水冷却元件，它们使将冶炼高温产生的热量通过冷却水全部带走，然后将热水再通过水冷却系统降温后循环使用，就可以确保整个闪速炉的安全。

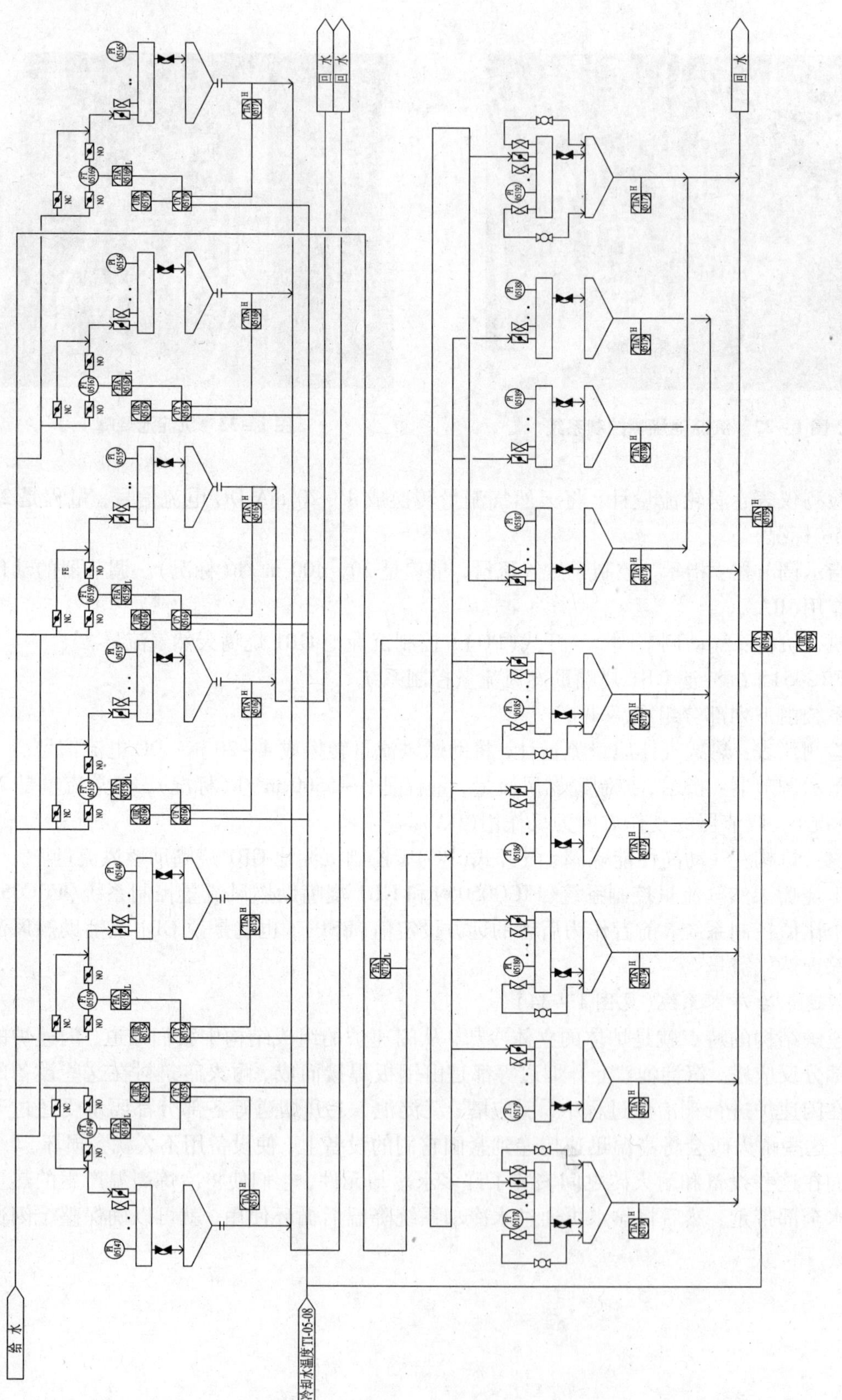

图1-34 冷却水系统工艺流程图

这些水冷却元件包括水冷钢管、铜质水套、钢质水套(见图1－35、图1－36)。冷却水通过这些冷却元件把炉体、耐火材料承受的部分热量带走，延长和保证了耐火材料的使用寿命，确保闪速炉长期稳定的生产。水冷却系统采用闭路循环方式，并通过调节补给水量和冷却水塔水量来满足冷却元件规定的进水温度要求。

图1－35 闪速炉冷却水进水系统

图1－36 闪速炉冷却水回水系统

冷却水系统包括冷却元件、贮水设备、给水设备、加压设备、过滤设备、冷却水设备、杀菌和缓蚀阻污设备。两座贮水设备600 t高水位塔在溢流状况下向冷却元件连续供给冷却水。另外600 t贮水量可为处理给水中断赢得宝贵时间。两座5000 t循环水池(相互联通)主要用于稳定地向给水泵提供水源，同时也是水温调节的场所。

从工艺流程图可以看出，这些给水系统都接在冷水泵的出口，带有一定的压力，目的是为了保证冷却水有一定的流速，以便将热量快速地带走。可以看出：上面部分是给水部分，是有压力的，用球阀控制；下面是回水系统，是敞开的，是常压。操作工可以方便地看到冷却水的流动状态，若是水管破了或是水管因故堵了，则在回水管里就没有水流动，所以生产工人在点检时就要注意观察，用手摸一下回水，感触水温。另外，在各回水管上(图1－36中间)都装有铠装热电阻温度计，用来快速测量回水温度，若温度超过设定值就要报警。

这些冷却水在任何情况下都不能停止，否则就要威胁闪速炉的安全。所有冷水泵都是一级负荷，是永远不能停电的，万一全厂停电，事故柴油发电机自动启动后首先就是启动这些冷水泵。另外，通常情况下，在本冷却水系统里还装有柴油水泵，万一全厂停电，柴油水泵就自动启动，向被冷却体提供冷却水。更保险的是在各冶炼厂都建有50 m高的事故水塔，万一全厂停电，各种水泵来不及及时启动供水，这时，事故水塔就可以向被冷却体提供0.5 MPa压力、时间长达1 h左右的冷却水，确保闪速炉万无一失。

只有在闪速炉使用若干年后要进行全面彻底的停产冷修，所有烧嘴都熄火，闪速炉再没有高温了，这时才可以停止冷却水系统。

柴油发电机：每个冶炼厂都装有一定功率的发电机，是用柴油驱动发电的，它们平时并不工作，只有在全厂停电时(也就是事故时)才自动启动发电，我们称之为“事故柴油发电机”。

柴油水泵：每个冶炼厂都至少装有一台柴油水泵，是用柴油驱动供水的，它们平时并不工作，只有在全厂停电时(也就是事故时)才自动启动供水，我们称之为“事故柴油水泵”(见图1－37)。

图1－37　柴油水泵

这些设备都是“养兵千日用兵一时”，一般一个月都要人为地自动离线启动一次，以防万一需要这些设备时不能自动启动。

一级负荷设备：最重要的设备，永远不能停电的，例如锅炉给水泵、冷水泵、沉淀池风机、工艺风机、燃烧风机等。

我们要将全厂的设备按其重要程度分门别类进行排列，最重要的就是“一级负荷设备”，当然，一定还有“二级负荷设备”、“三级负荷设备”等。根据这些一级负荷设备的总功率来选择事故柴油发电机的容量。

另外还要说明的是，虽然这些设备都是一级负荷设备，但也还有重中之重，我们还要将其再进行分析，再排出个一、二、三。最重要的设备在事故柴油发电机一启动时就马上启动，而重要性稍差一些的设备延迟一些时间再启动，重要性再差一些的设备则延迟更长一些时间再启动，如此类推。这是根据柴油发电机的特性来决定的。若同时启动的设备过多，容量过大，启动电流超过了柴油发电机的额定电流，这时柴油发电机就会马上因过负荷而跳闸，已经启动的设备又会断电。故我们要按柴油发电机的启动额定电流，选择第一批启动的设备，等这些设备运行稳定进入正常工作状态以后，再启动第二批设备、第三批设备等。这样就不会出现柴油发电机因过负荷而跳闸的事故，保障全厂设备渡过停电事故的安全期。当市电又开始供电时，再一一进行切换，转到正常供电的生产方式。

9. 循环水系统(见图1－38)

1)循环水系统设备

事故水塔(一般都是2个，具有一定的容量和一定的高度，以保证事故时能给用水设备提供一定的压力和必要长时间的冷却用水)、水冷却塔、热水泵、冷水泵、水塔补水泵、柴油水泵、潜水泵、热水池、冷水池、水塔补水池、加药设备、纤维球过滤器等。

2)一般说明

采用闪速炉炼铜的方法是火法熔炼，在生产的过程中必然会出现高温，为了保障设备和人员的安全，我们一定要想法进行降温，而降温的最好介质就是水。故所有火法熔炼的铜厂都少不了循环水系统。

用冷水将高温热量带走，再将带走高温热量的热水进行自然或强制冷却降温，再用于带走高温热量，这就是循环水系统。冷水泵将冷却水送到熔炼炉、吹炼炉、阳极炉、保温炉等需冷却的进水端，从出水端出来的就是热水。这些热水回到热水池，再由热水泵送到水冷却塔的顶上，在下落的过程中，由于同时受到冷却塔顶上风扇的劲吹，水温被大大地降低，返回到冷水池，再由冷水泵将冷却水送给需冷设备，如此无限循环。

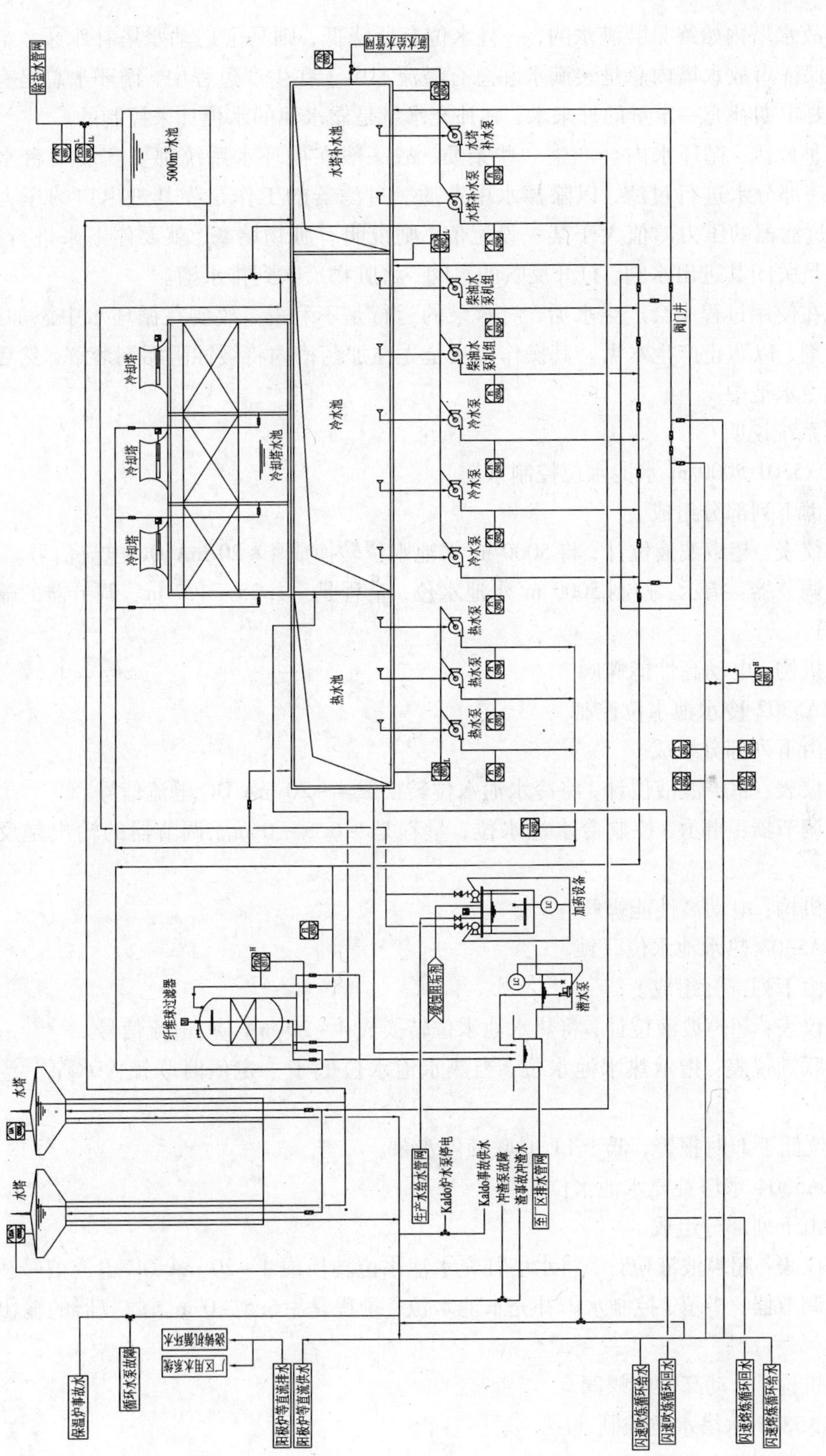

图1-38 循环水系统工艺流程图

两个事故水塔内始终是装满水的，一旦水位有所降低，则马上启动水塔补水泵，给事故水塔供水，保证事故水塔内总是装满水并总有溢流。由于在生产过程中，循环水总是有一定的损失，故要定期补充一定量的外来水，其补充水量是靠水池的水位计来控制的。

由于某种原因，循环水内会产生一些杂质，故一般在循环水系统都要安装几台水过滤器，始终将一部分水进行过滤，以除掉水中杂质。过滤器的工作是靠其进出口的压力差判断，若某台过滤器的压力差值大于某一设定值，则说明有脏物堵塞，就要停下来进行处理。处理的方法是关闭其进出水阀，打开反吹的水阀，将脏物反吹到排水槽。

循环水在使用过程中会产生水垢，对水泵的运行是不利的，故要在循环水中添加药剂，即缓蚀阻垢剂，以防止产生水垢。其操作方法是先在加药槽内将缓蚀阻垢剂溶解，然后再用加药泵打到冷水池中。

3)控制系统说明

(1)LICA5301 5000 m^3水池水位控制系统

该系统由下列部分组成。

①检测仪表：超声波液位计，将5000 m^3水池水位转换成4 ~20 mA DC电流信号。

②指示调节器：指示、控制5000 m^3水池水位，量程是 -1.25 ~4.7 m。调节器的输出是反作用(RA)。

③执行机构：电动高性能蝶阀。

(2)LICA5302 冷水池水位控制

该系统由下列部分组成。

①检测仪表：超声波液位计，将冷水池水位转换成4 ~20 mA DC电流信号。

②指示调节器：指示、控制冷水池水位，量程是 -6.5 ~0 m。调节器的输出是反作用(RA)。

③执行机构：电动高性能蝶阀。

(3)LISA5303 热水池水位联锁

该系统由下列部分组成。

①检测仪表：超声波液位计，将热水池水位转换成4 ~20 mA DC电流信号。

②指示联锁仪表：指示热水池水位，当热水池水位低于一定值时联锁停水泵。量程是 -6.5 ~0 m。

注：水位低于L时报警，低于LL时联锁停水泵。

(4)LICA5304 水塔补充水池水位控制

该系统由下列部分组成。

①检测仪表：超声波液位计，将水塔补充水池水位转换成4 ~20 mA DC电流信号。

②指示调节器：指示、控制水塔补充水池水位，量程是 -6.5 ~0 m。调节器的输出是反作用(RA)。

③执行机构：电动高性能蝶阀。

(5)LICA5305 水塔水位控制

该系统由下列部分组成。

①检测仪表：法兰式液位变送器，将水塔水位转换成4～20 mA DC电流信号。

②指示调节器：指示、控制水塔水位，量程是0～5.91 m。调节器的输出是反作用(RA)。

③执行机构：电动高性能蝶阀。

1.5.3 工艺说明

干燥的铜精矿混合物，用气流输送设备送到闪速炉炉顶的干矿仓，经失重秤计量后，用螺旋运输机输送到振动给料器；同时，返料混合烟尘也用气流输送设备送到闪速炉炉顶的烟灰仓，经计量后，再送到振动给料器，和铜精矿混合物进行混合，然后通过滑板阀送进中央精矿喷嘴。

闪速熔炼炉安装了一个能力约为160 t/h的中央喷射型精矿喷嘴和三个氧燃料烧嘴。配料由喷嘴的中心料管加入，经中央喷射风吹散后呈高度弥散状态，在反应塔的高温空间内迅速完成熔炼反应，在极短的时间内就熔炼成了铜锍和炉渣，下沉到沉淀池的下部。

在一定氧气浓度下精矿的氧化反应可以完全自热进行，热量不足的情况下由氧燃料烧嘴补充一部分热量，反应塔的工艺风为常温富氧空气。

沉淀池内的炉渣密度较轻，浮在铜锍上面，先将炉渣用渣包车拉到缓冷场，经48 h缓冷后，再进行破碎、浮选回收。铜锍用溜槽自流到铜锍水淬系统进行水淬；烟气送到余热锅炉系统，回收热能用于发电，再经电收尘系统收尘后送到硫酸车间制酸。在沉淀池周围有多个氧燃料烧嘴，用于加热；还有冷却水套降温保护系统。

1.5.4 控制系统介绍

下面介绍闪速熔炼系统的几个主要控制系统(见图1-39)。

1. FIC05163 反应塔送风机出口总管流量控制系统(见图1-40)

这个控制系统本身并不是很复杂，是一个单回路控制系统，但是它有自己的特点，其执行机构不是单一的调节阀，由变频器和调节阀(或者进口导叶)联合组成。在冶炼生产过程控制中，同样的气体流量控制系统还有很多，以后不再详细说明。另外，在这里还说明了变频器的控制原理，以后也不再进行说明。该控制系统由下列部分组成。

①检测仪表：热式气体质量流量计，将气体流量转换成4～20 mA DC电流信号。

②指示调节器：指示、控制工艺风机流量值，量程是0～30000 m^3/h(标况)，正常流量是24000 m^3/h(标况)。调节器的输出是反作用(RA)。

③执行机构：由风机进口导叶的开度控制系统和风机的速度控制系统两部分组成。

1)风机进口导叶的开度控制系统

风机进口导叶的开度控制系统由下列部分组成(见图1-41)。

①DCS系统：无论在自动或手动时都输出4～20 mA DC电流信号，控制风机进口导叶的开度，控制风机进口风量，达到控制工艺风机出口流量的目的。

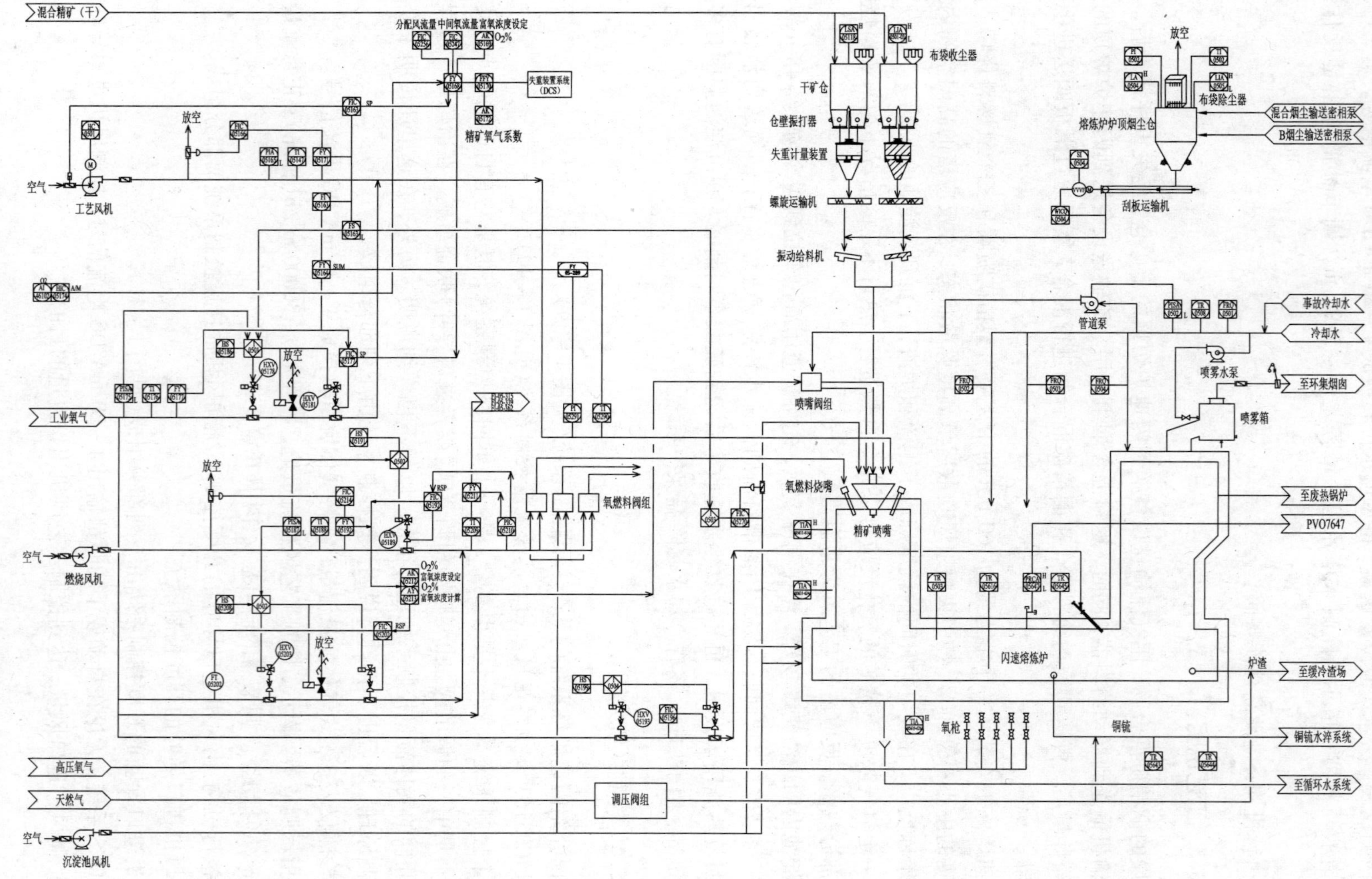

图1-39 闪速熔炼系统工艺流程图

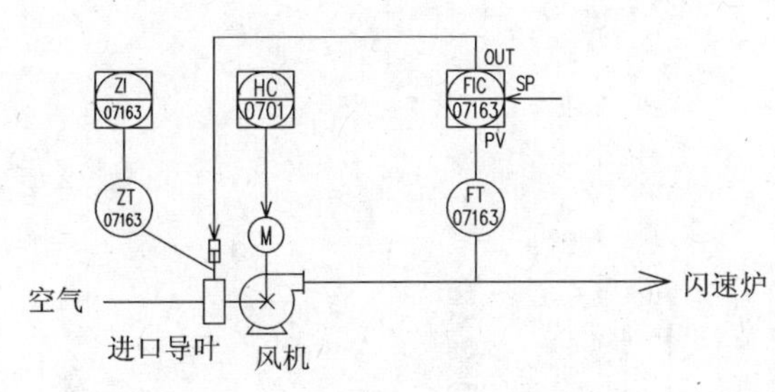

图1-40　闪速熔炼炉工艺风流量控制系统

图1-41　风机进口导叶的控制

②风机进口导叶：由电动执行器控制，进口导叶安装在工艺风机的进口。

③开度指示系统：由开度发信器和指示器组成。开度发信器将风机进口导叶的开度转换成4～20 mA DC信号；开度指示器将开度发信器送来的4～20 mA DC电流信号，在DCS系统里以0～100%来指示。

(2)风机的速度控制系统

风机转速控制系统由下列部分组成。

①手操器：DCS系统内部回路，输出4～20 mA DC电流信号。

②变频器：接受手操器(HC0501)来的4～20 mA DC电流信号，输出0～100 Hz的频率，控制调频电机的转速，安装在配电室，其工作原理参见图1-42。

③调速电机：受变频器输出的频率控制，控制其转速。

④风机：由调速电机拖动。

开车时，手操器(HC0501)输出一个固定的电流信号(4～20 mA DC)，变频器就将此电流信号转换成一定的频率信号(0～100 Hz)送给调速电机，调速电机就根据这个频率进行转动，从而带动风机以一定的速度运转，变频器安装在电气配电室。

当风机进口导叶全开或全关都不能满足工艺风总管流量控制的要求时，就利用手操器改变输出电流信号(增大或减小)，改变电机的频率(0～100 Hz)，改变风机的转速，从而改变工艺风机总管流量。这里，调整风机转速是对工艺风机总管流量的粗调，而调整进口导叶的开度是对工艺风机总管流量的微调。

注：在冶炼生产过程控制中，同样的气体流量控制系统有很多，以后不再详细说明。

2. FIC05166 工艺风放空控制系统(见图1-39)

该系统由下列部分组成。

(1)检测仪表：热式气体质量流量计，和工艺风流量调节系统共用一个流量发信器。

(2)指示调节器：指示、控制工艺风流量，量程是0～30000 m^3/h(标况)，正常流量是24000 m^3/h(标况)。调节器的动作方向为正作用(DA)。

(3)执行机构：气动高性能蝶阀，接受指示调节器输出的4～20 mA DC电流信号，控制工艺风机的放空流量。

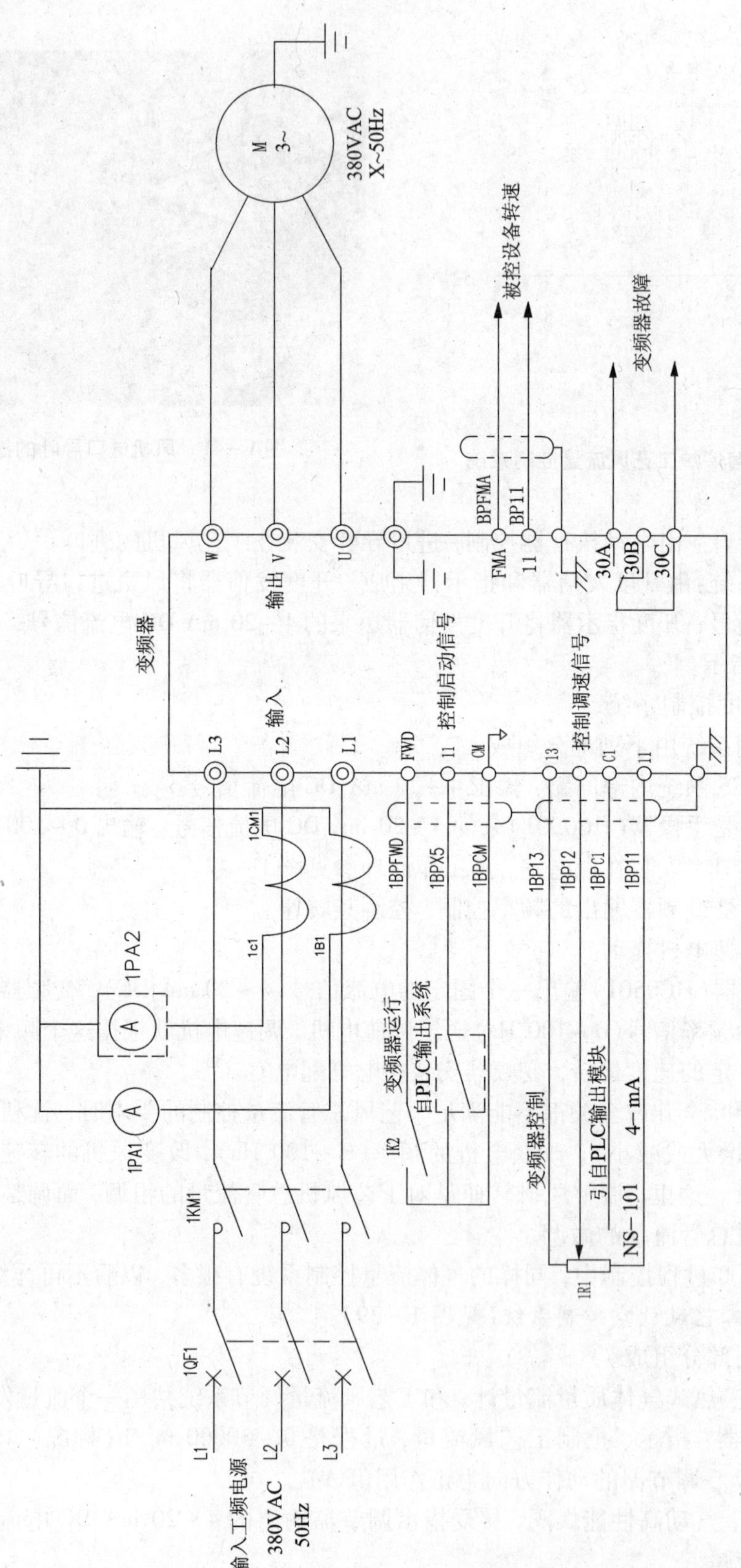

图1-42 变频器的工作原理

当熔炼系统临时停车，不需要工艺风时，为了不频繁开启风机，就将此阀打开，将工艺风全部放空(同时还会降低风机转速、减小进口导叶的开度)。当然，若长时间停产，就有必要将工艺风机停止运转。有时因故减少投料量，不需要很多的工艺风，也可以通过此放空阀放掉一部分。后面还有燃烧风放空控制系统，和这部分完全一样，到时不再进行说明。

3. FIC05177 精矿喷嘴氧气流量调节系统(见图1-39)

该系统由下列部分组成。

(1)检测仪表：气体质量流量计，将精矿喷嘴氧气流量转换成4~20 mA DC电流信号。

(2)指示调节器：指示、控制精矿喷嘴氧气流量，量程是0~38000 m^3/h(标况)，正常流量是34000 m^3/h(标况)。调节器的动作方向为反作用(RA)。

(3)执行机构：气动高性能蝶阀，气开式(PO)。接受指示调节器输出的4~20 mA DC电流信号，去控制精矿喷嘴氧气流量。

说明：从工艺流程图可以看出，这个控制阀上还附有一个"阀门紧急切断系统"，用于在故障状态下紧急切断本调节阀，接收的信号是紧急停止联锁逻辑来的"DO"信号，由二位三通电磁阀完成(切断蝶阀的工作气源)。平时并不起作用，只在事故状态下工作。

4. 精矿喷嘴氧气流量紧急切断系统

凡是有毒有害、易燃易爆的特殊气体，如天然气、蒸汽、氧气、SO_2、氯气等，在进行控制时都要用两台控制阀，一台用于调节，一台用于切断，切断阀要安装在调节阀的前面管道上。正常生产时通过控制回路打开切断阀，再通过调节信号控制调节阀的开度；当因某种原因停止生产时，则要通过联锁系统马上关闭切断阀，并同时关闭调节阀(前述通过二位三通电磁阀切断调节阀的工作气源)。

精矿喷嘴氧气流量紧急切断系统控制逻辑条件：氧气压力低于设定值、工艺风流量低于设定值、全厂大联锁停车。

后面还有氧燃料烧嘴氧气流量紧急切断系统，和这部分完全一样，到时不再进行说明。

注：该氧气流量调节系统和精矿下料系统、工业氧气供给系统、分配风系统等组成一个复杂的控制系统，氧气流量调节系统是副调回路，接受前述混合部分经过计算后得出的值(运算器 FY05168 的输出值)作为氧流量调节器(FIC05177)的远方设定值(RSP)，控制阀门(FV05181)的开度，从而控制进精矿喷嘴氧气的流量。

下面介绍关于反应塔送风机的风量和低压氧流量设定值的计算(参见图1-39)。参与计算模块(FY05168)(氧浓度流量计算)的因数有5个：

① AK05169：氧浓度(30%~90% O_2)。操作工设定的所希望的氧浓度，用于氧和工艺风的混合。

② AK05172：氧系数。质量单位的精矿混合物(吨精矿)完全处理所需要的纯氧量(m^3)，操作工的设定值，用于空气/氧流量和浓度设定值。

FFY05170：纯氧值精矿供给速率和完全处理它所需的氧量的计算结果，计算结果用于总的氧/空气浓度计算模块。

注：氧系数(AK05172)和精矿的下料量相乘以后，成为纯氧量(FFY05170)，作为FY05168 的设定值。

③ AI05173：从制氧站来的氧气浓度测量信号。

④ FIC05256：分配风信号。

⑤两台工艺风机运转信号：若两台工艺风机都不运转，则关闭氧阀。

在计算机上计算精矿喷嘴气体流量设定值(工艺风流量，分配风流量和纯氧流量)。流量控制器设定值根据测量的精矿送给率(从精矿失重给料器)，计算单位质量精矿所需要的工艺风的氧浓度和纯氧量。纯氧的氧含量(从制氧站来的信号)也组合在流量计算器中。工艺风控制器流量设定值被分配到工艺风机流量控制器，由它决定风机的操作。氧流量设定值被送到低压氧系统，作为氧流量调节器的远方设定值，由它决定低压氧输出阀(FV05181)的开度。

以下是关于计算反应塔送风机的风量和低压氧流量设定值的介绍。

设：W_c 为精矿量(失重秤来信号，t/h，实测、已知)；K_1 为总工艺风的氧浓度(30% ~ 90% O_2)(操作工设定、已知)；K_2 为吨矿所需的纯氧系数[m^3/t(标况)，计算值、已知]；F_a 为反应塔送风机的风量，工位号 FIC05171(20.95% O_2)[0 ~ 10000 m^3/h(标况)]；F_o 为制氧站来的氧气流量，工位号 FIC05177(99.6% O_2)[0 ~ 40000 m^3/h(标况)]；F_{mo} 为喷嘴的中间氧流量，工位号 FIC05247(99.6% O_2)[0 ~ 2000 m^3/h(标况)，操作工设定、已知]；F_f 为喷嘴的分配风流量，工位号：FIC05256(20.95% O_2)[0 ~ 2800 m^3/h(标况)，操作工设定、已知]。

根据喷嘴的用氧量和工艺风量，可以得到下列方程组：

$$F_a + F_o = (W_c K_2 - F_{mo} \times 99.6\% - F_f \times 20.95\%) \div K_1 \quad (1)$$

$$F_a \times 20.95\% + F_o \times 99.6\% + F_{mo} \times 99.6\% + F_f \times 20.95\% = W_c K_2 \quad (2)$$

将上述两式进行整理(消掉 F_o)，得：

$$F_a = (1 - K_1) \div 0.7905 K_1 \times W_c K_2 - (1 - K_1) \div 0.7905 K_1 \times 0.2095 \times F_f - (1 - K_1) \div 0.7905 K_1 \times 0.996 \times F_{mo}$$

$$F_a = A W_c K_2 + B$$

式中：K_1、F_f、F_{mo} 都是操作工设定的，可以当作已知数。当 W_c、K_2 变化时，反应塔送风机的风量(FIC05171)就会跟着变化。当然，若中间氧流量和分配风流量有变化，此设定值也会作相应的改变。

求出 $F_a = A W_c K_2 + B$ 后，将其代入(2)式，可求出：

$$F_o = C W_c K_2 + D$$

5. FIC05192 *燃烧风机出口流量调节系统(见图 1 - 39)*

该系统由下列部分组成。

1)检测仪表：气体质量流量计，将燃烧风机出口流量转换成 4 ~ 20 mA DC 电流信号。

2)指示调节器：指示、控制燃烧风机出口流量，量程是 0 ~ 5500 m^3/h(标况)，正常流量是 2000 m^3/h(标况)。调节器的输出为反作用(RA)。

3)执行机构：气动高性能蝶阀，气开式(PO)。接受指示调节器输出的 4 ~ 20 mA DC 电流信号，控制燃烧风机出口流量。

6. FIC05214 *燃烧风放空控制系统*

燃烧风机出口流量调节系统和进入氧燃料烧嘴的氧气流量调节系统组成一个复杂的比值调节系统。即燃烧风机出口流量调节系统(FIC05192)的流量测量值乘以一个系数后，作为进入氧燃料烧嘴的氧气流量调节系统(FIC05202)的远方设定值(RSP)，控制 FV05202 阀门的开度，从而控制进入氧燃料烧嘴的氧气流量。

7. FIC05202 氧烧嘴的氧气流量调节系统（见图 1－39）

该系统由下列部分组成。

（1）检测仪表：气体质量流量计，将氧燃料烧嘴的氧气流量转换成 4～20 mA DC 电流信号。

（2）指示调节器：指示、控制进入氧燃料烧嘴的氧气流量，量程是 0～1600 m^3/h（标况），正常流量是 1000 m^3/h（标况）。调节器的输出是反作用(RA)。

（3）执行机构：气动高性能蝶阀，气开式(PO)。接受指示调节器输出的 4～20 mA DC 电流信号，控制进入氧燃料烧嘴的氧气流量。

8. 氧燃料烧嘴氧气流量紧急切断系统

反应塔氧燃料烧嘴的氧气流量控制系统（FIC05202）与反应塔烧嘴燃烧空气流量控制系统（FIC05192）组成一个比值控制系统。

在氧气和空气混合的混氧器之前的氧气管路上，有一个氧气流量测量仪表。氧气流量控制回路接收空气流量的测量值用于设定值计算，在那里空气流量信号与操作员给出的富氧浓度设定值和氧气流量信号一起计算。这个模块计算的结果对氧气控制器和氧气/空气混合控制器给出一个特定的富氧设定值。

空气流量测量信号用于反应塔烧嘴富氧，总是有一定的氧气与空气混合。氧气和空气混合后，通过一个压力控制系统（PIC05210）控制，该回路控制通往反应塔氧燃料烧嘴的燃烧空气管道的氧气和空气混合物的压力不变。

AK05212 富氧设定值：操作工设定的用于反应塔烧嘴富氧浓度的设定值（30%～90% O_2）。

AY05213 氧浓度：由反应塔烧嘴 DCS 系统计算确定的氧气必须混合到测定的空气中，以便在空气和氧气的混合物中得到特定的氧气比例（O_2%）。

注：FIC05192 和 FIC05202 组成比值调节系统，即 FIC05192 的测量值（FT05192）乘以一个系数，作为调节器 FIC05202 的远方设定值（RSP）。

假设：空气的流量是 X m^3/h（标况），氧气的流量是 Y m^3/h（标况），要求配的富氧浓度（AK05212）是 $Z\%$ O_2。则：

$X \times 20.95\% + Y \times 99.6\% = (X + Y) \times Z\%$

经整理得：

$Y = (Z - 0.2095)/(0.996 - Z)X$

这个系数就是：

$(0.996 - Z)/(Z - 0.2095)$

所以，调节器 FIC05202 的远方设定值：

$RSP = (0.996 - Z)/(Z - 0.2095) \times FT05192$

在操作过程中，只要人工加入要求的富氧浓度“Z”，就可以配出浓度为 $Z\%$ 的富氧气体。富氧流量的大小只要改变 FIC05192 的设定值（SP）就可以了。例如，已经定下某一浓度的富氧量，现在要增加这一浓度的富氧量，只要将燃烧风（FIC05192）的设定值增加，由于 PV < SP，其阀门开度就会增大，流量增加；由于（FIC05192）的测量值“FT05192”乘以上述系数后作为氧流量（FIC05202）的远方设定值，这时，由于 PV < SP，其阀门的开度也会相应地开大，加入的氧气量增多，保证所配富氧的浓度不变。

若改变了富氧的浓度“Z”，系统也会做相应的控制。现在已知：$X=5500\ m^3/h$（标况），$Y=1600\ m^3/h$（标况）。

例如：设 $Z=60\%$，则 RSP = 1.014；设 $Z=50\%$，则 RSP = 1.707。

这说明要求配的富氧浓度越高，所要的空气量越小，也就是纯氧用得越多；反之，要求配的富氧的浓度越低，所要的空气量越多，也就是纯氧用得越少。投矿量增加，送风压力降低，空气量增加，纯氧增加。

9. PIC05210 混氧后燃烧风压力调节系统（见图 1-39）

该系统由下列部分组成。

（1）检测仪表：压力变送器，将混氧后燃烧风压力转换成 4~20 mA DC 电流信号。

（2）指示调节器：指示、控制混氧后燃烧风压力，量程是 0~20 kPa，正常压力是 8 kPa。调节器的输出是反作用（RA）。

注：混氧后燃烧风压力调节系统（PIC05210）和燃烧风机出口总管流量调节系统（FIC05192）组成一个复杂的串级调节系统。燃烧空气流量调节系统（FIC05192）是副回路，反应塔氧燃料烧嘴的压力调节系统（PIC05210）是主回路，主调节器无执行机构。即 PIC05210 的输出信号，作为燃烧风机出口总管流量调节系统（FIC05192）的远方设定值（RSP）。

氧燃料烧嘴的氧气流量调节系统（FIC05202）、混氧后燃烧风压力调节系统（PIC05210）和燃烧风机出口总管流量调节系统（FIC05192）组成一个复杂的串级、比值调节系统。它们是这样工作的：当由于某种原因使得混氧后燃烧风压力（PT05210）有变化时（假设该压力降低了），由于自动调节的作用，其输出信号也发生变化（增大）[混氧后燃烧风压力调节系统（PIC05210）调节器的动作方向为反作用（RA）]，这个值将作为燃烧风机出口总管流量调节系统（FIC05192）的远方设定值（RSP），由于自动调节的作用，则其测量信号（FT05192）也发生变化（增大）；此值[测量信号（FT05192）]又是进入氧燃料烧嘴的氧气流量调节系统（FIC05202）的远方设定值（RSP），由于自动调节的作用，故同时进入氧燃料烧嘴的氧气流量值（FT05202）也会成比例地发生变化（增大）。由于燃烧风流量和氧气流量都成比例地增大了，这样，混氧后燃烧风压力（PT05210）也就会发生相应的变化（增大）。系统完成压力调节作用，并且富氧的浓度不变。

10. FIC05196 沉淀池顶部硫酸盐化用氧气流量调节系统（见图 1-39）

该系统由下列部分组成。

（1）检测仪表：热式气体质量流量计，将沉淀池顶部硫酸盐化用氧气流量转换成 4~20 mADC 电流信号。

（2）指示调节器：指示、控制沉淀池顶部硫酸盐化用氧气流量，量程是 0~1100 m^3/h（标况）。调节器的输出是反作用（RA）。

（3）执行机构：气动高性能蝶阀，气开式（PO）。接受指示调节器（FIC05196）输出的 4~20 mA DC 电流信号，控制沉淀池顶部硫酸盐化用氧气流量。

11. 沉淀池顶部硫酸盐化用氧气流量紧急切断系统

这部分的内容前面已有叙述，这里不进行说明。

12. FIC05270 精矿喷嘴冷却风风量调节系统

该系统由下列部分组成。

（1）检测仪表：气体质量流量计，将精矿喷嘴冷却风风量转换成 4~20 mA DC 电流信号。

(2)指示调节器：指示、控制精矿喷嘴冷却风风量，量程是0～3000 m^3/h(标况)，正常流量是2000 m^3/h(标况)。调节器的输出是正作用(DA)。

(3)执行机构：气动高性能蝶阀，气关式(PC)。接受指示调节器(FIC05270)输出的4～20 mA DC电流信号，控制精矿喷嘴冷却风风量。

注：该系统平时是不用的(即此阀平时是关闭的)，只有当熔炼系统出故障(停产)时才起作用。

此控制系统是这样进行控制的：由于该系统平时不工作，故在手动状态(M)，其调节器的输出信号为0%(4 mA)，即此阀是全关的，其测量值(PV)也为0%。

将调节器的设定值(SP)预设定为某一值。当熔炼系统出故障(停产)时，取1个联锁信号(HV05178阀关)给该系统，使其由手动切换到自动，由于PV<SP，并且偏差很大，其调节器的输出信号为100%(20 mA)，阀门马上全开，向精矿喷嘴鼓入冷却风，用于保护精矿喷嘴。

当HV05178=1时(氧气切断阀打开)，FIC05270为手动(M)(冷却风阀关)；当HV05178=0时(氧气切断阀关闭)，FIC05270切换为自动(A)(冷却风阀开)。

13. PRCA05647 熔炼炉炉内压力调节系统

该系统由下列部分组成。

(1)检测仪表：差压变送器，将熔炼炉炉内压力转换成4～20 mA DC电流信号。

(2)指示调节器：指示、控制熔炼炉炉内压力，量程是-250～250 Pa，正常压力是-30 Pa。调节器的输出是正作用(DA)。

(3)执行机构：由进口调节阀的开度控制系统和风机的速度控制系统两部分组成。气动高性能蝶阀，气关式(PC)。接受指示调节器(PIC05647)输出的4～20 mA DC电流信号，控制电收尘出口(高温排烟机进口)的排烟量。

1.6 闪速熔炼炉余热锅炉系统

1.6.1 工序功能及工艺流程

回收熔炼炉高温冶炼烟气的热量，生产饱和蒸汽，送到动力中心的透平发电机发电。闪速熔炼炉余热锅炉工艺流程图见图1-43。

1.6.2 工序设备

余热锅炉主要由辐射部、对流部、汽包三个部分组成，还有高压循环水泵、硫酸盐化风机、振打装置等，与之配套的还有水处理系统、高压给水泵等。

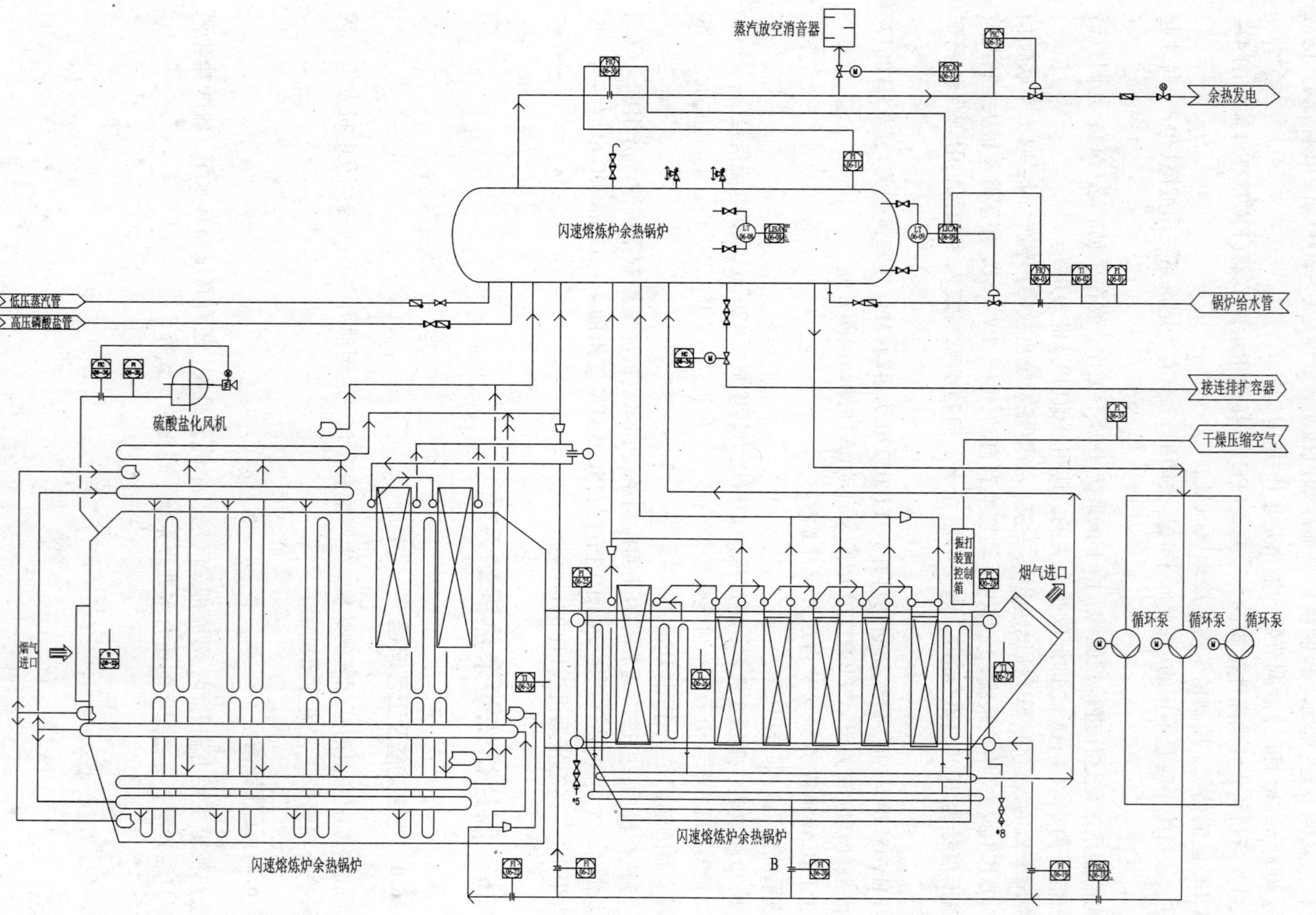

图1-43 闪速熔炼炉余热锅炉工艺流程图

辐射部(见图1－44)是一个水冷壁外壳，对流部(见图1－45)采用水冷壁外壳加对流管束。辐射部的墙壁，水平管道外壳表层和对流加热面是与组合强制循环系统相连的汽化元件。锅炉外壳完全是管－板－管型的膜壁构造。余热锅炉的内部结构及进口水冷闸门分别见图1－46及图1－47。

1. 辐射部

辐射部通过一个由组合钢制成的“冷”框架支撑，并且由滚珠轴承连接到主钢结构上。为了增加热传递，辐射部的第二部分另外装备了辐射屏，由上方悬挂到辐射室中。

管壁由壁厚外径ϕ38 mm×4.5 mm/6.3 mm的无缝管制成；板由6 mm厚的金属板制成，用电焊焊接；辐射屏、“冷”支撑框架由组合钢架制成；所有用于清扫和检查门的人孔，各种测量接口，进气入口的非金属膨胀节，必需的一定数量的滚珠轴承，均放置在支撑结构上。

2. 对流部

对流部受热面包括从上面悬挂到水平管道外壳内的垂直管束。为了防止前面区域因堆积灰尘产生受热面分离，因此将第一排对流面设计为屏式，使这个区域通过气流的斜面扩大，以后的对流受热面设计为管束。对流部的结构与辐射部相同。

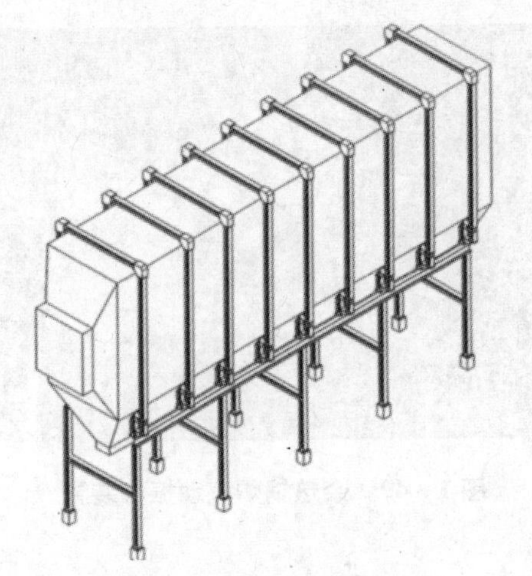

图1－44 锅炉辐射部

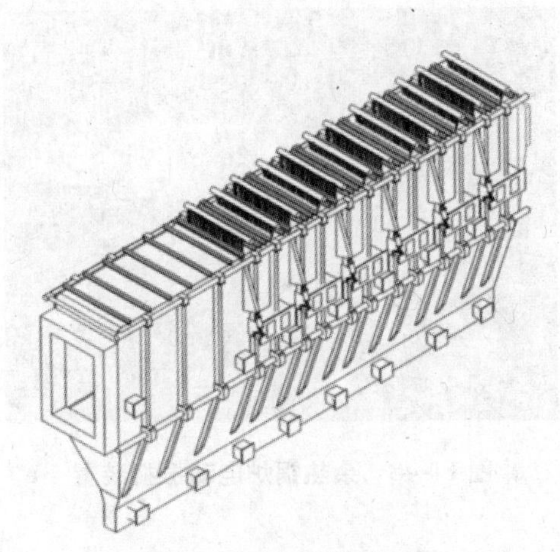

图1－45 锅炉对流部

3. 管屏

管屏由壁厚外径ϕ38 mm×4.5 mm的无缝管制成，板由6 mm厚的金属板制成，连带管座和集汽联箱连接到压力循环系统上。每个屏带有一个绝缘顶箱，由钢剖面加固。

4. 管束

管束卷板由壁厚外径ϕ42.4 mm/38 mm×4.5 mm的无缝管制成，连带管座和集汽联箱连接到压力循环系统上。每个管束带有一个绝缘顶箱，由钢剖面加固。

5. 锤打清灰系统

辐射部的膜壁，水平管道外壳和屏受热面的进口和出口区域都有很多清灰设备。这些清灰设备包括自动锤打装置，此旋转装置支架和冲击式传感器直接安装在锅炉上，以消除两者之间热膨胀的影响。打击力量和频率的调整按照安装位置、锤打结构区的抗挠刚度和振动情况，调整锤的质量和弹簧刚度来进行。

振打锤可以由单独的电动机操作，也可以由同一台电动机操作多台振打锤。余热锅炉电动振打装置及气动振打装置分别见图 1－48 及图 1－49。

图 1－46　余热锅炉的内部结构

图 1－47　余热锅炉的进口水冷闸门

图 1－48　余热锅炉电动振打装置

图 1－49　余热锅炉气动振打装置

对流部管束的在线清灰通过水平导向的振动杆实现，由外部汽缸推动，几排管子之间的撞击实现了清灰的效果。所有的参数，如撞击力、循环持续时间和清灰间隔，都可调整到适应当前工艺条件，采用“Schmidtsche 自适应清灰间隔控制系统”。

安装在蒸发面、辐射部、对流部、锅炉的出口和入口的振打装置有：水管壁的锤打装置 214 套、管屏的锤打装置 26 套、电动振打装置 240 套、管束的振打装置 2×5 套、管束的气压振动汽缸 2×5 套、配电盘 2×1 套。

清灰系统全自动操作。辐射部和对流部的下部成漏斗状，下面有灰斗和灰槽，其下部装有埋刮板运输机，将收集在锅炉灰斗中的灰尘和沉积物随时送走。

6. 汽包

汽包由带有预先焊接管座的钢板做成，所有必需的接口、检修孔、蒸汽/水的分离器、测量锅炉汽包水位、压力的仪表、安全阀、汽包的支撑鞍都设置在支撑结构上（见图 1－50）。

汽包内下部是软化水，上部是蒸汽，通过循环水泵将汽包、辐射部、对流部的水连接成一个系统，进行循环。

7. 循环泵

循环泵是高压强制型水泵，将汽包内下部的软化水吸入后，压向管屏、管束的无缝钢管下部，将管屏、管束的无缝钢管内的蒸汽从其上部压到汽包内，这样进行强制循环。

循环泵都带有底座、离合器及离合器防护装置，和电机一起组装在同一底座上（见图 1－51）。

图 1－50　余热锅炉汽包

图 1－51　锅炉循环水泵

1.6.3　工艺说明

锅炉的辐射部和对流部外形都是一个长方体，辐射部比较高大，而对流部相对要矮小一些。辐射部的前端是高温烟气的进口，和闪速炉的上升烟道烟气出口相接，开有一个烟气进口的门，由两块水冷闸板控制烟气的进入。对流部的尾端是高温烟气的出口，设备成管状，通过鹅颈烟道和电收尘器沉尘室相连。

辐射部和对流部的下部成漏斗状，下面有灰斗和灰槽，灰斗和灰槽的下部装有埋刮板机，将收集在锅炉灰斗中的灰尘和沉积物由埋刮板运输机随时送走。

从动力中心高压给水泵送来的软化水存贮在锅炉汽包里，通过循环水泵将软化水充满辐射部和对流部的所有水系统管道里。

从闪速熔炼炉上升烟道出来的高温冶炼烟气，充满余热锅炉的辐射部、对流部的整个空间，这些烟气通过管壁和管内的水进行热交换，使管内的水因温度升高气化而产出蒸汽。由于蒸汽的密度比较小，因而被循环水泵从汽包下面抽出的温度较低的水挤到汽包里，升到汽包的上部。

汽包里的蒸汽因压力的关系而被送到位于动力中心的透平发电机发电，动力中心的高压给水泵将软化水不断地送到锅炉汽包，高压循环水泵又将汽包水强制送到锅炉的辐射部和对流部，通过管壁和高温烟气进行热交换。这样随着熔炼炉生产的正常进行，锅炉汽包就不停的产出蒸汽。

对流部出口烟气温度为 360℃左右，降低了温度的烟气送电收尘，经收尘后的烟气送到硫酸车间制酸。收集在锅炉灰斗中的烟灰则由埋刮板运输机送走，经破碎机破碎后，用气流输送的方式返回闪速熔炼炉顶上的烟灰仓，再次进入反应塔，回收烟灰中的铜。

由于某些原因，一些烟灰会粘在锅炉的壁上，使锅炉的传热效率降低，我们在锅炉的各部安装了多台振打装置，有电动的，还有气动的，均是由 PLC 系统控制而全自动进行的，通过定期振打，将粘在锅炉壁上的烟灰都震下来，这样将大大地提高锅炉的传热效率。

我们还通过硫酸盐化风机往锅炉里送入一定量的空气(氧气)，这样做的目的是为了防止锅炉内的烟灰结块。有时为了防止结块，还往锅炉里送入一定量的富氧空气。

注意：锅炉里永远不能断水，即循环水泵什么时候也不能停止运行，故锅炉系统的给水泵、循环水泵等都是一级负荷，要接在事故用电回路。只有在锅炉停产检修，将烟气进口闸门关闭时才能停止循环水泵的运行。

1.6.4 控制系统

1. FIC0636 硫酸盐化风量调节系统

该系统由下列部分组成。

(1)检测仪表：由威力巴和差压变送器两部分组成。

①威力巴：将硫酸盐化风流量转换成差压信号，量程是0～0.345 kPa。

②差压变送器：将威力巴检测出的0～0.345 kPa的差压信号转换成4～20 mA DC电流信号，量程是0～0.345 kPa。

(2)指示调节器：指示、控制硫酸盐化风流量，量程是0～10000 m^3/h(标况)，调节器的输出是反作用(RA)。

(3)执行机构：电动执行机构控制的风机进口导叶，接受指示调节器输出的4～20 mA DC电流信号，控制风机进口导叶的开度，从而控制硫酸盐化风流量。

2. LICA0609 汽包液位调节系统

该系统由下列部分组成。

(1)检测仪表：包括平衡容器和差压变送器。

①平衡容器：将汽包液位转换成差压信号，是由汽包厂家带来的。汽包液位量程是-300～+300 mm，转换成的差压信号是0～6kPa。

②差压变送器：将平衡容器检测出的差压信号转换成4～20 mA DC电流信号，量程是0～6kPa。

(2)指示调节器：作用是指示、控制汽包液位，汽包液位量程是-300～+300 mm。调节器的输出是正作用(DA)。正常控制值是+90 mm；上限报警值H=+222 mm，下限报警值L=+36 mm。

(3)执行机构：气动套筒导向型调节阀，气闭式(PC)。接受指示调节器输出的4～20 mA DC电流信号，控制加水量。

说明：锅炉给水流量检测系统(FRQ0601)、锅炉蒸汽流量检测系统(FRQ0630)、汽包液位调节系统(LICA0609)，这3个仪表系统组成一个锅炉三冲量控制系统，是一个前馈加串级反馈的控制系统。

锅炉汽包水位三冲量控制系统介绍："冲量"就是"变量"。在有多个变量相互联系的被控对象中，操作变量不仅与一个主要的被控量有关，还与其他被控量有关。将这些被控量按某种关系组合起来，一起去控制操作量，便构成了多冲量控制系统，其主要作用就是可以提高控制精度。

锅炉汽包水位控制系统就是一个三冲量控制系统。汽包水位是锅炉正常运行的主要指标，水位过高或过低都不好，尤其是水位太低，担心锅炉烧干锅而爆炸。影响汽包水位的参数有 3 个：汽包水位、给水流量、蒸汽流量。这里汽包水位是主要的，给水流量、蒸汽流量是辅助的。汽包水位低了要加水，给水流量少了要加水、蒸汽流量多了要加水。

A. 单冲量控制系统。单冲量控制是指被控量（水位）控制系统是一个单回路控制系统，参见图 1 - 52 左边部分。这个控制系统有下述问题：

a. 不能克服虚假水位的影响。蒸汽负荷变化时会产生虚假水位。蒸汽负荷突然变大时，瞬间必然导致汽包压力急剧降低，引起水的闪急汽化，把汽包水位上托，水位的测量值不降反升，从而将给水阀门关小。蒸汽量加大而加水量减小，必然会使水位严重下降，将出现重大故障。所以说这种单冲量控制系统不能克服虚假水位的影响。

b. 负荷变化时控制作用缓慢。从负荷变化到水位变化，再由水位变化去控制调节阀的变化，有一段时间的滞后，水位偏差较大。

c. 给水系统出现扰动，例如，给水泵压力发生变化，也会引起给水流量变化，从而也引起汽包水位不稳。

综上所述，为了克服上述缺点，就引入了蒸汽流量系统，组成双冲量控制系统。

B. 双冲量控制系统。双冲量控制系统实质上是一个前馈加反馈的控制系统，参见图 1 - 52 中间部分。前馈信号是蒸汽流量，它直接操作给水阀门动作，不仅可以纠正虚假水位引起的误动作，而且使控制非常及时。

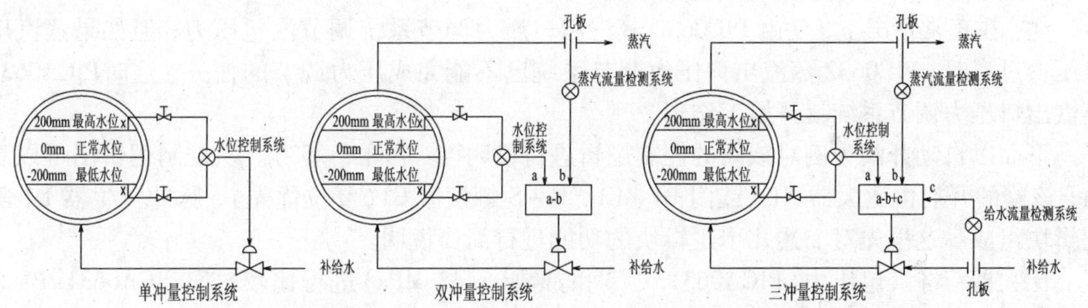

图 1 - 52　锅炉汽包水位单冲量、双冲量及三冲量控制系统参考图

一般构成的方法是将蒸汽流量信号与液位调节器的输出信号，一起送入加法器进行运算，用加法器的输出信号去控制加水阀门的开度。当蒸汽负荷突然加大时，蒸汽流量信号加大，在加法器中，这个蒸汽流量信号“b”为“ - ”，当它增加时，加法器的输出减小，气关式加水阀开度加大，增大供水量。若此时出现了“虚假水位”，水位调节器输出的信号增大，这个信号“a”在加法器内为“ + ”，与蒸汽流量信号“b”相反，两者抵消。经过短暂时间，汽包内压力恢复平衡，蒸发恢复正常，“虚假水位”消除。此时，水位因蒸发量增加而下降，水位调节器输出减小，加大给水量，以满足蒸汽量增加的需要，并使水位上升，回到设定值。

C. 三冲量控制系统。双冲量控制系统存在的问题是：对于汽包供水系统压力波动引起的给水流量变化的扰动，不能及时克服。故又引入了另一个辅助冲量——给水流量，构成“三冲量控制系统”，三冲量控制系统实质上是一个前馈加串级反馈的控制系统，参见图 1 - 52 右边部分。

在加法器中水位信号“a”和给水流量“c”的方向都为“ + ”，组成串级控制，蒸汽流量是前馈信号“b”，取为“-”。这种控制系统既可克服“虚假水位”，又可克服给水流量波动的影响，从而进一步提高控制质量。

3. PIC0632 蒸汽出口压力调节系统

该系统由下列部分组成。

(1)检测仪表：压力变送器，量程是0~10 MPa，将蒸汽出口压力转换成4~20 mA DC电流信号。

(2)指示调节器：指示、控制蒸汽出口压力，量程是0~10 MPa，正常控制值是5.4 MPa。调节器的输出是反作用(RA)。

(3)执行机构：气动套筒导向型调节阀，气闭式(PC)；接受指示调节器输出的4~20 mA DC电流信号，控制蒸汽排出量。

4. PICA0631 蒸汽出口压力调节系统

该系统由下列部分组成。

(1)检测仪表：和PIC0632蒸汽出口压力调节系统共用。

(2)指示调节器：指示、控制蒸汽出口压力，量程是0~10 MPa，正常控制值是5.4 MPa。调节器的输出是反作用(RA)。

(3)执行机构：电动控制闸板阀，接受指示调节器输出的ON、OFF信号，去控制蒸汽的放空量，保证汽包的压力在安全值之内。

注：在正常情况下，是由PIC0632蒸汽出口压力调节系统调节汽包压力；但如果蒸汽出口压力过高时，PIC0632蒸汽出口压力调节系统已不能完成压力调节的任务，这时PICA0631蒸汽出口压力调节系统就开始工作了。

下面以自动开阀为例对该阀的控制逻辑进行说明(参见图1-53)。从控制逻辑图可以看出，该阀的开启由比大器A1、或门B1、E1，R-S触发器C1(复位优先)、脉冲发生器D1等逻辑块组成。这里先对上述几个逻辑块的功能进行简要说明。

比大器：将汽包压力(PICA0631. PV)和常数(5.42 MPa)进行比较，若PICA0631. PV > 5.42 MPa，则比大器输出为高电平，反之则输出为低电平。

比小器：将汽包压力(PICA0631. PV)和常数(5.38 MPa)进行比较，若PICA0631. PV < 5.38 MPa，则比小器输出为高电平，反之则输出为低电平。

或门：在多个输入信号中，只要有一个是高电平，就输出高电平，若输入信号全是低电平，则输出为低电平。

R-S触发器(复位优先)：当复位端(R)为低电平，设定端(S)为高电平时，输出端(Q)输出高电平；当复位端(R)为高电平时，则不管设定端(S)是高电平还是低电平，输出端(Q)都输出低电平，这就是“复位优先”。

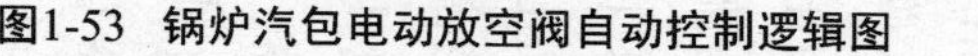

图1-53 锅炉汽包电动放空阀自动控制逻辑图

脉冲发生器：当输入端为高电平时，输出端就输出一个预先设定好时间长度的高电平脉冲信号(正在输出的过程中与其输入信号的状态无关)，设定的输出时间一到，脉冲发生器马上翻转，输出低电平脉冲信号。

在程序中该阀门设计有两种开阀的方法：远方手动开阀和全自动方式开阀，逻辑块或门E1在该阀手动操作与自动控制进行切换时使用的。当要远方进行手动开阀时，就要将此阀的画面调出来，在该阀上选择开阀，再按下确认键就行了。这样的操作将使阀门处于全开状态。例如，锅炉要检修，就要将其压力全部泄放，就要用手动操作，平时都是全自动控制。

下面对程序控制自动开阀的动作进行说明：在比大器A1里，汽包压力调节器PICA0631的测量值(PV)和常数(5.42 MPa)时时都在进行比较，若PICA0631. PV > 5.42 MPa，则比大器A1就输出一个高电平信号送给R-S触发器C1的设定端"S"，由于其复位端"R"为低电平，故其输出端(Q)就输出一个高电平信号送给脉冲发生器D1的输入端。这时脉冲发生器D1就输出一个预先设置了单位时间(如5 s)的脉冲信号，通过或门E1输出一个高电平的"DO"信号，此信号使电动阀正转控制回路的交流接触器得电，电机正转，电动阀就打开5 s，将蒸汽放掉一部分，压力必然会有所降低。

由于脉冲发生器D1的输出信号通过或门B1反馈到R-S触发器C1的复位端"R"，由于其为高电平信号，故R-S触发器C1被复位，其输出端(Q)就输出一个低电平信号，由于脉冲发生器D1是带保持的，一经触发后其输出状态就与输入端的状态无关，故还是保持在输出高电平状态，即打开电动阀的状态。脉冲发生器D1设定的时间(例如5 s)一到，其输出端就由高电平跳转为低电平，通过或门E1输出一个低电平的"DO"信号，电机失电停止转动，电动阀就处于部分开启的状态。这时脉冲发生器D1的输出端通过或门B1反馈到R-S触发器C1的复位端"R"的信号为低电平，R-S触发器C1又处于激活状态。

在比大器A1里，若PICA0631. PV还大于5.42 MPa，就又输出一个高电平信号给R-S触发器C1的设定端"S"，其输出端(Q)又输出一个高电平信号给脉冲发生器D的输入端。这时脉冲发生器D1又输出一个预先设置的单位时间脉冲信号，通过或门E1输出一个高电平的"DO"信号，使电机又得电，继续正转，电动阀就又打开一些，将蒸汽再放掉一部分，压力就会再一次降低。

若汽包内压力低了，阀门的控制回路则进行相反方向的动作，使阀门关闭。经过这样控制，就能确保汽包压力始终稳定为5.38~5.42 MPa，当然，这个值是可以任意改变的，每次开阀时间的长短也可以随意。

由于此电机是不能连续工作的，通电时间过长就会烧坏电机，故动作后要马上断电，等待新的指令。当阀全开或全关时也断电等待(将阀门全开或全关的状态信号置于R-S触发器C1的复位端"R"，使R-S触发器C1被锁定，只要有此信号存在，该阀就不能进行同方向的操作，只能进行反方向的操作)。另外，在开阀时不能给关阀信号，关阀时不能给开阀信号，以免阀门控制电机受损，故开阀和关阀两个状态是通过程序实行互锁的。

以上动作要求由逻辑块或门B1和R-S触发器C1的复位端"R"共同完成。

该控制系统实质上是一个安全控制系统，控制是一步一步进行的，这是一种标准的步进式控制方式，比以往的安全阀更经济，控制更加灵敏、可靠。

1.7　熔炼电收尘系统

1.7.1　工序功能及工艺流程

熔炼电收尘系统将余热锅炉降温后的冶炼烟气进一步收尘，其工艺流程图见图1－54。

1.7.2　工序设备

主要设备有沉尘室、电收尘器、排风机，还有埋刮板运输机、控制阀等。

1. 电收尘器的原理

电收尘器利用电场力将灰尘从烟气中分离出来。它由一个含有立式钢板板壁和导线框架壳体组成。一个负高压直流整流器将导线框架和地面连接起来，产生一个烟气必须穿过的电场。在高压电场的作用下，烟气经电离产生大量的正负离子，正离子产生后立即被导线吸附，负离子则要穿过导线和钢挡板间的空间，这样导线处就产生了一股负离子流，也就是所谓的放电电极。在向钢挡板的运动过程中，烟气中的离子相互碰撞并且吸附烟气中的烟尘微粒。烟尘微粒带负电，向钢挡板移动，附着到钢挡板上的灰尘微粒由于受到振打锤的不断振打，从钢挡板的下端震落到灰斗中，再由埋刮板运输机运送到最下面的烟灰仓。从电收尘器出来的气体就是含尘比较低的SO_2烟气。

电收尘器是一种高效收尘设备，是铜冶炼行业不可缺少的重要设备之一。它能有效地捕集直径为0.1 μm甚至小于0.1 μm的烟尘；收尘效率高，能达到99.99%以上；处理烟气量大，能达每小时几十万甚至上百万立方米；能用于高温气体，通常可以在400℃以下工作，采取专门措施，温度还可以提高；烟气湿度可大可小；阻力损失小，一般为200～300 Pa；可回收干烟尘。

2. 电收尘器的结构

从图1－55和图1－56可以看出：电收尘器是一个框架式结构，上面是一个壳体，壳体内形成一个室，这个室沿气流方向分成四个电场。每个电场有两条母线区，整个收尘器有8条母线区，每个电场都配置1台户外型高压整流机组，安装在收尘器顶部，用于给阴极、阳极系统提供数万伏的高压直流电。

电收尘器用钢支架悬空固定在地面，外壳体用金属加工。电场下面是锥形灰斗，底部装有一个与气流平行的槽形灰斗，每个电场配有3个振打锤。振打锤及驱动系统就安装在灰斗壁上。灰斗下面是一台长的埋刮板运输机，它将几个灰斗的烟灰都送到位于地面的烟尘仓。

电收尘器的前面是烟气进口，一般接到沉尘室的出口部，后面则是烟气的出口，一般是接到高温排风机的进口。为了检修方便，在进、出口方向都装有闸板阀，用于切断烟气。

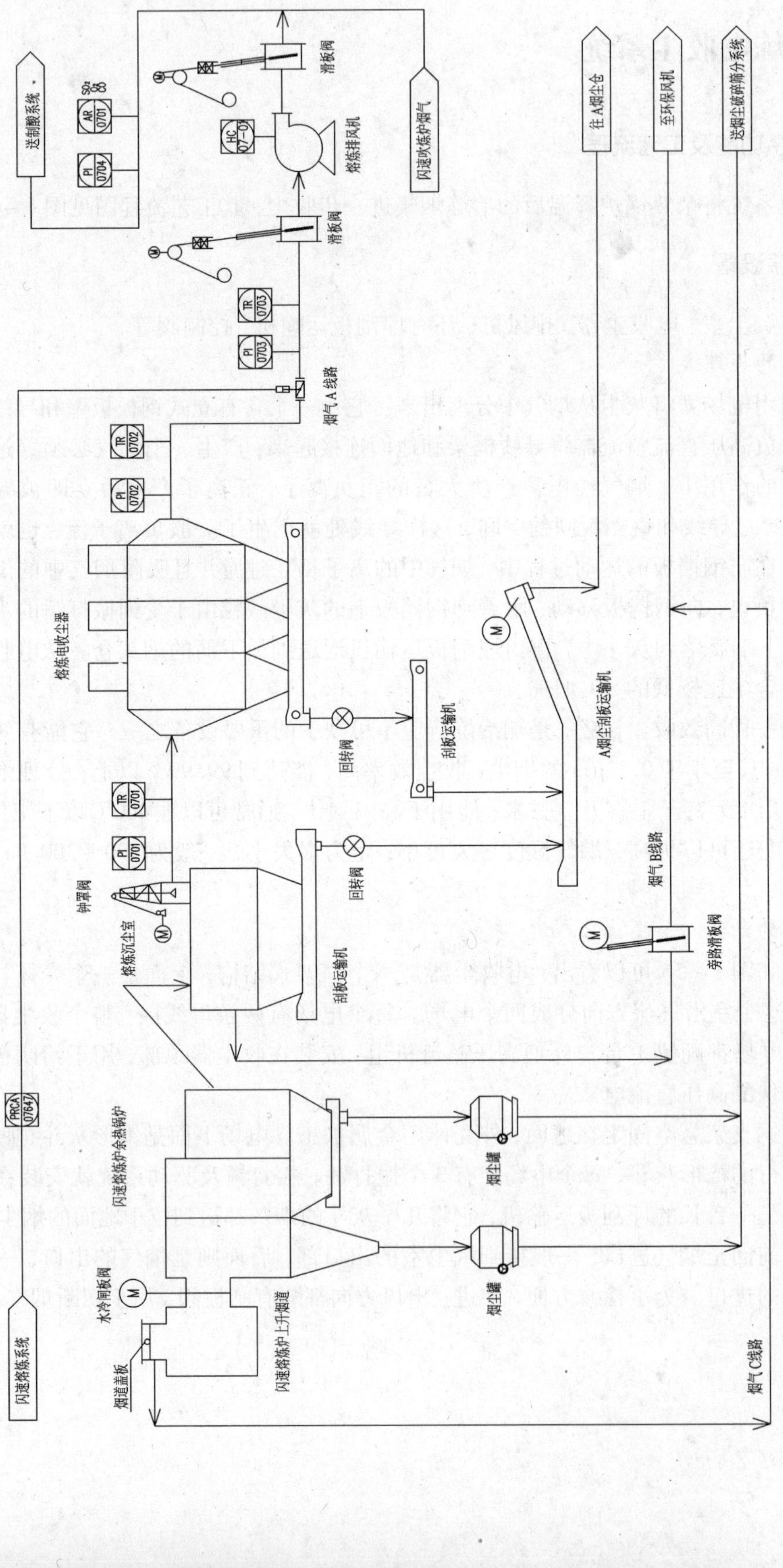

闪速熔炼系统
PRCA 07647
烟道盖板
水冷闸板阀
闪速熔炼炉余热锅炉
闪速熔炼炉上升烟道
钟罩阀
熔炼沉尘室
PI 0701
TR 0701
熔炼电收尘器
PI 0702
TR 0702
送制酸系统
PI 0704
AR 0701 SO_2
HC 07-01
PI 0703
TR 0703
烟气A线路
滑板阀
熔炼排风机
滑板阀
闪速吹炼炉烟气
刮板运输机
回转阀
回转阀
刮板运输机
烟尘罐
烟尘罐
A烟尘刮板运输机
往A烟尘仓
烟气B线路
至环保风机
旁路滑板阀
送烟尘破碎筛分系统
烟气C线路

图1-54 熔炼电收尘系统工艺流程图

图1-55　电收尘器的外形

图1-56　电收尘器和沉尘室的外形

1.7.3　工艺说明

从闪速熔炼炉上升烟道产出的高温烟气，先在余热锅炉的辐射部、对流部被锅炉里的水吸收了大部分热量，温度大大地降低，40%左右的烟灰也因重力的作用从锅炉的辐射部、对流部下落到下面的烟尘仓。从余热锅炉对流部出来的烟气经鹅颈烟道进入沉尘室，在沉尘室，质量大一些的烟灰又因重力的作用自由下落到下面的烟尘仓里，被埋刮板运输机送走。剩下含尘不太多的气体经过钟罩阀进入电收尘器的进口，在高压强直流静电场的作用下，通过的气体发生电离，产生大量的正负离子，在电场力的作用下，正负离子与含尘气体尘粒发生碰撞并使其带电，最终吸附在极板上，带负电的粉尘被阳极系统捕集，带正电的粉尘则被阴极捕集，通过振打装置将烟灰击落到贮灰仓，再由埋刮机运送到最下面的烟灰仓。从电收尘器出来的气体就是含尘比较低的SO_2烟气。经高温排风机送到硫酸车间回收其中的SO_2气体以制取硫酸。

在高温排风机的进口(也就是电收尘器的出口)有一台自动控制的调节阀，用于调节闪速炉炉内的压力。闪速炉通常是负压操作，这样现场的操作环境就比较好。若炉内的负压过大，高温排风机会吸进大量的自由空气，会加大硫酸车间的负荷，电耗也比较大。这时就要减小此调节阀的开度，减少风量。若炉内的负压过小，有时甚至会是微正压，就会出现大量的SO_2烟气从各处泄漏出来，这是绝对不允许发生的。这时就要加大此调节阀的开度，增加系统的抽风能力，将烟气都抽走，有时只加大调节阀的开度还不够，还要提高高温排风机的转速，加大抽力，才能将炉内压力控制在一定的负压下。

1.7.4　熔炼烟气的走向

闪速炉产生的熔炼烟气根据不同的工况有三种不同的流动线路(见图1-54)，通常称A线路、B线路、C线路。

A线路：这是正常生产时的烟气流动线路。

从闪速炉上升烟道出来的高温熔炼烟气，经过余热锅炉辐射部前的水冷闸门进入余热锅炉辐射部，温度被降低，再经过对流部进一步降低温度后从其尾部出来，经过鹅颈烟道进入沉尘室，大量的烟尘都因重力作用从沉尘室沉降下来，再经过电收器收尘后经高温排烟机送到硫酸车间去生产硫酸。

B 线路：这是闪速炉停止投料而保温时的烟气流动线路。

从闪速炉上升烟道出来的高温熔炼烟气（由于闪速炉停止投料，故烟气里面没有 SO_2 气体，温度也不会太高），经过余热锅炉辐射部前的水冷闸门进入余热锅炉辐射部，从对流部的尾部出来，经过鹅颈烟道进入沉尘室。由于电收尘器的进口阀门关闭，而往环保风机去的旁路滑板阀是打开的，故这些烟气不能往电收尘系统去，而是被环保风机抽出，经环保烟囱排向大气。

C 线路：这是余热锅炉检修时的烟气流动线路。

由于余热锅炉检修，不能接受上升烟道出来的高温熔炼烟气，故会关闭余热锅炉辐射部前的水冷闸门，提起上升烟道上面的烟道盖板，打开环境集烟的通道，闪速炉的高温熔炼烟气经环保风机抽出，经环保烟囱排向大气。

1.8 铜锍水淬系统

铜锍水淬系统是“双闪”工艺中不可缺少的一个重要工序，其目的是将高温液态铜锍变成常温粉状铜锍，以满足闪速吹炼炉进料方式的需要。

美国肯尼科特公司采用水淬后用斗提机捞渣的方式，这是一种传统的方式。下面介绍保尔沃特公司的“INBA”脱水系统。

1.8.1 工序功能及工艺流程

用带压的冷水将闪速熔炼炉产生的高温液态铜锍进行水淬，使高温液态铜锍变成常温固态沙状铜锍，并对铜锍进行脱水。这是为闪速吹炼炉准备原料的生产准备系统，工艺流程图见图 1－57。

1.8.2 工序设备

该系统主要设备有：两个粒化塔、一个脱水转鼓、两个脱水仓、三条传送皮带以及多台各种泵等。

1. 粒化塔的结构

粒化塔是用约 10 mm 厚的钢板卷成的一个圆筒形的设备，分成上、中、下三个部分。在粒化塔中部靠里面的地方开了两个约 1 m^2 的方形孔，两孔之间的距离约为 1 m，呈外“八”字形。闪速熔炼炉铜锍的排出溜槽从这两个孔进到粒化塔里面（靠边上），在铜锍溜槽出口的下方有一个和铜锍溜槽宽度差不多长的粒化水喷头，喷头的尾部接上高压冷却水。在粒化水喷头下约 2.3 m 的地方有一个多孔筛板，阻挡水淬后产生的大块状的铜锍。

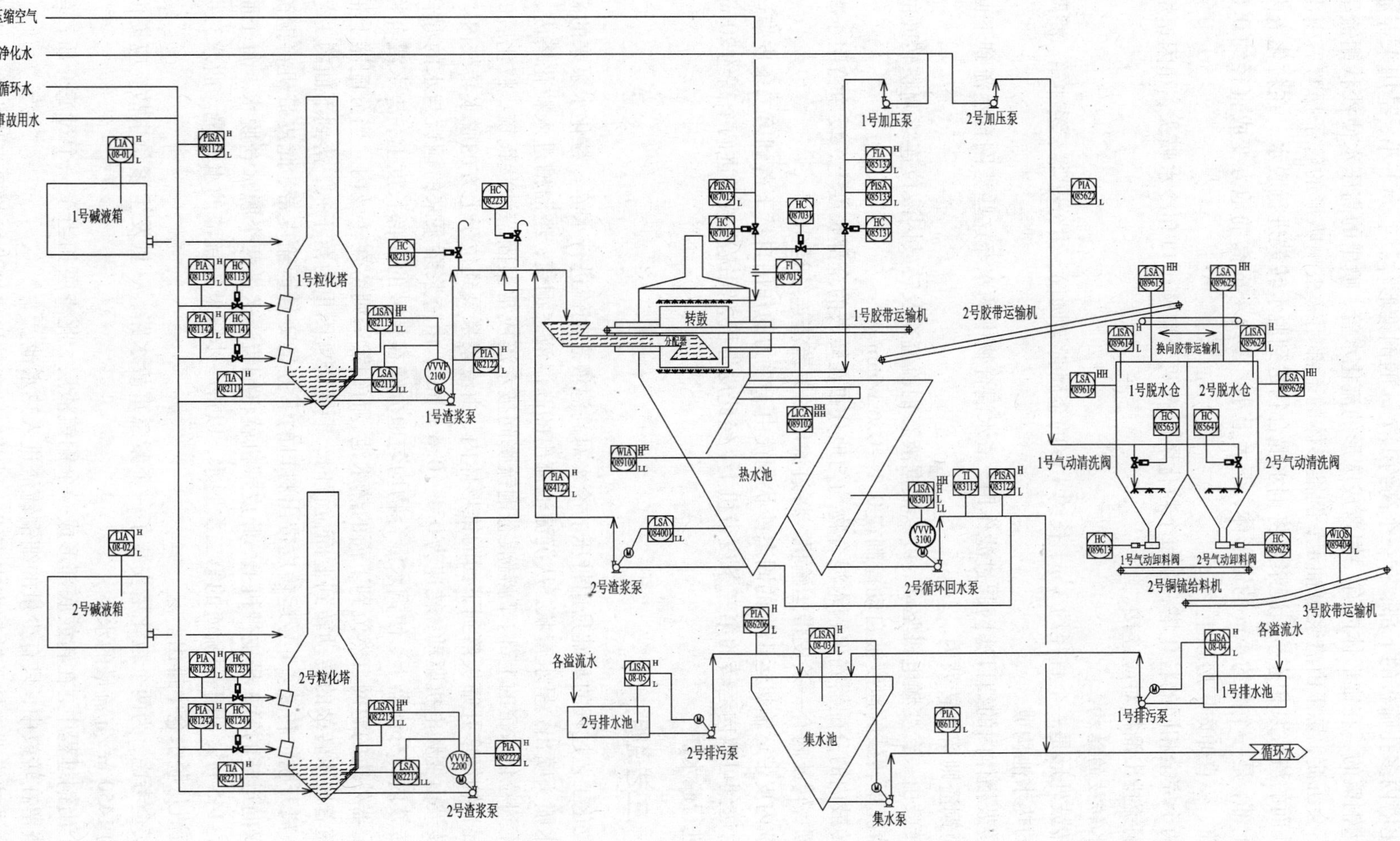

图1-57 铜锍水淬系统工艺流程图

在粒化塔内多孔筛板的下部，有一个高约1.7 m的倒锥形体，上大下小，是用来存放水淬后的沙状铜锍的。在锥形体内有一根弯成圆形的流化水管，喷出的高压水使沙状铜锍呈流动状态，不会沉淀，易于由渣浆泵抽走；倒锥形体的下部用一根喇叭形的管子拐弯后引出粒化塔，和外面的渣浆泵相连接，渣浆泵将铜水混合物送到脱水转鼓进行脱水。在粒化塔内多孔筛板的上部，是一个高约4 m的锥形体，下大上小，在约4 m高的地方变成直径约0.5 m左右的烟筒，一直伸向厂房顶上。

共有两个完全相同的粒化塔，在每个粒化塔内有两个溜槽出口和冷水喷头，和闪速熔炼炉的4个铜锍排出溜槽对应连接。

2. 脱水转鼓的结构

脱水转鼓外形是一个直径约3 m，长约4 m的金属骨架圆筒，由分配器、缓冲箱、滤网及转鼓下部的热水池构成。

脱水转鼓桶体内的细目滤网起过滤作用，渣水混合物中的水经这些滤网自然流到下面的热水池，而铜渣则留在转鼓内。

脱水转鼓由一台变频电机驱动，可以根据液态铜锍流速及转鼓内液位连续调整转鼓的速度，一般情况下转鼓的速度被自动控制在0.1～0.6 r/min。

脱水转鼓内的分配器确保铜水混合物均匀地分布在转鼓的全部长度上，缓冲箱用于减少转鼓的磨损，转鼓内有一条皮带运输机，将过滤后的铜锍渣连续运出。

从转鼓内皮带运输机运出来的固态沙状铜锍由于重力的作用自然下落到第二条皮带运输机上，然后送到可双向运转的第三条皮带机上，经此皮带机，铜锍渣被送进两个高约20 m处的脱水仓进行脱水。

1.8.3 工艺说明

铜锍粒化工艺过程的基础是用带压的冷水对高温液态铜锍进行水淬。粒化水泵来的高压粒化水从水喷头喷出，呈水帘状，从沉淀池流出的高温液态铜锍，经溜槽进入粒化塔内，从溜槽出口流到粒化水帘的上部，高温液态铜锍瞬间被水淬成常温固态沙状铜锍，粒化后的铜锍与水的混合物经多孔筛板落到下面的锥形体内，由渣浆泵泵到位于上方的脱水转鼓内。

脱水转鼓由变频电机驱动，转速为0.1～0.6 r/min，由渣浆泵泵来的铜锍与水的混合物首先落到转鼓内的分配器上，使铜水混合物均匀地分布在转鼓的全部长度上，渣水混合物中的水经分配器外边的滤网自然流到下面的热水池，而铜锍渣则留在转鼓内。当分配器上带着的铜锍渣随着脱水转鼓的转动转到上面位置时，铜锍渣就因重力落下来，落到下面的1号运输皮带上，离开脱水转鼓。1号运输皮带出料口的下方是2号运输皮带，此皮带机将铜锍渣运送到可双向运转的第3号皮带机上，此皮带机就将铜锍渣送进两个脱水仓脱水。每个脱水仓的容积是145 m^3，用于铜锍渣的第二次脱水，以进一步降低铜锍渣的水含量。脱水3～5 h后，将铜锍渣从脱水仓中排出。

出于安全考虑，为两个粒化塔安装了一个紧急事故水路，一旦发生紧急事故，应提供至少5 min的1450 m^3/h流量的水。

在整个出铜过程中，在转鼓底部形成一个铜锍渣层，此渣层相当于一个过滤介质，有效地将铜锍渣留在转鼓中，只有少量的细铜锍渣进入热水池。

为方便维护修理转鼓及转鼓内皮带机，利用1号皮带机机械卷扬装置可将皮带机从转鼓内移出，分配器也可从转鼓内移出，使用拆卸工具也可拆卸缓冲箱。为保持转鼓滤网清洁，可用压缩空气和清水对这些滤网进行连续自动清洗。

从渣水混合物中分离出的水被收集到转鼓下方的热水池中，热水池是一个上大下小的锥形体。从滤网泄漏的细小颗粒铜粉沉积在锥形体的下部，用返渣泵将这些渣水混合物再返回到脱水转鼓去回收里面的铜粉。热水池上部的水通过一个隔板溢流到另一个热水池，将这个热水池下部的水用回水泵打回到水冷却塔，降温后又作为粒化水由粒化泵泵来水淬高温铜锍。由水淬产生的水蒸气通过粒化塔上的烟筒排向天空。

因为铜锍溜槽用过几次后就要进行维修，一个铜锍溜槽是不够用的，故准备了 4 个铜锍溜槽，对应的就要准备 2 个粒化塔及 4 个粒化喷头，轮流使用。

1.8.4　控制系统说明

铜锍水淬工序的控制系统是以顺序控制为主，不是一个个的单回路反馈控制系统或复杂的串级控制系统。它是一个独立的，综合性的控制系统，只要满足了开车条件，一按“启动”按钮，整个生产工序就按开始准备好的条件和顺序，从工序的最前端，一步一步地往下执行，若没有问题，生产将一直往后进行；若到某处条件不满足，则执行故障程序，使生产工序正常、安全地停下来，不出事故。

大部分设备都有现场操作盘，整个系统共有 20 个现场操作盘。在现场操作盘上除有“启动、停止”开关、有关指示灯外，还有“手动、自动”转换开关，正常情况下都应选择“自动(即远方)方式”，由 DCS 系统进行自动控制生产，只在检修时才选择“现场方式”。

1.8.5　操作顺序

这部分的操作分三个部分：运转设备、水系统、铜锍系统。

1. 开车步骤

1)运转设备

首先选择脱水仓，再启动换向皮带运输机、2 号皮带运输机、1 号皮带运输机，最后启动脱水转鼓。

2)水系统

确认脱水转鼓运转以后，启动脱水转鼓清洗泵，打开出口阀，再启动粒化泵，打开出口阀，在粒化塔内液位到达设定值时启动渣浆泵、返渣泵，最后启动循环回水泵。

3)铜锍系统

用氧气烧开沉淀池的放铜口，放出铜锍(为了加快铜锍的流动速度，应在溜槽的上方用天然气进行加热保温)，高温液态铜锍就会在粒化塔内水淬成常温固态沙状铜锍。

2. 停产操作顺序

若闪速炉内的铜锍已经放完了，要停止生产，则和前述开车的顺序正好相反。

(1)首先是堵住放铜口，20 min 以后才能停止粒化泵，关闭出口阀，再顺序停止渣浆泵、返渣泵、循环回水泵。

(2)等脱水转鼓内没有铜物料时就停止脱水转鼓，再停止脱水转鼓清洗泵，关闭出口阀；然后再顺序停止 1 号皮带运输机、2 号皮带运输机、换向皮带运输机。

1.9 铜锍仓系统

1.9.1 工序功能及工艺流程

铜锍仓主要是贮存脱水后的铜锍，其工艺流程图见图 1 – 58。

1.9.2 工序设备

其主要设备有 20 个铜锍仓、20 套电子配料秤，一个铜锍分配仓、一套计量系统及 8 条皮带运输机等，在现场有一个仪表室。在 20 个铜锍仓和分配仓中，全部装的都是铜锍，以仓代库。这部分的内容和铜精矿配料系统的差不多，故这些相同的部分不再重复进行说明。

1.10 铜锍磨系统

1.10.1 工序功能及工艺流程

将铜锍仓送来的潮湿的沙状铜锍，一边加热一边进行研磨，使之成为含水小于 0.3% 的干燥铜锍粉；铜锍粉和空气的混合物经布袋收尘后，将铜锍粉送到铜锍粉中间仓，而废气则通过排风机送到烟囱放空。工艺流程图见图 1 – 59。

1.10.2 工序设备

从工艺流程图可以看出，本工序由热风系统、研磨系统和收尘系统三个部分组成。

热风系统主要由热风炉、天然气供给系统和助燃风系统三个部分组成；天然气供给系统包括天然气安全调压系统和烧嘴阀门机组；助燃风系统包括燃烧风机和一次稀释风机、二次稀释风机。

研磨系统的主要设备是铜锍磨，包括铜锍磨减速箱润滑油泵、冷却风机、散热装置，铜锍磨中央润滑装置、筛分装置及其辅助液压装置，还有驱动系统和研磨的液压系统等。另外还有附属的下料器、分级筛、密封风机等。

收尘系统主要由收尘系统和排烟系统两个部分组成。收尘系统包括布袋收尘器、星形下料器和埋刮板运输机，而排烟系统则主要是排烟风机、也包括环保烟囱等。

铜锍磨系统是进口的，热风炉系统和排风机则是国内配套生产的。

铜锍磨和我们以前家用的磨子一样，也是由磨盘和磨辊组成，不过动作过程正好相反，磨盘转动而磨辊是不动的。

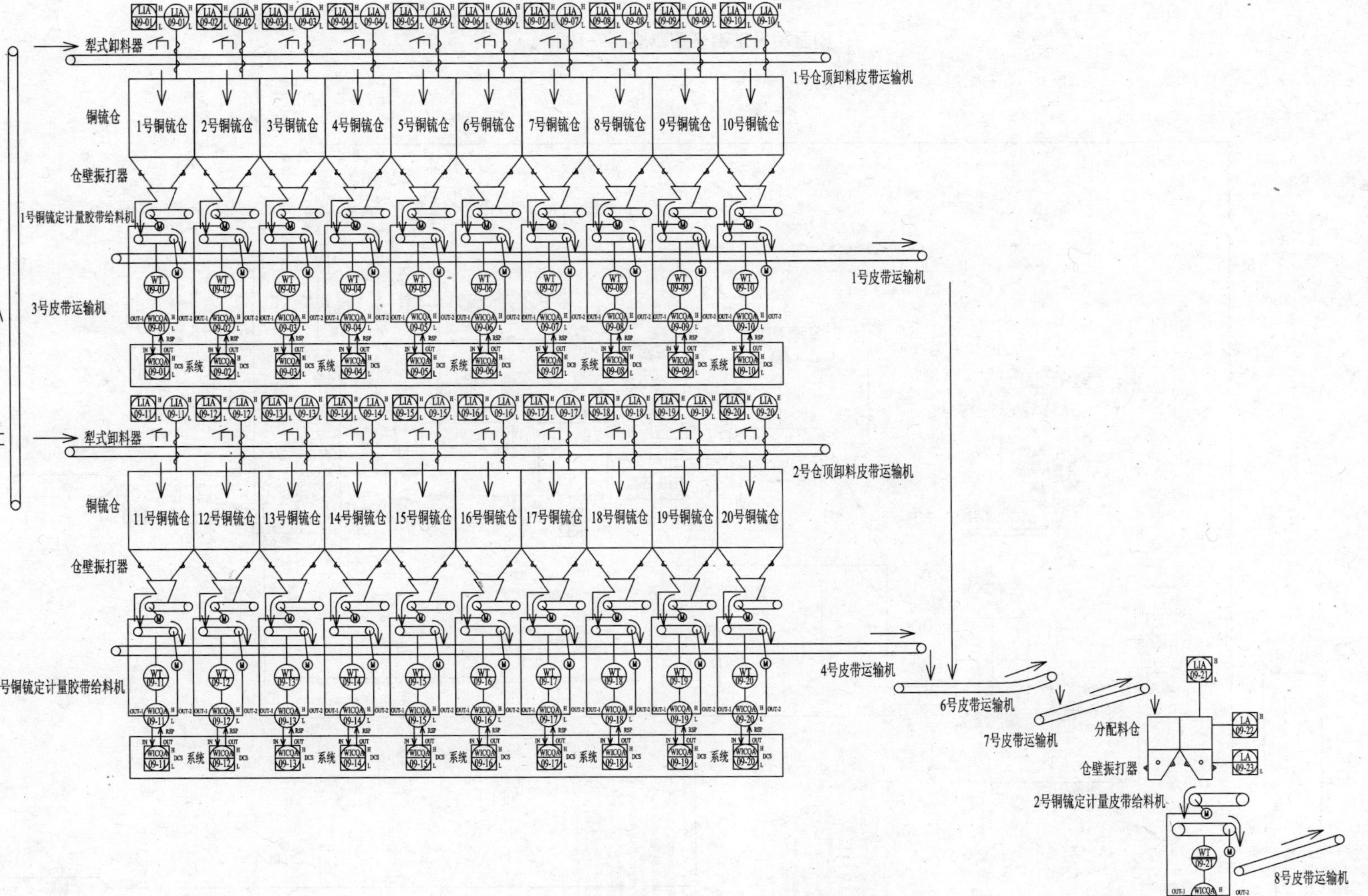

图1-58 铜锍仓系统工艺流程图

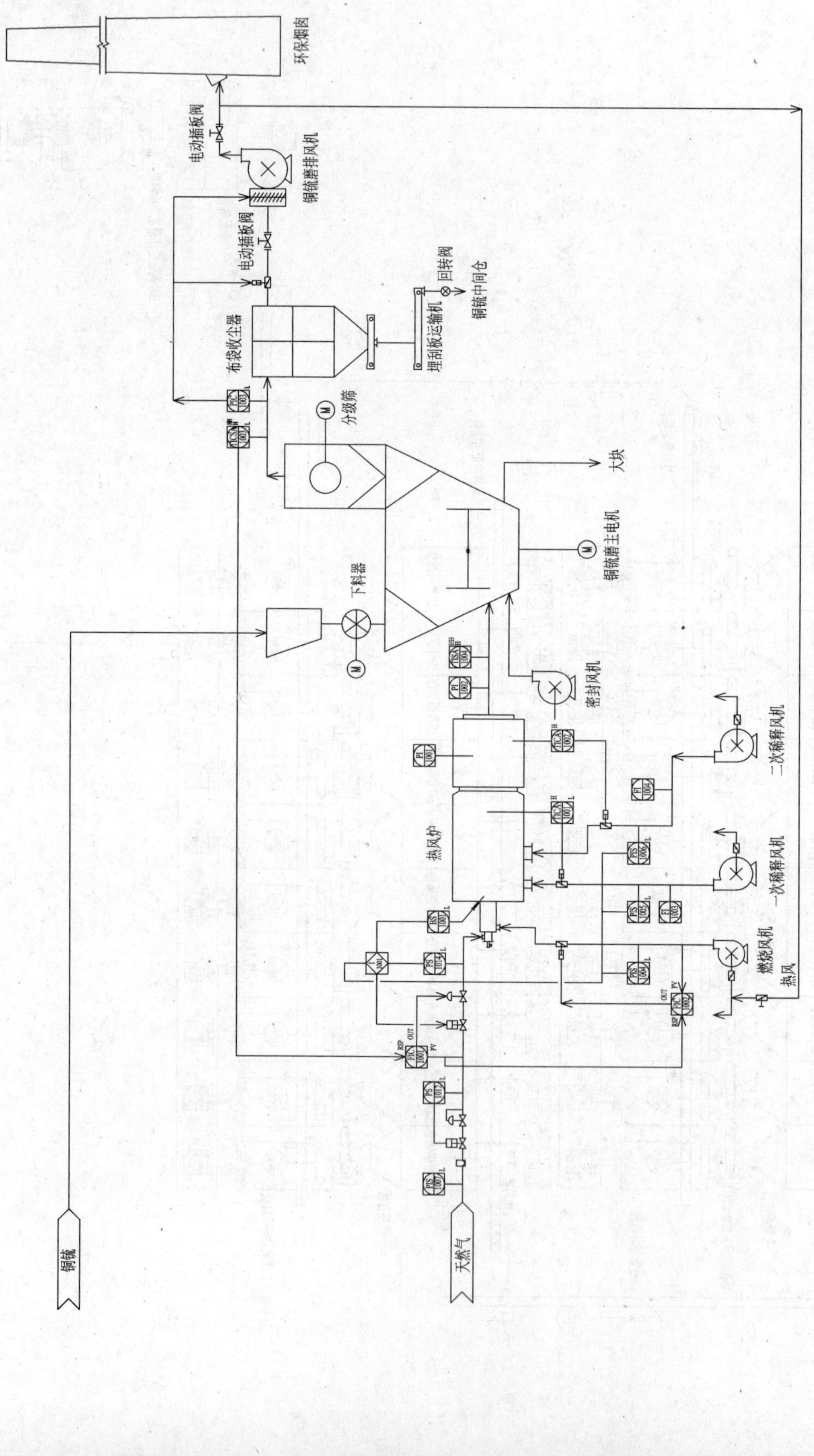

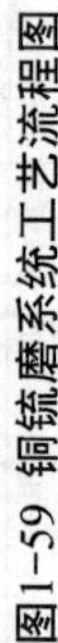

图1-59 铜锍磨系统工艺流程图

从图 1－60 可以看出，铜锍磨的外形是一个圆筒，在圆筒内部中间部分有一个可以转动的磨盘（见图 1－61）。磨盘由变频电机驱动，可以任意调速，通常约 32 r/min，驱动机构由变频电机和减速器组成，它们都安装在下面基础内，驱动上面磨盘转动。

磨辊（见图 1－62）是 3 个数吨重的金属锥形体辊子，尾部固定在磨体上，磨辊和磨盘的间隙通常在 3～5 mm。在磨盘的转动下，被磨物料带动磨辊以中间轴为圆心旋转，将铜锍由沙状磨成细粉状。为了提高耐磨度，在磨盘和磨辊的外面又用特殊的更耐磨的合金焊条堆焊了一整圈。

图 1－60　铜锍磨

在铜锍磨的外边有一个下料斗和一个星形下料器，被磨的物料由皮带运输机送到下料斗，通过星形下料器和后面连接的管子加到铜锍磨里面。在铜锍磨的顶部出口有一个分级器，由变频电机驱动旋转，可以根据粒度的大小任意调整转速，通常转速为 70 r/min 左右。合格的铜锍粉被送到收尘系统，而颗粒大的铜锍返回铜锍磨继续研磨。铜锍磨的上部是被磨物料的出口，通过两根输出圆管接到收尘系统。铜锍磨下面还有一个密封风机，往磨盘的轴里送入密封气，以防止铜粉泄漏。

图 1－61　铜锍磨的磨盘

图 1－62　铜锍磨的三个磨辊

1.10.3　工艺说明

在热风炉里，由天然气产生的热量将稀释风机鼓入的空气加热到 220℃，从下部吹入铜锍磨。

从铜锍仓送来的铜锍，经皮带秤计量后，送到下料斗，再由星形下料机加到铜锍磨。铜锍的成分是：铜 70%，铁 7%，硫 21%，水 4%～8%，粒度 2～5 mm＞80%，最大 50 mm。

铜锍磨里，由变频电机和减速器组成的驱动机构使磨盘转动，转动的磨盘再带动上面的磨辊转动。下落到磨盘上的铜锍经磨盘和磨辊的相对运动研磨成粉状。这样，铜锍一边进行研磨一边用热空气进行加热，就变成含水小于 0.3% 的铜锍粉。在铜锍磨顶上出口有一个分级筛，将大颗粒分筛出来再一次进行研磨。

干燥的铜锍粉被排风机的强大抽力抽到布袋收尘器，铜锍粉因自身重力的作用下落到布袋收尘器的中间仓，经星形下料机送到下面的埋刮板运输机，再下落到铜锍贮存仓里。由排烟机从布袋收尘器出口抽出的废汽则送到环保烟囱排空。

1.10.4 生产操作步骤

开车时先启动排汽系统和布袋收尘系统，正常后再启动热风炉燃烧系统。当热风炉的温度上升后才最后启动铜锍磨，启动铜锍给料系统，铜锍磨系统正式投入运行。

(1)排气系统主要是排气风机，由变频器控制转速，一定要在关闭风机进口导叶和变频器输出最小的情况下手动低速启动，正常后切换到中央控制室由 DCS 系统进行自动控制。

(2)布袋收尘系统主要是启动反吹系统、下面的星形给料机和埋刮板运输机。星形给料机是将收尘仓里的铜锍经埋刮板运输机送到下面的铜锍中间仓里。

(3)热风炉燃烧系统包括热风炉、燃烧风机、一次风机、二次风机、天然气系统等。

1.10.5 控制系统

1. TICA1001 热风炉炉膛温度调节系统

该系统由下列部分组成。

(1)检测仪表：铂铑-铂热电偶，将温度信号转换成 mV 信号。

(2)指示调节器：指示、控制热风炉炉膛温度，量程是 0～1300℃，正常控制值是 1100℃。调节器的输出是反作用(RA)。

(3)执行机构：气动高性能蝶阀，气关式(PC)。作用是控制一次稀释风的风量，达到控制热风炉炉膛温度的目的。

这里的温度控制系统是这样工作的：当被测温度高时，多加一些冷风，进行降温；当被测温度低时，少加或不加冷风，保持被测温度在一定范围内。

2. TICA1002 热风炉混气室温度调节系统

该系统由下列部分组成。

(1)检测仪表：镍铬-镍硅热电偶，将温度信号转换成 mV 信号。

(2)指示调节器：指示、控制热风炉混气室温度，量程是0～300℃，正常控制值是220℃。调节器的输出是反作用(RA)。

(3)执行机构：气动高性能蝶阀，气关式(PC)。作用是控制二次稀释风的风量，达到控制热风炉混气室温度的目的。

控制方法同 TICA1001。

3. TICA1003 铜锍磨出口温度调节系统(见图 1-63)

铜锍磨出口温度控制系统是一个复杂的控制系统，该系统由下列三个控制系统组成。

(1) 铜锍磨出口温度控制系统(TICA1003)。

(2) 天然气流量控制系统(FIC1001)。

(3) 燃烧空气流量控制系统(FIC1002)。

其中，铜锍磨出口温度控制系统(TICA1003)和天然气流量控制系统(FIC1001)组成串级控制系统，TICA1003 是主调节回路，FIC1001 是副调节回路，即 TICA1003 的输出信号作为 FIC1001 的远方设定值。天然气流量控制系统(FIC1001)和燃烧空气流量控制系统(FIC1002)

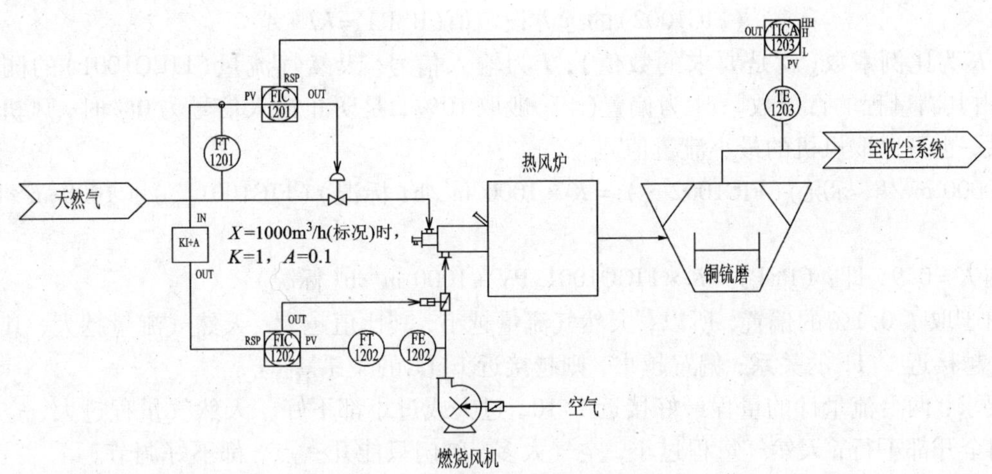

图1-63 铜锍磨出口温度控制系统

组成比值控制系统，即FIC1001的测量值乘上一个系数后作为FIC1002的远方设定值。

说明：类似的控制系统在铜冶炼行业还有很多，差不多所有的燃烧系统都是这样进行控制的，以后不再进行说明。

4. 铜锍磨出口温度控制系统(TICA1003)

该系统由下列部分组成。

(1)检测仪表：铂电阻温度计，将温度值转换成电阻信号。

(2)指示调节器：指示、控制铜锍磨出口温度。调节器的输出是正作用(DA)。

(3)执行机构：由于本控制系统与天然气流量控制系统组成一个串级控制系统，本控制系统为主调，故没有执行机构。

5. 天然气流量控制系统(FICQ1001)

该系统由下列部分组成。

(1)检测仪表：涡轮流量计，将天然气流量值转换成4~20 mA DC电流信号。

(2)指示调节器：指示、控制天然气流量。调节器的输出是反作用(RA)。

(3)执行机构：气动调节阀。

6. 助燃空气流量控制系统(FIC1003)

该系统由下列部分组成。

(1)检测仪表：涡轮流量计，将助燃空气流量值转换成4~20 mA DC电流信号。

(2)指示调节器：指示、控制助燃空气流量，调节器的输出是反作用(RA)。

(3)执行机构：气动高性能蝶阀。

比例系数：根据两个流量计的量程来计算。

现在已知：助燃空气流量(FIC1002)的量程是0~10000 m^3/h(标况)；天然气流量(FICQ1001)的量程是0~1000 m^3/h(标况)。

天然气流量和助燃空气流量的比值约为1:11，即1 m^3/h(标况)天然气需要11 m^3/h(标况)助燃空气才能完全燃烧，但这里取1:10，因为后面要加约10%的偏置信号。

天然气流量(FICQ1001)的测量值(PV)作为助燃空气流量(FIC1002)的远方设定值(RSP)。

$$(FIC1002)的远方设定值(RSP) = KI + A$$

其中，K 为比例系数(就是要求的数值)；I 为输入信号[天然气流量(FICQ1001)的测量值(PV)占其满量程的百分数]；A 为偏置(A 一般取10%，是防止输入信号为0%时，风机出口阀全关，也可以取风机的最小流量值)。

10000 m^3/h(标况)($FIC1002_{max}$) = K × 1000 m^3/h(标况)($FIC1001_{max}$) + 1000 m^3/h(标况)

则 K = 0.9，即：(RSP) = K × FICQ1001.PV + 1000 m^3/h(标况)

由于取了0.1%的偏置，所以，天然气流量越小，其比值越大；天然气流量越大，其比值越小，越接近1∶11的关系；偏置越小，则越接近1∶11的关系。

要求：两台流量计的量程最好接近1∶10，过大或过小都不好。天然气量程过大，空气不够，阀全开都不行；天然气量程过小，空气太多，阀门只能开一点，都不好调节。

7. PIC1003 铜锍磨出口压力控制系统

该系统由下列部分组成。

(1)检测仪表：差压变送器，将铜锍磨出口压力转换成4～20 mA DC电流信号，量程是-10000～0 Pa。

(2)指示调节器：指示、控制铜锍磨出口压力，量程是-10000～0 Pa，正常值是-9250 Pa，调节器的输出是反作用(RA)。

(3)执行机构：气动蝶阀，气关式(PC)。作用是控制排烟机的风量，达到控制铜锍磨出口压力的目的。

1.11 铜锍输送系统

1.11.1 工序功能及工艺流程

该系统是一套独立的设备，就是气力输送泵和与之配套的压缩空气系统。采用气力输送的方式，将铜锍中间仓的干燥铜锍粉送到吹炼炉炉顶的铜锍仓。工艺流程图见图1-64。

1.11.2 工序设备

工序设备由2个容量为15 m^3 的输送罐、18台自动控制阀及其配套的气力输送系统组成。

输送罐是气力输送系统的关键设备(见图1-65)，它是一个耐高压的压力容器，最高压力是1.2 MPa，容量为15 m^3。输送罐顶上安装有进物料用的圆顶阀、卸压用的排气阀、加压用的进气阀，还有检测压力的压力变送器。

输送罐体的中间支撑在钢结构的横梁上。在横梁和罐体的支撑点上，安装有3个检测质量的传感器，用于检测每次输送物料的质量。在输送罐体的中下部安装有输送和流化用的进气阀，在内部还安装有陶瓷材质的流化板，和流化进气阀一起组成物料的流化系统，以方便物料的输送。在输送罐体下部的侧面装有输送阀，在底部装有输送物料的进气阀，两者一起组成物料的输送系统。

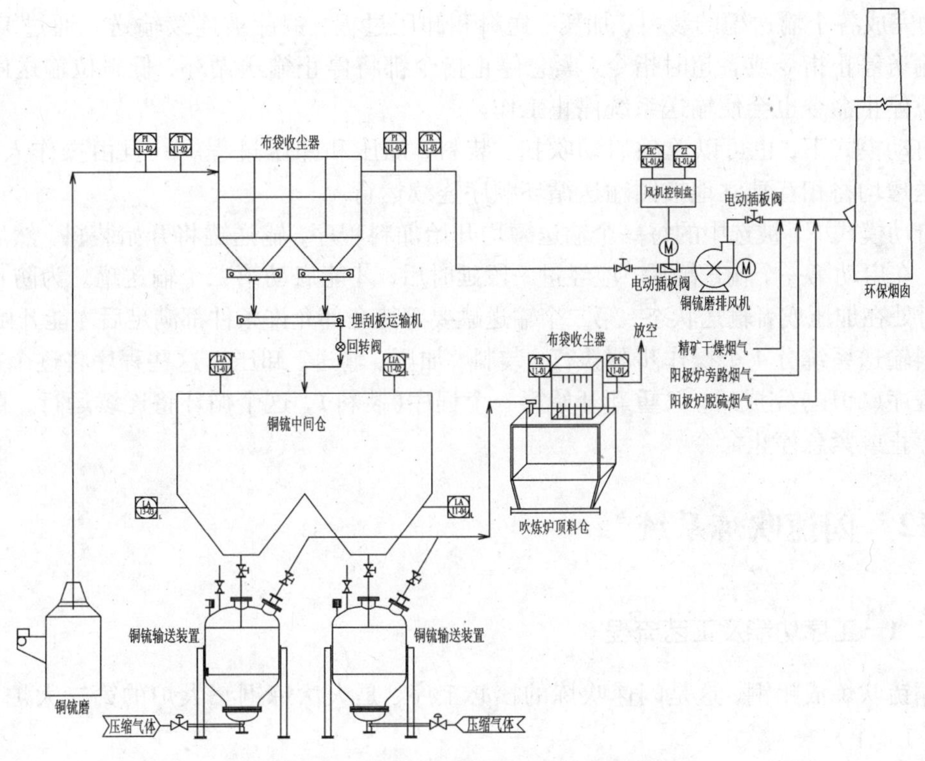

图1-64 铜锍气流输送系统工艺流程图

1.11.3 工艺说明

这部分和铜精矿输送系统差不多，下面简单说明铜锍输送工作原理。

泵的上面进料口端接供料仓(铜锍中间仓)，下面排料口接受料仓(经过输送管道接吹炼炉炉顶的铜锍仓)。在泵和供料仓之间有一个圆顶阀和一个滑板阀，受DCS系统控制，滑板阀顶上还有一个手动闸板阀，在设备检修时使用。

当供料仓料位高，受料仓料位低，控制压缩空气压力正常时，打开圆顶阀和滑板阀就加料，装到36 t后，圆顶阀和滑板阀就关闭，并马上向受料仓输送，仓泵排空(还剩下3.5 t)后，又开始进料、再输送，如此反复循环。

图1-65 输送罐系统

1.11.4 控制系统

本系统只能在中央控制室进行操作，可以手动操作，也可以进行自动控制。

整套输送系统由两个完全相同的输送罐组成，这两个输送罐具有相同又相互独立的运行程序，但是不能同时进行输送。

自动模式：“自动模式”是唯一一种允许将铜锍输送到收料仓的工作模式。一旦操作人员启动了输送系统(在全部系统运行允许信号均满足的条件下)，系统将按照预先设定的工作程序，自动完成各个输送罐的装料、加压、送料和卸压过程，铜锍被连续输送。通过 DCS 系统发出的输送停止指令或者超时指令、紧急停止指令都将停止输送循环，低料位输送停止命令或高料位停止命令也会使输送系统停止工作。

在自动模式下，也可以单独启动吹扫、装料、加压和卸压过程。一旦由操作人员启动，两个输送罐均将相互独立地按照输送循环顺序连续运行。

在自动模式下，被选中的每一个输送罐均开始加料程序，输送罐将开始装料，然后转入加压程序。在启动第一个输送罐后，应经过一段延时后，才能启动第二个输送罐。为防止两个输送罐同时处在加压或者输送状态，第二个输送罐要等待全部允许条件都满足后才能开始加压。

物料输送系统分 4 个操作步骤执行：装料、加压、输送、卸压。这些程序将逐个执行，最后一个程序（卸压）完成后，又重新开始第一个程序（装料），这个循环将连续运行，直到接收到系统停止或紧急停止命令。

1.12 闪速吹炼系统

1.12.1 工序功能及工艺流程

将铜锍吹炼成粗铜，这是闪速吹炼的核心工序，是火法炼铜三大炉的第二大炉（代替原 PS 转炉的工作）。

由于闪速吹炼炉的工艺和闪速熔炼炉的基本差不多，只是在吹炼过程中要增加一些石灰粉和石英砂，故增加了一套石灰输送系统、一套石灰计量给料系统和一套石英砂计量给料系统，其他的基本一样。

闪速熔炼炉的投料量是 120 t/h，而闪速吹炼炉的投料量只有 40 t/h，故闪速吹炼炉要比闪速熔炼炉小得多。

1.12.2 工序设备

闪速吹炼系统和闪速熔炼系统的工艺差不多，主要设备也一样，并都是由芬兰奥托昆普公司提供的，但由于其特殊性，多了一套石灰计量给料系统、一套石英砂计量给料系统、2 台沉淀池底冷却风机。

1.12.3 工艺说明

经铜锍磨磨碎和干燥后的铜锍粉和烟尘分别输送到闪速吹炼炉炉顶的铜锍仓和烟尘仓内。另外，生石灰粉和干石英砂也采用气力输送的方式，送到各自的仓内。这些原料经计量后，进入一台埋刮板输送机混合，连续加入到闪速吹炼炉的铜锍喷嘴进入炉内。

闪速吹炼炉安装了一个能力约为 60 t/h 的中央喷射型铜锍喷嘴和三个燃料烧嘴。铜锍及烟灰等由喷嘴的中心料管加入，经中央喷射风吹散后呈高度弥散状态，在反应塔的高温空间内迅速完成吹炼反应，反应生成的高温熔体在闪速吹炼炉沉淀池内分离成品位为 98.5% 的粗铜和炉渣。粗铜通过溜槽定期进入阳极炉进行精炼，成为阳极铜；炉渣进入渣水淬系统。

烟气送到余热锅炉系统，回收热能用于发电，再经电收尘系统收尘后送到硫酸车间制酸。在反应塔和沉淀池周围有多个燃料烧嘴，用于加热；还有复杂的冷却水套降温保护系统。这个系统是闪速吹炼炉的核心系统。由于闪速吹炼炉沉淀池底温度比较高，故在吹炼炉安装有两台沉淀池底冷却风机，长期对吹炼炉沉淀池底部进行抽风冷却。

1.12.4　控制系统

由于该部分的控制系统、监测系统和控制联锁逻辑都和闪速熔炼炉的完全一样，故这里不再重复说明。

1.13　吹炼炉余热锅炉系统

吹炼炉余热锅炉的工艺和熔炼炉余热锅炉的基本一样，结构形式、设备型号都相同，控制系统也完全一样。只是因为产汽量小，而比熔炼炉余热锅炉要小些。

1.14　吹炼炉电收尘系统

吹炼炉电收尘的工艺和熔炼炉电收尘的基本一样，结构形式、设备型号都相同，只是因为烟气量小，而比熔炼炉电收尘要小些。

1.15　转炉系统

1.15.1　工序功能及工艺流程

转炉的功能和闪速吹炼炉一样，且都是火法铜冶炼系统三大炉的第二炉。

转炉主要是对熔炼炉产出的铜锍进行吹炼，吹炼的目的是去掉铜锍中含的硫、氧及其他杂质，得到粗铜。目前，世界上绝大多数粗铜都是靠转炉吹炼的。工艺流程图见图1－66。

由于转炉的容积比较小，为了提高产量，一般都是多台转炉同时操作，其数量是与产量成正比的。为了处理转炉系统的高温烟气，在每一台转炉后都有一个余热锅炉，在多个余热锅炉出口烟气汇总处安装一台电收尘器。关于转炉的余热锅炉和电收尘器与前述的都是一样的，这里不再进行说明。

1.15.2　工序设备

该工序主要设备有：转炉及其驱动系统、熔剂给料系统、残极给料系统、捅风眼机，转炉送风机、高温排风机、铸渣机等。

转炉工序的主体设备是卧式转炉，其附属设备有送风系统、倾转系统、排烟系统、熔剂系统、环集系统、残极加入系统、铸渣机系统等。

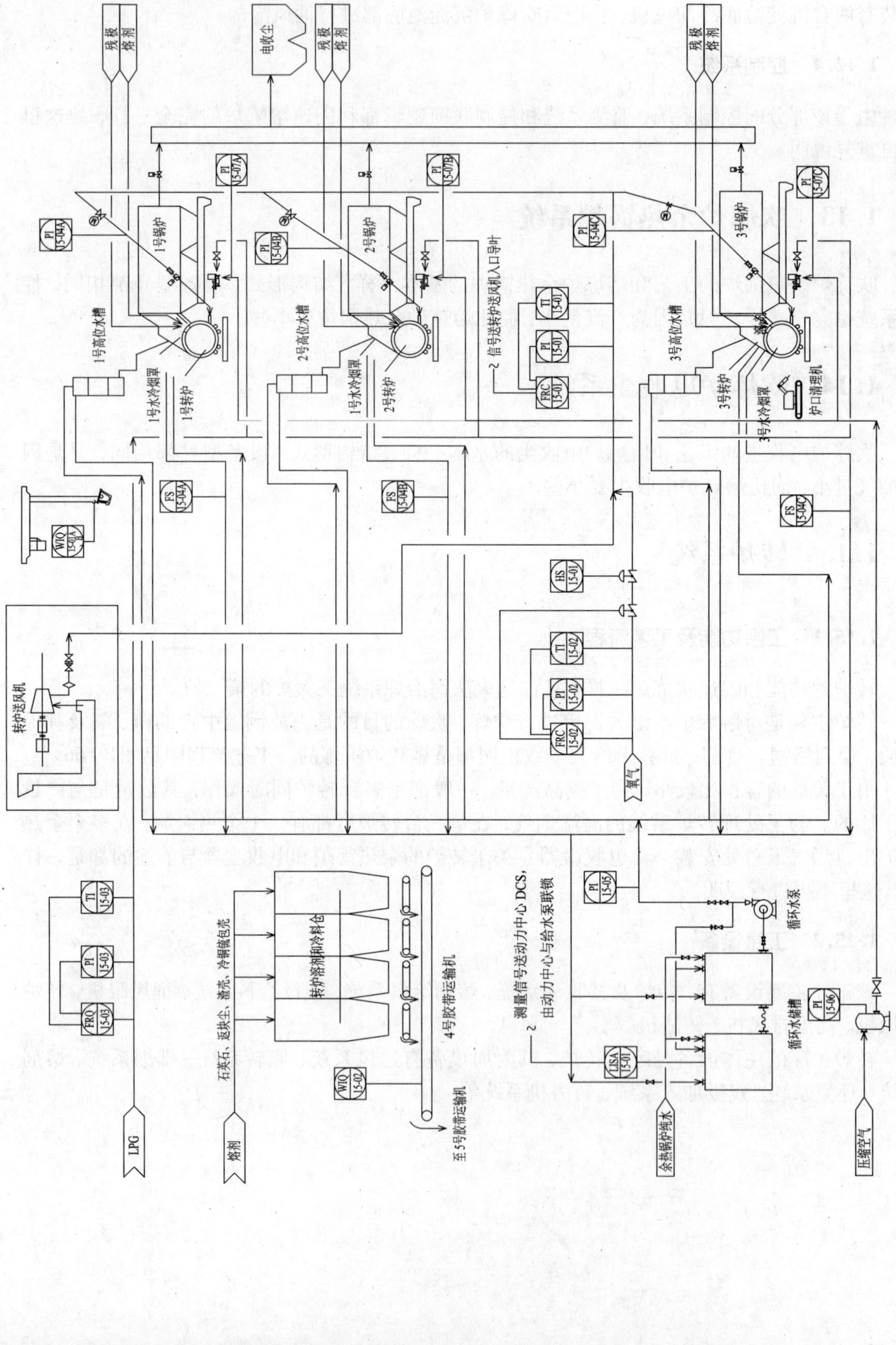

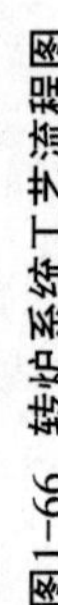

图1-66 转炉系统工艺流程图

1. 转炉本体

转炉本体包括炉壳、炉衬、炉口、风口、大托轮、大齿圈等部分。

1)炉壳

转炉炉壳为卧式圆筒钢板焊接结构，上部中间有炉口，两侧焊接弧型端盖。圆筒靠两端盖附近，安装有支撑炉体的大托轮(整体铸钢件)，驱动侧和自由侧各一个。大托轮既能支撑炉体，同时又是加固炉体的结构，用楔子和环形塞子把大托轮安装在炉体上，为适应炉子的热膨胀，预先留有膨胀余量，因此，大托轮和炉体始终保持间隙。大托轮由4组托架支撑着，每组托架有2个托滚，托架上各个托滚负重均匀。

2)炉衬

在炉壳内部用耐火砖砌成炉衬，炉衬按受热情况、熔体和气体冲刷情况不同，各部位砌筑的材质有所差别。炉衬砌体留有膨胀砌缝，砌缝宜严实。炉衬厚度分别为：上、下炉口部位230 mm，炉口两侧200 mm，圆筒体400 mm + 50 mm 填料，两端墙350 mm + 50 mm 填料。

3)炉口

炉口设于炉体中央向西侧偏，中心向后倾斜22.5°，供装料、放渣、放铜、排烟之用。

炉口为整体铸钢件，采用镶嵌式与炉壳相连接，用螺栓固定在炉口支座上。炉口里面焊有加强筋板，炉口支座为钢板焊接结构，用螺栓安装在炉壳上。

4)风口

在转炉的后侧同一水平线上设有55个风口，0.8 MPa 的压缩空气由此送入炉内熔体中，参与氧化反应。它由水平风管、风眼底座、风口三通、弹子和消音器组成。

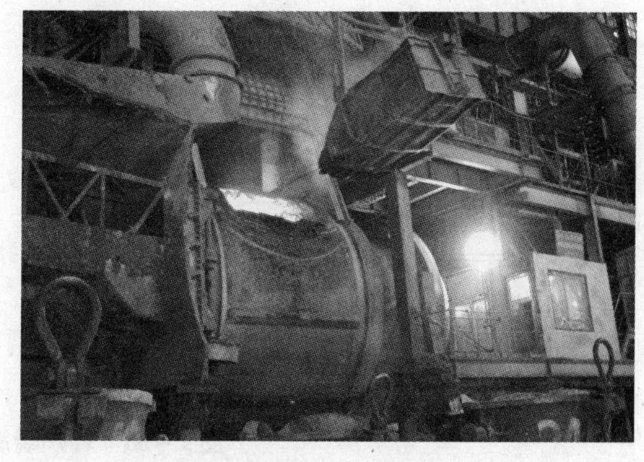

图1-67　工作的转炉

2. 转炉送风机

1)用途

转炉送风机是向转炉送风的设备，用空气中的氧和炉内的铜锍起氧化反应。为了克服铜液的阻力，送风机送出的是高压空气。它由风机本体、电动机、变频调速系统、强制给油系统、防喘震系统等组成。

2)原理简介

转炉送风机是一种高压风机，工作原理与闪速炉反应塔送风机大致相同，风机输出的流量和压力是靠变频调速电机调节风机的转速来控制的。

3)关于风机的防喘震问题

每一台风机出厂时都附有一条运行曲线，其横坐标是流量参数，纵坐标是压力参数，两者之间有着严格的关系(要大都大，要小都小)，风机一定要运行在安全曲线之内，若进入了喘震区，则会带来严重的后果。

某厂硫酸车间在调试时，SO_2风机就发生过喘震。原因是人为的操作失误：当SO_2风机还在高速运转时(已给了停车信号，但因强大的惯性还没有停下来)，关闭了风机进口阀。由于此时风机的流量很小，进口压力很小，出口压力大(风机的压头是一定的)，风机发生严重喘震。风机进口压力几乎抽成了真空，将10 mm厚钢板卷成的2 m直径的风机进口管道都吸成了一块薄板，发出很大的噪声，房子基础都震动了。若时间再长一些，可能风机就会飞天。后来将风机进口阀紧急打开就好了。

转炉的吹炼工艺是间断的，也就是对工艺风的要求是间断的，而转炉送风机不能时开时停，故就有一套防喘震系统。

安装在动力中心的转炉送风机有两条出口管：一条送到转炉去，就近还有一条接放空阀。当转炉在吹炼时，需要工艺风，故放空阀关闭，风机正常运行；当转炉停止吹炼时，不需要工艺风，就关闭进风阀，这时马上打开放空阀，风机减速运行。流量小了，由于打开了放空阀，出口压力也小了，就不会喘震了。防喘震系统由放空阀、放空消音器、控制系统组成。

(1)喘震现象

在送风机运行时，逐渐关闭排气阀，使流量减小，工况点沿着送风机的性能曲线向左侧移动，若工况点移动到性能曲线左下部的某一流量时，通过送风机及管网的流量、压力有很大的波动，并引起整个装置剧烈振动，这种现象叫“喘震”，或者称“飞动”。送风机产生喘震时，由于风机的流量、压力很大的波动，运行极不稳定，强烈的机械振动会引起装置的损坏。因此，送风机决不允许在喘震状态下运行。

(2)喘震产生的原因

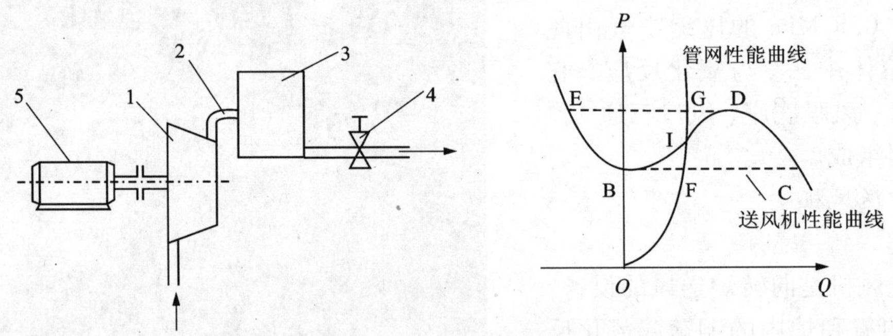

图1-68　转炉喘震的产生

1—送风机；2—短管；3—储气器；4—阀门；5—电动机

如图1-68所示，左图是送风机工作的管网系统示意图，右图为喘震产生的说明图。管网系统由短管、储气器及阀门组成，若工况点落在送风机性能曲线左下部的I点，而I点只是理论工况点(管网性能曲线与送风机性能曲线的交点)。实际上，整个系统不可能在I点稳定地运行。这可以作如下说明：当送风机开始工作时，向管网输送的流量大、压力低，而且气流还不能够立即充满管网，因此，通过管网的流量小于送风机的流量，这时相当于送风机在C点工作，管网为了维持与送风机相同的压力而在F点运行。送风机继续运行时，它的压力上升，流量慢慢减小，沿着性能曲线到最高点D。管网随着送风机排气压力的增加，流量逐渐增加，但送风机在D点运行时，管网性能曲线与送风机性能曲线仍无交点，管网的流量Q_G仍小于送风机的排出流量Q_D。像这样的运行状态再继续一段时间，管网由于排出流量小而接收送风机的流量大，其压力会略大于送风机的排气压力(D点的压力)。在这种情况下，送风机不仅无法向管网输送气体，而且由于管网中压力高，部分气体将从管网倒流到送风机里，导致送风机的流量为负值，即相当于在E点运行。管网中气流由于同时向两个方向流出，故压力很快下降，送风机中的气体压力也随着下降到B点。若管网中的压力继续下降并略低于送风机的压力时，送风机又开始向管网排气，即迅速地跳到C点运行。

由此可知，送风机再继续工作，其运行状态将按CDEB周而复始地进行，整个系统的运行无法在理论工况点I上，送风机中的压力会忽高忽低，流量时而为正，时而为负。相应地，管网中的气体压力、流量也出现很大波动，这就是喘震产生的过程。对于图中所示管网系统，在送风机性能曲线左下部的全部范围内，几乎都要产生喘震。

喘震的产生有内因和外因两方面的因素。内因是送风机本身流量很小时，气流进入叶片的方向角与叶片安装角的差值变大，即冲角 i 增加（见图1－69），就会引起叶道中严重的气流脱离，损失增加，送风机的效率很快下降，甚至无法向管网中输气。外因是管网系统的影响，若管网阻力系数很大（即性能曲线比较陡），管网性能曲线很容易与送风机性能曲线的左下部相交，因而产生喘震。当管网阻力小于管路短时就难以产生喘震。

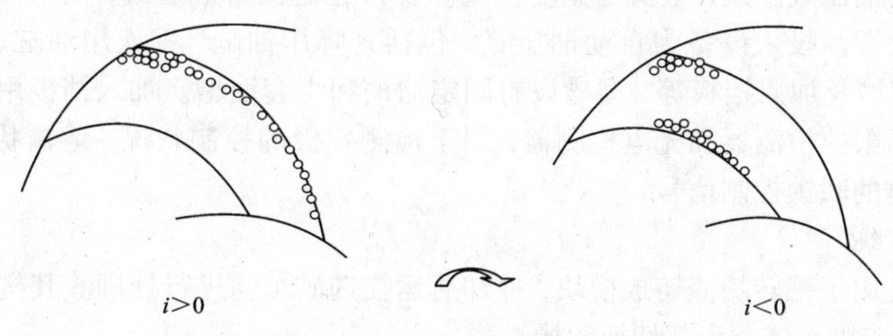

图1－69　流量变化时叶道内的气流脱离

一般，高压送风机比低压送风机更容易产生喘震，轴流送风机比离心式送风机更容易产生喘震。

（3）防喘震装置简介

风机在喘震状态下运行是非常危险的，所以一般风机都设有防喘震装置。防喘震装置是依靠安装在输出管上的流量计检测输出流量，并领先它和输出压力来确认送风机的动作点。当这个动作点越过预先设定的放空线而处在高压侧（或低风量侧）时，安装在送风管上的放风阀打开，放空一部分输出风量，风机就变得不能到达喘震点。如图1－70所示，当输出压力一定（P_1）的条件下，风量由 Q_1 减少到 Q_2 时，在 A_2 点时放风阀就打开，将 A_2' 点与 A_2 点之差的风量放空。

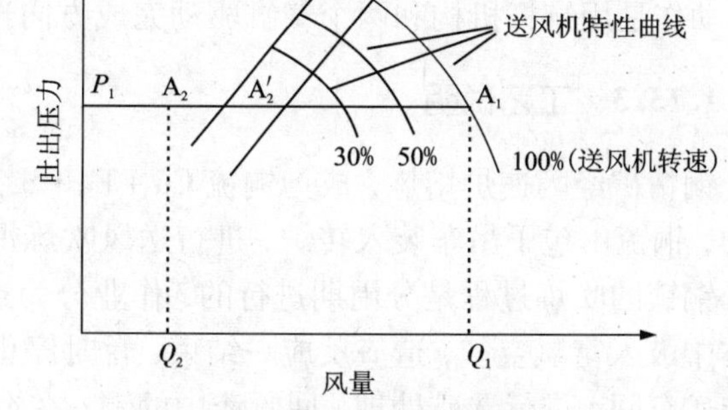

图1－70　转炉的喘震线

另外，当进行转炉倾转，关闭转炉送风阀，大幅度降低流量的操作时，会产生暂时的低流量－高压力现象，而变得容易引起喘震。

但是光靠放风阀不能够充分追踪这样急剧的变化，为了解决上述问题，附设一套优先机构，在开始关闭送风阀的同时，依靠调节器的防喘震用控制回路优先起作用，将放风阀强制打开到某种开度，预先降低封闭在送风管内的压力。这种优先机构的作用一直持续到转炉起炉，并让送风量增加而重新打开送风阀时为止。

3. 倾转系统

转炉倾转装置通过下列方式使炉体倾转：电动机→制动轮和联轴节→斜齿平面蜗杆减速机→齿轮联轴节→小齿轮→大齿圈。减速机由蜗杆和斜涡轮两部分组成，即使在制动器故障时，也不会因来自负荷侧的扭矩而转动，因为蜗杆就是自锁结构。事故发生时，使炉子自动倾转，风眼脱离熔体，以保护风眼。

4. 残极加料系统

残极加料系统由油压装置、整列机、装料运输机、投入设备和检测器组成。

油压装置用于残极加料机的油压缸加压操作，工作油压一般为5~7 MPa。整列机是先用叉车把成堆的残极装载在指定位置，然后通过油压缸进行整理，以便加进转炉时不会零乱。采用的整列机为油压气缸式，主要是宽度调整。装料运输机为链盘式，由电动机驱动，附有杠杆式防逆转装置。投入设备为自动油压式，包括升降用油缸、推入用油缸、倾转用油缸、投入用油缸、溜槽及加入挡板等，溜槽设有固定溜槽和水套溜槽。加入挡板用电动链葫芦驱动。检测器包括限位检测器和光电检测器，用于检测残极的控制状况、运输状况，以及产生自动投料操作时的联锁控制信号。

5. 铸渣机系统

铸渣机系统用于把转炉渣铸成模块，冷却后运往选矿车间进行处理。其构成有包子倾转装置、溜槽、铸渣机本体及头部切换溜槽。

包子倾转装置包括油压机组、倾转用油缸、倾转平台和防倾翻装置。油压机组用于倾转用油缸加压操作，油压机组上附有油过滤器、油冷却器及加热器来控制油质、油温。包子的倾转靠安装在倾转平台上的两个油压缸的升降进行，倾转速度可通过操作柄调整油缸油量来变更。

铸渣溜槽是水冷的，溜槽用无氧铜浇铸而成，溜槽内部埋有水管可对溜槽进行冷却。铸渣机为帕特森型，其链杆上安装有盛渣的铸模，链杆安在轨道上，两端分别设置了头部链轮和尾部链轮。铸渣机靠电动机驱动头部链轮，使铸模移动，其驱动顺序如下：摆线减速机→链式联轴器→齿轮减速机→齿式联轴器→链轮→链杆→铸模。头部切换溜槽用于选择落渣方式，动作是用链杆机构和两个气缸驱动完成方向选择。

1.15.3 工艺说明

铜精矿经闪速炉熔炼，成为铜锍 Cu + Fe + S 为 85% ~95%，只是炼铜过程中的一个中间产物，铜锍由包子吊车装入转炉，进行送风吹炼得到粗铜(Cu 98.5% ~99.5%)。

铜锍的吹炼过程是分周期进行的，作业分为造渣期和造铜期：在造渣期，从风口向炉内熔体中鼓入富氧空气，造渣反应一结束，暂时停止送风，把渣从炉口倒入包子，铸成模块，送往选矿车间，进行选矿处理，回收渣中的铜；在造铜期，留在炉内的白铜锍(主要以 Cu_2S 的形式存在)与鼓入空气中的氧反应，生成粗铜和二氧化硫。

粗铜由包子吊车装入阳极炉，进一步进行火法精炼，铸造成阳极板(Cu 99.3%以上)，送往电解车间，进行电解精炼。吹炼产生的烟气经废热锅炉回收余热后，进入球形烟道，经沉尘室和电收尘器收尘处理后，送硫酸车间制酸。其中废热锅炉和球形烟道收集的烟尘经破碎处理后，作为闪速炉的C烟尘，通过风送管道送入闪速炉烟尘中间仓。沉尘室和转炉电收尘器收集的白烟尘，进行白烟尘打包处理。

在转炉吹炼过程中，发生的反应几乎全部是放热反应，为防止由于产生大量的热量而缩短耐火砖的寿命，需要向炉内加入包壳、块状烟灰和残极等冷料，以控制炉内温度。同时，由于处理高品位铜锍或炉体过冷，吹炼过程所需的热量难以维持，所以需要鼓入富氧空气，减少烟气带走的热量以弥补热量的不足。

在送风过程中，由于风口前部容易被熔体粘结而堵塞，需用机械捅风眼机清理风口。同样由于炉内熔体飞溅，在炉口形成的固体粘结物越结越大，所以要用炉口清理机定期将粘结物除去。

1.15.4 操作说明

首先点燃转炉上的燃料烧嘴对转炉进行加热，一直要加热到1200℃左右。启动高温排烟机(高温排烟机在离硫酸车间不太远的地方)，这时由于转炉还没有送风，故高温排烟机的转速是最低的，进口控制阀也只开了一小部分，抽出的气体中也没有SO_2烟气。

转炉要进料时，生产工人要将炉体向前转动一个角度，以使行车上吊挂铜包内的高温铜液能顺利地倒入转炉炉体，装完料后再将炉体转过来。

启动转炉送风机(转炉送风机一般集中安装在动力中心厂房内，并且是高压风机，因为风鼓进铜液时，要克服铜液的阻力，压力低了是鼓不进去的)，这时，高温排烟机的进口阀马上自动打开，风机的速度也很快自动增加起来。

马上启动自动捅风眼机，将高压空气鼓入铜液，和铜液进行化学反应，使杂质硫迅速氧化成SO_2气体，被高温排烟机送往硫酸车间制取硫酸。

转炉的吹炼是间断进行的，每次吹炼分为造渣期和造铜期两个过程。在造渣期，铜锍与鼓入的空气反应，铜锍中的硫化物氧化，生成氧化铁与二氧化硫气体，氧化铁和加入熔剂中的二氧化硅反应生成炉渣排出；在造铜期，对留在炉中的铜锍继续鼓风氧化，产生二氧化硫排出，得到粗铜产品。

转炉吹炼所需热量主要来自吹炼过程中的反应热，因而不要另外增加燃料，但是要求有一定量的送风量和送风压力。为了提高反应速度和缩短作业时间，现在都用富氧吹炼，即用一定浓度的富氧空气取代常氧的压缩空气。由于反应热量太大，温度太高，还要向转炉中加入残极等冷料，进行降温。

在转炉加料、出铜、排渣的过程中，炉体都要转过来，这时转炉是暂时不需要送风的。但我们不能将转炉送风机停下来，而是将送风机通往转炉的阀门关闭(这台阀门离该转炉很近)，打开风机的放空阀(这台阀门离风机很近)，将风全部放空，并同时调低风机的转速，让风机在最小负荷下工作，这就是启动风机的防喘震系统。一般这段时间比较短，转炉很快就又恢复了正常工作。转炉送风机往转炉的送风阀马上自动打开，放空阀自动关闭，风机的转速也自动提高，很快就能与吹炼同步。

高温排烟机的工作状态也是和转炉的工作同步进行的，即转炉送风时，高温排烟机的转速快，进口阀门的开度也大，转炉停风时，高温排烟机的转速马上降低，进口阀门的开度也减小。

为了回收转炉高温烟气中的热量，在转炉出口烟道中设有废热锅炉及烟气处理装置、电收尘装置等，最终烟气经过转炉排风机送往硫酸车间制酸。

转炉的吹炼是间断进行的，转炉送往硫酸车间的烟气量波动很大，对制酸系统的稳定生产是很不利的，因此，要采用非常特殊的控制方式，保证制酸系统的稳定进行。具体控制方式可以参考本文硫酸车间的空塔进口压力控制系统。

转炉系统还有一套铸渣机，将转炉排出的炉渣铸成一定形状的渣块，送往渣选矿车间选出里面的铜。

由于转炉不可能做得很大，为了提高产量，一般冶炼厂都有好几台转炉。多台转炉要同时进行正常生产是很麻烦的事，要很好地进行自动控制。

1.15.5 仪表系统介绍

转炉仪表系统主要分为两大块：炉前部分和烟气部分。

炉前部分仪表主要有：送风压力测量、送风流量测量、氧气流量测量、送风流量控制系统、富氧流量控制系统、送风压力联锁控制和氧气切断阀控制等。

烟气部分仪表主要有：炉膛负压测量、烟气进废热锅炉和烟气出废热锅炉温度测量、电收尘烟气进出口温度测量、排风机转速测量、炉膛负压控制及排风机转速控制等。

1.15.6 仪表控制回路介绍

1. FICQ－1501 转炉送风流量控制系统

转炉送风流量控制系统，通过改变转炉送风机的转速来改变送风流量。在送风管道上装有标准流量孔板，它将送风流量变换成差压信号，再用差压变送器将差压信号转换成4～20 mA DC电流信号，送给PLC系统，在PLC系统中进行开方运算和温度、压力补偿以后，就成为标准的流量信号，将其作为控制系统FICQ－1501的PV值。

在PLC中先进行PV(送风总量)$=X_1$(空气总量)$+X_2$(氧气总量)的运算，将运算后的PV值作为PID调节器的测量信号。另外，送风流量的给定信号由上位机通过调节器画面的增减键设定，在PLC系统中的PID调节器内进行反馈控制，调节器的输出信号(AO)4～20 mA DC经过电/气转换器，变换为气动信号，操作动力中心送风机的液体联轴节的液压缸，达到通过控制液体联轴节调节送风机的转速，使送风量维持在调节器的设定值(见图1－71A)。

2. FICQ－1505 转炉富氧流量控制系统

在氧气管道上装有标准流量孔板，将氧气流量变换成差压信号，再用差压变送器将差压信号转换成4～20 mA DC电流信号，送给PLC系统，在PLC系统中进行开方运算和温度、压力补偿以后，就成为标准的流量信号，将其作为控制系统FICQ－1505的PV值，信号X_2同时在上位机中进行流量计算。

氧气的给定信号SV值是在PLC系统中进行以下运算后得出的：

$$SV = X_1 \times [(X_3 - 0.21)/(X_4 - X_3)]$$

式中：X_1为空气流量；X_3为富化率，由PLC中的上位机给出(为0.21～0.31)；X_4为氧气浓度，来自制氧站送来的4～20 mA DC电流信号，对应氧气浓度为80%～100%。

PLC运算结果作为PID调节器的给定信号，调节器输出(AO)4～20 mA DC电流信号去控制调节阀的动作，从而达到氧气流量接近于调节器的设定值(见图1－71 A)。

3. PIC1505 ~ 1507 转炉余热锅炉压力调节系统

转炉余热锅炉压力调节系统对转炉正常生产十分重要，如果炉压过高，SO_2烟气就会向外泄漏，造成环境污染和热量损失；如果炉压太低，大量的冷空气进入炉内，造成热量损失，增大了烟气量，为后续工序带来困难。根据工艺要求转炉炉膛压力应控制在微负压。

转炉锅炉炉膛压力，由压力变送器检测各炉的压力，作为PLC中的PID调节器的过程输入信号即PV值，与PLC上位机设定的给定值进行比较，产生的偏差信号在PID中进行PI（比例加积分）运算，输出（AO）4 ~ 20 mA DC电流信号去控制炉膛出口的排烟阀，从而使转炉炉膛稳定在微负压工作范围（见图1－71 B）。

4. SIC1501 转炉排风机转速调节系统

通过检测排风机的频率信号，再经过频率（频率/电流）变换器转换成4 ~ 20 mA DC电流信号，送到上位机进行转速指示。同时，在上位机PID调节画面上，手动改变调节器的输出来控制排风机的转速。本系统是开环控制。

转炉SIC1501控制系统PLC输出的4 ~ 20 mA DC电流信号送给电气，电气通过选择开关，将控制1号或2号排风机（见图1－71 C）。

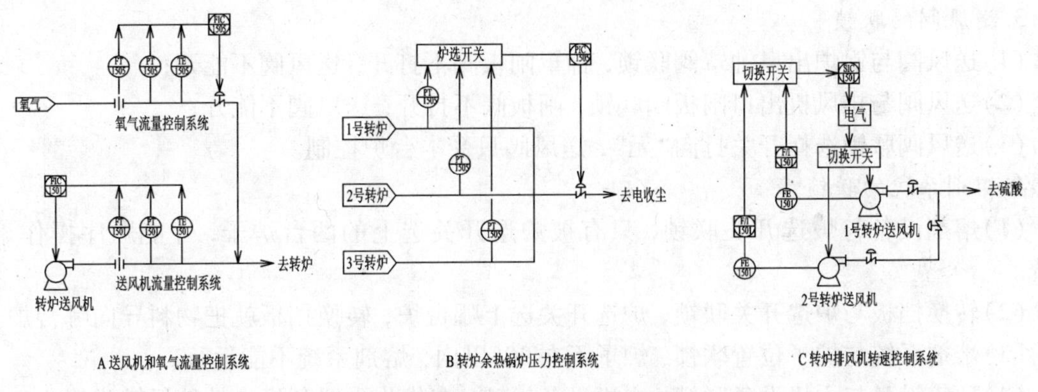

图1－71 转炉控制系统回路图

1.15.7 转炉仪表与电气之间的重要联锁关系

在转炉吹炼过程中，送风压力测量点PIA1502 ~ PIA1504，对应1 ~ 3号转炉。当炉选开关选中测量点的压力低于0.04 MPa时，PLC系统输出一无源接点信号给电气，去控制转炉倾转，以免风眼堵塞。

另外，电气送给仪表的转炉送风机联锁条件信号，是转炉炉前送风阀开/闭的状态信号，这一对状态信号直接送到动力DCS系统，控制动力中心放风阀。

1.15.8 转炉系统联锁关系

1. 引起转炉事故倾转的原因

1）SO_2风机停车

SO_2风机停车包括：一系列SO_2风机事故停车；二系列SO_2风机事故停车；一、二系列SO_2风机事故停车。

以上任何一条都会引起两台作业炉事故倾转，但转炉送风机不会停车，此时要到排风机房，按复位按钮后，重新启动无故障系列的排风机。

2)转炉送风机事故停车

(1)两台送风机，一台送风机事故停车，造成此台送风机供风的炉子事故倾转，而另一台作业炉不会事故倾转。

(2)如两台送风机都事故停车，则两台作业炉都事故倾转。

3)事故倾转

转炉风口压力低(<0.05 MPa)；转炉锅炉出口钟罩阀关闭；转炉风口在铜液中，但其送风阀关闭，以上三条都会引起它们所在炉发生事故倾转。

转炉排风机出口闸板阀关闭；转炉排风机事故停车，会引起它们所在炉发生事故倾转。

4)总电源系统事故

断电和停电都会引起它们所在炉或2台炉发生事故倾转。

2. 转炉炉选开关的联锁

炉选开关与下列设备联锁：转炉 PLC 送风、排风系统；转炉熔剂、残极自动投入系统；转炉位置。

3. 送风阀的联锁

(1)送风阀与锅炉出口钟罩阀联锁，钟罩闸板阀不打开，送风阀不能开；

(2)送风阀与排风机出口闸板阀联锁，闸板阀不打开，送风阀不能开；

(3)送风阀联锁选择开关打向“无”，送风阀只受本台炉控制。

4. 熔剂系统的联锁

(1)熔剂设备与炉选开关联锁，只有被炉选开关选上的两台炉子，才能顺序操作熔剂系统。

(2)转换挡板与炉选开关联锁，炉选开关选上哪台炉，转换挡板就把物料导向哪台炉。

(3)熔剂系统与炉子位置联锁，炉子不在30°以内，熔剂系统不能运行。

(4)环集设备与主机设备联锁，主机设备运转，布袋收尘器各机自动地运转或停止。

转炉事故倾转联锁如图1-72所示。

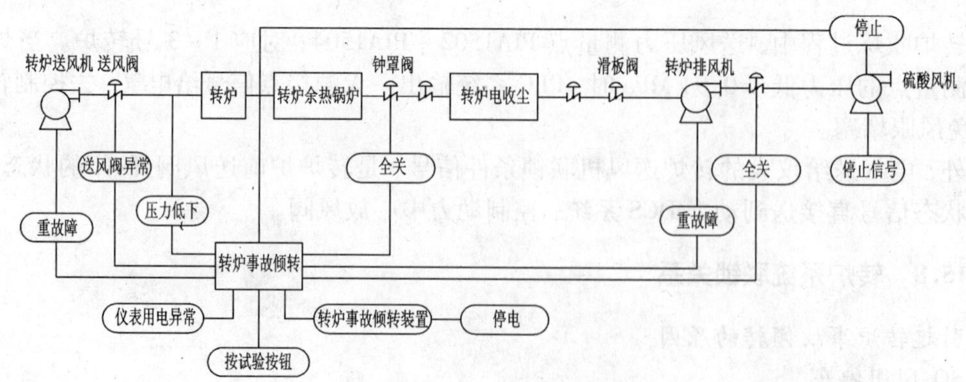

图1-72 转炉事故倾转联锁图

1.16　烟尘处理系统

1.16.1　工序功能及工艺流程

烟尘处理系统是将熔炼炉余热锅炉、吹炼炉余热锅炉、熔炼炉电收尘、吹炼炉电收尘等处的各种烟尘进行处理后，分别送到熔炼炉炉顶的烟尘仓和吹炼炉炉顶的烟尘仓，其工艺流程图见图1－73。

1.16.2　工序设备

该系统设备有：烟尘破碎机、振动筛、烟尘仓、烟灰罐、布袋收尘器、埋刮板输送机、气力输送泵等。

1.16.3　关于烟尘代号的说明

A烟尘：闪速熔炼炉沉尘室和闪速熔炼炉电收尘产出的烟尘。

B烟尘：闪速吹炼炉沉尘室和闪速吹炼炉电收尘产出的烟尘。

C烟尘：闪速熔炼炉余热锅炉和闪速吹炼炉余热锅炉的烟尘用对辊破碎机破碎后，经双层振动筛筛下的产品。

D烟尘：双层振动筛筛上的产品，再经锤式破碎机破碎后，经单层振动筛筛下的产品。

ACD烟尘：将A烟尘、C烟尘、D烟尘混合在一起的产品。

将C烟尘、D烟尘分别用烟尘输送泵送到A烟尘仓，与A烟尘混合后，组成ACD混合烟尘，再用烟尘输送装置送到熔炼炉炉顶烟尘仓；将B烟尘用烟尘输送泵送到吹炼炉炉顶烟尘仓。

1.16.4　工艺说明

闪速熔炼炉上升烟道出来的高温烟气在经过余热锅炉时，高温烟气的热量被水带走生成蒸汽而降低温度的同时，烟气中的高温块状烟尘也因自身重力的作用下落。在锅炉辐射部和对流部下面的地面，都放置有烟灰接受罐，这些烟尘就都落到烟灰罐里了。生产工人就用叉车将这些高温块状烟尘送到烟尘处理系统。

先将这些高温块状烟尘用对辊破碎机破碎，然后用双层振动筛进行分级，筛下的产品就是C烟尘，用烟尘输送装置送到A烟尘仓。

将双层振动筛筛上的块状烟尘再用锤式破碎机破碎，然后用单层振动筛进行分级，筛下的产品就是D烟尘，也用烟尘输送装置送到A烟尘仓。

从余热锅炉出来的烟气，经过沉尘室和闪速熔炼炉电收尘器收尘后，送往硫酸车间制酸。在经过沉尘室时，大部分烟尘都因自身重力的作用下落，在沉尘室下面装有一台埋刮板输送机，这些烟尘就都落到埋刮板输送机里了。在经过电收尘时，因高压静电场的作用，那些细小烟灰也因此而下落，在电收尘器下面也装有一台埋刮板输送机，这些烟尘也都落到埋刮板输送机里了。两台埋刮板输送机就将这些烟灰统统都送到A烟尘仓。用一套输送能力较大的气力输送设备，将A烟尘仓的ACD混合烟尘送到闪速熔炼炉炉顶的烟灰仓。

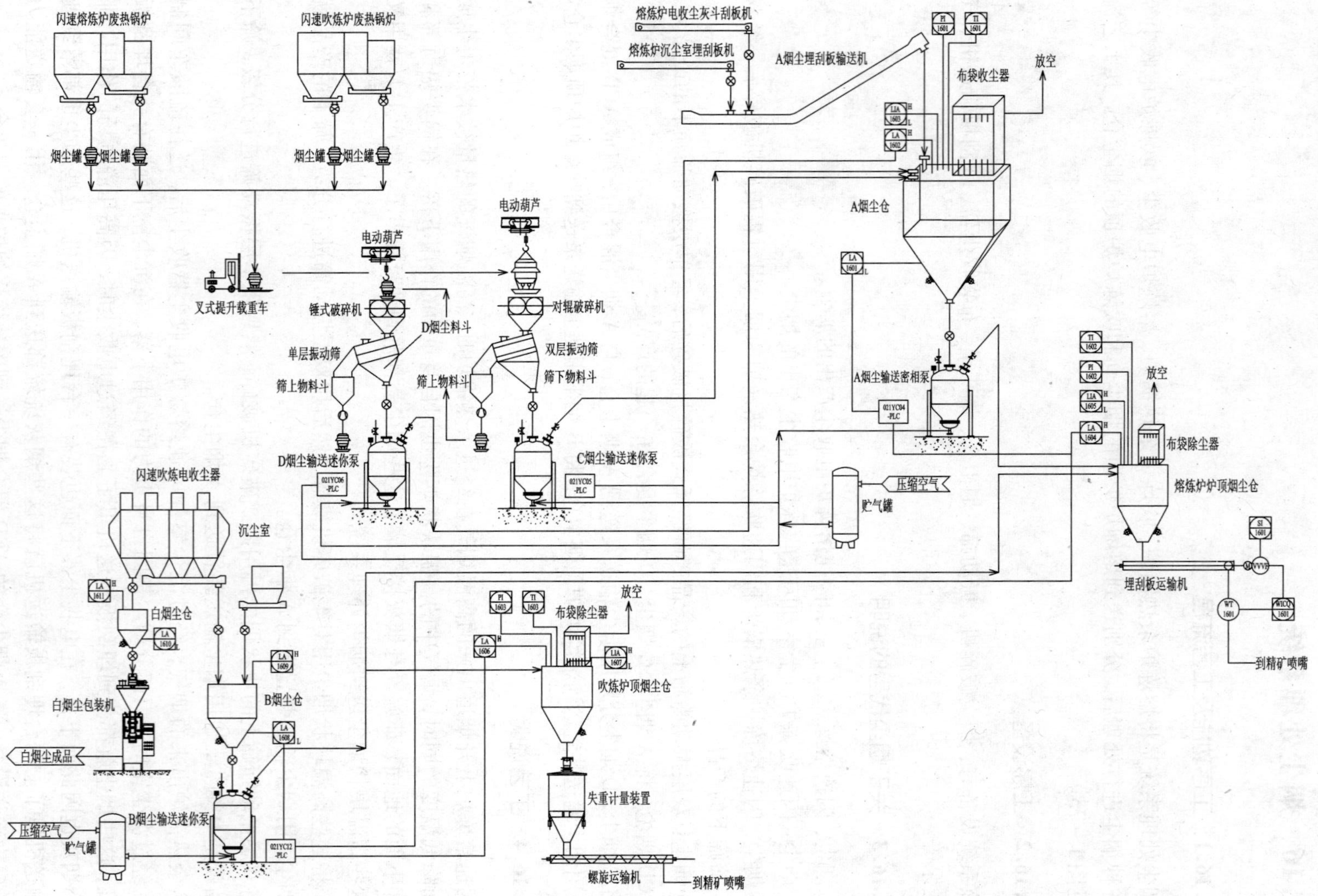

图1-73 烟尘处理系统工艺流程图

同样,闪速吹炼炉余热锅炉的高温块状烟尘也送到烟尘处理系统，和闪速熔炼炉余热锅炉的高温块状烟尘一起，加工成 C 烟尘、D 烟尘，最后一起送到闪速熔炼炉炉顶的烟灰仓。从余热锅炉出来的烟气，在经过沉尘室时，大部分烟尘都因自身重力的作用下落到埋刮板输送机里了；在经过电收尘时，那些细小烟灰也因此而下落到下面的埋刮板输送机里了。两台埋刮板输送机就将这些烟灰都送到 B 烟尘仓。然后气力输送设备将 B 烟尘仓里的烟尘送到闪速吹炼炉炉顶的烟灰仓。

A 烟尘含铜比较低,再返回闪速熔炼炉;B 烟尘含铜比较高,再返回闪速吹炼炉。

1.17　吹炼渣水淬系统

吹炼渣系统是“双闪”工艺中的一个重要工序，其目的是将高温液态吹炼渣变成常温粉状吹炼渣，以满足闪速熔炼炉进料方式的需要。

美国肯尼科特公司采用水淬后用斗提机捞渣的方式。下面介绍国内某公司的“粒化器”脱水系统。

1.17.1　工序功能及工艺流程

用带压的冷水对液态吹炼渣进行水淬，将高温液态吹炼渣变成常温固态沙状吹炼渣，并对其进行脱水，脱水后送到精矿仓，进入闪速熔炼系统。吹炼渣水淬系统工艺流程图见图1－74。

1.17.2　工序设备

该系统的主要设备有：粒化器、四条传送皮带、振动筛、破碎机、两个脱水仓、2 台高压水泵、3 台热水泵、4 台返渣泵、排污泵以及部分配套控制阀。

粒化器由粒化轮、脱水器、过滤网、筛斗、回水槽、受料斗、排气系统及钢结构件等组成。其中粒化轮和脱水器都是由变频电机驱动的，可以根据工艺要求无级变速。

由变频器控制的粒化轮安装在粒化器的最前端，一排粒化水喷嘴直对准粒化轮向其喷出高压冷水；粒化轮的后面是由变频器控制的脱水器，可以进行无级调速；转动的脱水器的外面是过滤网，下面是筛斗；炉渣经水淬后从筛斗处下来，冲到受料斗而流出粒化器；被过滤网滤出的水则从回水槽回到外面的热水池。

1.17.3　工艺说明

这部分和铜锍水淬系统有些类似。工艺过程分为以下四个部分。

1. 吹炼渣粒化

吹炼炉渣从渣溜槽经沟头进入粒化器，以抛物线的运动方式冲到粒化轮上，被高速旋转的粒化轮机械破碎，并沿切线方向抛出，将碎炉渣抛到粒化器内高压水帘上，被高压水射流冷却和水淬，形成颗粒和沙状水渣。随后，渣水混合物同时落入脱水器筛斗中，进入脱水程序。

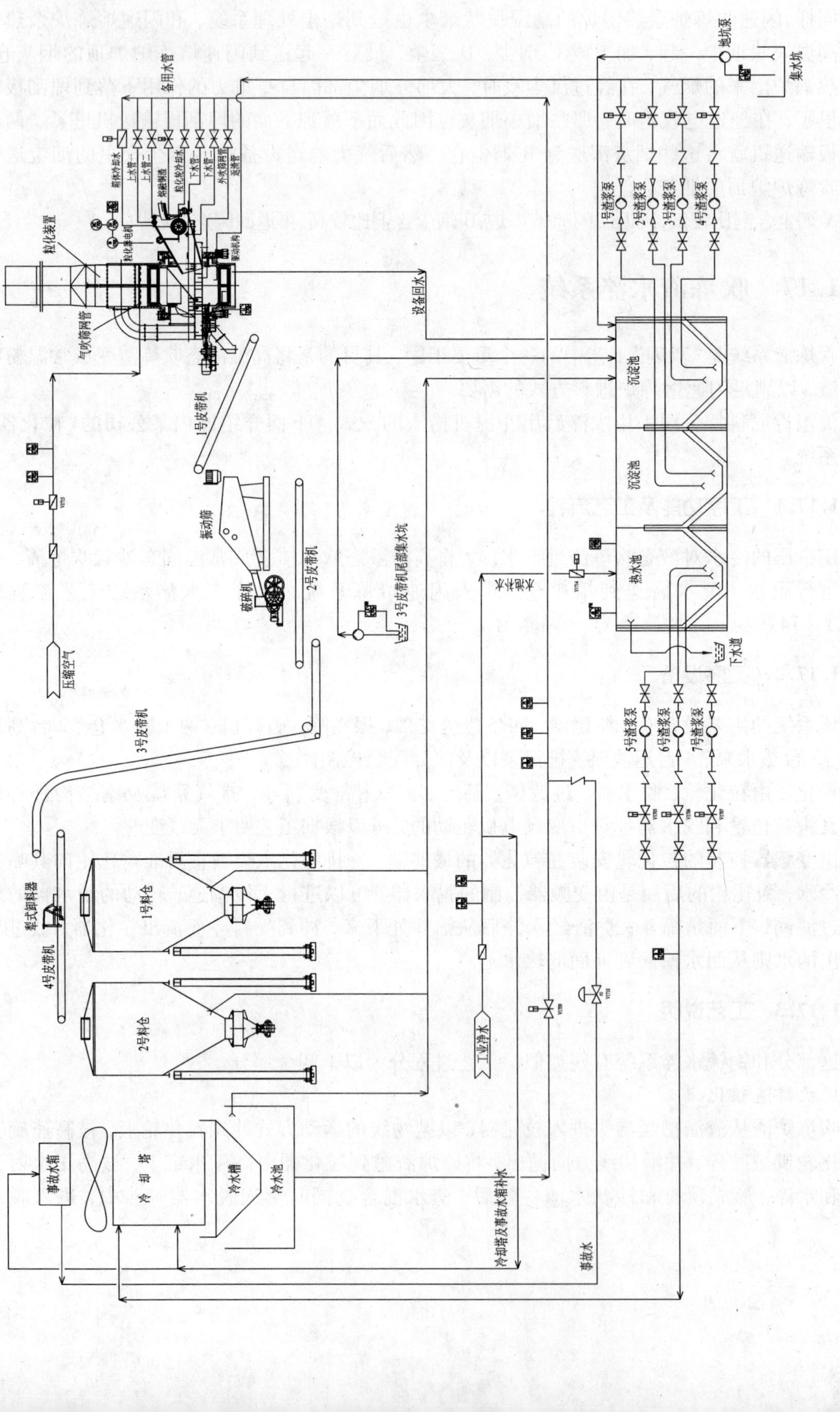

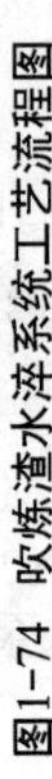

图1-74 吹炼渣水淬系统工艺流程图

2. 粒化渣的脱水

从粒化器下来的渣水混合物落入脱水器筛斗中，通过筛斗中的筛网实现渣水分离，粒化渣留在筛斗中，水则透过筛网流入回水槽。随着脱水器的旋转，筛斗中的渣徐徐上升，到达顶部时翻落下来进入受料斗成为成品渣，通过受料斗下面的出口落到 1 号皮带机上。

3. 成品渣的运输、筛分及破碎

1 号皮带机上的成品铜渣运到振动筛上，进行在线筛分。筛上大于 3.5 mm 的铜渣直接落到辊式破碎机上破碎成小于 3.5 mm 的颗粒，然后落到 2 号皮带机上；筛下 3.5 mm 以下的成品铜渣直接落到 2 号皮带机上，然后经 3 号、4 号皮带机运至脱水仓内。

4. 脱水渣的运输

成品渣在脱水仓脱完水后，用汽车运到精矿库，作为渣精矿加到闪速熔炼炉。

1.17.4　控制说明

1. 电气控制说明

吹炼渣水淬工序的控制是顺序控制，只要满足了开车条件，按“启动”按钮，整个生产工序就按开始准备好的条件和顺序，从工序的最前端(4 号皮带机)，一步一步地往下执行，若没有问题，生产将一直往后进行；若到某处条件不满足，则执行故障程序，使生产工序正常、安全地停下来，不出事故。

粒化器、脱水器、皮带机、犁式卸料器、振动筛、破碎机、水泵等，都提供两种不同的操作方式：现场(手动)控制，此种操作方式主要是用于现场维修；自动控制，粒化系统通常是在自动控制方式下运行，该模式提供了设备的自动启停以及设备操作过程中的整个系统的监控。手动和自动操作由选择开关控制。

2. 自动控制操作顺序

1)设备正常启动顺序(在出渣前 10 min 启动设备)

(1)运转设备

4 号皮带机(当成品渣要卸到 1 号料仓时启动犁式卸料器，否则不启动犁式卸料器)→3 号皮带机→2 号皮带机→破碎机→振动筛→1 号皮带机→脱水器→粒化器→压缩空气阀门。

(2)水系统

粒化泵及阀门→热水泵及阀门→返渣泵及阀门。

注：事故状态下(整个系统突然断电的情况下)，打开事故水控制阀门，进行紧急临时冲渣，事故水供给时间应保证 5 min，此时炉前应及时堵口。

2)设备停车顺序(在停止出渣 10 min 后，皮带机、破碎机、振动筛上没有物料时，方能进行停车操作)

(1)运转设备

压缩空气阀门→粒化器→脱水器→1 号皮带机→振动筛→破碎机→2 号皮带机→3 号皮带机→4 号皮带机及犁式卸料器。

(2)水系统

热水泵及阀门→粒化泵及阀门→返渣泵及阀门。

1.17.5 控制系统

1. SIC1801 粒化轮速度控制系统

该系统由下列部分组成。

(1)速度检测器：粒化轮不带速度检测器、转换器，指示的转速是由变频器的频率转换过来的。

工作原理为：调节器(DCS 系统)输出 4～20 mA DC 电流信号给变频器，变频器则输出一定的频率信号去控制马达，马达在 0～1450 r/min 内工作。变频器的频率信号反馈给调节器，作为速度值指示。

(2)指示调节器：指示、控制粒化轮的转速，量程是 0～1450 r/min，正常值是 300 r/min。调节器的动作方向为反作用(RA)。

(3)执行机构：由变频器和控制电机组成，作用是控制变频器的频率，从而控制粒化轮的转速。变频器安装在配电室内的控制柜里。

2. SIC1702 脱水器速度控制系统

该系统和粒化轮速度控制系统完全一样。

3. HC170 溢流电动执行机构开度控制系统

该系统由下列部分组成。

(1)位置发送器：由电动执行机构的减速器根据其所在位置发出 4～20 mA DC 电流的反馈信号，这个反馈信号接到指示调节器上(DCS 系统)，就成了溢流电动执行机构的开度值(测量值)，量程是 0～90°。

(2)指示调节器：指示、控制溢流翻板的角度，量程是 0～90°，正常值是 45°。

(3)执行机构：电动执行机构，作用是接受指示调节器输出的 4～20 mA DC 电流信号，控制溢流翻板的角度。

4. LICA1702 热水池水位控制系统

该系统由下列部分组成。

(1)检测仪表：投入式液位计，量程是 0～10 m，投入到热水池里。

(2)指示调节器：指示、控制热水池水位，量程是 0～10 m。

(3)执行机构：气动控制阀，气开式(PO)。通过控制加水量达到控制热水池水位。

5. LICA1703 集水坑水位控制系统

该系统由下列部分组成。

(1)检测仪表：超声波液位计，量程是 0～2 m。

(2)指示调节器：指示集水坑水位，量程是 0～2 m，集水坑水位高时自动启动水坑泵。

(3)执行机构：水坑泵，作用是抽走坑内积水。

6. LICA1704 皮带机积水坑水位控制系统

该系统由下列部分组成。

(1)检测仪表：超声波液位计，量程是 0～2 m。

(2)指示调节器：指示 3 号皮带机积水坑水位值，量程是 0～2 m。

(3)执行机构：水坑泵，作用是抽走坑内积水。

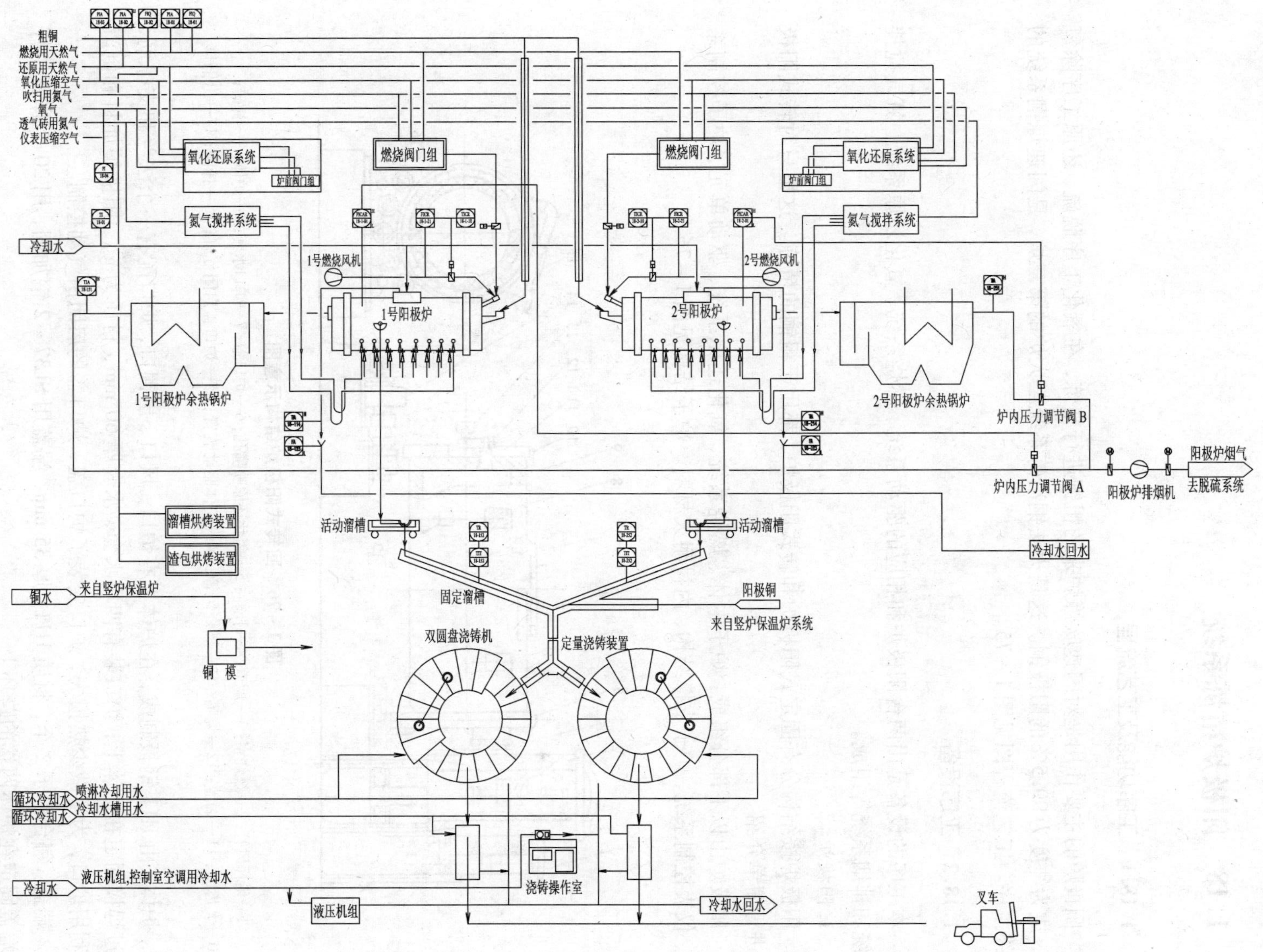

图1-75　阳极炉精炼系统工艺流程图

1.18 阳极炉精炼系统

1.18.1 工序功能及工艺流程

阳极炉的主要作用是对闪速吹炼炉来的粗铜进行精炼，在氧化工序脱硫、还原工序除氧后，成为纯度为99.5%的阳极铜。这是火法铜冶炼系统三大炉的第三炉，是闪速炼铜系统的最终工序。工艺流程图见图1－75。

1.18.2 工序设备

本工序的设备是由两台阳极炉和相应的驱动系统、燃烧系统、氧化还原系统、氮气搅拌系统和排烟系统等组成。

1. 阳极炉

阳极炉按结构分有固定式阳极炉和转式阳极炉，都用于粗铜的精炼。这里只对转式阳极炉进行简单介绍。

阳极炉由以下部分组成：炉子本体、燃烧系统、氧化还原系统、驱动单元、炉子控制系统、仪表控制系统、炉子支撑结构、内衬耐火材料。炉子结构见图1－76。

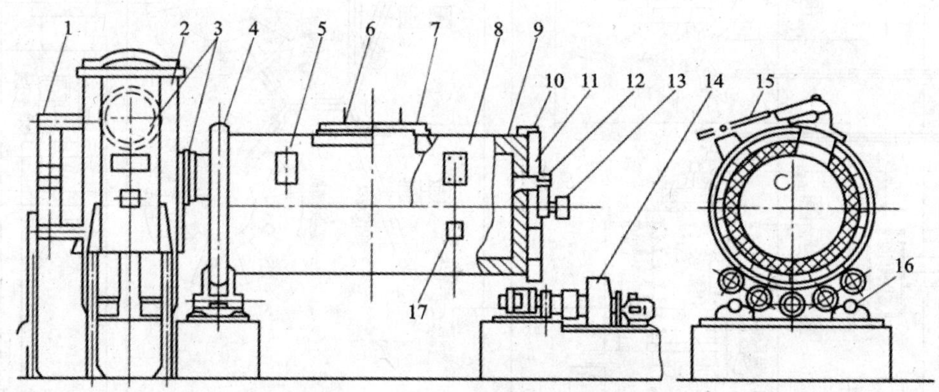

图1－76 回转式阳极炉结构示意图

1—稀释风管；2—燃烧室；3—烟道；4—托轮；5—氧化还原喷嘴孔；6—炉口盖；7—炉口水套；8—炉体；9—衬砖；10—大齿圈；11—端盖；12—烧嘴；13—燃烧风管；14—炉体驱动装置；15—炉口盖启闭气缸；16—托圈；17—出铜口

炉体：由H11钢板制成，在炉体上有炉口、风口、出铜口，炉口配有一个法兰和支撑筋，通过焊接固定在炉体上；炉口装有四块水套，水套厚60 mm，材质为g_{20}，阳极炉加料和倒渣均利用炉口，为了减少热损失，炉口安装了炉口盖，炉口盖的启闭由气动控制。

端盖：每台炉子2个，材质H11，厚35 mm，端盖用SL37－2钢加固，用20个弹簧拉杆将端盖固定在炉体两端的跨环上。

支撑装置：由4个支撑滚轮和2块支撑板组成，其中两个带轴的支撑轮，其直径为720 mm，材质为GGG—80，支撑滚轮的位置可以通过调节螺丝调整。

炉体用耐火材料：风口区、出铜口区等部位需用耐高温耐冲刷的耐火砖。

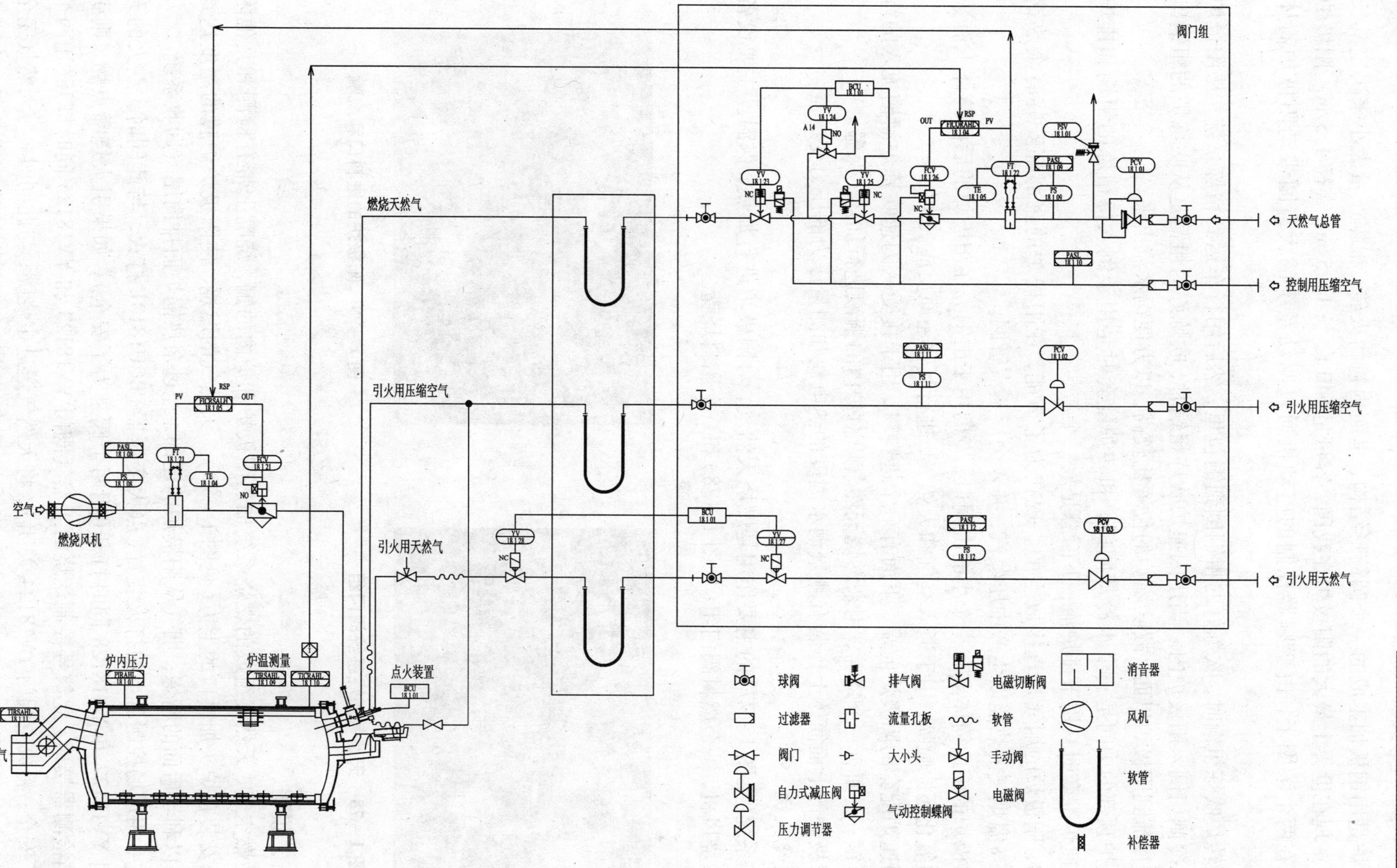

图1-77 阳极炉燃烧系统工艺流程图

阳极炉是用钢板加工成的一个圆筒形结构，里面内衬耐火砖，根据产量大小来决定其长度和直径。现在世界上最大的阳极炉在我国，容量是640 t，长14.5 m，直径4.5 m。阳极炉筒体支承在两个滚圈上，由变频器控制的电动机通过驱动系统的大齿圈带动阳极炉筒体旋转。

当用转炉吹炼粗铜时，吹炼好的粗铜倒到铜包里，然后用行车运到精炼系统，从阳极炉上面的水冷闸门倒入阳极炉内。当用闪速炉吹炼粗铜时，吹炼好的粗铜是从吹炼炉的粗铜出口溜槽直接流到阳极炉里面，故吹炼炉的位置比较高，以方便铜水流出来。

阳极炉顶部的中间是一个水冷却闸门，和转炉配套时是用于倒入待精炼的粗铜和排炉渣；和闪速炉配套时只用于排炉渣，下面总是放一个渣包。

以前，阳极炉的烟气是直接放空的。现在为了节能，在阳极炉的尾部都安装有余热锅炉，回收高温烟气的热能以生产中压蒸汽，并入全厂蒸汽管网。

在阳极炉的前面筒体上有一个小的出铜口，专门用于出铜。在阳极炉的后面筒体上有数量不一的氧化还原喷嘴，用于通入空气和天然气，进行氧化还原反应。

和闪速炉配套的阳极炉前端，下面有一个进料口，用于接受从闪速吹炼炉溜槽流入的待精炼的粗铜；上面有一个烧嘴，用来燃烧天然气以对炉内的铜液进行加热、保温。

在阳极炉的上面筒体上还装有测量铜水温度的热电偶和测量压力的压力变送器。

2. 燃烧系统

燃烧系统（见图1-77）的主要作用是燃烧天然气，对阳极炉进行加热、保温。主要设备是一个燃烧风机，一个燃料阀门组（见图1-78）和一个燃料烧嘴。

图1-78 天然气燃烧系统阀门组

图1-79 阳极炉的进料口和烧嘴

1）工艺说明

由助燃空气、天然气组成的燃烧系统加热阳极炉和炉内的铜，烧嘴上带有检测和其他附属装置，安装在炉头加料口的上方（见图1-79）。天然气的燃烧，使阳极炉炉膛的温度达到1300℃，以利于后面的精炼；烟气从阳极炉的尾部，经过余热锅炉而排向尾气回收系统。

首先，用现场控制盘上的打火装置（点火变压器）BCU18101 打火，与此同时，点火的天然气阀门 YV18127 和 YV18128 同时打开（用两个阀是为了安全），如果引火烧嘴点燃，则引火的火焰检测器接通；此信号控制燃烧的天然气阀门 YV18123 和 YV18125 同时打开（用两个阀是为了安全；将放空阀门 YV18124 关闭），将天然气送进主烧嘴；与此同时，与天然气完全燃烧所需要的燃烧空气也送进主烧嘴，天然气开始燃烧，主烧嘴的火焰检测器接通，表示燃烧系统工作正常(这时关闭点火的天然气阀门 YV18127 和 YV18128)。

根据炉温的要求，天然气的量随时进行自动调整，对应的燃烧空气也随时进行调整，保证阳极炉炉内的温度控制在一定的范围内。

2)控制系统说明

(1)TICRAHL18110 1 号阳极炉炉内温度控制系统

该系统由下列部分组成。

①检测仪表：铂铑－铂热电偶，量程是 0～1500℃，温度开关是 750℃。

②指示调节器：作用是指示、控制 1 号阳极炉炉膛温度，量程是 0～1500℃，正常控制值是 1100℃，调节器的输出是正作用(DA)。

注：为了安全起见，在 1 号阳极炉上装有两个温度检测热电偶，故有两个温度控制系统，分别是 TICRAHL18109 和 TICRAHL18110，但在组成串级控制系统时只取了其中一个控制系统。

(2)FICQRAHL18104 1 号阳极炉烧嘴天然气流量控制系统

该系统由下列部分组成。

①检测仪表：由流量孔板和差压变送器两部分组成。流量孔板：将 1 号阳极炉烧嘴的天然气流量转换成差压信号。差压变送器：量程是 0～6 kPa，作用是将流量孔板测出的差压信号转换成 4～20 mA DC 电流信号。

②指示调节器：指示、控制 1 号阳极炉烧嘴的天然气流量，量程是 0～1400 m^3/h(标况)。调节器的输出是反作用(RA)。

③执行机构：气动调节蝶阀，DN100，气开式(PO)。作用是控制 1 号阳极炉烧嘴的天然气流量。

注：a. ABB 公司生产的型号为 267CS 的差压变送器具有温压补偿功能和开方功能，将天然气的温度检测信号 TE18105 直接接到差压变送器里，再利用测量的差压之一作为压力补偿信号，就能自动进行温压补偿，输出的是开方后与流量成正比的 4～20mA DC 电流信号。b. 1 号阳极炉炉内温度控制系统(TICRAHL18110)和 1 号阳极炉烧嘴天然气流量控制系统(FICQRAHL18104)组成一个串级调节系统，TICRAHL18110 为主调，FICQRAHL18104 为副调，故 TICRAHL18110 系统没有执行机构。

(3)FICRSALH18105 1 号阳极炉烧嘴燃烧空气流量控制系统

该系统由下列部分组成。

①检测仪表：由流量孔板和差压变送器两部分组成。流量孔板：其作用是将 1 号阳极炉烧嘴的燃烧空气流量转换成差压信号。差压变送器：量程是 0～6 kPa，作用是将流量孔板测出的差压信号转换成 4～20 mA DC 电流信号。

②指示调节器：指示、控制 1 号阳极炉烧嘴的燃烧空气流量，量程是 0～14000 m^3/h(标况)。调节器的输出是正作用(DA)。

③执行机构：气动调节蝶阀，DN400，气关式(PC)。作用是控制 1 号阳极炉烧嘴的燃烧空气流量。

注：1 号阳极炉炉内温度控制系统(TICRAHL18110)和 1 号阳极炉烧嘴天然气流量控制系统(FICQRAHL18104)组成一个串级调节系统，而天然气流量控制系统和燃烧空气流量控制系统组成比值控制系统。即阳极炉炉膛温度控制系统的输出信号作为天然气流量控制系统的远方设定值(RSP)，使天然气流量跟踪温度控制系统，保证温度稳定，而天然气流量的测量值乘以某个系数后，作为燃烧空气流量控制系统的远方设定值，使空气流量跟踪天然气流量，保证天然气完全燃烧。

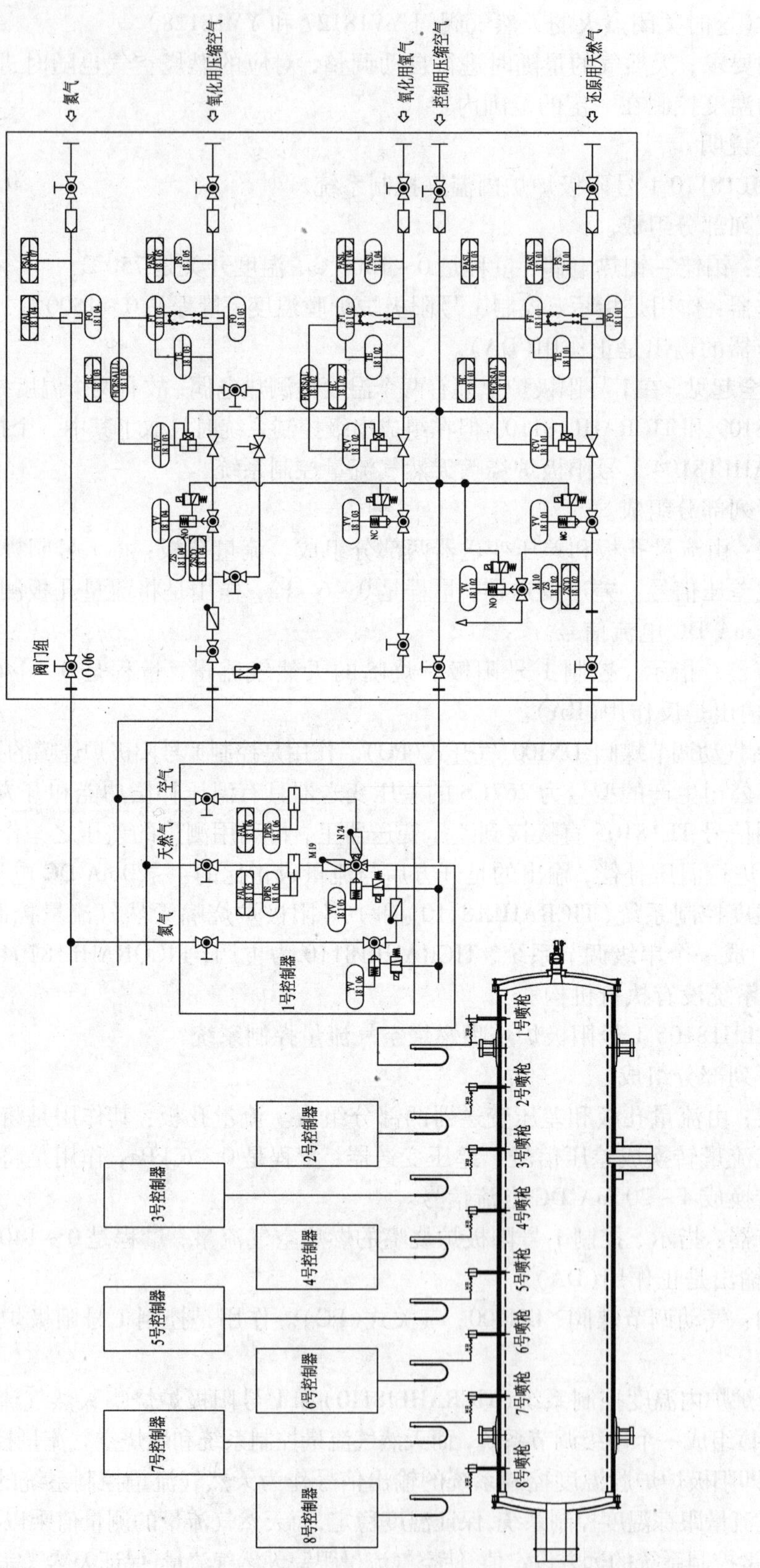

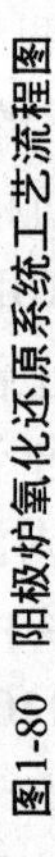

图1-80 阳极炉氧化还原系统工艺流程图

(4)TICRAHL18210 2 号阳极炉炉内温度控制系统

2 号阳极炉的有关控制系统和 1 号阳极炉的完全一样。

3. 氧化还原系统(见图 1-80)

本系统的主要作用是对闪速吹炼炉流过来的粗铜进行精炼：在氧化工序脱硫、还原工序除氧后，成为纯度为 99.5% 的阳极铜。主要设备是 1 个公用阀门组、8 个气体控制器和 8 个喷嘴等。

1)精炼装置的结构

精炼装置由 1 个公用的阀门组、8 个气体控制器和 8 个氧化还原喷嘴组成。

(1)阀门组：阀门组只有一个，是为氧化、还原装置提供优质氧化、还原气体的机构，为 8 个控制器和 8 个氧化、还原喷嘴服务。

阀门组装配成一个整体，右端是 5 种输入气体的法兰，分别接用户的供气口；左端是 4 个输出气体的法兰，分别接到精炼装置气体控制器的进气端。在阀门组内，有 5 条气体管线，主要是对天然气、氧气、氮气等进行流量控制，然后送到喷嘴控制器的各自管道进口。阀门组内主要有流量控制器、压力指示器等，由 DCS 系统进行控制(参见图 1-81)。

(2)气体控制器：共有 8 个，根据工艺的要求，由 DCS 系统发出不同的指令，控制有关阀门的开闭，通入天然气、氧气、氮气等。主要是气体控制阀，流量计等，由 DCS 系统进行控制。

(3)精炼喷嘴:共有 8 个,和气体控制器一一对应,根据不同的时期,喷入不同的气体,进行不同的反应,该喷嘴位于熔体液面以下。

图 1-81 氧化还原系统阀组

2)精炼过程

阳极炉的工作过程分为精炼和保护两个部分。精炼时，即在氧化、还原期，DCS 系统使 YV18104(压缩空气阀)、YV18103(氧气阀)、YV18101(天然气阀)打开，而使 YV18106(氮气阀)关闭。保护时，即在保护期，DCS 系统使 YV18104(压缩空气阀)、YV18103(氧气阀)、YV18101(天然气阀)关闭，而使 YV18106(氮气阀)打开。

以 1 号氧化还原喷嘴为例，说明其工作原理。

首先对 YV18105 进行说明。YV18105 是一个二位三通电磁阀，它有两个输入端，一个输出端。在第一个输入端(1)上接了一个逆止阀 M19，在逆止阀 M19 的输入端接的是天然气；在第二个输入端(2)上接了一个逆止阀 N24，在逆止阀 N24 的输入端接的是富氧空气；输出端(3)通过一个三通接到喷嘴上。

二位三通电磁阀 YV18105 有两个工作状态：得电和失电。得电时，第二个输入端(2)和输出端(3)接通，第一个输入端(1)被堵死；失电时，第一个输入端(1)和输出端(3)接通，第二个输入端(2)被堵死。

(1)精炼期

①氧化期：一定富氧浓度的空气由位于熔体液面以下的喷嘴吹入，杂质被氧化进入渣相和烟气。

当阳极炉要进行精炼时，YV18104(空气阀)、YV18103(氧气阀)、YV18101(天然气阀)

都已打开。富氧空气和天然气分别送到二位三通电磁阀 YV18105 的两个输入端。在氧化时，YV18105(控制阀)得电打开，打开富氧空气的通道，阀门组内按一定比例配好的富氧空气，就进入氧化用喷嘴，进行氧化反应(此时天然气进不来)。

②还原期：向熔体内吹入天然气，则氧气被还原，进入烟气系统。

当阳极炉要进行还原时，YV18104(空气阀)、YV18103(氧气阀)、YV18101(天然气阀)都已打开。在还原时，YV18105(控制阀)失电关闭，打开天然气的通道，由阀门组来的天然气就进入还原喷嘴，进行还原反应(此时富氧空气进不来)。

(2)保护期

当氧化、还原反应结束时，DCS 系统使 YV18104(空气阀)、YV18103(氧气阀)、YV18101(天然气阀)全部关闭，天然气和富氧空气都进不来，但这时 YV18106 得电，氮气阀门打开，氮气就鼓进来了，可以防止阳极铜倒灌。

注意：

①当精炼过程结束或喷嘴在熔体之外时，将自动鼓入氮气(空气)冷却，使喷嘴不至于堵死，通过这些喷嘴的流量约为 500 m^3/h(标况)。

②当喷嘴浸没在熔池之前，吹炼必须开始。

③结束吹炼之前，阳极炉的位置必须转动到排渣或浇铸位置，并且相应地调整气体流量。

④阀组安装的位置不宜离阳极炉太近，否则阳极炉的辐射热会烤坏阀组的元件。

3)控制系统说明

这部分的控制系统主要是指公用阀门组的控制系统，8 个控制器内的系统控制因是程序控制，故不在此说明。

(1)FICRSAL18101 1 号阳极炉还原用天然气流量控制系统

该系统由下列部分组成。

①检测仪表：由流量孔板和差压变送器两部分组成。流量孔的作用是将 1 号阳极炉还原用天然气流量转换成差压信号。差压变送器的作用是将流量孔板测出的差压信号转换成 4 ~ 20 mA DC 电流信号，量程是 0 ~ 4 kPa。

②指示调节器：指示、控制 1 号阳极炉还原用天然气流量，量程是 0 ~ 3500 m^3/h(标况)。调节器的输出是反作用(RA)。

③执行机构：气动调节蝶阀，DN100，气开式(PO)。作用是控制 1 号阳极炉还原用天然气流量。

(2)FICRSAL18102 1 号阳极炉氧化用氧气流量控制系统

该系统由下列部分组成。

①检测仪表：由流量孔板和差压变送器两部分组成。流量孔板的作用是将 1 号阳极炉氧化用氧气流量转换成差压信号。差压变送器的作用是将流量孔板测出的差压信号转换成 4 ~ 20 mA DC 电流信号，量程是 0 ~ 6 kPa。

②指示调节器：指示、控制 1 号阳极炉氧化用氧气流量，量程是 0 ~ 60 m^3/h(标况)。调节器的输出是反作用(RA)。

③执行机构：气动调节阀，DN50，气开式(PO)。作用是控制 1 号阳极炉氧化用氧气流量。

(3)FICRSALLL18103 1 号阳极炉氧化用压缩空气流量控制系统

该系统由下列部分组成。

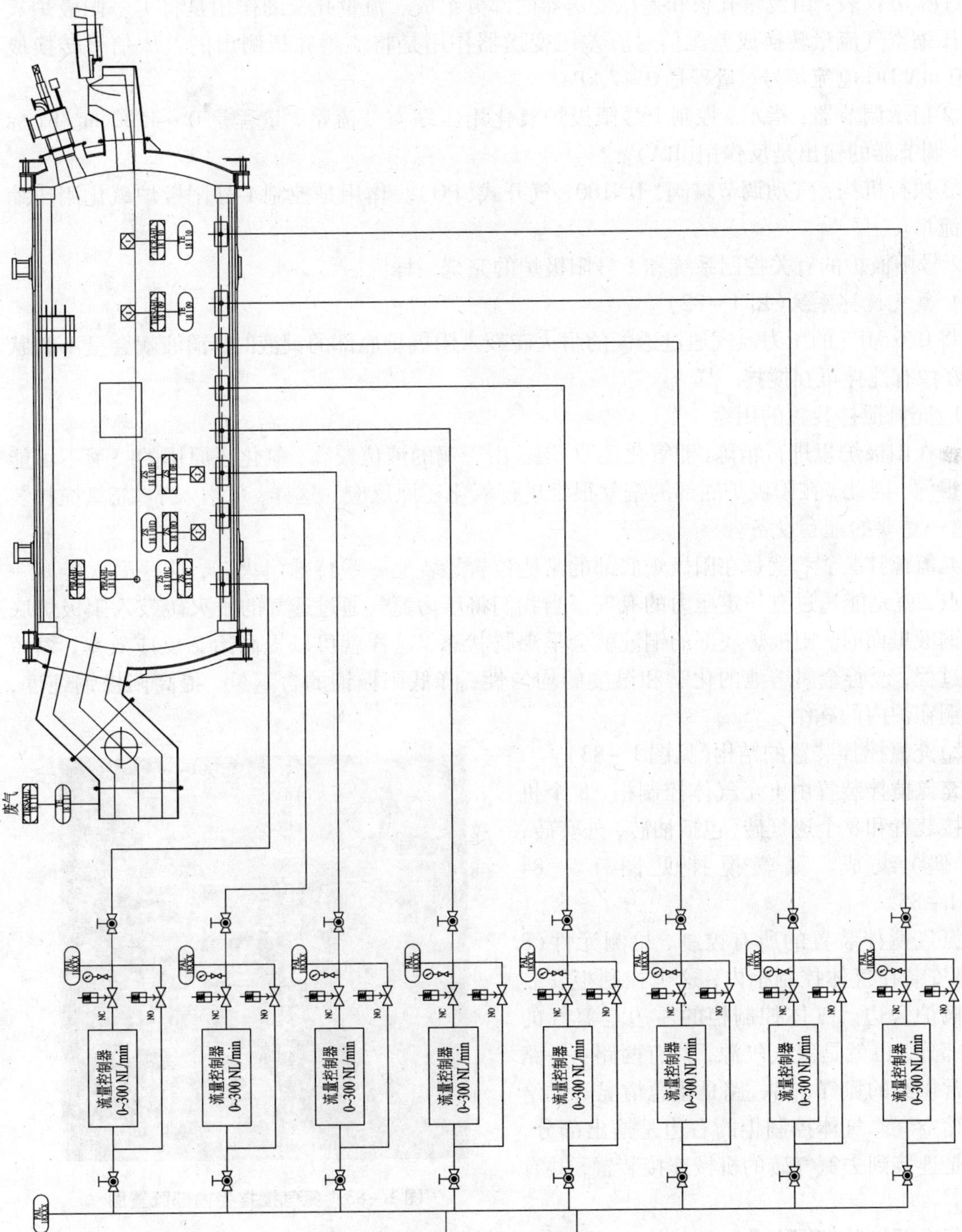

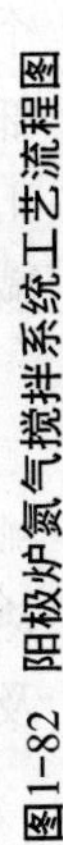

图1-82 阳极炉氮气搅拌系统工艺流程图

①检测仪表：由流量孔板和差压变送器两部分组成。流量孔板的作用是将1号阳极炉氧化用压缩空气流量转换成差压信号。差压变送器作用是将流量孔板测出的差压信号转换成4～20 mA DC电流信号，量程是0～7 kPa。

②指示调节器：指示、控制1号阳极炉氧化用压缩空气流量，量程是0～4500 m^3/h(标况)。调节器的输出是反作用(RA)。

③执行机构：气动调节蝶阀，DN100，气开式(PO)。作用是控制1号阳极炉氧化用压缩空气流量。

2号阳极炉的有关控制系统和1号阳极炉的完全一样。

4. 氮气搅拌系统(图1－82)

将0.6 MPa的压力氮气通过透气的耐火砖鼓入阳极炉底部的铜液时，铜液就会呈沸腾状态，好像有搅拌机在搅拌一样。

1)充氮搅拌装置的用途

铜在阳极炉里进行精炼(即氧化还原)时，由于铜的液位较高，氧化还原用的喷嘴不可能插得很深，因此，在阳极炉底部的铜就很难进行氧化还原反应。这样，就引入了“充氮搅拌装置”这一重要的配套设备。

充氮搅拌装置，就是在阳极炉底部的某些位置，装上一些特殊耐火砖，这些耐火砖有一个特点，就是能透过有一定压力的氮气。当我们将压力氮气通过透气的耐火砖鼓入阳极炉底部的铜液里面时，阳极炉底部的铜液就会呈沸腾状态，这样就可以提高冶金反应效率，缩短工艺过程，改善金属熔池的化学和温度的均匀性，降低阳极铜的含氧量，提高阳极铜纯度，减少铜在炉内的冻结。

2)充氮搅拌装置的结构(见图1－83)

充氮搅拌装置由1个气体控制柜、8个机械连接装置和8个透气砖(包括袖砖，外套砖，热电偶)组成。氮气搅拌见图1－84及图1－85。

氮气搅拌装置的所有控制、检测元件(8套)都安装在气体控制柜内，这个控制柜安装在阳极炉旁边。气体控制柜的左边是氮气的输入部分，也就是氮气气源，共有两路：一路是正常供给的氮气，另一路是紧急情况下供给的压缩空气。气体控制柜的右边是输出部分，也就是连接到去氮气砖的机械连接装置，共有8路。

图1－83 氮气搅拌柜内部配置图

每个透气砖都带有单独的气体管线，压力测量、调节，流量测量和控制及报警等。

3)充氮搅拌装置的工作

下面以1个透气砖为例，说明其工作过程。

正常供给的氮气，接入到气体控制柜的总输入端，首先进行压力测量，再进行过滤(去掉氮气里可能有的杂质)，然后进行减压，以保证吹进氮气的压力不大于1 MPa，这时，再进行压力测量，当压力超过一定值时就报警。

符合标准压力的氮气进入供氮总管，这时用压力变送器(PT)将氮气压力值转换成4～20 mA DC电流信号，送到控制柜内的PLC系统进行指示，同时，供氮总管将氮气分配到8个控制管路。

流量控制器将氮气流量控制在0～300 L/min(标况)左右。当阳极炉开始吹炼时，先将手动阀打开，PLC系统将流量控制器后面的自动电磁阀打开，压力氮气就通过机械连接装置和安装在阳极炉炉底的透气砖，喷到铜液里，使阳极炉底部的铜锍呈沸腾状态。

在气体控制柜的每一个氮气输出管道上都有一个压力变送器(PT)，将氮气压力值转换成4～20 mA DC电流信号，送到控制柜内的PLC系统进行指示。

每个透气砖吹入的氮气压力、流量都不一样，由安装在控制柜内的PLC系统控制。和流量控制器并联的还有一个紧急状态下用的旁路管路和电磁控制阀，在故障状态下(即停电或仪表压缩空气停止)，主管路阀门自动关闭，这时，紧急状态下用的旁路管路和电磁控制阀开通，保证充氮搅拌装置正常工作。

注：① 充氮搅拌装置是不允许停电的，若停了电，则氮气不能吹进去，氮气砖的透气孔就会堵塞，价格昂贵的氮气砖就会报废。② 充氮搅拌装置由现场控制柜内的PLC进行控制，而PLC系统的供电由位于阳极炉仪表室的UPS供给，并且是双回路的UPS供给，自动切换。UPS的供电是一级负荷(接事故发电机)，故充氮搅拌装置是永远不会停电的。③ 热电偶用于测量透气砖的温度，当温度高于900℃时则认为该透气砖有问题。④ 气体控制柜可以自动调节搅拌曲线，PLC系统对每个透气砖单独调节，每个透气砖都带有单独气体管线，压力调节，流量测量和报警系统等。⑤ 气体控制柜安装的位置不宜离阳极炉太近，否则阳极炉的辐射热会烤坏柜子里面的元件。

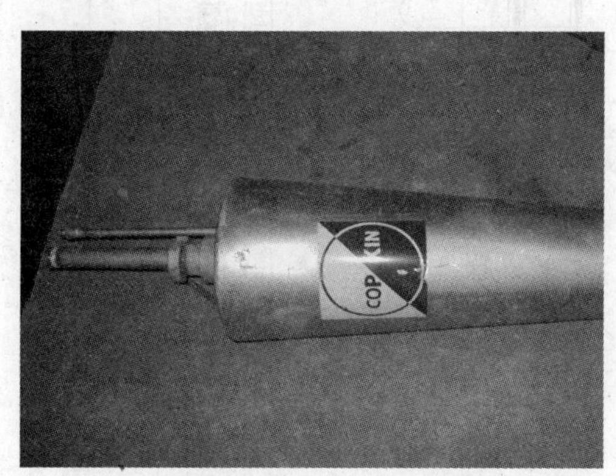

图1－84 氮气搅拌砖外形图

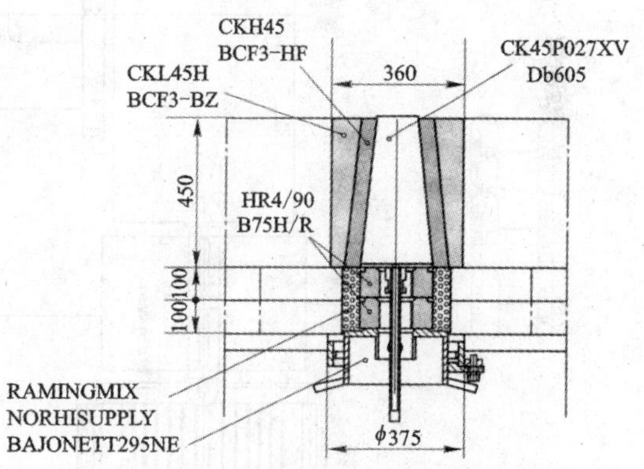

图1－85 氮气搅拌砖结构图

5. 驱动系统

驱动系统(图1－86)就是驱动阳极炉转动，正常是靠主马达驱动，浇铸时靠浇铸马达驱动，因事故断电时靠事故马达驱动。驱动系统包括主马达、浇铸马达、事故马达、减速箱、电磁离合器、鼓式制动器等。

1)工艺说明

驱动电机(主马达、浇铸马达、事故马达)通过减速箱带动小齿轮旋转，小齿轮带动固定在阳极炉上的大齿圈旋转，从而使阳极炉转动。

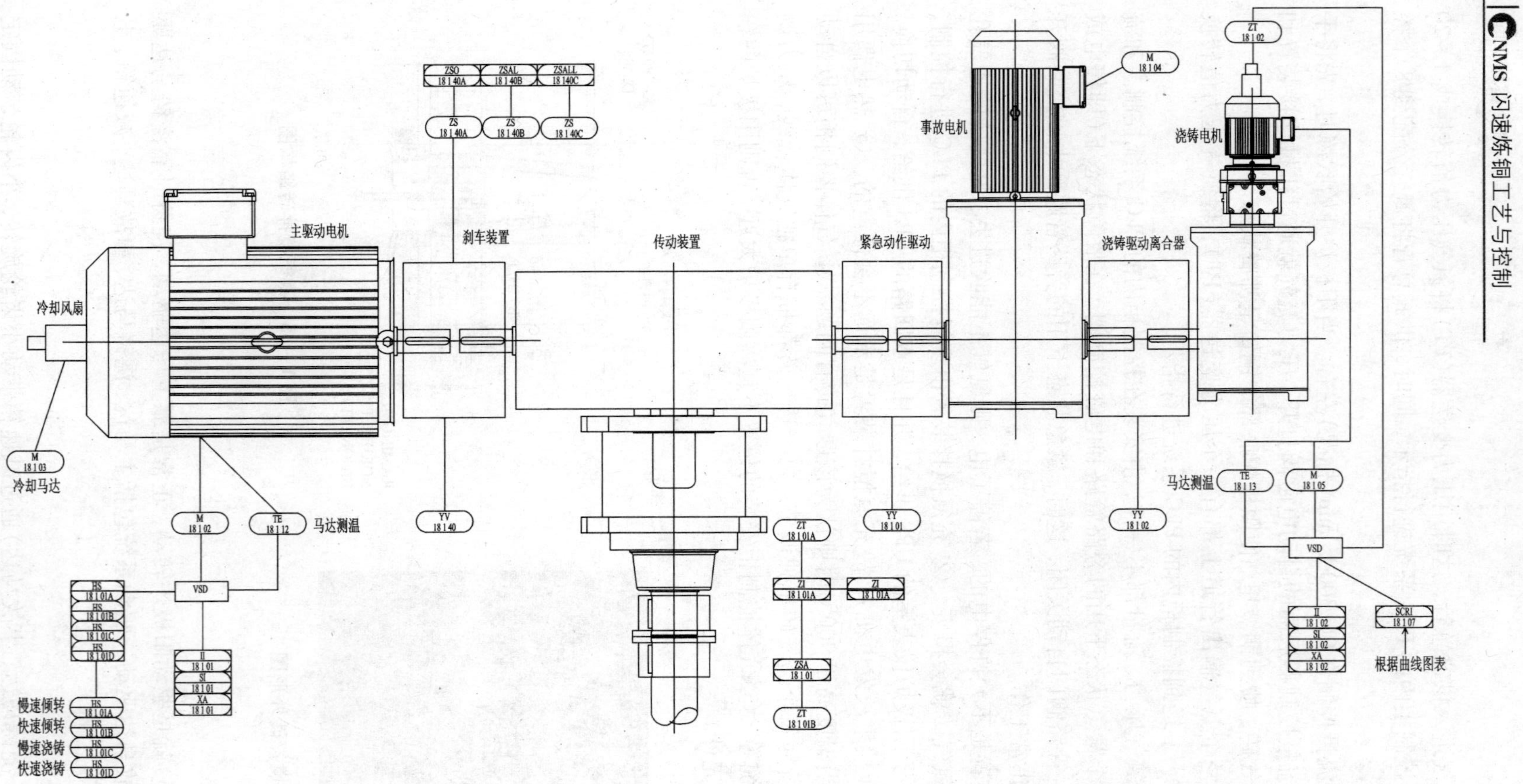

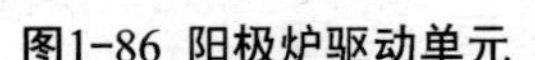

M 18 1 02	M 18 1 03	YV 18 1 40	YY 18 1 01	YY 18 1 02	M 18 1 04	M 18 1 05
主驱动	主驱动冷却马达	刹车	紧急动作驱动离合器	浇铸驱动离合器	紧急动作驱动	浇铸驱动
400V 160 kW/ IN280A	400V 0,45kW/ IN1,15A	220 V DC 0,2A	220V DC 0,41A	220V DC 0,41A	220 V DC 8,6kW IN45,5A	400V I0 4,9A

图1-86 阳极炉驱动单元

减速箱分别由安装在减速箱输入轴上的主马达、浇铸马达或事故马达驱动。浇铸马达和事故马达均分别由伞形齿轮、电磁离合器连接到减速箱的输入轴。在阳极炉进行正常的氧化还原反应时，主马达驱动减速箱使阳极炉转动，此时电磁离合器在主马达运转时处于分离状态。当要浇铸时，炉体要以更加缓慢的速度转动，这时浇铸齿轮马达的离合器闭合，以满足浇铸时阳极炉的转速要求。当因事故断电时，事故马达的离合器自动闭合，使阳极炉转回安全位置。在这两种情况下，主马达在减速箱输入轴上随同转动(不起控制作用)。

阳极炉因吹炼而快速转动(约0.5 r/min)时，减速箱由主马达驱动；阳极炉浇铸时将慢速转动(0.0002～0.003 r/min)，减速箱由浇铸齿轮马达驱动；当阳极炉因事故断电要转到安全位置时，减速箱由事故马达驱动。

位置编码器对驱动轴及阳极炉起定位作用，而限位开关则在炉子转动到某一位置时，将信号反馈给位置编码器。

驱动系统可以在控制室操作，也能在位于出渣侧和浇铸侧的控制盘上操作。

阳极炉共有6个炉位：0°加料位；30°预氧化位；45°精炼位；60～80°排渣位；－16～－57.5°浇铸位；－12°安全位。

1.18.3 工艺说明

铜精矿在经过闪速熔炼和闪速吹炼以后，成为粗铜，粗铜的品位是98.5% Cu，里面还含有0.35%的硫、0.15%的氧和其他一些杂质，还要再一次精炼，进一步提纯，去掉杂质，成为纯度为99.5%的阳极铜。

将粗铜进行精炼的冶炼炉就是阳极炉，在阳极炉里精炼就是将铜进行氧化和还原。所谓“氧化”，就是往阳极炉里吹进富氧空气，和硫发生氧化反应，生成SO_2气体排放；所谓“还原”，就是往阳极炉里吹进天然气，和氧发生还原反应，使铜中氧生成CO_2气体排放。

铜的火法精炼过程一般可分为加料、氧化、倒渣、还原和浇铸等几个阶段。精炼炉的主要原料为液态粗铜，有时也加入少量残极、废阳极板。操作过程分为加料、氧化、放渣、还原、出铜浇铸等过程。液体铜加料方式是：将转炉产出的液态粗铜放入粗铜包内，用行车吊至阳极炉，从阳极炉炉口加入炉内；若是用闪速炉吹炼粗铜，则吹炼好的粗铜由溜槽直接流进阳极炉内。固体原料的加入方式是：用叉车将固体物料叉入船形斗内，再用吊车从阳极炉炉口加入炉内。炉内加满粗铜后即进行氧化，氧化结束后放渣，进行还原操作，最后出铜浇铸。

氧化精炼是将空气或富氧空气经风管鼓入熔融金属铜的过程，发生的反应是杂质金属的氧化。生成杂质金属的氧化物作为炉渣从熔体中析出，或以氧化物形态呈气态挥发，而与铜分离。

火法精炼的另一重要过程就是还原，常用的还原剂有重油、LPG、天然气、液氨、焦炭等。在还原期间，还原剂经氧化还原风管鼓入熔体，随着鼓入的天然气等增加，Cu_2O含量逐步减少。

在还原过程中，要考虑熔体温度的变化，确保出铜温度正常。熔体温度低，熔体的流动性差，无法浇铸出合格的阳极板；而熔体温度偏高，炉体耐火材料损耗大，另外易导致粘模，气体在熔体铜中的溶解度增加，也不利于浇铸出表面平整的阳极板。

在还原过程中要准确判断还原终点：熔体含氧高，其流动性差，阳极板表面起氧化皮，不能浇铸出平整的阳极板，含氧偏高时，甚至无法进行正常浇铸；熔体含氧低，则可能产生二次吸气，阳极板鼓泡严重，这使过多的氢等气体残留在铜液中。

注意：在进行还原操作之前，应尽可能将炉渣排尽，避免还原时渣中杂质反溶。

1.18.4 控制系统

这里介绍 PICAR18101 1 号阳极炉炉内压力控制系统，该系统由下列部分组成：

(1)检测仪表：差压变送器，量程是 0 ~ 6 kPa。

(2)指示调节器：指示、控制 1 号阳极炉炉内压力，量程是 0 ~ 6 kPa。调节器的输出是反作用(RA)。

(3)执行机构：由进口调节阀的开度控制系统和风机的速度控制系统两部分组成。气动高性能蝶阀，DN1000，气关式(PC)。作用是控制排风机进口风量，达到控制 1 号阳极炉炉内压力的目的。

1.19 阳极炉余热锅炉系统

1.19.1 工序功能及工艺流程

回收阳极炉精炼烟气的热量，生产蒸汽，所产生的蒸汽并入全厂综合管网。阳极炉余热锅炉系统工艺流程图见图 1 - 87。

1.19.2 工序设备

主要设备有余热锅炉、汽包、循环水泵等。

1.19.3 工艺说明

在阳极炉精炼过程中，只有在进行氧化、还原反应时才产生较高温度的烟气，其他时段内产生高温烟气的量不是很大，也就不会产生太多的蒸汽，并且是间断工作的，故阳极炉余热锅炉也不是很大。

阳极炉精炼过程中，进行还原反应时，有一部分天然气还没有用完，若排到大气中，则会污染环境，故在余热锅炉的前部还有一个二次燃烧室，用空气将这些天然气燃烧掉。

从阳极炉尾部排出的高温精炼烟气，进入余热锅炉，和管内的水进行热交换，产出蒸汽，并入全厂中压蒸汽综合管网。降低温度后的烟气送到尾气脱硫系统，产出的纯 SO_2 气体送到硫酸车间制酸。

1.19.4 控制系统

1. AICA1901 1 号余热锅炉烟气含氧量控制系统

该系统由下列部分组成。

(1)检测仪表：由两部分组成，一是氧化锆探头，作用是将 1 号余热锅炉烟气含氧量转换成 mV 信号；二是氧化锆分析仪变换器，量程是 0 ~ 15% O_2，作用是将氧化锆探头产生的 mV 信号转换成 4 ~ 20 mA DC 电流信号。

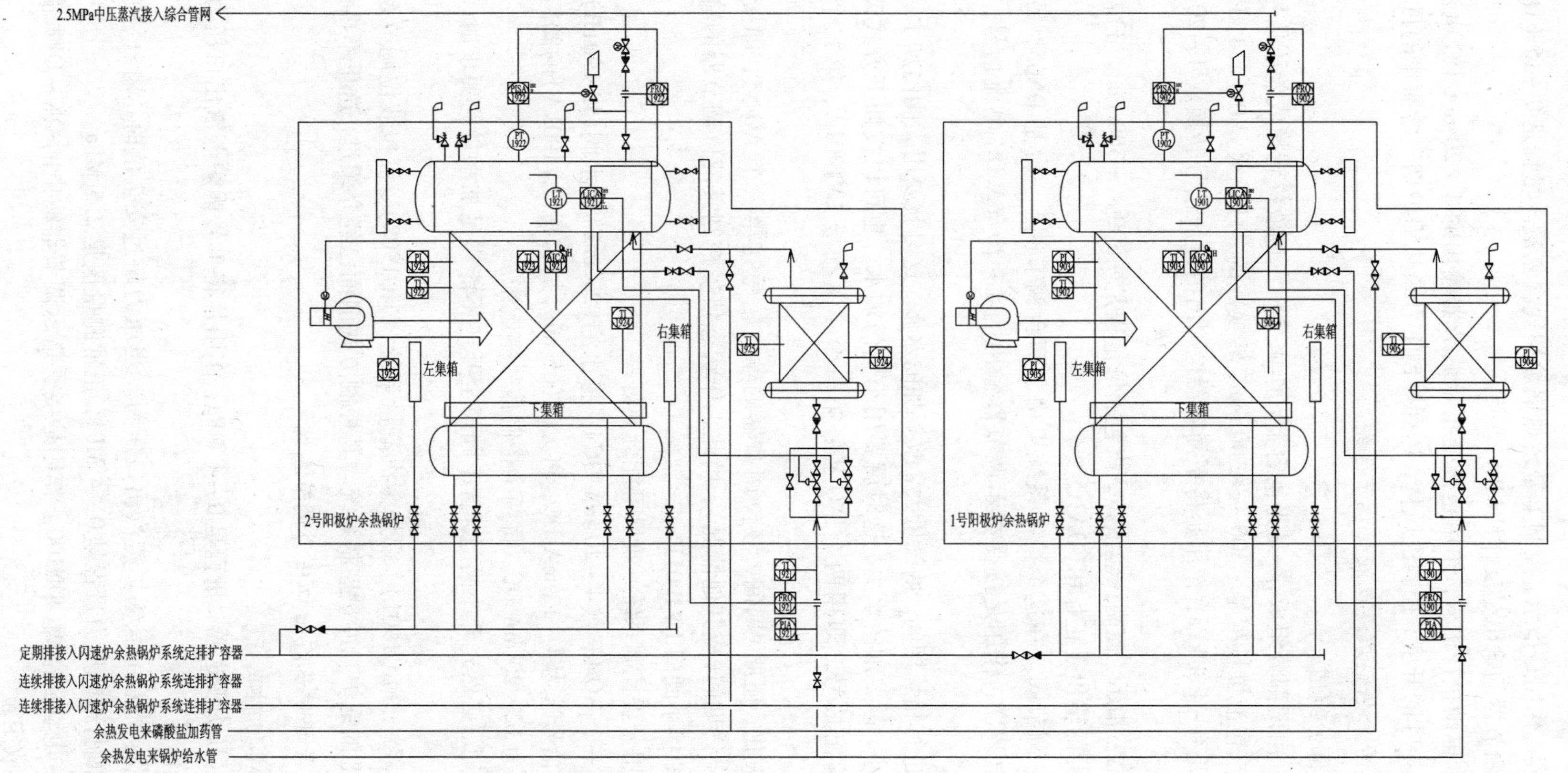

图1-87 阳极炉余热锅炉工艺流程图

(2)指示调节器：作用是指示、控制1号余热锅炉烟气含氧量。量程是0~15% O_2，正常测量值是5% O_2。调节器的输出是反作用(RA)。

(3)执行机构：电动执行机构，作用是接受指示调节器输出的4~20 mA DC电流信号，控制二次风机进口导叶的开度，控制进风量，达到控制1号余热锅炉烟气含氧量的目的。

2. LICA1901 1号余热锅炉汽包液位调节系统

该系统由下列部分组成。

(1)检测仪表：由两部分组成，一是平衡容器，作用是将汽包液位转换成差压信号，是由汽包厂家带来的，汽包液位量程是-300~+300 mm，转换成的差压信号是0~4.4 kPa；二是差压变送器，量程是0~4.4 kPa，作用是将平衡容器检测出的差压信号转换成4~20 mA DC电流信号。

(2)指示调节器：指示、控制汽包液位，汽包液位量程是-300~+300 mm，正常控制值是±50 mm。调节器的输出是正作用(DA)。

(3)执行机构：调节阀。在这个控制系统里用了两台调节阀：一台是DN65，另一台是DN25，都是气闭式(PC)。作用是接受指示调节器输出的4~20 mA DC电流信号，控制加水量。

注：阳极炉在进行精炼期间，烟气量大，故要加的水多，这时就要用大阀门加水；阳极炉在浇铸时，烟气量小，故要加的水少，这时就要用小阀门加水。也可以按如下方式设计：液位调节器有两个输出信号，即用两个AO点：第一个AO点接LV1901A；第二个AO点接LV1901B。

阳极炉精炼(氧化、还原)期间，液位调节器的输出信号接第一个AO点，即接大阀门LV1901A；阳极炉浇铸期间(或其他情况)，用此工作状态信号控制其液位调节器的输出信号接第二个AO点，即接小阀门LV1901B。

不过，这里若用分程控制系统，效果可能会更好些。

调节器只输出一个AO信号(4~20 mA DC)，将小的(25 mm)加水阀(LV1901B)的阀门定位器的输入控制信号选为4~12 mA DC；将大的(65 mm)加水阀(LV1901A)的阀门定位器的输入控制信号选为12~20 mA DC，将两个控制信号串起来。

当系统要加水时，必然先开小阀门，若小阀门全开还不能满足加水量的要求时，就会再开大的加水阀。

锅炉给水流量系统(FRQ1901)、锅炉蒸汽流量系统(FRQ1902)、汽包液位调节系统(LICA1901)，组成标准的锅炉三冲量控制系统。其控制方式前面已经介绍过，这里不再说明。

3. PISA1902 1号锅炉蒸汽出口压力调节系统

该系统由下列部分组成。

(1)检测仪表：压力变送器，量程是0~4 MPa，作用是将1号锅炉蒸汽出口压力转换成4~20 mA DC电流信号。

(2)指示调节器：指示1号锅炉蒸汽出口压力。当压力超过安全值时，输出一个ON-OFF信号，将放空阀打开。压力量程是0~4 MPa，正常测量值是2.5 MPa。

(3)执行机构：电动放空阀，DN100。作用是接受指示调节器输出的ON-OFF信号，去控制1号锅炉蒸汽放空量。

1.20　阳极炉尾气脱硫系统

阳极炉尾气含硫并不是很高，以前都不进行脱硫，只回收热量后就直接排放。现在国家对环保的要求高了，故对含硫并不是很高的阳极炉尾气也要进行脱硫，使其成为无害气体。

含硫尾气脱硫有很多种方法，以前用得比较多的方法有钙镁法，就是用石灰石等和 SO_2 起反应，生成石膏和 CO_2。由于这种方法产出的石膏质量不好，没有多大的用途，只好堆积起来，造成二次污染。

现在比较好的方法有活性炭吸收法和胺液吸收法。

活性炭吸收法就是将含硫尾气通过活性炭时，SO_2 被活性炭吸收，然后对吸收了 SO_2 的活性炭加热，SO_2 气体释放，将其送到硫酸系统，而活性炭则循环使用。

胺液吸收法的原理和活性炭吸收法大同小异。胺液吸收法有加拿大“康世富”公司的设备和产品，目前国内“成都华西”公司的设备和产品也不错。现在介绍用胺液吸收法的阳极炉尾气脱硫系统。

1.20.1　工序功能及工艺流程

该系统的主要作用是将阳极炉尾气中的硫变成纯 SO_2 气体，送到硫酸车间制酸，剩下的是无毒无害的废气则就近排放，是一个环保工程。工艺流程图见图 1 - 88。

1.20.2　工序设备

该系统设备有：可变径文丘里洗涤器、旋流分离器、SO_2 吸收塔、SO_2 解吸塔、富胺槽、贫胺槽、胺液净化装置及各种循环泵等。

1.20.3　工艺说明

胺液吸收法的阳极炉尾气脱硫系统工艺如下。

阳极炉排风机出口接有两台自动控制蝶阀，一台接到脱硫系统，另一台接到环保排风机的进口。若脱硫系统工作正常，则所有烟气都经脱硫以后再排放，若脱硫系统有问题，则所有烟气都直接通过环保排风机放空。一般情况下阳极炉的烟气都是经过脱硫以后就近排放的。

阳极炉出来的烟气经控制蝶阀进入可变径文丘里洗涤器的进口，循环泵将预洗涤液抽出，从上往下进行喷淋，在气体与水接触的过程中，烟气被冷却，烟气中残留的杂质也被洗涤液清洗干净。干净的 SO_2 气体从旋流分离器顶出来，进入多级逆流填料吸附塔的下部进口，被塔中从上面喷淋下来的有机胺溶剂有选择性地吸收，剩下的是无毒无害的废气，从吸附塔的上部就近排放。

吸收了 SO_2 气体的富胺液从吸附塔底部直接排到富胺液贮槽，经过富胺液过滤器过滤、贫富胺液热交换器升温换热后，直接泵到解吸塔的上部。在解吸塔里，富胺液中的 SO_2 气体从有机胺溶剂中分离，经解吸塔冷凝器降温、解吸塔顶部集液槽过滤后被送到硫酸系统制取硫酸。

分离了 SO_2 气体的富胺液又变成了贫胺液，经贫富胺液热交换器降温换热、贫胺液冷却器冷却后，用泵打到贫胺液贮槽，再用泵打到 SO_2 吸附塔上面喷淋循环使用。

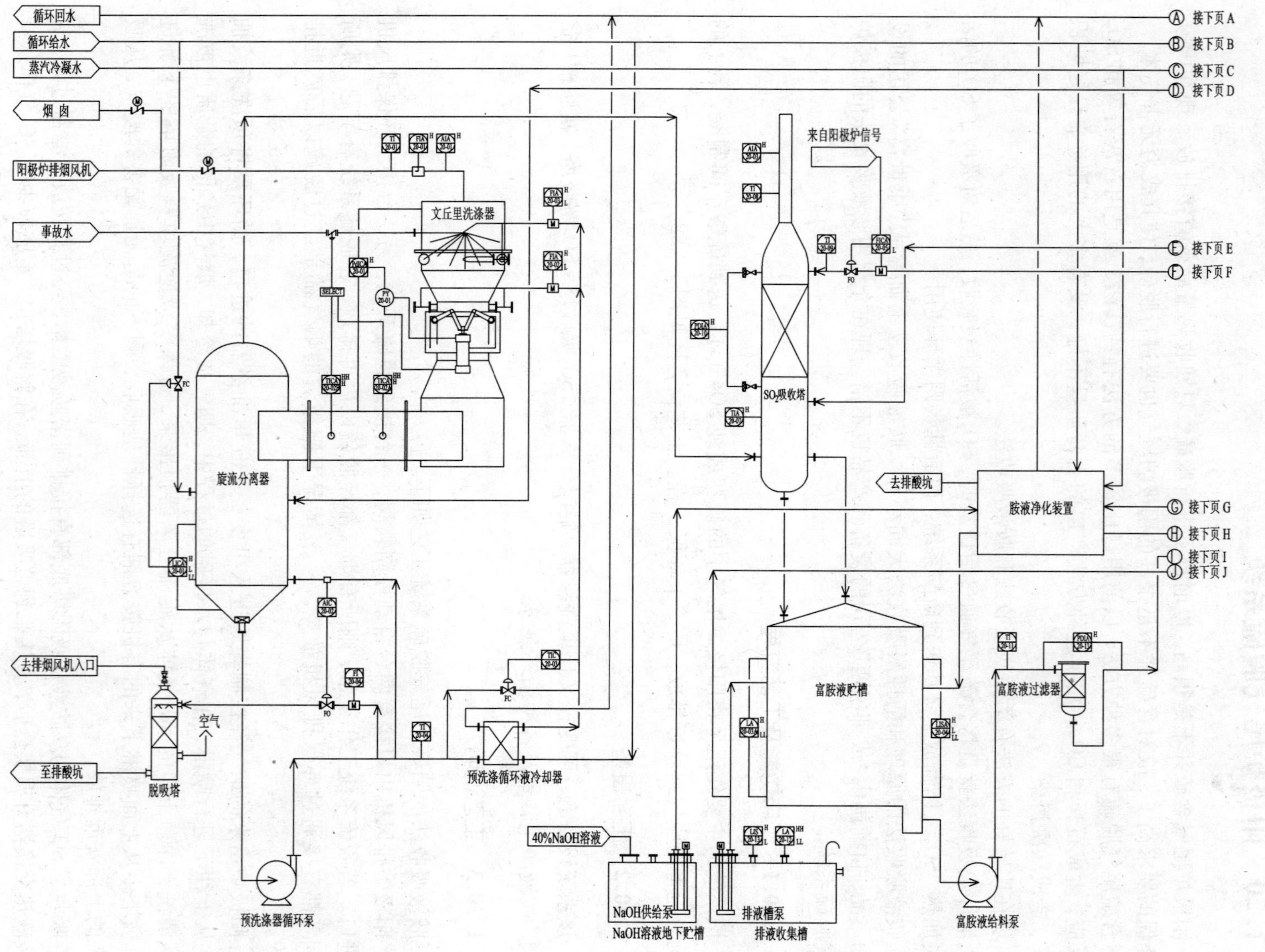

图1-88A 阳极炉尾气脱硫系统工艺流程图

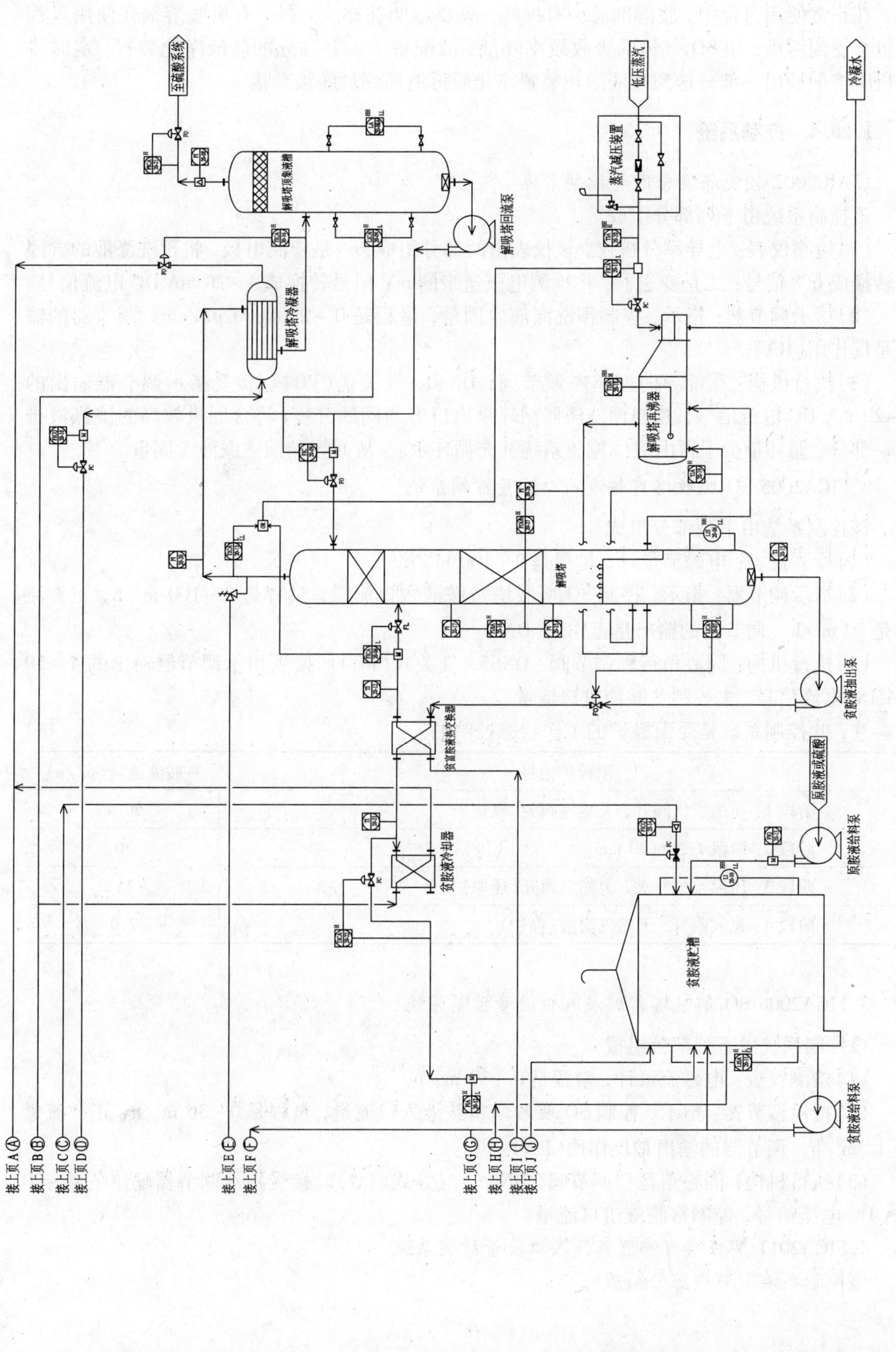

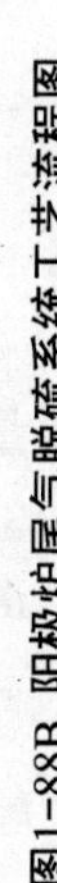

图1-88B 阳极炉尾气脱硫系统工艺流程图

在正常使用过程中，胺溶剂总会有损耗，故要定期补充。另外，有机胺溶剂在使用过程中也会受到污染，使 SO_2 气体的吸收效率降低，故配备了一套独立的胺液净化装置，定时将有机胺溶剂抽出一部分送到胺液净化装置净化后再返回到贫胺液贮槽。

1.20.4 控制系统

1. AIC2002 预洗涤液含固量控制系统

该控制系统由下列部分组成。

(1)检测仪表：电导率分析仪，该仪表由两部分组成，一是检测电极，将预洗涤液的含固量转换成 mV 信号；二是变送器，将检测电极送来的 mV 信号转换成 4 ~ 20 mA DC 电流信号。

(2)指示调节器：指示、控制预洗涤液含固量，量程是 0 ~ 2000000 μS/cm。调节器的输出是反作用(RA)。

(3)执行机构：顶部导向型单座调节阀，DN40，气关式(PC)。接受指示调节器输出的 4 ~ 20 mA DC 电流信号，控制预洗涤器循环泵出口旁通阀的开度(将含固量较高的洗涤液排走一部分，循环量少了再由液位控制系统补充循环水)，从而控制预洗涤液含固量。

2. FICA2005 SO_2 吸收塔贫胺液入口流量控制系统

该控制系统由下列部分组成。

(1)检测仪表：电磁流量计，量程是 0 ~ 100 m^3/h。

(2)指示调节器：指示、控制 SO_2 吸收塔贫胺液入口流量，量程是 0 ~ 100 m^3/h，正常流量是 30 m^3/h。调节器的输出是正作用(DA)。

(3)执行机构：同心角行程调节阀，DN65，气关式(PC)。接受指示调节器输出的 4 ~ 20 mA DC 电流信号，去控制贫胺液进口流量。

注：此控制系统是受阳极炉的工作状态控制的。

阳极炉信号	贫胺液流量(m^3/h)
阶段 1：压缩空气阀开，天然气阀关(氧化)	50.4
阶段 2：阶段 1 后的 30 min	30
阶段 3：压缩空气阀关，天然气阀开(还原)	11
阶段 4：氮气阀开，天然气阀关(保护)	7.9

3. FICA2006 SO_2 解吸塔富胺液入口流量控制系统

该控制系统由下列部分组成。

(1)检测仪表：电磁流量计，量程是 0 ~ 30 m^3/h。

(2)指示调节器：指示、控制 SO_2 吸收塔富胺液入口流量，量程是 0 ~ 30 m^3/h，正常流量是 15 m^3/h。调节器的输出是反作用(RA)。

(3)执行机构：同心角行程调节阀，DN65，气开式(PO)。接受指示调节器输出的 4 ~ 20 mA DC 电流信号，控制富胺液进口流量。

4. FICA2011 解吸塔再沸器蒸汽入口流量控制系统

该控制系统由下列部分组成。

(1)检测仪表：涡街流量计，量程是 0～10000 kg/h。

(2)指示调节器：指示、控制解吸塔再沸器蒸汽入口流量，量程是 0～10000 kg/h，正常流量是 4329 kg/h。调节器的输出是反作用(RA)。

(3)执行机构：双偏心密封蝶阀，DN150，气开式(PO)。接受指示调节器输出的 4～20 mA DC 电流信号，控制解吸塔再沸器蒸汽流量。

5. TICA2013 解吸塔气体出口温度控制系统

该控制系统由下列部分组成。

(1)检测仪表：一体化温度变送器。

(2)指示调节器：指示、控制解吸塔气体出口温度，量程是 0～130℃，正常温度是 103℃。调节器的输出是反作用(RA)。

FICA2006、FICA2011、TICA2013 三者之间的关系为：

A. 正常时，解吸塔再沸器蒸汽入口流量控制系统(FICA2011)和 SO_2 解吸塔富胺液入口流量控制系统(FICA2006)组成比例调节系统，即 SO_2 解吸塔富胺液入口流量控制系统(FICA2006)的测量值(FT2006)作为解吸塔再沸器蒸汽入口流量控制系统(FICA2011)的外部设定值(RSP)，其比值为：0.25 kg 蒸汽/1 L 富胺液。比例系数的计算：

1 L 富胺液:0.25 kg 蒸汽 = 1 m^3 富胺液:250 kg 蒸汽

蒸汽入口流量控制系统(FICA2011)的远方设定值(RSP) = 250 × 富胺液入口流量控制系统(FICA2006)的测量值(FT2006)；即：RSP = 250 × FICA2006. PV。

B. 开车时，由于联锁，SO_2 解吸塔富胺液入口流量控制系统(FICA2006)关闭，其测量值(FT2006)为"0"，则解吸塔气体出口温度控制系统(TICA2013)与解吸塔再沸器蒸汽入口流量控制系统(FICA2011)组成串级控制系统，即解吸塔气体出口温度控制系统(TICA2013)的输出值(OP)作为解吸塔再沸器蒸汽入口流量控制系统(FICA2011)的外部设定值(RSP)。

C. 解吸塔气体出口温度控制系统(TICA2013)是串级控制系统的主调回路，故没有执行机构。

6. FIC2009 解吸塔回流液流量控制系统

该控制系统由下列部分组成。

(1)检测仪表：电磁流量计，量程是 0～10 m^3/h。

(2)指示调节器：指示、控制解吸塔回流液流量，量程是 0～10 m^3/h，正常流量是 3.7 m^3/h。调节器的输出是正作用(DA)。

(3)执行机构：同心角行程调节阀，DN25，气关式(PC)。接受指示调节器输出的 4～20 mA DC 电流信号，控制解吸塔回流液流量。

7. LICA2009 SO_2 解吸塔顶部集液槽液位控制系统

该控制系统由下列部分组成。

(1)检测仪表：带远传装置的差压变送器，差压范围是 0～14.97 kPa。

(2)指示调节器：指示、控制 SO_2 解吸塔顶部集液槽液位，量程是 0～1.2 m，正常流量是 0.76 m。调节器的输出是反作用(RA)。

注：SO_2 解吸塔顶部集液槽液位控制系统(LICA2009)和解吸塔回流液流量控制系统(FIC2009)组成一个串级控制系统，LICA2009 为主调，FIC2009 为副调，故 SO_2 解析塔顶部集液槽液位控制系统(LICA2009)没有执行机构。

8. FICQ2010 旋流分离器回流液流量控制系统

该控制系统由下列部分组成。

(1)检测仪表：电磁流量计，量程是0～5 m^3/h。

(2)指示调节器：指示、控制旋流分离器回流液流量，量程是0～5 m^3/h，正常流量是2.5 m^3/h。调节器的输出是正作用(DA)。

(3)执行机构：顶部导向型单座调节阀，DN25，气开式(PO)。接受指示调节器输出的4～20 mA DC电流信号，控制旋流分离器回流液流量。

9. FICQ2014 贫胺液储槽冷凝水添加量控制系统

该控制系统由下列部分组成。

(1)检测仪表：涡街流量计，量程是0～10 m^3/h。

(2)指示调节器：指示、控制贫胺液储槽冷凝水添加量，量程是0～10 m^3/h，正常流量是5 m^3/h。调节器的输出是正作用(DA)。

(3)执行机构：顶部导向型单座调节阀，DN40，气开式(PO)。接受指示调节器输出的4～20 mA DC电流信号，控制贫胺液储槽冷凝水添加量。

10. LICA2001 旋流分离器液位控制系统

该控制系统由下列部分组成。

(1)检测仪表：带远传装置的差压变送器，差压范围是0～24.95 kPa。

(2)指示调节器：指示、控制旋流分离器液位，量程是0～2.2 m，正常液位是2.05 m。调节器的输出是反作用(RA)。

(3)执行机构：高性能衬特氟隆蝶阀，DN50，气开式(PO)。接受指示调节器输出的4～20 mA DC电流信号，控制旋流分离器的补充水量。

11. LICA2007 SO_2解吸塔液位控制系统

该控制系统由下列部分组成。

(1)检测仪表：带远传装置的差压变送器，差压范围是0～26.85 kPa。

(2)指示调节器：指示、控制旋流分离器液位，量程是0～2.5 m，正常液位是1.5 m。调节器的输出是反作用(RA)。

(3)执行机构：同心角行程调节阀，DN65，气关式(PC)。接受指示调节器输出的4～20 mA DC电流信号，控制贫胺液抽出泵的排出量。

12. PdICA2001 文丘里洗涤器进、出口压差控制系统

该控制系统由下列部分组成。

(1)检测仪表：带远传装置的差压变送器，差压范围是0～10 kPa。

(2)指示调节器：指示、控制文丘里洗涤器进、出口压差，量程是0～10 kPa，正常压差是4.4 kPa。调节器的输出是反作用(RA)。

(3)执行机构：气缸活塞(设备厂家带来)和气动阀门定位器一起组成执行机构。接受指示调节器输出的4～20 mA DC电流信号，控制驱动连杆(活塞)，控制可变速文丘里洗涤器的喉管面积，改变气体流速，达到控制其上下压差的作用。

13. 文丘里洗涤器出口烟气温度控制系统

该控制系统由下列部分组成。

(1)检测仪表：一体化温度变送器，将温度值变换成4～20 mA DC电流信号。

(2)指示调节器：指示、控制文丘里洗涤器出口烟气温度，量程是0～80℃，正常温度是65℃。调节器的输出是正作用(DA)。

(3)执行机构：高性能衬特氟隆蝶阀，DN50，气开式(PO)。接受指示调节器输出的ON/OFF开关信号，控制事故水的加入量。

注：文丘里洗涤器出口烟气温度控制系统(TICA2002)包括TICA2002A和TICA2002B，它们共用一个执行机构(TV2002)，组成一个选择控制系统。

14. PICA2021 解析塔顶部集液槽出口压力控制系统

该控制系统由下列部分组成。

(1)检测仪表：带远传装置的压力变送器，范围是0～100 kPa，正常压差是16 kPa。

(2)指示调节器：指示、控制解吸塔顶部集液槽出口压力，量程是0～100 kPa，正常压力是16 kPa。调节器的输出是反作用(RA)。

(3)执行机构：双偏心密封蝶阀，DN80，气关式(PC)。接受指示调节器输出的4～20 mA DC电流信号，控制解吸塔顶部集液槽的排出量。

15. TIC2003 文丘里洗涤器入口酸液温度控制系统

该控制系统由下列部分组成。

(1)检测仪表：一体化温度变送器，将温度值转换成4～20 mA DC电流信号。

(2)指示调节器：指示、控制文丘里洗涤器入口酸液温度，量程是0～65℃。调节器的输出是反作用(RA)。

(3)执行机构：高性能衬特氟隆蝶阀，DN80，气开式(PO)。接受指示调节器输出的4～20 mA DC电流信号，控制预洗涤循环液冷却器的旁路量。

16. TICA2016 解吸塔顶部集液槽入口温度控制系统

该控制系统由下列部分组成。

(1)检测仪表：一体化温度变送器，将温度值转换成4～20 mA DC电流信号。

(2)指示调节器：指示、控制解吸塔顶部集液槽入口温度，量程是0～80℃，正常温度是49℃。调节器的输出是反作用(RA)。

(3)执行机构：双偏心密封蝶阀，DN125，气关式(PC)。接受指示调节器输出的4～20 mA DC电流信号，控制解吸塔冷凝器的循环水量。

17. TICA2022 贫胺液冷却器贫胺液出口温度控制系统

该控制系统由下列部分组成。

(1)检测仪表：一体化温度变送器，将温度值转换成4～20 mA DC电流信号。

(2)指示调节器：指示、控制文丘里洗涤器入口酸液温度，量程是0～80℃，正常温度是45℃。调节器的输出是反作用(RA)。

(3)执行机构：顶部导向型单座调节阀，DN40，气开式(PO)。接受指示调节器输出的4～20 mA DC电流信号，控制贫胺液冷却器的旁路量。

1.21 圆盘浇铸系统

1.21.1 工序功能

将阳极炉产出的合格的阳极铜浇铸成一定质量的阳极板，以利于电解工序的生产。

1.21.2 工序设备

圆盘浇铸系统由以下部分组成：计量机械（包括一个中间包，两个浇铸包）、浇铸圆盘（包括圆盘驱动系统）、喷淋冷却系统、废阳极提起装置、阳极板提取机和冷却水槽、喷涂系统、液压系统、气动系统、电子控制系统等。

1. 浇铸圆盘

1）浇铸圆盘的基本组成

（1）18 块铸模的圆盘构架

圆盘由焊接钢结构制成，ϕ16600 mm 平板结构，方便操作和观察与圆盘连接的所有设备。垂直方向由 29 个支撑滚轮支撑，水平方向由固定在混凝土地坪上的中心轴支撑，垂直于中心轴的空心钢组成辐射梁，共有 28 根径向梁。梁与梁间用防护盖板覆盖，每根径向梁之间装有两根横梁（用于支撑铜模）。

29 个支撑滚轮组件，位于行走轨道下面，由行走轨道带动旋转。行走轨道直径为 14440 mm，横卧于支撑滚轮上。1 个垂直轴固定在混凝土基础上，位于圆盘主中心，在主中心（Mai centrt）和中心（The centre）之间设有一个中心轴承。

（2）圆盘驱动系统

圆盘驱动系统 1 套，该系统能在圆盘转动过程中，获得光滑准确的速度曲线。圆盘驱动系统包括驱动机组，连接支承和矢圈。驱动机组又包括电动机、耦合器、齿轮箱、驱动轮。驱动轮包括一个钢体和十二根螺栓。矢圈用来连接圆盘与驱动系统。

（3）阳极顶起装置

液压操作的阳极顶起装置 5 套，其中 2 个预顶起，3 个顶起。该装置由两个主要部件组成：固定构架和油缸。顶起部分通过八个滚轮支撑在构架上，构架同时起导向作用，液压油缸把顶起部分朝向上的位置提升。

（4）锁模装置

液压操作的锁模装置 2 套，用来把钢模锁紧在阳极预松动区，以便把预顶起油缸作用于圆盘上的冲击力减小到最低程度。

该装置由固定构架和可运动的夹钳组成，夹钳通过轴和普通轴承紧固在构架上。液压油缸操纵夹钳工作。

（5）铜模调平螺栓和固定铜模支撑销

铜模调平螺栓 56 个和固定铜模支撑销 28 个，它们分别位于铜模支撑梁（每模两根）上，调平螺栓位于支撑外梁（每模两上）上，用于调平和支撑铜模。

（6）铸模紧固夹

铜模紧固夹 28 个，用于锁定铜模，防止铜模松动而导致错位。

（7）行走轨道的润滑系统

润滑系统是用来维护行走轨道的。在环形轨道上，设有三个润滑点。润滑装置包括润滑剂的压力容器，气动控制系统和现场管道。润滑系统是根据润滑程序的需要，通过逻辑控制器来控制的。

2）圆盘传动

圆盘由一台功率为 18.5 kW，1460 r/min 的调频电机高速旋转，通过减速机增大转矩后由驱动轮输出，拨动圆盘矢圈，从而驱动圆盘运转。

2. 电子秤的计量原理及其装置

1）电子秤的计量原理

定量浇铸的自动称量装置就是一台电子秤，称量装置中的三个测力传感器（压头）就安装在浇铸包下面的三个支点上，如图1－89所示。

测力传感器（压头）是一个应变电阻片粘贴在专门设计的弹性元件上。在荷重力作用下，弹性元件产生变形，应变片阻值相应地发生变化。应变片接在一个测量桥路里，在测量桥路的对边通有一定的低压直流电，在另一边则有一个mV信号输出，这个输出信号就转换成代表荷重力的大小，也就是铜水的质量。

图1－89　自动称量装置

当中间包向浇铸包注入铜水时，随着铜水的增加，传感器感受来自外部的压力增加，应变片输出励磁电压0～25 mV至放大器，放大器的输出电压为0～＋10 V。0 V相对应为5 kg，＋10 V相对应为500 kg，并提供给监视器，以确定浇铸包的装入量及浇铸量。浇铸包的倾斜由一个比例阀及一个并联电磁阀控制。在将铜水浇入模子期间，倾斜速度由比例阀控制，比例阀的动作由微型计算机采用模拟输出信号控制，模拟输出电压为0～10 V DC。下表显示浇铸包内铜水装入量和传感器、放大器的输入输出值及显示器上铜水质量之间的关系。

包内铜水质量（kg）	传感器输入（mV）	放大器输出（V）	监视器显示（kg）
550	1.5～2.5	0.06～0.1	0
650	3.3～4.3	0.9～1.0	45
1650	21～24	9.1～9.9	499

2）浇铸计量机械装置的组成

包括1个中间包、2个浇铸包、2套计量机构（浇铸包计量装置）、1套中间包计量机构、支架和基础框架、4个液压油缸、1套中间包液压缸的隔热罩。浇铸包装在电子秤上，浇铸过程中，浇铸包中的铜液量由计量机构和电子控制装置计量和控制。

3）注意事项

（1）防止机构震动，防止过载和侧应力。当电子秤支架上粘有冷铜时，严禁用行车强行吊和用叉车拉，要特别注意保护秤的敏感元件。

（2）高温辐射的预防。由于高温熔体飞溅、漏铜的发生、烘烤烧嘴的不固定等因素的影响，在电子秤上必须安装保护板和放石棉板，地面铺干河沙。在出铜过程中要采取措施防止铜水飞溅和漏铜的发生。浇铸包的冷铜要及时清理，倒在电子秤四周的铜要及时冷却。浇铸包铜量的设定要适当，电子秤的零点调整要保证浇铸包中留有150 kg左右的铜量。

（3）定期清理电子秤四周的冷铜。每出完一炉铜后均要清理，特别要注意清理电子秤保护板下的冷铜。要定期打开保护罩，对电子秤内部进行清扫，采用压缩风吹扫，保持刀形支座和拉环锋利、干净。

(4)定期检查和校正。确定过载螺栓位置状况，板簧是否弯曲，刀架拉环是否干净以及液压油缸是否漏油等。电子秤要保证计量准确，必须定期用标准砝码校秤，当发生碰撞或出现计量偏差后，均应立即组织校秤。

(5)未提取的阳极板必须在喷涂位置复位，粘模阳极板必须将翘起部位复原。当出现高模位报警，一定要处理好，方能运转圆盘。

4)浇铸计量控制装置

浇铸控制装置包括：压力负荷传感器及缓冲器、微型计算机、电源装置、负荷传感放大器、控制盘、显示监视器、报表打印机。

微型计算机装置、程序存储器、数字和模拟接口装置及电源均安装在一个工作台上。微型计算机与显示监视器，报表打印机和外部计算机通过一个 RS232 串行接口进行通信。

5)计量精度的影响因素

电子秤是一台高精密度的计量设备，称量范围为 0 ~ 500 kg，质量计量精度为 ±1%，正常情况下浇铸出的阳极板偏差 < ±3.7 kg。

影响电子秤称量精度的主要因素有：浇铸包自重、形状及尺寸情况；浇铸过程中的机械冲击；中间包液位；结冷铜情况；铜模高度偏差；浇铸速度的控制状况等。

浇铸包自重是指浇铸包连同内衬的质量，自重偏差过大导致铜水装入量的偏差大，从而影响计量精度。浇铸过程中的机械冲击是指在浇铸包动作期间为清理冷铜而带来的外力作用。中间包液位过高，即铜水流量过大，浇铸包的注入量超过 500 kg，超出了称重范围，导致计量不准确。冷铜结块过多时，浇铸包实际装入铜水量过少，浇铸包动作幅度加大，造成计量不准确。铜模高度如果高了，浇铸包容易碰到铜模，导致计量不准确。

1.21.3 工艺说明

高温液态铜从阳极炉出铜口流出，经过活动溜槽、固定溜槽后流入中间包。中间包将铜水注入浇铸包(浇铸包放置在电子秤机构上面)，当浇铸包内的铜水达到设定质量时，中间包返回，停止注入铜水，而开始向另一侧的浇铸包注入。浇铸包开始按设定程序向铜模内浇铸铜水，当注入量达到标准，浇铸包停止浇铸。然后圆盘转动，浇满铜水的铜模进入喷淋冷却区进行冷却，中间包和浇铸包重复上一次动作。在喷淋冷却区内，尚未凝固的阳极板受到水冷凝固，铜模也得到均匀的冷却。随后，阳极板被转至预顶起位置，顶起油缸动作，阳极板被顶起。可能出现的废阳极板在预顶处顶起后，由废阳极吊走。而正品阳极板被继续转至提取机位置下，阳极板被再次顶起，然后开始提板，抓住两耳，吊运到冷却水槽中，堆垛装置自动将其推上链式运输机链条上并分垛。当堆垛完成后，链式运输机将整垛阳极板送到冷却水槽后端。由堆垛提升机将整垛阳极板提升，再用叉车叉运至堆场。当模内的阳极板被提起后，空模继续转至喷涂区，空的铜模被喷上一层脱模剂 $BaSO_4$，然后再进入浇铸位置。这样，就算完成了一块阳极板的浇铸过程。

1.21.4 控制系统

圆盘浇铸系统由芬兰奥托昆普公司供货，整套系统由欧姆龙公司的 PLC 系统控制，可以全自动浇铸、手动浇铸、双包浇铸及单包浇铸，由 PLC 系统程序自动控制。

阳极炉浇铸区的自动装置是由PLC系统控制的。PLC系统的装置主要装配在浇铸控制室内，控制室中装有炉子倾转、电子秤、圆盘、提取机和冷却水槽的控制模块，还装有总报警模块和启动模块。在浇铸过程中，控制室有一名操作人员进行操作监视。

浇铸设备的启动是由控制室集中操作的，包括液压泵的启动，喷淋排风机、喷涂排风机的启动，喷淋冷却水电磁阀开启等。PLC系统由阳极浇铸控制系统、圆盘、提取机和冷却水槽控制系统组成。

圆盘驱动系统有两个驱动装置，每个驱动装置有一个无刷交流电伺服电机，一个处理器和一个程序(控制两个电机的位置)，并通过伺服驱动单元(每个电机一个)将位置反馈。电机中的一个叫做“主机”，另一个叫做“从机”，当圆盘停止时，从机轻微推向一个方向，主机保持不动，这样就消除了减速机、小齿轮和周向齿轮的所有后坐力，圆盘被锁定在该位置上；当圆盘开始转动时，两个电机开始缓慢加速，圆盘开始移动。

圆盘驱动使用最新的现代伺服驱动和伺服电机技术，旋转由PLC系统控制；交流伺服电机提供从零速到最高速并返回的全扭矩，这样电机完全可以平稳地使圆盘加速，并抵消圆盘的惯性而使圆盘平稳减速到停止。在圆盘转动中，其速度和位置可以连续测定，实际速度与预设在PLC系统内的速度曲线进行比较。

圆盘转动系统不使用限位开关进行圆盘转动的控制，控制基于转动编码器反馈的速度和位置计算，因此圆盘转动特性在操作中或维护后将不会改变，而这正是使用限位开关的圆盘驱动系统的常见问题。仅在圆盘操作开始时，用一个限位开关确定圆盘的初始位置，同样的限位开关还用于与浇铸车间其他单元的联锁信号。

1.22 竖炉、保温炉系统

1.22.1 工序功能及工艺流程

竖炉的主要作用是熔化电解后的残极，另外，废阳极板、浇铸机的废铜模等也在竖炉里熔化，经保温炉流到浇铸机，浇铸成阳极铜。工艺流程图见图1-90。

为什么要用到竖炉、保温炉系统？为什么在大多数铜冶炼厂都没有这一设备和工艺？

用PS转炉吹炼粗铜时，由于硫的氧化反应放出大量热量，使炉内铜液温度过高，不利于吹炼，故要根据炉内铜液的温度情况加入大量的冷料，以降低铜液的温度。

在阳极铜电解成阴极铜的过程中，由于各种原因使得阳极铜不可能完全电解掉，还会有15%左右的残极，这些电解残极正好作为冷料加到转炉里去；而且转炉的加料口比较大，正适合吃块状物料。所以，大多数铜冶炼厂都没有竖炉、保温炉系统，而是靠转炉消耗掉所有的电解残极、废阳极板、浇铸机的废铜模和阳极炉的炉渣等。

我们知道，闪速炉使用的是粉料，用喷嘴喷进反应塔加料，用闪速炉熔炼铜精矿是如此，用闪速炉吹炼粗铜也是如此。故用闪速炉吹炼粗铜时，即使炉内铜液的温度过高，也没有办法加进电解残极这类冷料，只好想其他办法降温。例如，提高闪速熔炼炉铜锍的品位。由于铜锍的品位提高了，里面的硫含量低了，则硫放出的反应热量就会低；另外在配料时适当加大烟灰等返料，减少反应塔的烧嘴热量，等等。

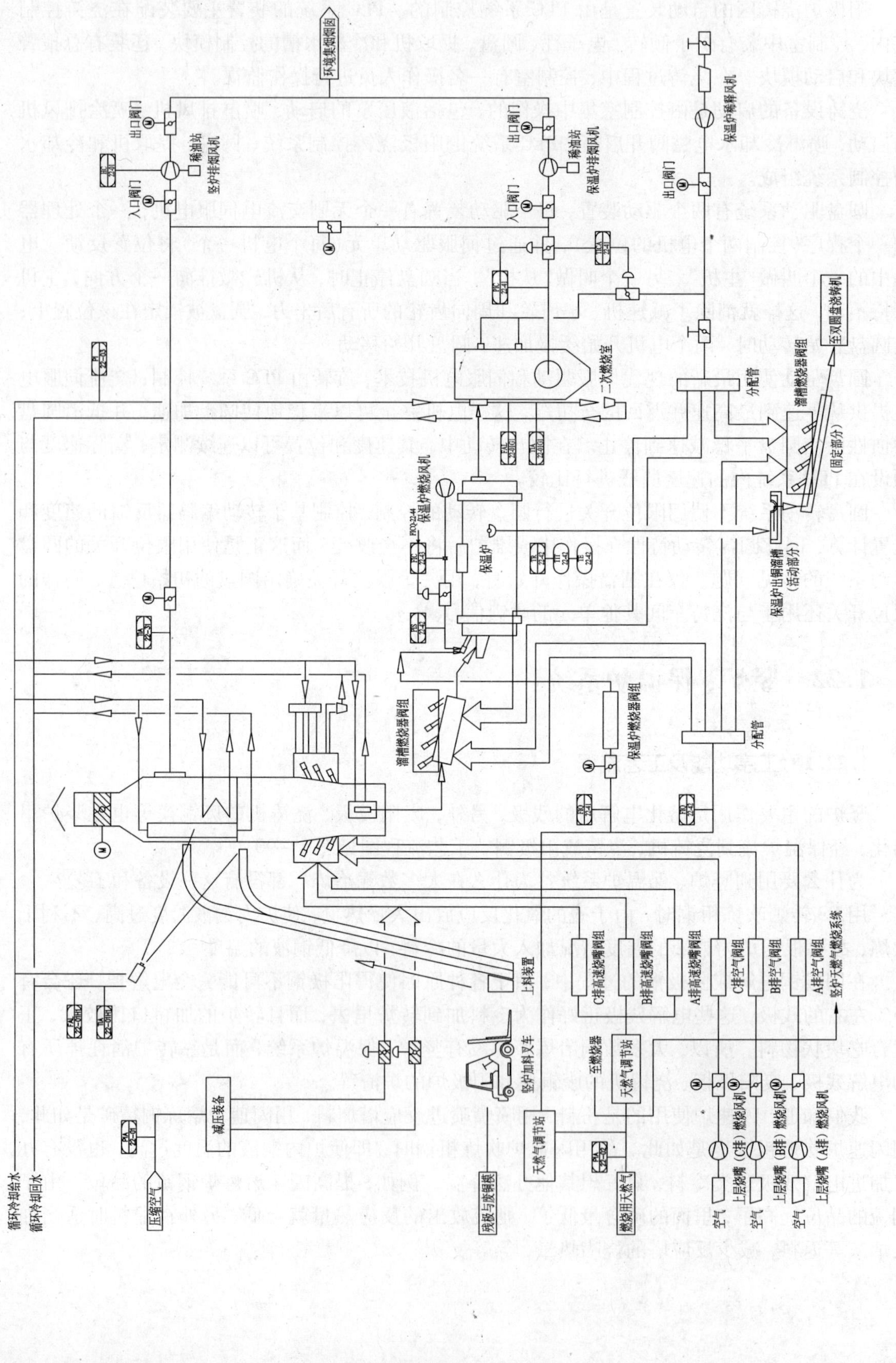

图1-90 竖炉、保温炉系统工艺流程图

由于用闪速炉吹炼粗铜工艺没有办法回收处理电解残极之类的中间物料，故只好另想其他办法，这就是为什么要用到竖炉、保温炉系统的真正原因。

1.22.2　工序设备

主要设备是竖炉、保温炉，配套的加热系统、排烟系统等。竖炉的加热系统由 1 个公用的天然气调压站和 23 套燃烧系统组成；保温炉的燃烧系统由 1 个天然气调压站和 1 套燃烧系统组成。

1. 竖炉的结构

竖炉是一个用厚钢板加工成的圆筒体，钢壳里面内衬耐火砖，立式安装，故称为竖炉。在炉子的中下部，有上、中、下 3 排烧嘴，平均分布在炉子的周围，上层和中层的烧嘴各有 8 个，下层的烧嘴只有 7 个，共 23 个烧嘴，从上到下分别是 C 排、B 排、A 排。

竖炉的上部是烟气系统，可以由排烟机将这些废气通过环保风机排到环境烟囱放空。在竖炉的地面有一个料斗，专门用来装载残极类冷料；启动卷扬机，把料斗拉到炉子的顶上，然后倾转料斗，待熔化的物料就倒进了炉子里。竖炉的下面是熔化后铜液的出口，高温铜液通过溜槽直接流到位于下方的保温炉内。竖炉只起高温熔化作用，没有精炼功能。

2. 保温炉的结构

由于竖炉只起高温熔化的作用，熔化后的铜液没有贮存的地方，所以配套设置了一个保温炉，专门用来贮存熔化后的铜液。

保温炉是一个用厚钢板加工成的圆筒体，钢壳里面内衬耐火砖，卧式安装。筒体支承在两个滚圈上，由电动机通过驱动系统带动保温炉筒体旋转。

保温炉的前端是炉子的进料端，通过溜槽和竖炉的铜液出口连接；在保温炉的尾部接有一个二次燃烧室，二次燃烧室的出口接上排烟系统，将这些废气通过环保风机排到环境烟囱放空；在炉子的进料端上部还有一个烧嘴，用燃烧天然气的热量来给熔化后的铜液保温。

保温炉只起保温作用，没有精炼功能，旋转只用于出铜而不用于排渣。

1.22.3　工艺说明

首先要启动保温炉的燃烧系统，将炉子加热到 1300℃左右，以利于对流的铜液的保温，这是必要的准备工作。

从工业管网来的天然气，经过减压站减成 350 kPa 的低压天然气，分别分配到 3 排烧嘴的总管，经各自的管路，进到各自的烧嘴；3 台燃烧风机，将助燃空气也分别分配到 3 排烧嘴的总管，经各自的管路，进到各自的烧嘴。同时点燃竖炉上的三排共 23 个天然气烧嘴，由于 23 个烧嘴的强烈加温，竖炉炉膛里的温度高达 1300℃。

将待熔化的物料放进炉子下面的料斗，启动卷扬机，把料斗拉到炉子的顶上，然后倾转料斗，待熔化的物料就倒进了炉子里（在第一次投料时先将冷的物料垫在炉子的下部，以免砸坏炉子的底部）。

由于竖炉炉膛里的温度高达 1300℃，加入的物料很快就被熔化成了铜液。由于竖炉没有贮存熔化后的铜液的地方，铜液立即从炉子下部的溜槽流出，流进保温炉。由于上面不停地加料，炉子不停地加热，铜液则不停地流进保温炉。在适当的时候，倾转保温炉，将高温铜液经溜槽流进浇铸机，浇铸成阳极铜。

由于保温炉在燃烧天然气对铜液进行保温时，可能有一部分天然气还没有完全燃烧，若将这些废气直接排放必然会污染环境，故在排放之前在二次燃烧室内将这些废气再燃烧一次，确保排出去的只有废气。

1.22.4 控制系统

1. FFRCSA2211A A层1号烧嘴燃烧空气流量控制系统

(1)检测仪表：由流量孔板和差压变送器组成，作用是将1号烧嘴的燃烧空气流量转换成4~20 mA DC电流信号。

(2)指示调节器：指示、控制1号烧嘴的燃烧空气流量，量程是0~1200 m^3/h(标况)。

(3)执行机构：电动通断控制蝶阀，DN100，作用是控制1号风机出口风量。

2. HICR2211B A层1号烧嘴天然气流量控制系统

(1)检测仪表：由流量孔板和差压变送器组成，作用是将1号烧嘴的天然气流量转换成4~20 mA DC电流信号。

(2)指示调节器：指示、控制1号烧嘴的天然气流量，量程是0~100 m^3/h(标况)。

(3)执行机构：电动通断控制球阀，DN50，作用是控制1号烧嘴的天然气流量。

注：这两个流量调节系统组成一个比值调节系统，比例系数是11，即1份天然气要配11份空气，才能完全燃烧。

将天然气的测量值(PV值)乘以11后，作为空气流量调节器的远方设定值：

FT2211B. PV×11 = RSP(FFRCSA2211A)

A层有7套燃烧系统，共有7个完全相同的控制系统，B、C层各有8套燃烧系统，共有23个完全相同的控制系统，其控制原理都一样，这里不再进行说明。

3. FIC2243 保温炉燃烧空气流量控制系统

该系统由下列部分组成。

(1)检测仪表：热式气体质量流量计，DN350，作用是将保温炉燃烧空气流量转换成4~20 mA DC电流信号。

(2)指示调节器：指示、控制保温炉燃烧空气流量，量程是0~6000 m^3/h(标况)。调节器的控制输出方式为正作用(DA)。

(3)执行机构：气动活塞式低负载型蝶阀，DN350，气关式(PC)。作用是控制保温炉燃烧风的风量。

4. FICQ2244 保温炉烧嘴天然气流量控制系统

该系统由下列部分组成。

(1)检测仪表：涡轮流量计，作用是将保温炉烧嘴天然气流量转换成4~20 mA DC电流信号。

(2)指示调节器：指示、控制保温炉烧嘴天然气流量，量程是0~1600 m^3/h(标况)。调节器的控制输出方式为正作用(DA)。

(3)执行机构：气动活塞式低负载型蝶阀，DN80，气开式(PO)。作用是控制天然气流量。

注：这2个调节系统组成一个标准的比值控制系统，天然气和燃烧空气的比为1∶11，即

保温炉烧嘴天然气流量的测量值(FT2244)乘以 1 个系数后作为保温炉燃烧空气流量控制系统(FIC2243)远方设定值(RSP)，使得保温炉燃烧空气流量控制系统(FIC2243)始终跟踪保温炉烧嘴天然气流量的测量值(FT2224)。

5. PIC2241 保温炉炉内压力控制系统

该系统由下列部分组成。

(1)检测仪表：差压变送器，作用是将保温炉炉内压力转换成 4 ~ 20 mA DC 电流信号。

(2)指示调节器：指示、控制保温炉炉内压力，量程是 0 ~ 300 Pa，调节器的控制输出方式为反作用(RA)。

(3)执行机构：气动活塞式低负载型蝶阀，DN1000，气关式(PC)。作用是控制保温炉排风机的风量，保证炉内压力。

6. TICA2241 保温炉二次燃烧室出口温度控制系统

该系统由下列部分组成。

(1)检测仪表：镍铬 - 镍硅热电偶，将保温炉二次燃烧室出口温度转换成 mV 信号。

(2)指示调节器：指示、控制保温炉二次燃烧室出口温度，量程是 0 ~ 350℃，正常控制值是 300℃。调节器的控制输出方式为反作用(RA)。

(3)执行机构：气动活塞式低负载型蝶阀，DN700，气关式(PC)。作用是控制保温炉二次燃烧室进气风量，保证其出口温度。

第2章　硫酸车间

在铜冶炼过程中会产生大量的SO_2烟气，是不能随意排放的，否则会严重污染环境。为了处理这些冶炼烟气，将其变害为宝，一般冶炼厂设有一个硫酸车间，用于处理回收冶炼烟气，制取硫酸。

制酸系统一般都由“净化”、“干吸”、“转化”三个主要工序组成；但为了处理“净化”工序产生的废酸，就增加了一个“废酸处理”工序；在“废酸处理”过程中又会产生很多废水，故又增加了一个“废水处理”工序；为了处理这些“废水”，又增加了“石灰乳制备”和“电石渣浆化”两个工序。

制酸系统共有8个生产工序，本书按制酸生产工艺顺序，对这几个工序作简单介绍。制酸系统用一套DCS系统对全车间的生产过程进行监视和控制，分为制酸和酸库两个控制室，系统配置参见图2-1。

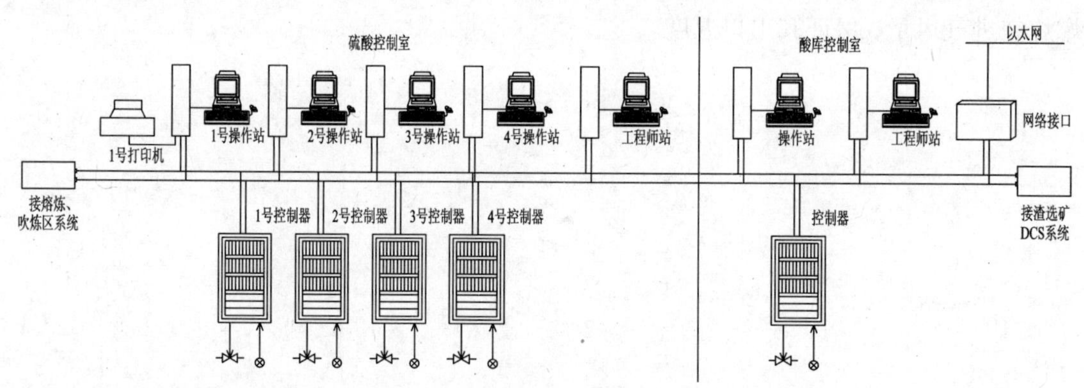

图2-1　制酸DCS系统配置图

2.1　净化系统

2.1.1　工序功能及工艺流程

净化工序的作用主要是降温、除尘，就是除去冶炼烟气中的灰尘，以利于以后转化、制酸，属制酸的前期准备工作。工艺流程图见图2-2。

2.1.2　工序设备

净化系统(见图2-3)主要由以下设备组成：一级动力波(见图2-4)、二级动力波及其配套的洗涤器、4台循环泵；气体冷却塔及其配套的3个稀酸冷却器、2台循环泵；电除雾器；事故水高位槽、圆锥沉降槽、上清液贮槽、SO_2脱吸塔及其输送泵等。

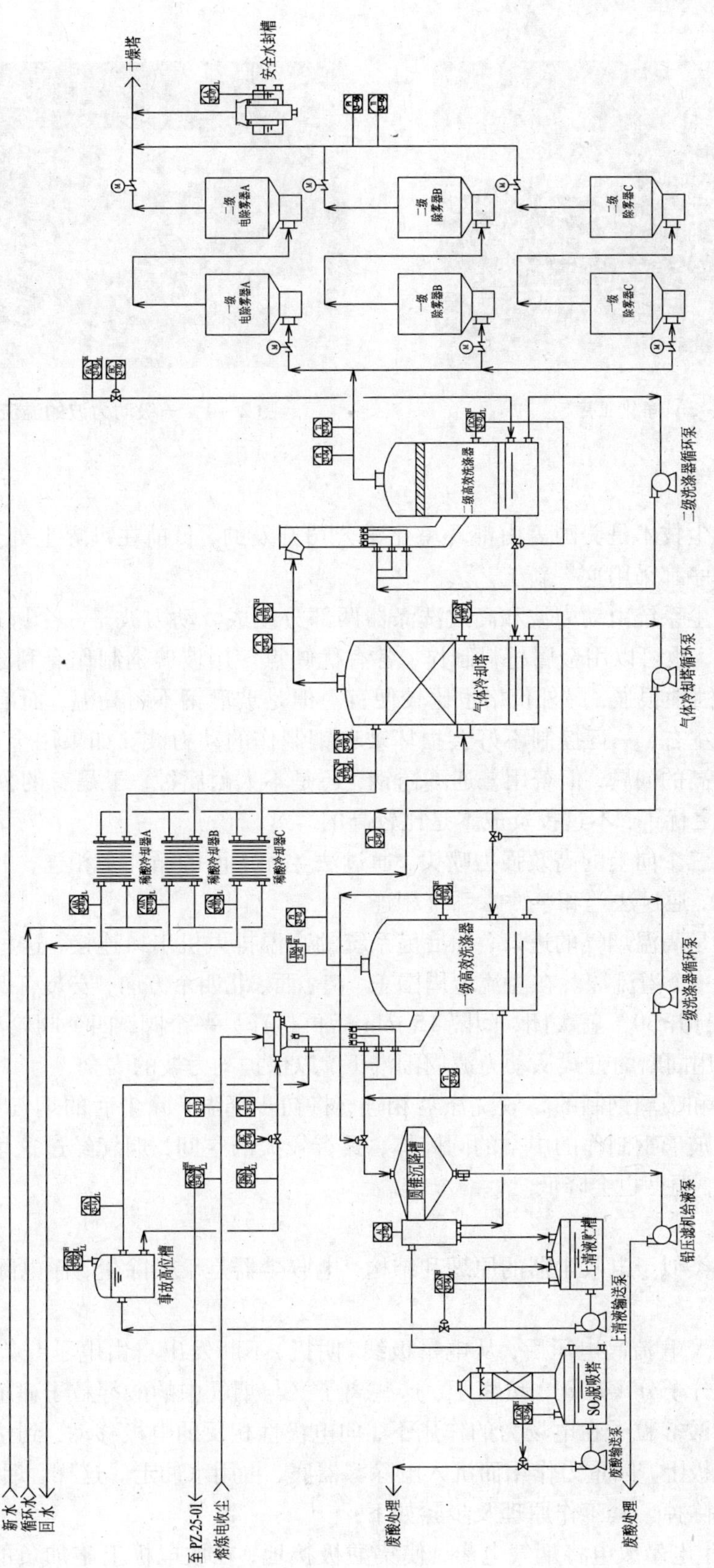

图2-2 净化系统工艺流程图

图 2-3　净化工序

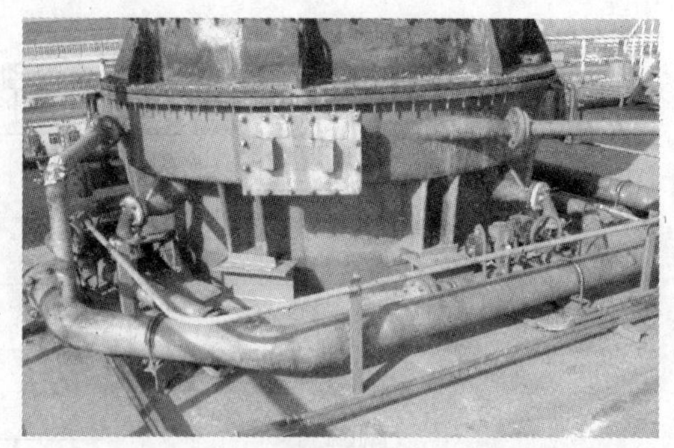

图 2-4　一级动力波的溢流系统

1. 动力波

动力波高效除尘技术是美国孟山都环境化学公司开发的，目前在世界上处于领先水平，一般硫酸厂净化工序都采用这一新工艺。

动力波高效除尘系统由动力波和高效洗涤器两部分组成。动力波是一个圆筒形的结构，可以用玻璃钢制作，也可以用金属材料制作，各有优缺点。用玻璃钢制作有利于防腐，因为这里有稀硫酸，腐蚀性很强，另外价格也比较便宜。但是玻璃钢不耐高温，而冶炼系统来的烟气温度有 250℃左右，一旦控制不好会损坏玻璃钢制作的动力波。如果用金属材料制作，可以克服烟气温度高的问题，但若用普通不锈钢，还是不太耐腐蚀，于是有的公司用哈氏合金制作，则无后顾之忧了，不过投资成本是比较高的。

动力波下部有三个向上的高效强力喷头，通过法兰和下面的循环泵相连；上部有一个向上的高效强力喷头，通过法兰和事故水系统相连。

动力波的上部是高温烟气的进口，和冶炼系统的高温排风机出口连接，这里是非常重要的地方，故增加了一个溢流堰。在溢流堰周围东、南、西、北四个方向，安装有四个自动控制的水阀，每个阀只打开 30 s 就关闭，间隔 15 min 后再打开另一个阀，四个阀轮流开、闭，无限循环，将事故水用间断的方式从动力波周围淋下，以保护动力波的安全。

动力波的下部和玻璃钢制的高效洗涤器相连，将初步降温、除尘后的烟气导向洗涤器。高效洗涤器是一个玻璃钢制作的中空的圆筒体，具有较大的空间，烟气经过这里后，由于体积膨胀，压力减小，温度也会降低。

2. 电除雾器

电除雾器有些类似于电收尘器的原理和结构，电收尘器是干式除尘，而电除雾器是湿式除尘。

系统通了 8 万 V 直流高电压后，从电晕极线(阴极)不断发出自由电子与周围的气体分子相碰撞，使气体分子分离成正、负离子，这些离子又与烟气中的酸雾粒子碰撞，使酸雾粒子带电。带电后的酸雾粒子在电场力的作用下，向电极性相反的电极移动，到达电极后释放出电荷而沉积在电极上，因重力作用而沉入电除雾器底，再用水冲走。这样，烟气中的泡沫、酸雾等都会被静电除掉。其工作原理及步骤如下：

(1)集尘室发生电晕放电将烟气电离，使集酸极接地，在放电极上施加负的高压电，则放电极发生剧烈的电晕放电，集酸极室空间会充满负离子和电子。

(2)将烟气通入这个集酸极室的空间，则烟气中的酸雾就会带上负电。

(3)集酸、捕集。带电的酸雾粒子伴随着静电凝集，在电场的驱动下往集酸极移动，并附着在集酸极上，进行电性中和。

(4)清洗。附在集酸极上的酸雾或烟尘在集酸极上失去负电荷，靠自重和水冲洗经下部漏斗流入密封罐或一级动力波洗涤器。

2.1.3　工艺说明

本工序采用美国孟山都环境化学公司开发的动力波高效除尘技术净化高温冶炼烟气。

动力波洗涤器的作用原理是：气体自上而下高速进入洗涤管，洗涤液通过特殊结构的喷嘴自下而上逆向喷入气流中，气液两相高速逆向对撞，当气 - 液两相的动量达到平衡时，形成一个高度湍动的泡沫区。气 - 液两相呈高速湍流接触，接触表面积大，而且这些接触表面不断地得到迅速更新，达到高效的洗涤效果。

逆喷型洗涤器是一种环形孔板洗涤器，洗涤液通过一个非节流的圆孔，逆着气流喷进一根竖筒中。工艺气体与洗涤液相撞击，生成的混合物沿径向甩向筒壁，从而在气 - 液界面区域形成强烈湍动区。流体动量达到平衡，气液紧密接触而产生稳定的驻波，驻波“浮”在气流之上，随气、液相对动量的大小而升降。在泡沫区，由于气体与极大的且经常更新的液体表面接触，便发生颗粒捕集、气体吸收和气体急冷等情况。

逆喷型洗涤器的性能非常可靠，有着无故障操作的良好记录，对含有 20% 固体悬浮物的气体也能正常洗涤。

由熔炼电收尘经高温排风机送来的高温冶炼烟气进入一级动力波的上部，往下流动(由于 SO_2风机在运转)；由安装在动力波内的高压强力喷头，将循环泵出口的水变成高压水流向上喷出，与高温烟气逆向接触，在此过程中，烟气中的杂质被去掉，并被降温。

经一级动力波洗涤器降温、除尘后的烟气从洗涤器塔顶出来，从下部进入气体冷却塔。气体冷却塔循环泵将循环液抽出，经稀酸冷却器降温后从塔上部喷淋下来，与高温烟气逆向接触，在此过程中，烟气中的杂质进一步被去掉，温度进一步被降低。经气体冷却塔降温、除尘后的烟气从塔顶出来，进入二级动力波的上部，和一级动力波一样，继续对烟气进行降温、除尘。

经二级动力波洗涤器降温、除尘后的烟气从洗涤器顶上出来，进入电除雾器的下部，以除去烟气中的泡沫、酸雾。

电除雾器数量的多少与被处理烟气量的大小有关，烟气量越大则电除雾器的数量越多。一组电除雾器都是由二级电除雾器组成，被处理的烟气先进入一级电除雾器的下部进口，除雾后的烟气从顶部出来，进入二级电除雾器的下部进口，最后，干净的烟气从顶部出来，和其他组电除雾器出来的烟气混合，一起进入干吸工段。

净化工序有个很重要的设备：事故水高位槽。它是为了防止突然停电或循环水泵故障等特殊情况下断水而准备的应急水箱，是专为保护一级动力波而设置的。

冶炼烟气会带来很多杂质，在净化工序中，这些杂质经过多次循环后都会沉积在圆锥沉降槽的下部，我们就用泵将它们送到压滤机进行压滤，以除去其中的杂质。循环液中缺少的部分，则从二级动力波处用净化水补充。

SO_2脱吸塔的作用是除去废酸中的SO_2气体。

2.1.4 控制系统

1. FIC2301 溢流堰入口稀酸流量控制系统

该系统由下列部分组成。

(1)检测仪表：电磁流量计，量程是0~80 m^3/h，作用是将溢流堰入口稀酸流量转换成4~20 mA DC电流信号。

(2)指示调节器：指示、控制溢流堰入口稀酸流量，量程是0~80 m^3/h，正常值是50 m^3/h。调节器的动作方向为正作用(DA)。

(3)执行机构：气动衬氟塑蝶阀，DN150，气关式(PC)。作用是控制进溢流堰的稀酸流量。

2. LICA2301 一级动力波洗涤器液位控制系统

该系统由下列部分组成。

(1)检测仪表：检测仪表由下面三个部分组成。

①吹气管：共两根，一般用内径为2.54 cm(1寸)的聚氯乙烯管，为了提高机械强度，在外面再套一根5.04 cm(2寸)的保护钢管；作用是往洗涤器内吹压缩空气。长的吹气管插入下面溶液内，短的吹气管插入上面烟气内。

②吹气装置：共两个，作用是将减压为140 kPa的压缩空气，经过稳压、稳流后(流量调到1000 mL/min)吹到吹气管内。

注：吹气管吹扫装置由4个二位二通电磁阀组成，作用是在对吹气管进行自动吹扫时用的，平时并不起作用；组装在吹气装置上，自动吹扫程序见控制逻辑图。

③差压变送器：量程是0~36.75 kPa，作用是将吹气管内的正、负压力差转换成4~20 mA DC电流信号。

(2)指示调节器：作用是指示、控制一级动力波洗涤器液位值，量程是0~3.5 m，控制值是2.2 m。调节器的动作方向为正作用(DA)。

③执行机构：气动衬氟塑蝶阀，DN150，气开式(PO)。作用是控制循环泵向圆锥沉降槽的排出量，保证一级动力波洗涤器液位在一定的范围内。

3. LICA2302 气体冷却塔液位控制系统与LICA2303 二级动力波洗涤器液位控制系统

这两个控制系统和“LICA2301 一级动力波洗涤器液位控制系统”的检测仪表和控制方法完全一样，只是仪表量程不同，这里不再重复说明。

4. LICA2304 上清液槽液位控制系统

该系统由下列部分组成。

(1)检测仪表：雷达液位计，量程是0~3 m，作用是将上清液槽液位转换成4~20 mA DC电流信号。

(2)指示调节器：指示、控制上清液槽液位，量程是0~3 m，控制值是2.2 m。调节器的动作方向为正作用(DA)。

(3)执行机构：气动衬氟塑蝶阀，DN100，气开式(PO)。作用是控制上清液槽的排出量，以保证其液位在一定的范围内。

5. LICA2306 SO_2脱吸塔液位控制系统

该系统由下列部分组成。

(1)检测仪表：雷达液位计，量程是0～2.2 m，将SO_2脱吸塔液位转换成4～20 mA DC电流信号。

(2)指示调节器：作用是指示、控制SO_2脱吸塔液位值，量程是0～2.2 m，控制值是1.5 m。调节器的动作方向为正作用(DA)。

(3)执行机构：气动衬氟塑蝶阀，DN65，气开式(PO)。作用是控制向废酸处理工序的排出量，保证SO_2脱吸塔液位在一定的范围内。

6. PICA2301 一级动力波进口烟气压力控制系统

该系统由下列部分组成。

(1)检测仪表：差压变送器，量程是-0.8～0.8 kPa，作用是将一级动力波入口烟气压力转换成4～20 mA DC电流信号。

(2)指示调节器：作用是指示、控制一级动力波入口烟气压力值，量程是-0.8～0.8 kPa，控制值是±0 kPa。调节器的动作方向为正作用(DA)。

(3)执行机构：SO_2风机进口导叶，作用是控制烟气量的大小，即可保证一级动力波入口烟气压力在一定的范围内。安装在SO_2风机进口，由风机厂家带来，控制信号是4～20 mA DC电流信号，动作方式为正作用(PO)。

一级动力波进口烟气压力控制系统是采用转炉吹炼粗铜生产时非常重要的一个控制系统，由日本住友金属矿山开发，从70年代末应用至今。由于当时还没有变频器对风机进行调速，故是用液体联轴节对风机进行调速。

炼铜的闪速炉是连续生产的，但转炉的吹炼是间隙的，因此对后边的制酸系统是一个很大的干扰，送往硫酸系统的烟气流量和压力波动幅度都很大。如果没有相应的控制系统，周期操作的转炉工况反过来将会严重干扰闪速炉的正常生产。转炉送风吹炼时风量大，系统产生正压，大量漏烟；停风倾转时风量小，系统产生负压，吸进大量自由空气；这样使闪速炉炉膛压力无法控制。对硫酸制造系统来说，由于压力变化过大，动力波、洗涤器、电除雾器等设备可能发生损坏，也不可能稳定生产。因此有必要将进入硫酸系统即动力波进口压力控制在一定范围内，这对整个铜冶炼过程稳定、安全、经济地操作是必不可少的。

控制系统说明：由于转炉的鼓风与停风对动力波进口压力是一个很大的干扰，因此用一般的反馈控制系统是难以胜任的。本控制装置采用前馈加反馈的复合控制方式：根据转炉的鼓风与停风的信号，前馈控制SO_2风机的转速；根据动力波进口的压力信号反馈控制风机进口阀门的开度，而这两个独立的调节系统又通过一个加法器，有机地联系在一起，组成复合控制系统。整个控制系统由三个控制回路组成：①动力波进口压力指示、调节、报警系统；②电除雾器出口压力指示、报警系统；③SO_2风机转速指示、调节系统。控制系统参见图2-5。

A. 通往调节阀的信号——反馈调节系统。反馈调节系统由差压变送器A_1、A_2，压力调节器L_1、加减器C_1，下限限幅器E、比率设定器F_1及执行机构G等组成。

动力波进口压力调节器L_1的输出信号作为加减器C_1的输入信号I_1，电除雾器出口的压力变送器A_2的输出信号，一路直接成为加减器C_1的输入信号I_2，另一路经下限限幅器限幅以后，作为加减器C_1的输入信号I_3。

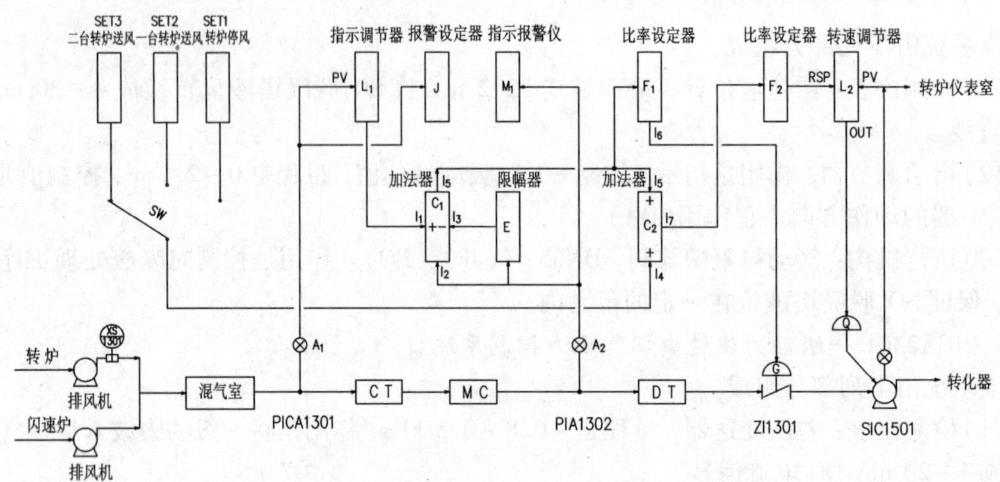

图 2-5 一级动力波进口压力控制系统

（这两个压力信号、加减器 C_1 和限幅器 E 组成电除雾器保护系统，平时不起作用，只有在系统压力过于低下时动作，以保护电除雾器，使其不受损坏。）

加减器 C_1 的运算关系式是：

$$I_5 = K_1 I_1 + K_2 I_2 - K_3 I_3$$

K_1、K_2、K_3 都是系数，这里取 $K_2 = K_3$。

加减器 C_1 的输出 I_5 是比率设定值 F_1 的输入值。经比率运算后成为控制调节阀开度的信号。

比率设定器 F_1 的运算关系是：

$$I_6 = KI_5 + I_6$$

I_6 是输出偏置电压，设定为正值，即使调节器调节使 $I_5 = 0$，I_6 也大于零，阀门不会全关，故能保证安全运行。

反馈调节系统执行机构见图 2-6。图中，压力开关和两个气动继动器组成阀位保持器。

为了安全起见，在电/气变换器和空气定位器之间还串接了一个气动限幅器，将其限幅值调整在一个安全的数值上。当意外原因使电/气变换器输出为零时，由于限幅器将其输出值定在某一不为零的安全数值上，故调节阀也不会全关，确保安全运行。

从图 2-6 还可看出，加减器 C_1 的输出 I_5 还经加法器 C_2 及比率设定器 F_2 成为风机转速调节器 L_2 的远方设定值之一，从而控制风机转速。

加法器 C_2 的运算关系是：

$$I_7 = K_4 I_4 + K_5 I_5 + A$$

其中：$K_4 = 1.07$；$K_5 = 0.13$；$A = 19.3\%$；K_4、K_5 为系数，A 为偏值，都是经验数据。设计时取 $K_4 \gg K_5$，因此这一控制信号是很微弱的。

由以上分析可知：当动力波进口压力变化时，经过调节器调节，同时控制风机入口阀门的开度和风机转速，使这一变化趋近于零。不过，反馈调节系统以调节入口阀门开度为主，改变风机转速为辅。

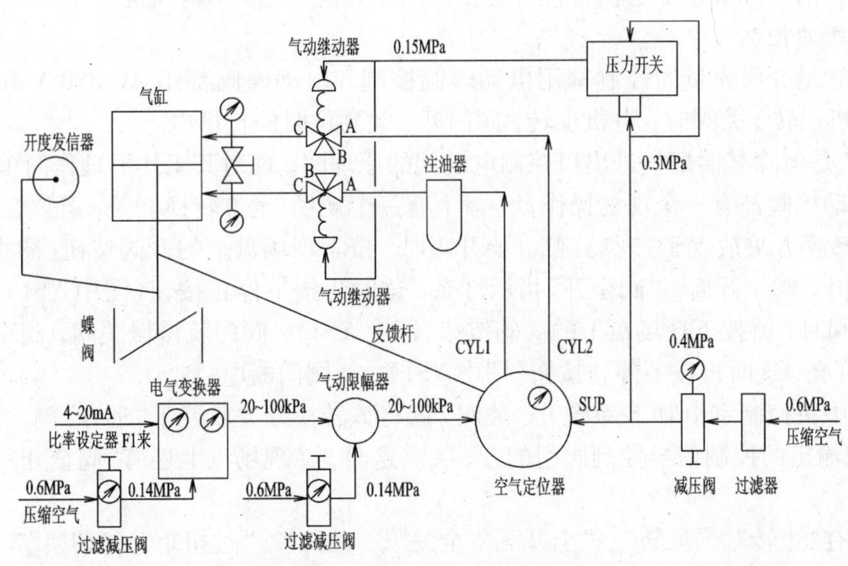

图 2－6 反馈调节系统执行机构

B. 通往 SO_2 鼓风机的信号——前馈调节系统。前馈调节系统由内部仪表 SET1、SET2、SET3、切换开关 SW，加法器 C_2，比率设定器 F_2，转速调节器 L_2 及液体联轴节（Q）等组成。

前馈控制的基本原则是根据干扰进行控制，转炉的送风与停风是系统的主要干扰：送风时风量大，压力大，停风时，无风量，压力小。在转炉的动作状态刚一变化，而系统压力还没有变化，反馈系统尚未相应动作之前，就把执行机构预先移到与外部干扰相适应的位置上，使 SO_2 风机随着转炉的停风与送风，立即减速与加速。这就是前馈控制系统，反应灵敏，跟踪、消除干扰速度快。

将转炉停风、一台转炉送风、两台转炉同时送风时的 SO_2 风机转速最佳值分别设定在内部仪表 SET1、SET2、SET3 上。在转炉排风机出口闸板上，上、下各有一个限位开关。当一台转炉即将开始吹炼时，排风机先行启动排烟。当出口滑动闸板一提起时，下面的限位开关动作，切换开关 SW 将 SET2 的输出信号切换到加法器 C_2 的输入端；当另外一台转炉也要吹炼时，切换开关 SW 就将 SET3 的输出信号切换到加法器 C_2 的输入端；当转炉停止吹炼后，排风机停止排烟，当滑动闸板一放下时，上面的限位开关动作，切换开关 SW 将 SET1 的输出信号切换到加法器 C_2 的输入端。

由于 SET1、SET2、SET3 轮流切换，使加法器 C_2 的输入端有很大阶跃的信号，其输出经比率设定器 F_2 作为转速调节器 L_2 的远方设定值，从而改变风机的转速。

从加法器 C_2 的运算关系可以看出：控制风机转速的信号主要来自于转炉的前馈信号，但还有一小部分来自于反馈系统，故这里加法器 C_2 起着将反馈系统与前馈系统连接在一起组成复合控制系统的纽带作用。

由于前馈调节系统是开环的，不能跟踪压力而变化，故前馈调节只能是对动力波进口压力进行粗调；而反馈调节是闭环的，随时跟踪动力波进口压力变化，以改变入口阀门的开度和风机的转速。因此反馈调节是对此压力的微调，即是对风机转速调节造成动力波进口压力波动的修正。前馈调节系统的执行机构现在都用变频器控制的 SO_2 风机。

7. 电动阀的控制

一般大管道介质流量的控制都用电动蝶阀控制。电动蝶阀都用 AC 380 V 作工作电源，开阀时，电机正转，关阀时，电机反转，阀门开、关到位时停止供电。

图 2－7 是电除雾器烟气进出口控制电动阀的原理图，现对其工作原理作简单介绍。

一般电动蝶阀都有一个现场操作盘，盘上有一个现场/远方转换开关，若要在现场开、关阀，就将该转换开关放置于"现场"侧。要开阀时，按下现场盘上的开阀按钮（图中 YS2），阀门就慢慢打开，阀全开后，"阀全开"指示灯亮，这时再按下停止按钮（图中 YS1），使阀门断电；若要关阀时，就按下现场盘上的关阀按钮（图中 YS3），阀门就慢慢关闭，阀全关后，"阀全关"指示灯亮，这时再按下停止按钮（图中 YS1），使阀门断电。

若要在中央控制室由 DCS 系统开、关阀，就将该转换开关放置于"远方"侧。则该阀就根据 DCS 系统输出的控制信号控制阀门的开、关。这时，在现场盘上还有"阀全开"、"阀全关"的状态显示。

该系统有"正转"、"反转"、"全开"、"全关"、"故障"、"过扭矩"、"切换"7 个状态信号送 DCS 系统显示、报警，使生产工人在仪表室就能对该阀门的工作状态一目了然。

2.2 干燥吸收系统

2.2.1 工序功能及工艺流程

干吸工序分干燥、吸收和成品三个部分。干燥的作用主要是干燥 SO_2 烟气；吸收的作用主要是吸收 SO_3 烟气制硫酸；成品部分的作用就是产酸。干吸工序属制酸的关键阶段。工艺流程图见图 2－8。

2.2.2 工序设备

本工序的设备主要是三塔四槽，三塔是干燥塔、第一吸收塔、第二吸收塔；四槽是三塔的循环槽和成品酸中间槽。还有这四个槽上的硫酸循环泵、硫酸冷却器，另外，还有地下酸槽及排污泵等。

硫酸干吸工段的主要设备是三塔、四槽和各自的循环泵、酸冷器，它们的结构都是一样的，本文以干燥塔系统为例，简述其结构。

1. 干燥塔的结构

干燥塔是一个用耐酸钢加工制成的圆筒体，竖着安装在比较高的塔台上。塔的下部是烟气进口，和净化工序的电除雾器出口相连，潮湿的 SO_2 烟气从此处进入干燥塔。塔内周围砌筑有防腐瓷砖，大部分内部空间装满了瓷环，用于加大硫酸和 SO_2 烟气的接触面积。塔内瓷环上部是硫酸分酸槽，硫酸循环泵抽送来的浓硫酸从这个分酸槽喷向塔内。塔的顶部是烟气的出口，在出口前加装了除雾器，以除去烟气中所带的泡沫和酸雾。

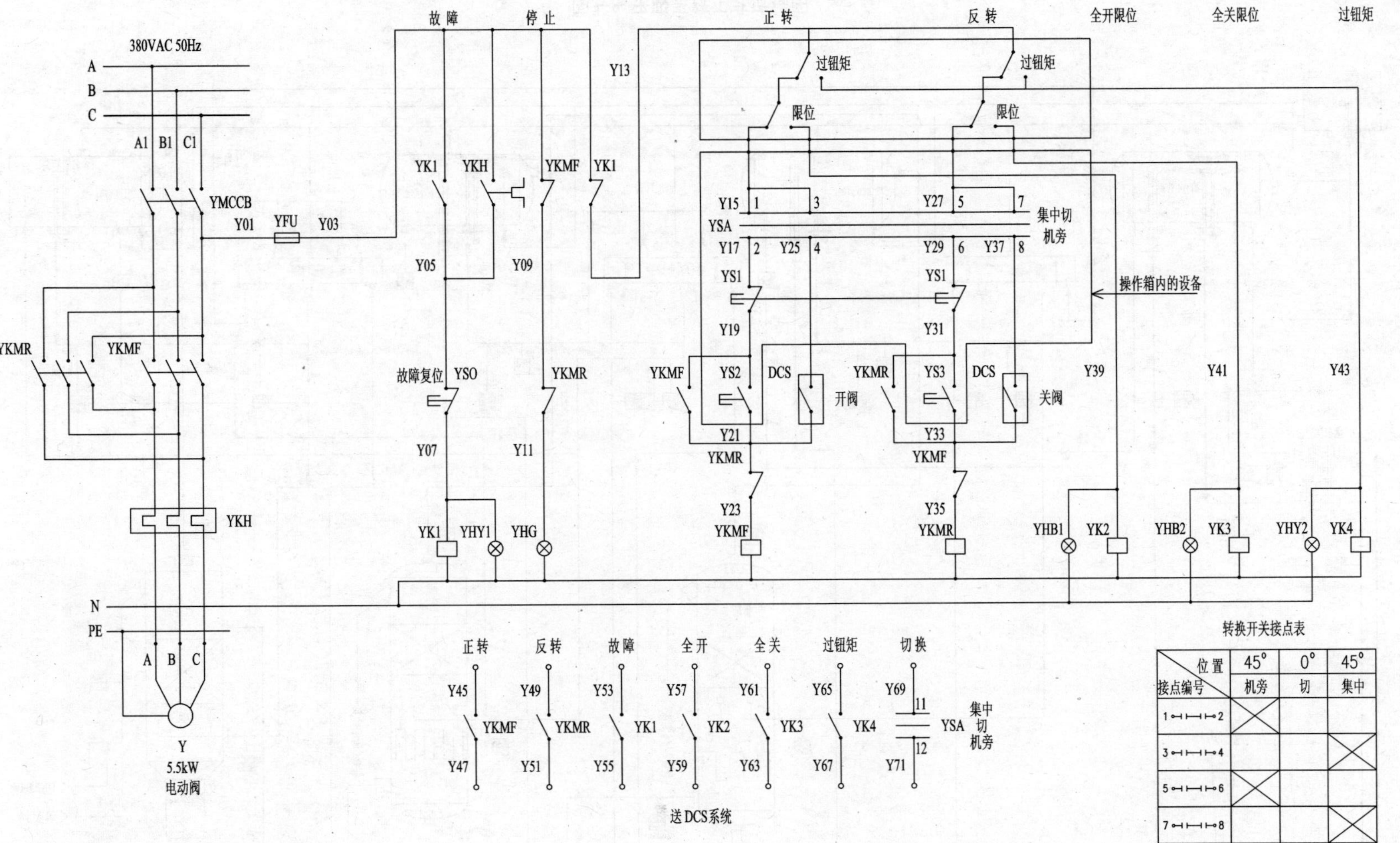

接点编号 \ 位置	45° 机旁	0° 切	45° 集中
1—2	×		
3—4			×
5—6	×		
7—8			×

图2-7　电动阀控制原理图

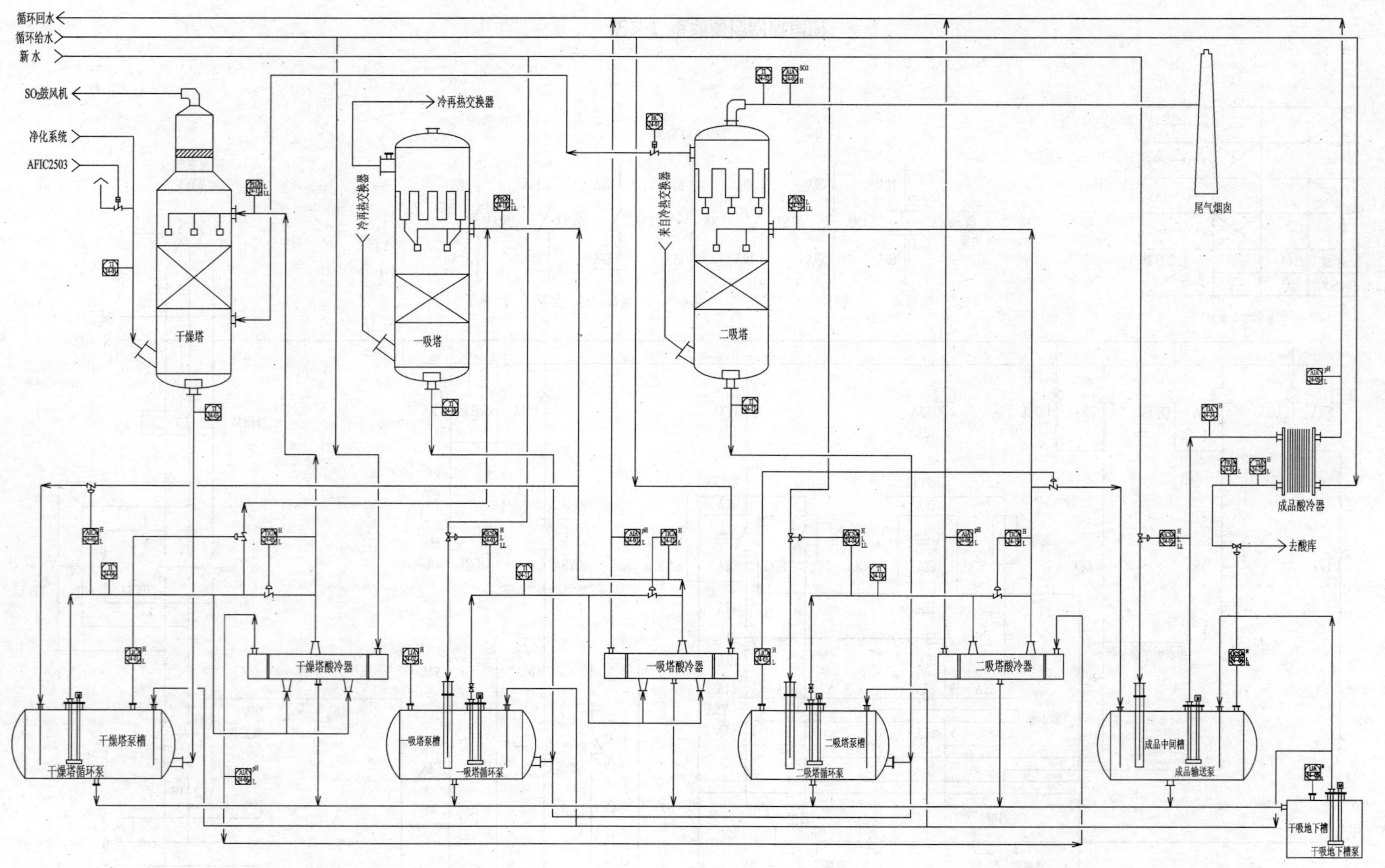

图2-8 干吸系统工艺流程图

2. 硫酸冷却器的结构

以前对硫酸进行降温冷却是用外淋式冷却器，就是在一个比较大的室外空间安装一排排的铸铁硫酸排管，排管里面流过高温的硫酸。在排管的顶上，安装一个带齿状的水槽，冷却水不停地从水槽的齿状缺口流下，将排管内的高温硫酸进行降温。

这种冷却排管现在已经淘汰了，现在用的都是带阳极保护的管壳式硫酸冷却器(简称 AP 冷却器)，其工作原理和结构说明如下(见图 2 -9)。干吸工段的三塔四槽见图 2 -10，带阳极保护的管壳式酸冷器见图 2 -11。

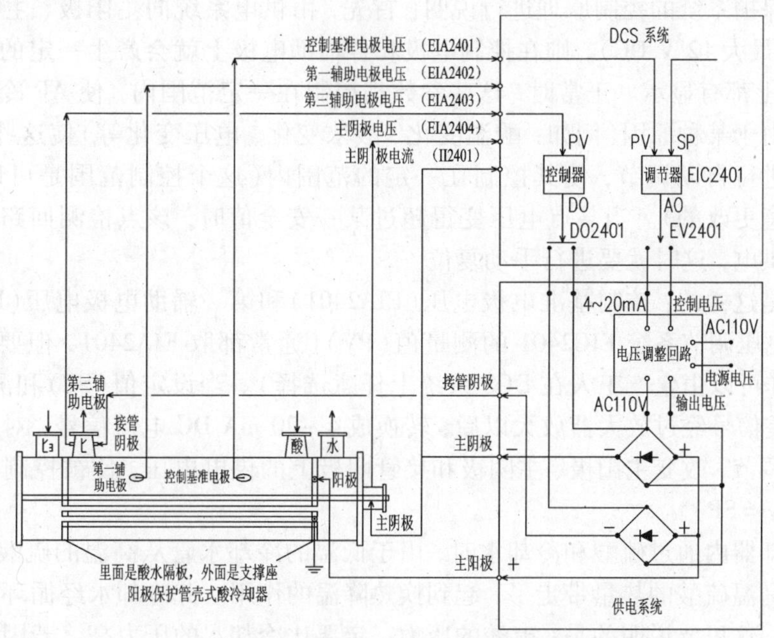

图 2 -9　阳极保护管壳式酸冷却器电极控制原理

AP 冷却器是一个用不锈钢加工制成的长圆筒体，卧式安装在地面的支架上。圆筒体的两端是冷却水部分，分别接到冷却水的进口管和出口管，两端之间用无数根很细的不锈钢管连接起来。圆筒体的中间部分流过硫酸，接有硫酸的进口管和出口管。

图 2 -10　干吸工段的三塔四槽

图 2 -11　带阳极保护的管壳式酸冷器

虽然AP冷却器是用不锈钢加工制作的，防腐性能比较好，但时间长了还是会腐蚀的，为了保护硫酸冷却器不被腐蚀，在上面增加了保护系统。所谓“阳极保护”就是在硫酸冷却器上加以一定的直流电压，在使用过程中，在不锈钢壁上形成一个保护膜，也叫“钝化”，使得冷却器不再继续腐蚀。

现在介绍AP冷却器的保护原理：在AP冷却器上的某些地方，安装一些电极，电极上会产生一些直流电压，此电压的大小就代表AP冷却器的工作状况。此电压在DCS系统上显示，生产工人控制好这些电压，就能保证AP冷却器正常运行。

现在对该保护系统的控制原理进行说明：首先，由供电系统向主阳极、主阴极供给一定的正、负电压(最大12 V DC)，则在控制电极和各辅助电极上就会产生一定的电压，这些参数在DCS系统上都有显示。正常时，这些参数都控制在一定范围内，使AP冷却器安全、正常地运行。当由于某种原因(例如：酸温变化、酸浓变化、电压变化等)使这些电压改变时，该控制系统就进行自动调节，使其控制在一定的范围内(这个控制范围是可以由操作工在DCS系统上任意更改的)。当某点电压变得超过某一安全值时，该点检测回路就会报警，使控制回路停止供电，这时就要进行手动复位。

控制过程是这样的：控制基准电极电压(EIA2401)和第一辅助电极电压(EIA2402)中任取一点，作为电压调节系统EIC2401的测量值(PV)(通常都取EIA2401，但要改为EIA2402也行，这个操作可以由生产工人在DCS系统上任意选择)。当设定值(SP)和测量值(PV)不一致时，此偏差信号经过放大器放大以后，转换成4~20 mA DC电流信号，对供电系统内的控制回路进行调节，改变主阳极、主阴极和接管阴极上的供电电压，使被控制基准电极电压等于设定值(PV=SP)。

当硫酸冷却器内通过硫酸和冷却水时，由于低温的冷却水管从高温的硫酸里面流过，管内的冷水就将高温硫酸的热量带走了，起到换热降温的作用。此冷却水经循环水系统降温后可以重复使用。这里要说明的是：硫酸的压力一定要比冷却水的压力高。若因某种原因使中间的不锈钢细管有损坏而导致泄漏，则让硫酸漏到水里去，而不允许水漏到硫酸里去。因为水里进了酸可以将这些被污染的水送去水处理系统进行处理；若水漏到硫酸里去了，则这批硫酸的浓度就会降低，可能会严重影响生产。

2.2.3 工艺说明

本工序采用两转两吸制酸工艺。

1. 干燥系统

经动力波系统除尘、降温、电除雾器净化，但仍含有水分的冶炼烟气进入干燥塔的下部，往上运动(因有SO_2风机抽)；干燥塔循环槽上的浓硫酸泵将95%的浓硫酸抽到干燥塔上的分酸槽，向下喷淋，与潮湿的烟气逆向接触，在此过程中，烟气中的水分被浓硫酸吸收，成为干燥的SO_2气体。

浓硫酸吸水是放热反应，在干燥的过程中，酸温会升高，因此要将硫酸降温。从干燥塔浓硫酸泵抽出的浓硫酸先经过AP冷却器，与管内流过的冷却水交换热量，使酸温降低。

由于浓硫酸吸收水分后，浓度会不断下降，因此，要从吸收塔引入大量的98%硫酸，将干燥塔的循环酸浓度提高，控制在95%左右，以保证干燥塔的最好干燥效率。

另外，如果干燥塔的喷淋酸量不够，不足以干燥SO_2气体，则制酸系统要联锁停车，接着全厂联锁停车，这个信号是从干燥塔顶的喷淋酸压力变送器发出的。干燥后的SO_2气体从干燥塔顶部送向转化系统。

2. 吸收系统

由于本制酸系统是采用两转两吸制酸工艺，故要经过两次转化，还有两次吸收。吸收系统工艺和干燥系统的差不多。

从SO_3冷却器来的SO_3气体，从下部进入第一吸收塔，往上运动(因有SO_2风机抽)；吸收塔循环槽上的浓硫酸泵将98.5%的浓硫酸抽到吸收塔上的分酸槽，向下喷淋，与SO_3烟气逆向接触，在此过程中，SO_3烟气被浓硫酸中的水分吸收，成为高于98.5%的浓硫酸。实践证明：98.5%的浓硫酸对SO_3的吸收最好，故吸收塔都用98.5%的浓硫酸进行吸收。吸收的化学方程式为：

$$SO_3 + H_2O = H_2SO_4$$

从理论上讲：水和SO_3气体起化合反应而生成硫酸。但实际上是行不通的：因为水一碰到SO_3气体，马上会形成一层酸雾，好像在水表面形成了一层薄膜，将水包起来，后面的水根本不能再和SO_3起反应。因此，通常用98.5%的浓硫酸来吸收，实际上是用其中的1.5%的水和SO_3气体起化合反应而生成硫酸，这样，反应才能一直进行下去。

因浓硫酸吸水是放热反应，在吸收过程中，酸温会大大升高，因此要将硫酸降温。从吸收塔浓硫酸泵抽出的浓硫酸先经过AP冷却器，与管内流过的冷却水交换热量，使酸温降低。

98.5%的浓硫酸因吸收SO_3气体后，浓度会升高，因此通过酸浓度调节系统，加入大量的水，使得此浓度始终保持在98.5%，以达到最高的吸收率。因进第一收吸塔的SO_3浓度最高，故第一吸收塔是主要产酸的地方，因此，这里的酸浓度控制系统最重要。一定要保持浓度计的准确性。

另外，如果吸收塔的喷淋酸量不够，不足以吸收SO_3气体，则制酸系统要联锁停车，接着全厂联锁停车，这个信号是从吸收塔顶的喷淋酸压力变送器发出的。

从第一吸收塔顶部出来的气体进入第二次转化系统。在第二吸收塔进行第二次吸收和在第一吸收塔进行第一次吸收的原理、操作和控制方式完全一样，只不过因经转化器第五层出来的SO_3气体的浓度较低，产酸比较少。这里不再进行重复说明。

由成品酸中间槽和成品酸冷却器组成的成品酸系统，其主要作用就是产出成品酸，送往酸库。由于这里的产品直接销往用户，故浓度计很重要，一定要保证准确性；浓度高了要加水稀释，稀释会发热，所以，这里用一台板式换热器(换热原理与其他换热器一样)对高温硫酸进行降温。

地下贮槽是为了在开车、停车、设备检修时，排出各槽剩余硫酸的过渡设备。

2.2.4 控制系统

1. AICA2402 干燥塔循环酸浓度控制系统

该系统由下列部分组成。

(1)检测仪表：电磁浓度计，将硫酸浓度转换成4~20 mA DC电流信号。

电磁浓度计由两部分组成。酸浓传感器：型号是MDM—300E，将硫酸浓度值转换成mV信号。浓度转换器：型号是ME—11T，量程是94%~99.5%，将酸浓度传感器送来的代表硫酸浓度的mV信号转换成4~20 mA DC电流信号。酸浓传感器和浓度转换器一定要配套使用，若更换酸浓传感器，则浓度转换器要同时更换。

(2)指示调节器：指示、控制干燥塔循环酸浓度值，量程是94% ~99.5%，控制值是95%。调节器的动作方向为反作用(RA)。

(3)执行机构：气动衬氟塑调节蝶阀，DN200，气开式(PO)。作用是控制一吸塔向干燥塔循环槽的串酸量，保证干燥塔循环酸浓度在一定的范围内。

2. AICA2403 一吸塔循环酸浓度控制系统

该系统由下列部分组成。

(1)硫酸浓度计：将硫酸浓度转换成4 ~20 mA DC 电流信号。

硫酸浓度计由两部分组成。酸浓传感器：型号是 MDM—300E，将硫酸浓度值转换成 mV 信号。浓度转换器：型号是 ME—11T，量程是95.5% ~99.5%，将酸浓传感器送来的代表硫酸浓度的 mV 信号转换成4 ~20 mA DC 电流信号。

(2)指示调节器：指示、控制一吸塔循环酸浓度值，量程是95.5% ~99.5%，控制值是98.3%。调节器的动作方向为正作用(DA)。

(3)执行机构：气动单座调节阀，DN50，气开式(PO)。作用是控制向一吸塔循环槽的加水量，保证一吸塔循环酸浓度在一定的范围内。

3. AICA2404 二吸塔循环酸浓度控制系统

第二吸收塔浓度控制系统和第一吸收塔浓度控制系统完全一样，不再重复说明。

4. AICA2405 成品酸浓度控制系统

该系统由下列部分组成。

(1)硫酸浓度计：将硫酸浓度转换成4 ~20 mA DC 电流信号。

硫酸浓度计由两部分组成。酸浓传感器：型号是 MDM—300E，将硫酸浓度值转换成 mV 信号。浓度转换器：型号是 ME—11T，量程是92% ~99.5%，将酸浓传感器送来的代表硫酸浓度的 mV 信号转换成4 ~20 mA DC 电流信号。

(2)指示调节器：作用是指示、控制成品酸酸浓度，量程是92.5% ~99.5%。

该系统的控制值分两种情况：生产93% H_2SO_4时，控制值是93%；生产98% H_2SO_4时，控制值是98%。调节器的动作方向为正作用(DA)。

(3)执行机构：气动单座调节阀，DN25，气开式(PO)。作用是控制向成品酸中间槽的加水量，保证成品酸浓度在一定的范围内。

5. LICA2401 干燥塔循环槽液位控制系统

该系统由下列部分组成。

(1)检测仪表：雷达液位计，量程是0 ~3.0 m，将干燥塔循环槽液位转换成4 ~20 mA DC 电流信号。

(2)指示调节器：指示、控制干燥塔循环槽液位，量程是0 ~3.0 m，控制值是2.0 m。调节器的动作方向为正作用(DA)。

(3)执行机构：气动衬氟塑调节蝶阀，DN200，气开式(PO)。作用是控制干燥塔循环泵向一吸塔的串酸量，保证干燥塔循环槽的液位在一定的范围内。

6. LICA2403 二吸塔循环槽液位控制系统

该系统由下列部分组成。

(1)检测仪表：雷达液位计，量程是0 ~3 m，将二吸塔循环槽液位转换成4 ~20 mA DC 电流信号。

(2)指示调节器：指示、控制二吸塔循环槽液位，量程是0~3.0 m，控制值是2.0 m。调节器的动作方向为正作用(DA)。

(3)执行机构：气动衬氟塑调节蝶阀，DN150，气开式(PO)。作用是控制二吸塔循环泵向成品酸中间槽的串酸量，保证二吸塔循环槽的液位在一定的范围内。

7. LICA2404 成品酸中间槽液位控制系统

该系统由下列部分组成。

(1)检测仪表：雷达液位计，量程是0~3 m，将成品酸中间槽液位转换成4~20 mA DC电流信号。

(2)指示调节器：指示、控制成品酸中间槽液位，量程是0~3 m，控制值是2.0 m。调节器的动作方向为正作用(DA)。

(3)执行机构：气动衬氟塑调节蝶阀，DN100，气开式(PO)。作用是控制成品酸泵向酸库的送酸量，保证成品酸中间槽的液位在一定的范围内。

8. TICA2405 干燥塔酸冷器出口酸温控制

该系统由下列部分组成。

(1)检测仪表：铂电阻温度计，将干燥塔酸冷却器出口的酸温转换成电阻信号。

(2)指示调节器：指示、控制干燥塔酸冷却器出口酸温，量程是0~100℃，控制值是42℃。调节器的动作方向为正作用(DA)。

(3)执行机构：气动衬氟塑调节蝶阀，DN200，气关式(PC)。作用是控制干燥塔酸冷器的旁路量，以达到控制干燥塔酸冷器出口酸温的作用。

9. TICA2412 一吸塔酸冷器出口酸温控制

该系统由下列部分组成。

(1)检测仪表：铂电阻温度计，将一吸塔酸冷器出口酸温转换成电阻信号。

(2)指示调节器：指示、控制一吸塔酸冷器出口酸温，量程是0~150℃，控制值是70℃。调节器的动作方向为正作用(DA)。

(3)执行机构：气动衬氟塑调节蝶阀，DN300，气关式(PC)。作用是控制一吸塔酸冷器的旁路量，以达到控制一吸塔酸冷器出口酸温的作用。

10. TICA2419 二吸塔酸冷器出口酸温控制

第二吸收塔酸冷器出口酸温控制和第一吸收塔酸冷器出口酸温控制完全一样，不再重复说明。

11. PISA2813 干燥塔喷淋酸压力检测、联锁系统

该系统由下列部分组成。

(1)检测仪表：带远传装置的压力变送器，量程是0~600 kPa，将干燥塔喷淋酸压力转换成4~20 mA DC电流信号。

(2)指示报警仪：指示干燥塔喷淋酸进酸管的压力，量程是0~600 kPa，正常值是270 kPa，下限报警值L=170 kPa，下下限联锁值LL=150 kPa，当此压力低于LL时，SO_2风机联锁停车。

12. PISA2418 一吸塔喷淋酸压力检测、联锁系统与 PISA2423 二吸塔喷淋酸压力检测、联锁系统

这两个压力检测、联锁系统和干燥塔喷淋酸压力检测、联锁系统完全一样，不再重复说明。

2.2.5 干吸工段主要设备参与全厂大联锁的说明

我们知道，干吸工段主要设备出了故障，就要全厂联锁而停车。例如：干燥系统设备出了故障，不能干燥 SO_2烟气，肯定要停车；吸收系统设备出了故障，不能吸收 SO_3烟气，也肯定要停车。问题是此联锁信号从何处发出？以前曾经用酸泵的运行信号作为联锁停车信号，但有时酸泵运行正常，可是酸管破了，风机联锁系统检测不到此信号，还是不能启动联锁系统。现在介绍干吸工段主要设备参与联锁停车的几种方法。

(1)在各塔上部的分酸槽里安装测液位的电极，若该系统工作正常，有正常的喷淋酸，则两电极始终沉浸在酸里，呈短路状态，输出的信号送到 DCS 系统，SO_2风机正常运行；若由于某种原因，没有喷淋酸了，则两电极就会从酸里露出来，呈开路状态，输出的信号送到 DCS 系统，SO_2风机就联锁停车。为了不至于耽误动作，一般都装两组电极，进行与门控制。这种方法最简单，造价便宜。但有一个致命的缺点：由于分酸槽里总是有些酸泥，会粘在电极周围，引起控制系统假动作。因此要经常将电极拆下来，除去酸泥，维护量大。

(2)在泵的出口、分酸槽的进口安装流量计，检测有无喷淋酸，若有正常的喷淋酸，输出的信号送到 DCS 系统，SO_2风机正常运行；若由于某种原因，没有喷淋酸，输出的信号送到 DCS 系统，SO_2风机就联锁停车。这种方法比较好，还能检测到喷淋酸的流量，缺点就是成本太高。

(3)在泵的出口(靠分酸槽的进口处)安装压力变送器，检测有无酸压，若有正常的酸压，输出的信号送到 DCS 系统，SO_2风机正常运行；若由于某种原因，酸压低于某值，输出的信号送到 DCS 系统，SO_2风机就联锁停车。这种方法也很好，价格也很便宜，只是不能检测到喷淋酸的流量。

这里要注意的是，无论是装流量计还是装压力变送器，都要装到尽量靠近分酸槽的地方，安装的位置太低是不行的。

2.3 转化系统

2.3.1 工序功能及工艺流程

将 SO_2气体转化成 SO_3气体，属制酸的中间过渡阶段。工艺流程图见图 2－12。

2.3.2 工序设备

主要设备有 SO_2风机及其配套设备、转化器(内有 3 个换热器)、2 个外置热交换器、1 个 SO_3循环风机、2 个余热锅炉、开工炉系统及其配套的设备等。

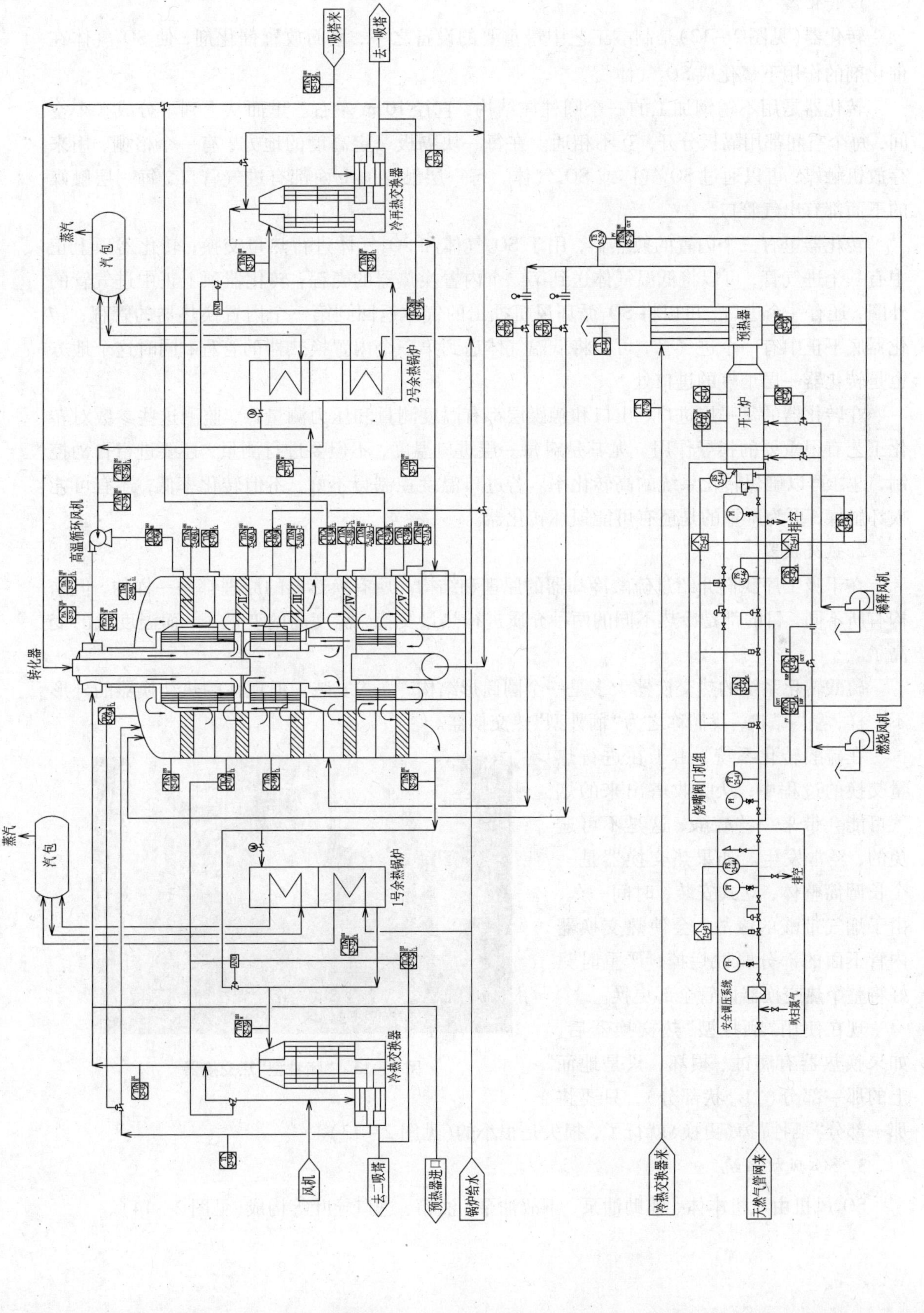

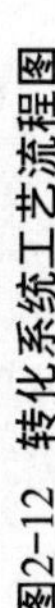

图2-12 转化系统工艺流程图

1. 转化器

转化器(见图 2-12)是制酸工艺中最重要的设备之一，里面放置催化剂，使 SO_2气体在催化剂的作用下氧化成 SO_3气体。

转化器是用不锈钢加工的一个圆柱体结构，直径 10 m 左右。里面从上到下分成 5 个空间，每个空间都用隔板分开，互不相通。在每一块隔板一定高度的地方，有一个格栅，用来存放钒触媒，可以通过 SO_2气体或 SO_3气体。每一层触媒的上面都有进气管口，每一层触媒的下面都有出气管口。

转化器里有三个内置的换热器，用于 SO_2气体和 SO_3气体进行热量交换；转化器顶上正中有一个进气管，可以将低温气体送到第二个内置换热器的壳程；转化器顶上正中进气管的外圈，还有一个进口，可以将 SO_3循环风机抽出的气体返回到第一个内置换热器的管程；转化器底下正中有一个进气管，可以将低温气体送到第三个内置换热器的管程，同时这个地方也是转化器一层烟气的进口处。

在转化器的每一层进口、出口和触媒层都有温度测量和压力测量点，监测这些参数对转化工艺有很重要的指导作用。尤其是对每一层进口温度，不但要进行测量，还要进行自动控制，这样可以确保转化系统的高转化率。若进口温度控制得不好，不但转化率低，还有可能损坏触媒，更为严重的是还有可能损坏转化器。

2. 热交换器

在干吸工序我们介绍过硫酸冷却器的原理和结构。所有换热器的原理都是一样的，但结构有所不同，目的都是冷热不同的两种介质进行热量交换，温度高的变低了，而温度低的变高了。

硫酸转化系统的热交换器大多是一个圆筒形结构，立式安装。但现在的热交换器的外形不一样，呈“L”状，我们称之为“牺牲型”热交换器。

在硫酸转化系统，由于在进行热量交换的过程中，从吸收塔出来的烟气可能会带来一些硫酸，这是不可避免的，经常发生。如果热交换器是一个长圆筒整体，立式安装，时间一久，由于烟气带酸的缘故，会使热交换器内管下面的部分腐蚀烂掉，严重时只好将整个热交换器内管全部更换。

图 2-13 “牺牲型”热交换器

现在使用“牺牲型”热交换器后，如果换热器有腐蚀、损坏，只是地面上的那一部分(“L”状部分)，只要将那一部分“牺牲”掉(更换)就行了，损失是很小的(见图 2-13)。

3. SO_2风机系统

SO_2风机由风机本体、辅助油泵、事故油泵、油箱、进口导叶等构成(见图 2-14)。

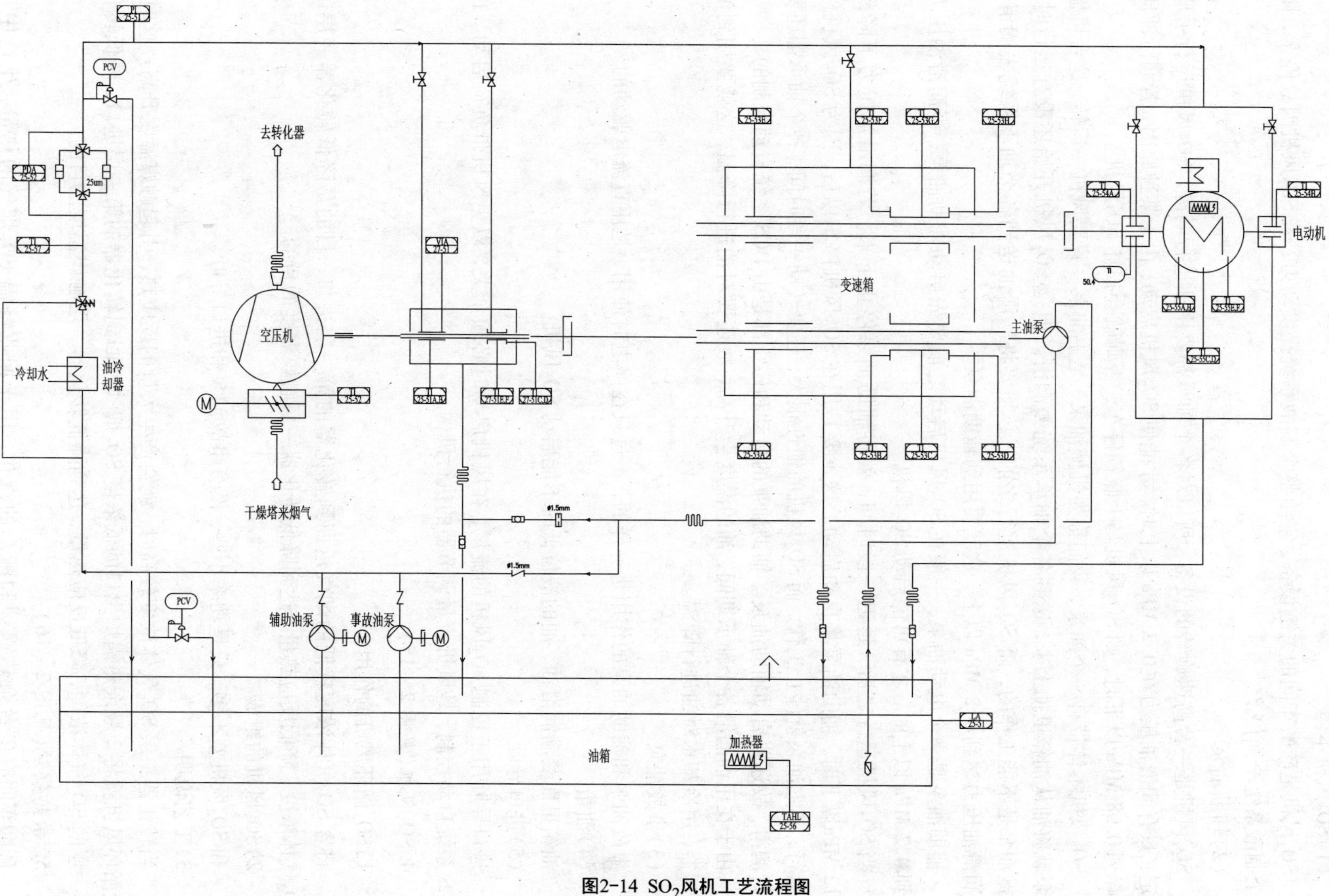

图2-14 SO_2风机工艺流程图

(1)SO_2风机本体

SO_2风机是硫酸车间的关键设备，它给整个制酸系统提供动力，若SO_2风机因故停车，则整个制酸系统全面停产。

(2)辅助油泵

SO_2风机是一台高速旋转的设备，所以对各个轴承都要用油进行润滑。SO_2风机运行手册规定：只有润滑油压力在0.2 MPa以上时，才能使SO_2风机启动；由于某种原因，若润滑油压力降到0.08 MPa以下时，则SO_2风机马上联锁停车，否则就会损坏SO_2风机。

SO_2风机本体带有一个油泵，我们称为机械油泵，是主油泵。只要风机一运转，这台机械油泵就将油从油箱里抽上来，送到各个轴承系统去润滑。但是SO_2风机开始还没有运行时，机械油泵是不能工作的，而SO_2风机运行之前，必须要将润滑油送到各个轴承系统去润滑，使润滑油压力达到0.2 MPa以上，这就要用到辅助油泵。

辅助油泵是一个电动油泵，一般在SO_2风机启动之前要先启动辅助油泵，当润滑油压力达到0.2 MPa以上时，才有可能启动SO_2风机。

当SO_2风机运行之后，延迟一段时间，就将辅助油泵停止下来。若润滑油压力下降到0.12 MPa以下时，辅助油泵将自动启动。这主要是用在SO_2风机停车以后，因为SO_2风机停止运行，其主油泵就停止工作，而SO_2风机的惯性很大，还要转动一段时间，各个轴承都还要进行润滑，故还要启动辅助油泵。辅助油泵的启动和停止都是由DCS系统自动控制的。

由于在用油润滑各个轴承期间，油的温度会升高，故还要对油进行降温，这就要用到油冷却器，用冷却水对油进行降温。

(3)事故油泵

事故油泵和辅助油泵的作用是一样的，不过只在停电时使用，是用直流电驱动的。

(4)油箱

油箱里面装满润滑油，油的液位低时不能启动SO_2风机。

(5)进口导叶

进口导叶用于控制SO_2风机的流量，在风机启动时必须全关，以免风机带负荷启动。由DCS系统自动控制，是风机流量调节器的执行机构。

4. SO_3风机(见图2-15)

1)SO_3循环风机的作用

将含SO_2气体浓度较低的烟气返回到转化器的第一层进口，目的是降低转化器一层的SO_2气体浓度，降低反应热量，达到降低转化器一层触媒温度的目的。

2)SO_3风机的组成

和SO_2风机差不多，只是功率小些，没有事故油泵和进口导叶。

3)工艺说明

当转化器一层SO_2气体浓度较高时，就会产生大量的反应热，引起触媒温度升高。这时，该循环风机就将2号余热锅炉出口的低浓度SO_2烟气返回到转化器的第一层进口，降低转化器一层的SO_2气体浓度，降低反应热量，达到降低转化器一层触媒温度的目的。

5. 余热锅炉(见图2-16)

硫酸车间有2台余热锅炉和配套的汽包，用于回收高温SO_3烟气的热量，生产中压

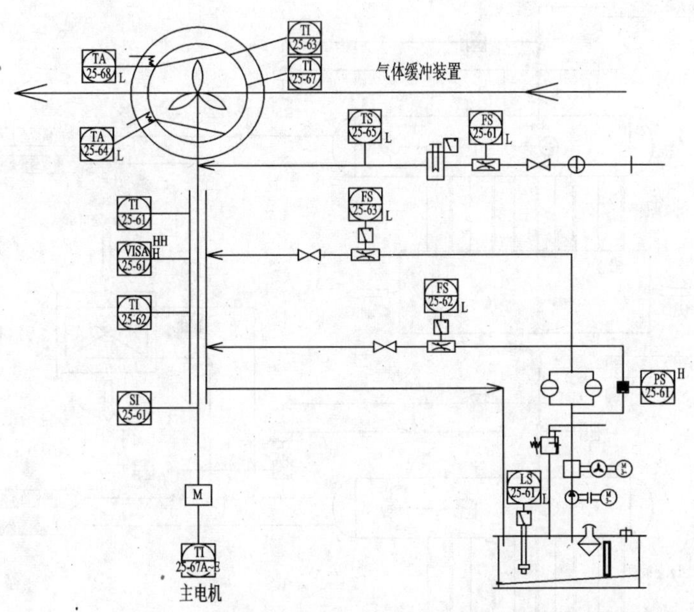

图2－15　SO_3 循环风机工艺流程图

(2.5 MPa)蒸汽，工作原理和闪速炉余热锅炉差不多。

1)工艺说明

SO_3烟气和水起反应生成硫酸时，若SO_3烟气的温度太高，则吸收塔的吸收效率会降低，故要将SO_3烟气进行降温，将其控制在180℃以内。以前的老工艺有一个SO_3烟气冷却器，用风机吹进去冷却空气，将SO_3烟气温度降下来。

现在，由于世界能源出现危机，出于节能的要求，这些不太高的热量也不能浪费，故取消了SO_3烟气冷却器，增加余热锅炉，用以回收低温热能，产生中压蒸汽。

余热锅炉的原理也是一样的，高温的SO_3烟气从锅炉中间流过，低温的纯水从锅炉的管道中流过，SO_3烟气的热量就传递给低温的纯水，使其变成蒸汽。

2)控制系统

(1)LICA2571 1号余热锅炉汽包水位控制系统

该系统由下列部分组成。

①检测仪表：由下列两部分组成。

平衡容器：将1号余热锅炉汽包水位转换成差压信号，是由汽包厂家带来的。汽包水位量程是－300～300 mm，转换成的差压信号是0～6 kPa。

差压变送器：将平衡容器检测出的差压信号转换成4～20 mA DC电流信号，量程是0～6 kPa。

②指示调节器：指示、控制1号余热锅炉汽包水位。汽包水位量程是－300～300 mm，正常值是－100～100 mm，调节器的输出是正作用(DA)。

③执行机构：气动套筒导向型调节阀，DN40，气闭式(PC)。接受指示调节器输出的4～20 mA DC电流信号，控制加水量。

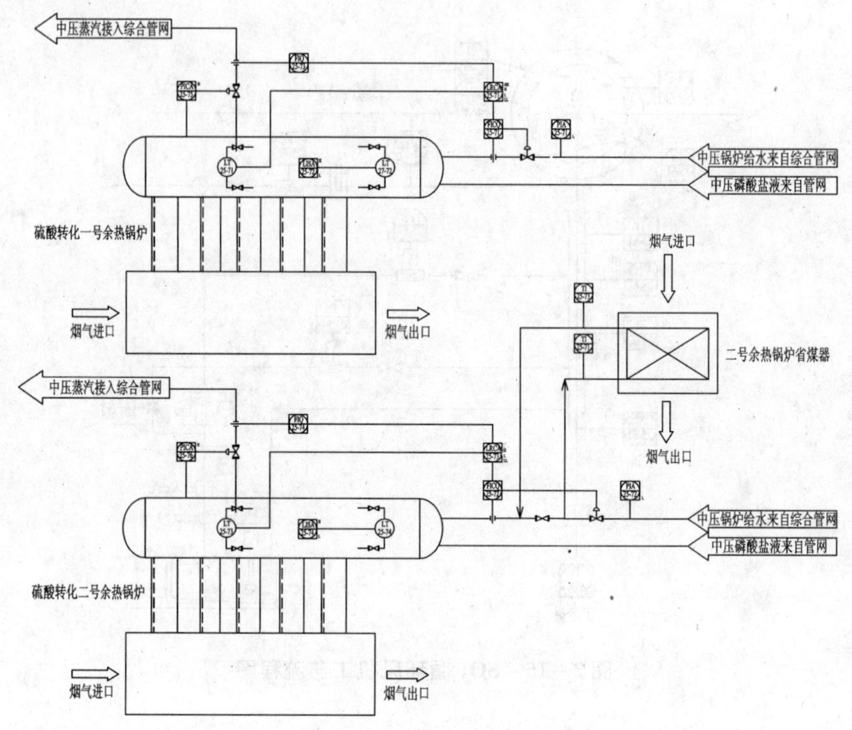

图 2-16　余热锅炉工艺流程图

锅炉给水流量系统(FRQ2571)、锅炉蒸汽流量系统(FRQ2573)、汽包液位调节系统(LICA2571)，这 3 个仪表检测控制系统组成一个锅炉三冲量控制系统，是一个前馈加串级反馈的控制系统，前面已有说明，这里不再重复。

(2) LICA2573 2 号余热锅炉汽包水位控制系统

此控制系统和 LICA2771 1 号余热锅炉汽包水位控制系统完全一样，不再重复说明。

(3) PICA2575 1 号余热锅炉汽包压力控制系统

该系统由下列部分组成。

①检测仪表：压力变送器，量程是 0 ~ 5 MPa，将 1 号余热锅炉汽包压力转换成 4 ~ 20 mA DC 电流信号。

②指示调节器：指示、控制 1 号余热锅炉汽包压力，量程是 0 ~ 5 MPa，正常值是 2.5 MPa。调节器的动作方向为正作用(DA)。

③执行机构：套筒导向型调节阀，DN100，气关式(PC)。作用是控制蒸汽的产出量。

(4) PICA2576 2 号余热锅炉汽包压力控制系统

此控制系统和 PICA2575 1 号余热锅炉汽包压力控制系统完全一样，不再重复说明。

(5) LISA2572 1 号余热锅炉汽包水位检测联锁系统

该系统由下列部分组成。

①检测仪表：由下列两部分组成。

平衡容器：将 1 号余热锅炉汽包水位转换成差压信号，是由汽包厂家带来的，汽包水位量程是 -300 ~ 300 mm，转换成的差压信号是 0 ~ 6 kPa。

差压变送器：将平衡容器检测出的差压信号转换成4～20 mA DC电流信号，量程是0～6 kPa。

②指示调节器：指示、控制1号余热锅炉汽包水位。汽包水位量程是－300～300 mm，正常值是－100～100 mm。调节器是通断输出。

③执行机构：电动通断阀，DN50，作用是控制紧急放水。

注：当1号余热锅炉汽包水位高于H时，打开紧急放水阀。

(6) LISA2574 2号余热锅炉汽包水位检测联锁系统

此系统和LISA2572 1号余热锅炉汽包水位检测联锁系统完全一样，不再重复说明。

6. 开工炉系统(见图2－17)

图2－17　开工炉系统

1)开工炉的作用

生产前将转化器各层触媒进行升温，达到SO_2转化成SO_3时必要的温度条件，为投料生产做准备；停产后转化器各层触媒不能急骤降温，要慢慢地降下来，就要用到开工炉。故开工炉是转化系统不可缺少的部分，平时并不起作用。

2)开工炉系统的组成

开工炉系统由开工炉本体、预热器、燃烧风机、稀释风机及天然气燃烧系统等组成。

(1)开工炉本体

开工炉是一个卧式安装的冶金炉，钢制外壳，内衬耐火砖。前面是炉膛，由天然气燃烧系统在炉膛里燃烧，尾部是一个气室，里面是加热的高温空气。

(2)预热器

预热器就是一个换热器，和前面介绍过的换热器完全一样。SO_2风机抽来的冷空气从预热器上部进入壳程，从下部出来流向转化器系统；开工炉尾部气室的高温空气从预热器下部进入管程，从上部出来排向大气。这样冷热两种气体在预热器里进行热量交换，就将SO_2风机抽来的冷空气加热成了热空气，送到转化器各层去，起到了升温的作用。

(3)燃烧风机

天然气在燃烧时需要氧气助燃，燃烧风机就起这个作用，将空气鼓入开工炉的炉膛。天然气和燃烧风的比例是1∶11，即燃烧1 m^3天然气需要11 m^3的助燃空气。

(4)稀释风机

由稀释风机鼓入的空气在开工炉的炉膛里加热后送到预热器去，加热SO_2风机送来的冷空气。

3)工艺说明

SO_2鼓风机从干燥塔下部的进气口抽来空气，经干燥塔脱湿后进到冷热交换器的壳程进口。由于此时转化器一层进口阀门是关闭的，故从冷热交换器壳程出来的低温空气就进入开工炉系统预热器的壳程上部。由于开工炉已经正常燃烧，从炉膛出来的热空气进入预热器管内，将其热量传递给管外的低温空气，就将低温空气的温度提高了。热空气从预热器的壳程下部出来，分别送入转化器第一层和第四层进口，依次将转化器各层温度都提到应有的值，满足通烟气的需要。

4)控制系统

一般燃烧天然气控制温度是有3个控制系统：① 温度控制系统；② 天然气流量控制系统；③ 燃烧空气流量控制系统。

温度控制系统和天然气流量控制系统组成串级控制系统，温度控制系统是主调，天然气流量控制系统是副调。天然气流量控制系统和燃烧空气流量控制系统组成比值控制系统。即温度控制系统的输出信号作为天然气流量控制系统的远方设定值(RSP)，使天然气流量跟踪温度控制系统，保证温度稳定。天然气流量的测量值乘以某个系数后，作为燃烧空气流量控制系统的远方设定值，使燃烧空气流量跟踪天然气流量，保证天然气完全燃烧。

(1)TICA2529 预热器壳程出口温度调节系统

该系统由下列部分组成。

①检测仪表：热电偶，将预热器壳程出口温度值转换成mV值。

②指示调节器：指示、控制预热器壳程出口温度，量程是0～600℃，正常值是460℃。调节器的输出是反作用(RA)。

此系统和天然气流量调节系统组成一个串级调节系统，是主调，故没有执行机构。其输出值是作为天然气流量调节系统的远方设定值(RSP)。

(2)FICQ2541 天然气流量调节系统

该系统由下列部分组成。

①检测仪表：涡轮流量计，量程是20～400 m^3/h(标况)，将天然气流量值转换成4～20 mA DC电流信号。

②指示调节器：指示、控制天然气流量值，量程是0～1000 m^3/h(标况)。调节器的输出是反作用(RA)。

③执行机构：低负载型蝶阀，DN100，气开式(PO)。作用是控制天然气流量，保证预热器壳程出口温度。

(3)FIC2542 燃烧空气流量控制系统

该系统由下列部分组成。

①检测仪表：热式气体质量流量计，DN400，量程是0～20000 m^3/h(标况)，将燃烧空气流量转换成4～20 mA DC电流信号。

②指示调节器：指示、控制燃烧空气流量值，量程是0～20000 m^3/h(标况)，正常值是13000 m^3/h(标况)。动作方式为正作用(DA)。

③执行机构：低负载型蝶阀，DN500，气关式(PC)。作用是控制开工炉燃烧风流量，保证天然气能完全燃烧。

注：天然气流量的测量值(FT2541)乘以某个系数后，作为燃烧空气流量控制系统(FIC2542)的远方设定值，使空气流量跟踪天然气流量，保证天然气完全燃烧。关于比例系数的计算方法前面已经有过说明，这里不再重复。

(4)TICA2541 开工炉燃烧室内温度控制系统

该系统由下列部分组成。

①检测仪表：热电偶，将开工炉燃烧室内温度转换成mV信号。

②指示调节器：指示开工炉燃烧室内温度，并将其控制在一定范围内。量程是 0 ~ 1200℃，控制值是 1100℃。调节器的动作方向为反作用(RA)。

③执行机构：低负载型蝶阀，DN500，气关式(PC)。作用是控制稀释风机的风量，保证炉膛温度控制在一定范围内。

(5) TICA2542 开工炉燃烧室尾部温度控制系统

该系统和预热器出口温度控制系统一样，使用串级控制系统，稀释风流量控制系统与燃烧室尾部温度控制系统组成串级控制系统，温度控制系统为主调，稀释风流量控制系统为副调，根据温度的变化来控制稀释风的流量。这种方法可以克服温度的滞后问题。

该系统由下列部分组成。

①检测仪表：热电偶，将开工炉燃烧室内温度转换成 mV 信号。

②指示调节器：指示、控制开工炉燃烧室尾部温度，量程是 0 ~ 600℃，控制值是 580℃。调节器的动作方向为反作用(RA)。

③执行机构：低负载型蝶阀，DN700，气关式(PC)。作用是控制稀释风机的风量，保证开工炉燃烧室尾部温度控制在一定范围内。

注：此处的调节是在温度过高时多吹进一些冷风，进行降温。

2.3.3　工艺说明

本工序采用一种超高 SO_2 浓度转化新工艺转化 SO_2 气体。由于用闪速吹炼炉代替转炉对铜锍进行吹炼，密封性好，没有烟气泄漏，故冶炼烟气量低，SO_2 浓度高(最高达 18%)，若用常规的两转两吸制酸流程，则要补给大量的空气，使设备庞大，运行成本增高。

这种高浓度 SO_2 制酸技术，在不增加大量稀释空气的情况下，用较小的设备、低的运行成本，回收了全部冶炼烟气制酸，年产硫酸 70 万 t。其方法是：当转化器一层触媒由于 SO_2 浓度高，反应热量大，温度超高有可能损坏触媒时，用循环风机将转化器三层出口的低 SO_2 浓度烟气抽出一部分，送到转化器一层，降低了转化器一层的 SO_2 浓度，减少了反应热量，使一层触媒温度不超过设定值。

转化器转化过程的烟气路线如下：

从干燥塔来的干燥、干净的 SO_2 气体，经 SO_2 风机压缩，在冷热交换器升温后(走壳程)，从转化器中间管的外围圆圈进入转化器内置第一换热器(走管程)升温，然后进入转化器第一层，这时温度达到 425℃左右，在钒触媒(V_2O_5)的作用下，很多 SO_2 气体被转化成 SO_3 气体。在转化器一层出口，温度达到 630℃左右，转化率达 56%。

从转化器第一层出来的是 SO_2 和 SO_3 的混合气体，在转化器内置第一换热器(走壳程)降温后，进入转化器第二层，这时温度降到 445℃左右，在钒触媒(V_2O_5)的作用下，大部分 SO_2 气体都被转化成 SO_3 气体。在转化器第二层出口，温度是 550℃左右，转化率达 80%。

从转化器第二层出来的 SO_2 和 SO_3 的混合气体，在转化器内置第二换热器(走壳程)降温后，进入转化器第三层，这时的温度是 435℃左右，在钒触媒(V_2O_5)的作用下，绝大部分 SO_2 气体都被转化成 SO_3 气体。在转化器第三层出口，温度是 485℃左右，转化率达 91%。

从转化器第三层出来的 SO_2 和 SO_3 的混合气体，经过 2 号余热锅炉吸收热量后，再进入冷再热交换器(走管程)进行降温，随后送去第一吸收塔，制取硫酸。

从第一吸收塔来的低温烟气，进入冷再热交换器(走壳程)升温后，进入转化器下部进气管，在转化器内置第三换热器(走管程)升温后，再进入转化器内置第二换热器(走管程)升温后，进入转化器第四层，这时温度约410℃，在转化器第四层出口，温度是460℃左右，转化率达95%。

从转化器第四层出来的SO_2和SO_3的混合气体，经转化器内置第三换热器(走壳程)降温后，进入转化器第五层，这时温度约390℃，在转化器第五层出口，温度是392℃左右，转化率达99.86%。此烟气经过1号余热锅炉吸收热量后，再进入冷热交换器降温(走管程)，送去第二吸收塔，制取硫酸。

以上就是两转、两吸的全部工艺流程。

2.3.4 控制系统

1. AFIC2503 SO_2风机出口O_2/SO_2控制系统

该系统由下列部分组成。

1)二氧化硫分析系统

(1)检测仪表：红外线SO_2分析仪，量程是0%～20%SO_2，作用是将风机出口的SO_2浓度转换成4～20 mA DC电流信号。

(2)指示报警仪：指示风机出口的SO_2浓度，量程是0%～20%SO_2，正常值是12.5%～16.1%。

2)氧气分析系统

(1)检测仪表：磁压式O_2分析仪，量程是0%～25%O_2。作用是将风机出口的O_2浓度转换成4～20 mA DC电流信号(这两台仪表装在一个机柜内，共用一套氧气预处理装置)。

(2)指示报警仪：指示风机出口的O_2浓度，量程是0%～25%O_2，正常值是10.7%～14.4%。

(3)指示调节器：指示、控制SO_2风机出口O_2/SO_2，量程是0～1，控制值是0.79。调节器的动作方向为正作用(DA)。

(4)执行机构：气动衬氟塑调节蝶阀，DN800，气关式(PC)。作用是控制干燥塔的补充空气量(补充氧气)，以达到控制SO_2风机出口O_2/SO_2的目的。

2. FICA2502 高温循环风机出口烟气流量控制系统

该系统由下列部分组成。

(1)检测仪表：由下列两部分组成。

威力巴：量程是0～1.097 kPa，将高温循环风机出口烟气流量转换成差压信号。

差压变送器：量程是0～1.097 kPa，将威力巴输出的差压信号转换成4～20 mA DC电流信号。

(2)指示调节器：指示、控制高温循环风机烟气流量，量程是0～35000 m^3/h(标况)，正常值22256 m^3/h(标况)。

(3)执行机构：由变频器控制的高温循环风机；作用是接受指示调节器输出的4～20 mA DC电流信号，调节高温循环风机转速，改变循环流量，保证转化器一层触媒温度在一定范围内。

3. TIC2506A 转化器一层触媒温度控制系统

该系统由下列部分组成。

(1)检测仪表：热电偶，将转化器一层触媒温度转换成mV信号。

(2)指示调节器：指示、控制转化器一层触媒温度。量程是0～800℃，控制值是620℃。

调节器的动作方向为正作用(DA)。

注：高温循环风机出口烟气流量控制系统(FICA2502)和转化器一层触媒温度控制系统(TIC2506A)组成一个串级调节系统。

TIC2506A 是主调，FICA2502 是副调，故 TIC2506A 没有执行机构，其输出信号(OUT)作为副调(FICA2502)的远方设定值(RSP)。副调的执行机构由变频调速器、交流调速电机和高温风机组成。

控制说明：转化器一层触媒温度有变化时，指示调节器(TIC2506A)输出 4 ~ 20 mA DC 的电流信号，送给副调节器(FICA2502)作为远方设定值(RSP)，这时，副调节器(FICA2502)输出一个4 ~ 20 mA DC 的电流信号给变频器，变频器接到这个控制信号后，改变其输出频率，范围是 15 ~ 100 Hz，交流调速电机就驱动循环风机在 1025 ~ 2990 r/min 的范围内变化，循环风量0 ~ 35000 m^3/h(标况)，控制风量为 24000 m^3/h(标况)。作用是控制从 2 号余热锅炉中部返回到转化器一层进口的烟气量，以达到控制转化器一层触媒温度的目的(假设此时温度偏高，则高温调频调速风机的转速加快，多返回一些温度低的、SO_2浓度低的烟气到转化器一层进口管，经转化器内置第一换热器(走管程)升温后，进入转化器一层，这样反应热量减小，就会降低一层触媒温度)。变频器安装在硫酸综合楼一楼电气配电室内，循环风机则安装在转化器附近。

4. TIC2505A 转化器一层进口温度控制系统

该系统由下列部分组成。

(1)检测仪表：热电偶，将转化器一层进口温度转换成 mV 信号。

(2)指示调节器：指示、控制转化器一层进口温度。量程是 0 ~ 600℃，控制值是 395℃。调节器的动作方向为正作用(DA)。

(3)执行机构：低负载型蝶阀，气开式(PO)。作用是控制冷热交换器的旁路量，以达到控制转化器一层进口温度的目的(假设此时温度偏高，则调节阀开度加大，低温的烟气直接加到转化器一层进口，就会降低一层进口温度)。

5. TIC2507A 转化器二层进口温度控制系统

该系统由下列部分组成。

(1)检测仪表：热电偶，将转化器二层进口温度转换成 mV 信号。

(2)指示调节器：指示、控制转化器二层进口温度。量程是 0 ~ 600℃，控制值是 440℃。调节器的动作方向为正作用(DA)。

(3)执行机构：低负载型调节蝶阀，本控制系统共有 2 台调节阀。

① 低负载型蝶阀，DN700，气开式(PO)，作用是控制冷热交换器的旁路量，以达到控制转化器二层进口温度的目的。

② 低负载型蝶阀，DN1000，气关式(PC)。作用是控制 1 号锅炉的旁路量，以达到控制转化器二层进口温度的目的。

TV2507A 阀和 TV2525 阀组成分程控制系统。两阀一起控制，可以达到控制转化器二层进口温度的目的。假设此时温度偏低，则 TV2507A 阀开度减小，较高温度的烟气加到转化器一层进口管，经转化器内置第一换热器(走管程)，进入转化器一层，这时，就会提高二层进口温度。有时由于某种原因，第二层进口温度太低，即使 TV2507A 阀全关，也不能将该层温度提上来，这时候，就将 TV2525 阀打开一些，旁路一些 1 号锅炉的热量(减少蒸汽产量)，以确保第二层进口温度在要求的范围内。

6. TIC2509A 转化器三层进口温度控制系统

该系统由下列部分组成。

(1)检测仪表：热电偶，将转化器三层进口温度转换成 mV 信号。

(2)指示调节器：指示、控制转化器三层进口温度，量程是 0～600℃，控制值是 450℃。调节器的动作方向为正作用(DA)。

(3)执行机构：低负载型蝶阀，DN600，气开式(PO)。控制由一吸塔来的冷烟气，以达到控制转化器三层进口温度的目的。

烟气走向：一吸塔来的冷烟气，进入转化器下部的内管，再进入转化器内置第二换热器(走管程)，就可以控制转化器三层进口温度(假设此时温度偏高，则 TV2509A 阀开度加大，由一吸塔来的冷烟气进入转化器下部的内管，再进入转化器内置第二换热器(走管程)，降低了管内的温度，则管外的温度必然也会降低)。

7. TIC2514 冷再热交换器出口 SO_3 烟气温度控制系统

该系统由下列部分组成。

(1)检测仪表：热电阻，将该点温度转换成电阻信号。

(2)指示调节器：指示、控制该点温度，量程是 0～250℃，控制值是 165℃。调节器的动作方向为正作用(DA)。

(3)执行机构：低负载型蝶阀，DN1200，气关式(PC)。作用是控制 2 号锅炉的旁路量。

一般情况下，这点的温度是不会低于 150℃ 的，故不要进行调节，一旦该点的温度低于 150℃，则要进行控制，否则不利于 SO_3 的吸收。控制方法是：将 2 号锅炉的旁路阀打开一些，减少蒸汽量的产生，确保冷热交换器的热源温度。

注：TV2514 由本控制系统和 TIC2520A 系统共用控制。

8. TIC2518A 转化器四层进口温度控制系统

该系统由下列部分组成。

(1)检测仪表：热电偶，将转化器四层进口温度转换成 mV 信号。

(2)指示调节器：指示、控制转化器四层进口温度，量程是 0～600℃，控制值是 415℃。调节器的动作方向为正作用(DA)。

(3)执行机构：低负载型蝶阀，DN600，气开式(PO)。控制由一吸塔来的冷烟气，以达到控制转化器四层进口温度的目的。

烟气走向：一吸塔来的冷烟气，进入转化器上部的内管，再直接进入转化器的第四层进口，就可以控制转化器四层进口温度(假设此时温度偏高，则 TV2518A 阀开度加大，由一吸塔来的冷烟气进入转化器上部的内管，再直接进入转化器的第四层进口，降低了第四层进口的温度)。

9. TIC2520A 转化器五层进口温度控制系统

该系统由下列部分组成。

(1)检测仪表：热电偶，将转化器五层进口温度转换成 mV 信号。

(2)指示调节器：指示、控制转化器五层进口温度，量程是 0～600℃，控制值是 380℃。调节器的动作方向为正作用(DA)。

(3)执行机构：低负载型调节蝶阀，本控制系统共有如下 2 台调节阀。

① 低负载型蝶阀：DN800，气开式(PO)，作用是控制冷再热交换器的旁路量，以达到控

制转化器五层进口温度的目的。

② 低负载型蝶阀：DN1000，气关式(PC)，作用是控制2号锅炉的旁路量，以达到控制转化器五层进口温度的目的。

TV2520A阀和TV2514阀组成分程控制系统。两阀一起控制，可以达到控制转化器五层进口温度的目的。假设此时温度偏低，则TV2520A阀开度减小，一吸塔来的低温烟气加到转化器下部，经转化器内置第三换热器(走壳程)，进入转化器五层。这时，就会降低五层进口温度。有时，由于某种原因，第五层进口温度太低，即使TV2520A阀全关，也不能将该层温度提上来，这时候，就将TV2514阀打开一些，旁路一些2号锅炉的热量(减少蒸汽产量)，以确保第五层进口温度在要求的范围内。

10. TIC2525 冷热交换器管程出口烟气温度控制系统

该系统由下列部分组成。

(1)检测仪表：热电阻，将该点温度转换成电阻信号。

(2)指示调节器：指示、控制该点温度，量程是0~200℃，控制值是158℃。调节器的动作方向为正作用(DA)。

(3)执行机构：低负载蝶阀，DN1000，气关式(PC)。作用是控制1号锅炉的旁路量。

一般情况下，这点的温度是不会低于150℃，故不要进行调节，但是，万一该点的温度低于150℃，则要进行控制，否则不利于SO_3的吸收。其控制方法是：将2号锅炉的旁路阀打开一些，减少蒸汽量的产生，确保冷再热交换器的热源温度，则可以控制该点的温度。

注：TV2525由本控制系统和TIC2507A系统共用控制。

2.4 废酸处理系统

2.4.1 工序功能及工艺流程

本工序主要是处理从硫酸净化系统送来的多余的稀硫酸，将其中的Cu^{2+}、As^{2+}等金属离子回收，然后再送去石膏系统(先硫化后石膏化)，工艺流程图见图2-18。

2.4.2 工序设备

工序设备主要包括原液贮槽、反应槽、浓密机、以及硫化钠供给系统、除害系统、压滤系统等。由于单系统处理能力有限，不能满足生产要求，故一般需要几套相同的系统。

1. 压滤机的组成和作用

拉罗克斯全自动立式压滤机由下列部分组成。

(1)油压系统：分开安装的油压系统，通过高压油管将压力油加到压滤机的板框上，给压滤机的板框提供密封压力。

(2)压滤机本体：包括板框、滤布等。

(3)进液系统：包括给液泵、进液阀、清洗回水阀等，给压滤机供液。

(4)管道清洗系统：包括清洗阀、回水阀等。由于进液后进液管道里有污物，时间长了会堵塞管道。所以进完液后马上用水将进液管道清洗一次。

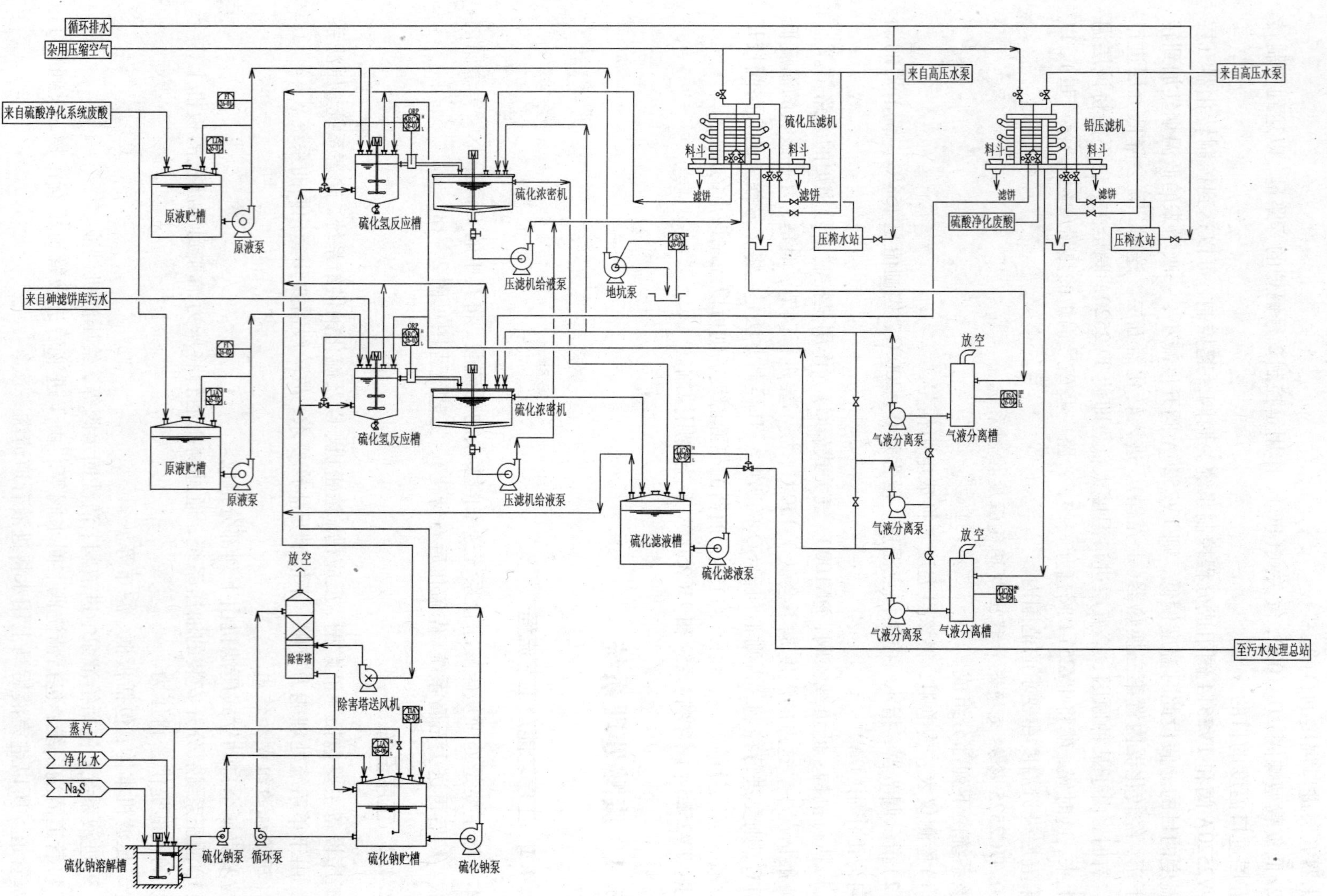

图2-18 废酸处理系统工艺流程图

(5)压滤系统：包括高压水泵等。用高压水挤压，使压滤物里面的滤液透过滤布回到滤液槽。

(6)排液系统：包括滤液水槽等。给压滤机压滤后的滤液提供通道和贮存场所。

(7)滤布清洗系统：包括清洗阀、压力喷嘴等。压滤机排完渣后还有些脏物粘在滤布上，要用高压水清洗。

(8)控制系统：PLC 控制系统，给全机提供自动控制。

2. 压滤机的动作说明

拉罗克斯立式压滤（见图2－19）机是全自动控制、无人操作的，现在对其工作状态进行说明。

图2－19　拉罗克斯全自动立式压滤机

1）进液

压力释放，关闭过滤板框，启动加液泵，打开加料阀，料浆同时通过料浆管进入每个滤腔；滤液通过滤布进入滤液腔，然后进入滤液软管，最后到达滤液管。

进完液后，停止加液泵，关闭加料阀；启动管道清洗系统：打开清洗阀、回水阀，将进液管道里的污物冲洗干净。

2）密封

启动高压油泵，通过高压油管将压力油加到压滤机的板框上，使压滤机的板框密封。

3）一次挤压

高压水进口阀打开，启动高压水泵，将高压水通过高压水软管进入隔膜上方，隔膜向滤布表面挤压滤饼，从而将滤液挤出滤饼。滤腔中剩余的水分被挤压排出压滤机。当达到压力传感器的设定值时，挤压阶段开始倒计时，结束后开始滤饼洗涤。

4）洗涤

洗涤液使用同料浆相同的方式被泵送到过滤腔，由于液体注满滤腔，隔膜被抬起，空气从隔膜上方挤出，洗涤液在通过滤饼和滤布后流入排放管。

5）空气干燥

滤饼的最后干燥是由压缩空气完成的。通过分配管进入的空气充满了过滤腔，提起隔膜，使隔膜上的高压空气排出过滤机。通过滤饼的气流减少，水分含量达到最佳程度，同时排空滤液腔。

6）滤饼排放

当干燥过程完成后，板框组件打开，滤布驱动机构开始运行，滤布上的滤饼从过滤机两边排出。

7）滤布清洗

滤饼排放完后，启动高压水泵，对滤布进行清洗。一个程序周期结束，再开始下一个循环周期。

2.4.3 工艺说明

将硫酸净化系统送来的废酸存贮在原液贮槽内。将存贮在原液贮槽内的稀硫酸用泵从上部送入硫化氢反应槽，将溶解好的硫化钠溶液用泵从下部送入硫化氢反应槽内，两种溶液则在硫化氢反应槽内发生氧化还原反应，其中的 Cu^{2+}、As^{2+} 等金属离子变成沉淀物沉淀下来。化学反应方程式如下：

$$AsSO_4 + Na_2S \xlongequal{} AsS\downarrow + Na_2SO_4$$

$$CuSO_4 + Na_2S \xlongequal{} CuS\downarrow + Na_2SO_4$$

搅拌是为了防止在反应的过程中沉淀物沉淀。从硫化氢反应槽出来的混合物经溜槽自流到浓密机的中心进液槽内。在浓密机内，混合物浓缩、沉淀。在浓密机的下部装有压滤机给液泵，定期用泵将沉淀物送到压滤机进行压滤。脱了水的滤饼需要回收里面的有价金属。压滤机的滤液经气液分离槽除气后，再次泵入浓密机进行沉淀（或是返回硫化氢反应槽）。不含沉淀物的溶液从浓密机上部溢流到硫化滤液槽，再用泵送到废水处理系统进行处理。

本工序需要的原料是硫化钠溶液，若能购买到硫化钠溶液，就不必自己配制，若购买不到，则要用固体硫化钠进行配制。

在进行反应的过程中，会产生一些有毒气体，从浓密机、硫化滤液槽等处出来。在本工序设有一个除害塔，将这些有毒气体用氢氧化钠中和。

2.4.4 控制系统

1. AICA2601 1号硫化氢反应槽出口ORP值控制系统

该系统由下列部分组成。

(1)检测仪表：ORP（氧化还原电位计），将氧化还原电位转换成4～20 mA DC电流信号，ORP计由两部分组成。

① ORP电极：将硫化氢反应槽出口的氧化还原电位值转换成mV信号。

② ORP变换器：将ORP电极输出的代表溶液氧化还原电位的mV信号转换成4～20 mA DC电流信号，量程是－100～100 mV。

(2)指示调节器：指示、控制硫化氢反应槽出口的ORP值，量程是－100～100 mV，控制值是－50～50 mV。调节器的动作方向为正作用(DA)。

(3)执行机构：气动单座调节阀，DN25，气开式(PO)。作用是控制硫化钠的加入量，即要保证将 Cu^{2+}、As^{2+} 等金属离子变成沉淀物回收，又不至于多加污染环境。

2. AICA2902 2号硫化氢反应槽出口ORP值控制系统

该系统和AICA2601 1号硫化氢反应槽出口ORP值控制系统完全一样，不再重复说明。

这个控制系统是本工序最重要的控制系统，直接关系到生产能否正常运行，因此要加强对氧化还原电位计及调节阀的点检、维护。

3. LICA2603 硫化滤液槽液位控制系统

该系统由下列部分组成。

(1)检测仪表：雷达液位计，量程0～4 m，将硫化滤液槽液位转换成4～20 mA DC电流信号。

(2)指示调节器：指示、控制硫化滤液槽液位，量程是0～4 m，控制值是3 m。调节器的动作方向为正作用(DA)。

(3)执行机构：气动衬氟塑调节蝶阀，DN80，气开式(PO)。作用是控制向废水处理系统的排出量。

4. LCA2607 地坑水位控制

该系统由下列部分组成。

(1)液位检测传感器：检测地坑水位，量程是0～2.0 m，输出控制信号到DCS系统。

(2)地坑水位控制器：接受液位检测传感器来的通断信号，输出控制信号，控制地坑泵的启动与停止。正常值是0.4～2.35 m，液位控制在H和L之间，即液位高于H时启动泵，液位低于L时停止泵。

湿法系统有很多地坑，如硫酸的净化、干吸等系统都有废水收集水坑，对其水位一般都采用电极式液位控制器进行控制，现对其进行说明(见图2－20)。

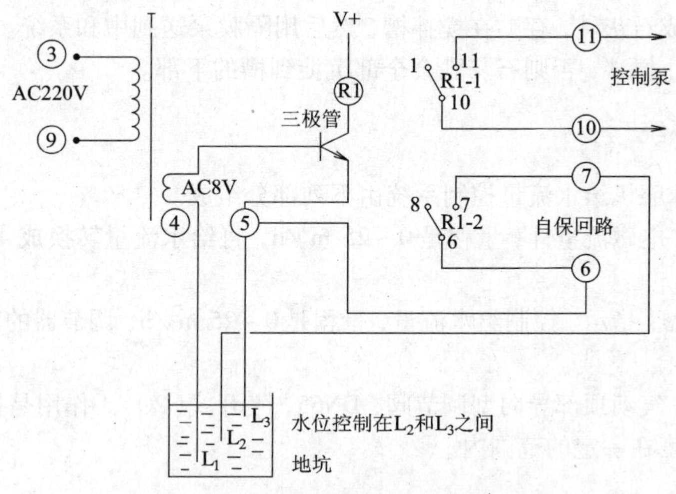

图2－20　电极式液位控制器原理图

开始时水位低于L_3，三极管不导通，接在集电极的继电器不得电，其常开触点10、11断开，水泵不抽水。

当水位高于L_3时，三极管导通，接在集电极的继电器得电，其常开触点10、11闭合，水泵开始抽水。当水位低于L_3，但还高于L_2时，三极管还导通(因继电器的7、6闭合、自保)，接在集电极的继电器还得电，其常开触点10、11还闭合，水泵还抽水。

只有当水位低于L_2时，三极管才不导通，接在集电极的继电器不得电，其常开触点10、11断开，水泵停止抽水；由于继电器不得电，自保回路的7、6开路。

当水位高于L_2时，三极管还不能导通，只有当水位高于L_3时，三极管才导通，水泵重复上述控制。故该系统能将地坑水位控制在L_2和L_3之间(L_1是接地用的电极，最长；L_2基本接近L_1)。

2.5 石灰乳制备系统

2.5.1 工序功能及工艺流程

石灰乳制备系统将石灰石在湿式球磨机里磨成石灰乳，用于制造石膏；是为废水处理系统石膏制造工序准备原料的工序。工艺流程图见图 2-21。

2.5.2 工序设备

主要设备包括湿式球磨机、搅拌槽、胶带运输机、隔膜泵等。

2.5.3 工艺说明

先启动湿式球磨机，再打开水阀，将水放进球磨机，最后启动石灰石加料系统，让石灰石在水里研磨，磨成石灰乳，存贮在搅拌槽，然后用隔膜泵送到中和系统。

注意：不能停止搅拌，否则石灰乳会全部沉淀到槽的下部。

2.5.4 控制系统

FIC2701 1 号球磨机给水流量控制系统由下列部分组成。

(1)检测仪表：电磁流量计，量程是 0 ~ 25 m^3/h，将给水流量转换成 4 ~ 20 mA DC 电流信号。

(2)指示调节器：指示、控制给水流量，量程是 0 ~ 25 m^3/h，调节器的动作方向为反作用(RA)。

(3)执行机构：气动顶部导向型调节阀，DN65，气开式(PO)。作用是控制球磨机的加水量，保证石灰乳浓度在一定的范围内。

2.6 电石渣浆化系统

2.6.1 工序功能及工艺流程

将固态的电石渣进行加水浆化，制成乳状电石渣。该工序是为废水处理系统中和工序准备原料的，工艺流程图见图 2-22。

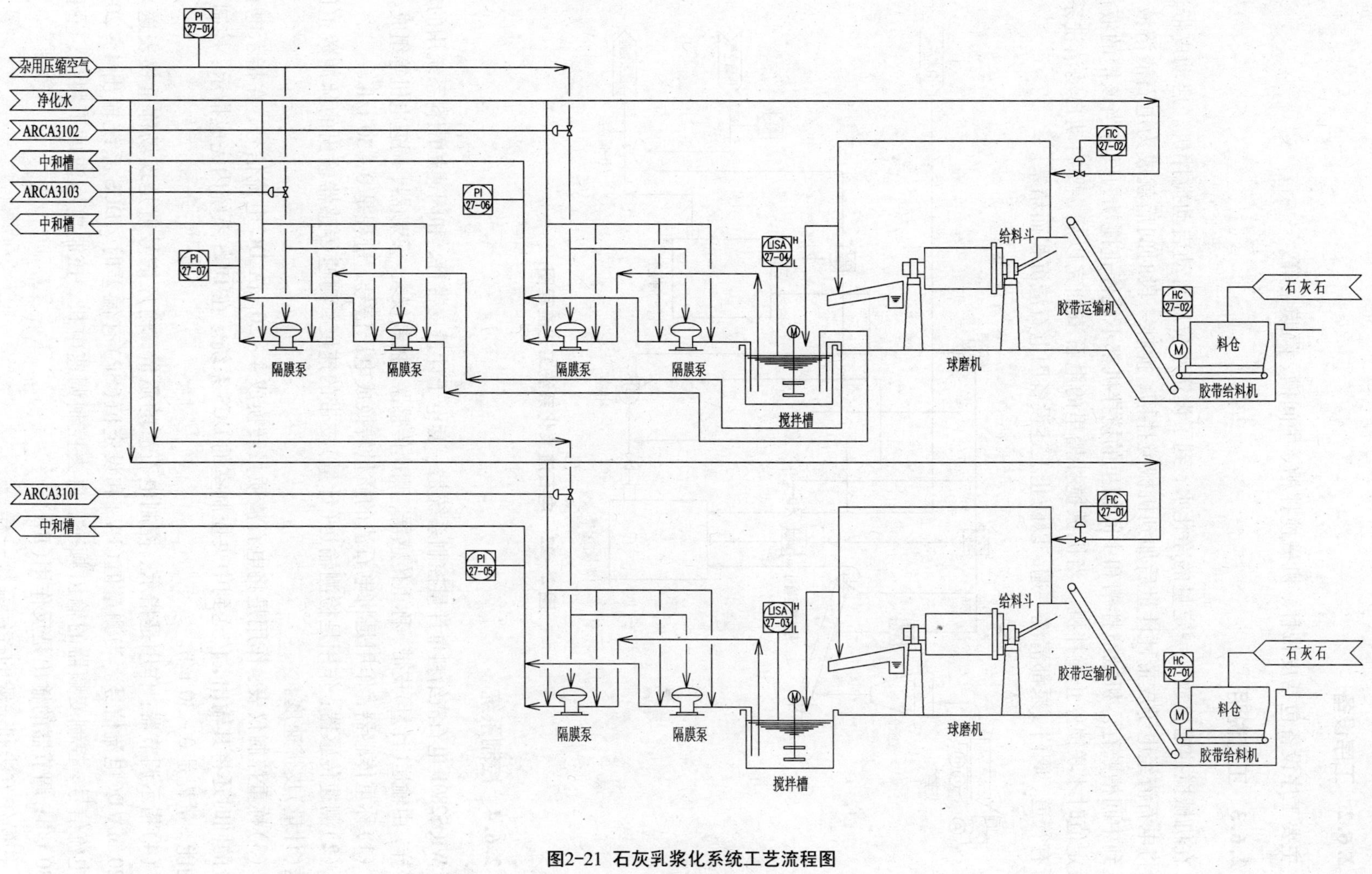

图2-21 石灰乳浆化系统工艺流程图

2.6.2 工序设备

主要工序设备包括皮带秤、机械搅拌槽、中间槽、隔膜泵等。

2.6.3 工艺说明

在机械搅拌槽里放入一定量的净化水，到了设定水位后自动启动搅拌机。启动皮带运输机，将电石渣经电子皮带秤计量后加到机械搅拌槽，搅拌一段时间后就成为电石渣溶液，用泵送到中间槽贮存。机械搅拌槽和中间槽里的搅拌机都不能停止搅动，只有当该槽的液位低于设定值时才联锁停止搅拌机。当机械搅拌槽里的电石渣抽完以后，要启动自动清洗系统，将所有管道、阀门、泵都清洗一遍，以防止上述设备因电石渣沉积而堵塞。

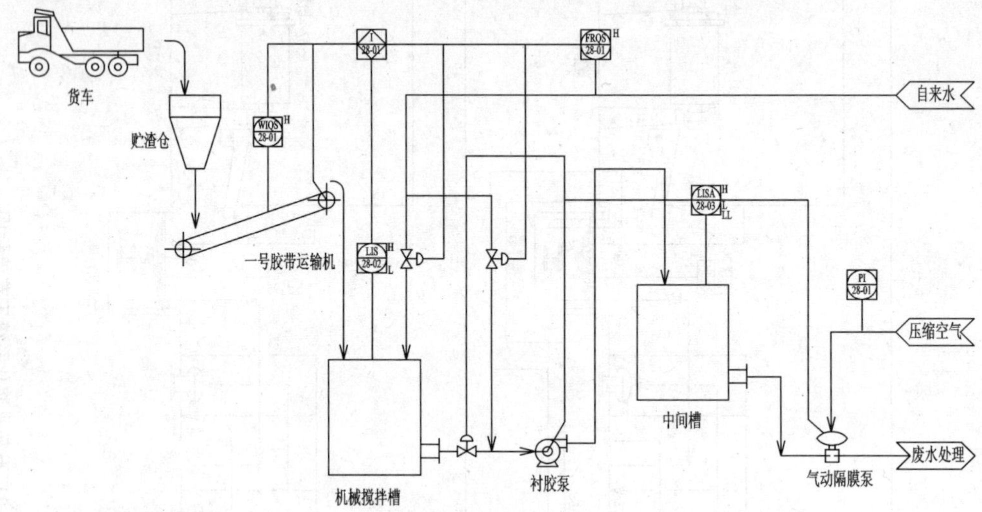

图 2-22 电石渣浆化系统工艺流程图

2.6.4 控制系统

WIQS2801 电石渣给料量计量控制系统是一套电子计量皮带秤，和闪速炉配料系统用的皮带秤一样，由输送(计量)皮带、称重传感器、测速传感器、控制仪表、变频器、调速电机等组成。

(1)称重传感器：作用是将电石渣的质量转换成电压信号，量程是 0 ~ 30 t/h。

(2)测速传感器：作用是检测输送(计量)皮带的速度，测速传感器输出的脉冲数正比于输送(计量)皮带速度。

(3)称重控制仪表：作用是将电石渣质量转换成 4 ~ 20 mA DC 电流信号，在指示电石渣质量的同时还将其输出，传送到中央控制室的 DCS 系统。在 DCS 系统内完成指示、控制、报警功能，量程是 0 ~ 30 t/h。

(4)指示调节器：作用是指示、控制电石渣的质量，输入信号就是现场称重仪表送来的 4 ~ 20 mA DC电流信号。当测量值(PV)和设定值(SP)有偏差时，DCS 系统输出 4 ~ 20 mA DC 电流信号，控制变频器的输出频率，再去控制调速电机，控制电石渣的下料量；量程是 0 ~ 30 t/h；调节器的输出是反作用(RA)。

其操作方法和一般的控制系统一样。

2.7　废水处理系统

2.7.1　工序功能及工艺流程

本系统由石膏制造和废水中和处理两个部分组成。石膏制造：废酸与石灰乳起置换反应，生成石膏；废水处理：石膏滤液与电石渣溶液中和，经压滤后去掉杂质，成为合格的排放水。工艺流程图见图 2-23、图 2-24。

2.7.2　工序设备

主要设备包括一号石膏反应槽、二号石膏反应槽、浓密机、离心机、一次中和槽、二次中和槽、自动压滤机、沉清池及各水泵等。

2.7.3　工艺说明

1. *石膏制造工序*

石膏制造系统主要由一号石膏反应槽、二号石膏反应槽、石膏浓密机、隔膜泵、石膏离心机等组成。

由石灰乳制备系统生产的石灰乳用气动泵送到一号石膏反应槽，由废酸处理工序硫化滤液泵将脱去各种金属离子的废酸原液也同时送进一号石膏反应槽，两者在石膏反应槽里起化学反应生成石膏。置换反应过程由安装在一号石膏反应槽出口的 pH 控制系统进行控制，确保反应进行到底。化学反应方程式为：

$$H_2SO_4 + CaCO_3 = CaSO_4 \downarrow + H_2O + CO_2 \uparrow$$

注意：在反应的过程中，槽内的搅拌机不能停止运行，否则生成的石膏就会沉淀结块。加强搅拌同时也可以提高反应速度。

说明：由于石灰乳特别容易沉淀而堵塞管道，特别是变口径的管道情况更是如此，故这里添加石灰乳不是采用离心泵而是采用气动隔膜泵。气动隔膜泵是靠压缩空气驱动的，压缩空气量越大，动作频率越快，添加的石灰乳越多。pH 计调节器输出的信号不是直接去控制调节阀的开度，以控制石灰乳的添加量，而是通过控制一台小的调节阀的开度去控制压缩空气量的大小，由这个被控的压缩空气量再去控制气动隔膜阀的动作频率。用这样的方法增、减石灰乳的添加量，既能满足生产要求，又可以确保管道、阀门不被石灰乳堵塞。这是在石膏制造系统非常重要的一个控制系统，要确保 pH 分析仪的准确、可靠(参见图 2-23)。

反应生成的混合溶液从一号石膏反应槽溢流到二号石膏反应槽，继续进行化学反应，对下面的沉淀物用气动隔膜泵返回到一号石膏反应槽，再次进行反应。

二号石膏反应槽的混合液溢流到石膏浓密机。在浓密机里，石膏被沉淀在浓密机的底部，用气动隔膜泵送到位于高处的高位给液槽，自流进石膏离心机，经石膏离心机离心脱液，就制成了石膏。石膏浓密机上面的废水溢流到石膏滤液槽，石膏离心机的滤液也流进石膏滤液槽，然后用石膏滤液泵送到中和工序处理。

注：一套石膏制造系统的生产能力往往不能满足废酸处理的需要，故大多设置好几套相同的生产系统，后面要说明的中和系统也是一样的。

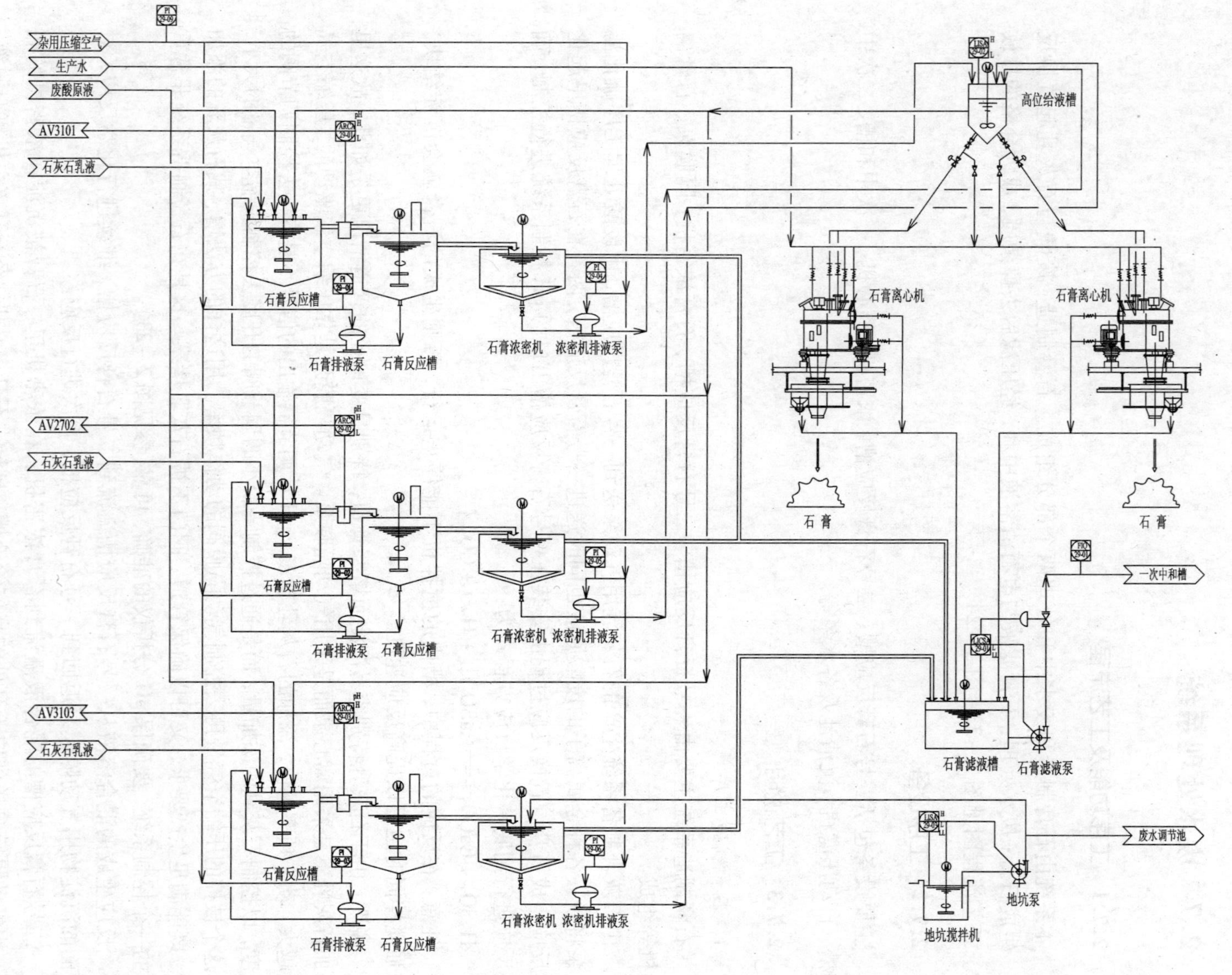

图2-23 石膏工序工艺流程图

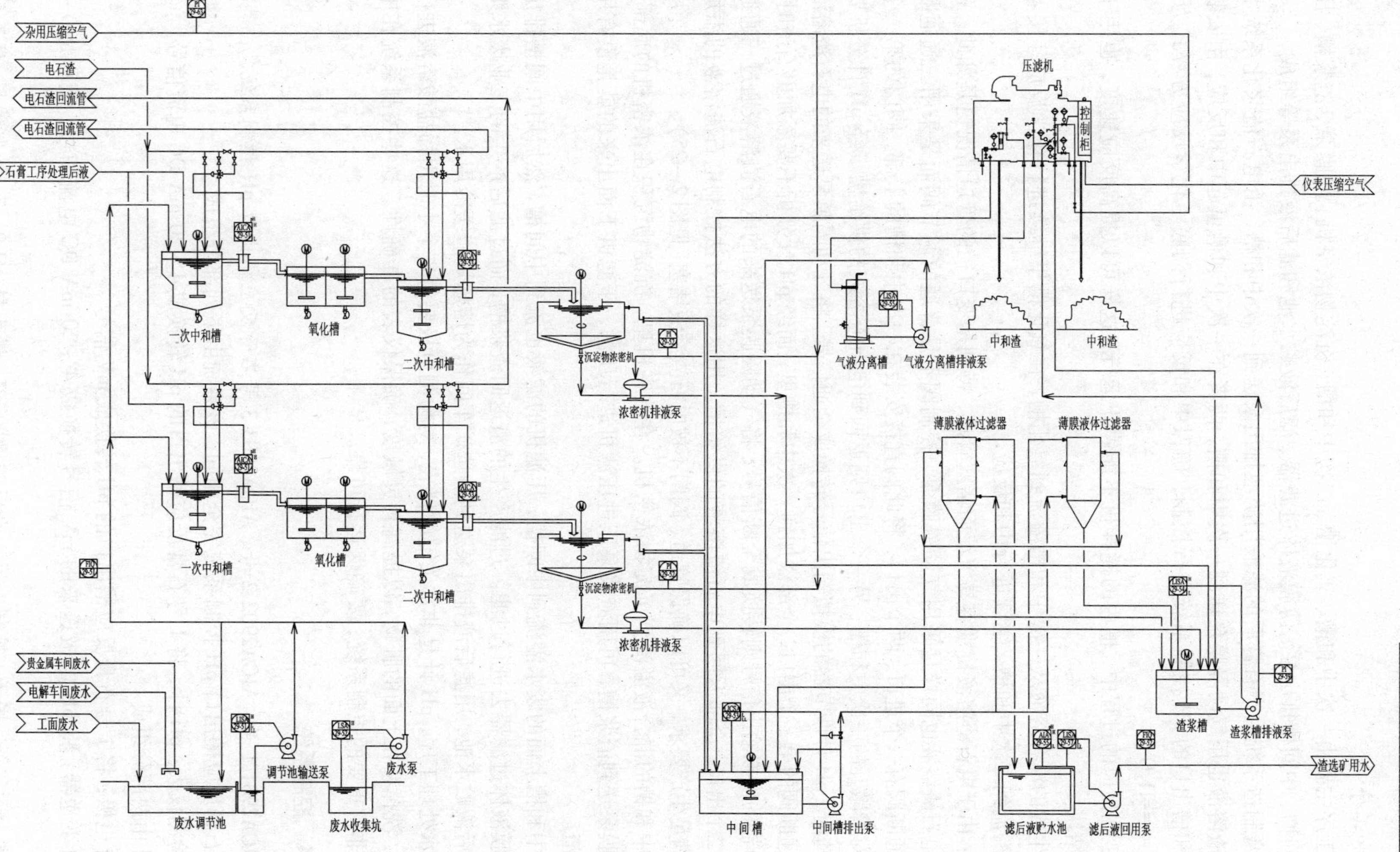

图2-24 中和工序工艺流程图

2. 中和工序

中和工序主要由一次中和槽、氧化槽、二次中和槽、沉淀物浓密机、隔膜泵、渣浆槽、压滤机、中间槽、中间槽排出泵、薄膜液体过滤器、滤后液贮水池和滤后液排出泵等组成。

由石膏制造系统生产石膏后的滤液用滤液排出泵送到一次中和槽，由电石渣浆化系统生产的电石渣溶液也用气动隔膜泵送到一次中和槽，两者在一次中和槽里起中和反应，由安装在一次中和槽出口的 pH 控制系统进行控制，确保中和反应进行彻底。化学反应方程式为：

$$H^{+} + OH^{-} = H_2O$$

注意：在反应的过程中，槽内的搅拌机不能停止运行，这样可以提高反应速度，也用于防止沉淀结块。

反应生成的混合溶液从一次中和槽溢流到氧化槽，在氧化槽里继续进行化学反应。接着从氧化槽溢流到二次中和槽，继续进行中和反应。

说明：由于电石渣溶液特别容易沉淀而堵塞管道，特别是变口径的管道情况更是如此，故这里添加电石渣溶液也同样是采用气动隔膜泵，控制阀不是普通的调节阀而是采用三通通断阀。三通通断阀有一个进口、两个出口，将此阀直接安装在一次中和槽的上部，阀门的第一个出口直接对着敞开的一次中和槽，另一个出口则返回到电石渣溶液的供给槽。经 pH 计分析要添加电石渣时，pH 计调节器的模拟输出信号转换成全通信号，将气动隔膜泵送来的电石渣溶液通过三通通断阀的第一个出口，全部添加到一次中和槽里；而经 pH 计分析不要添加电石渣时，pH 计调节器的模拟输出信号则转换成全断信号，将气动隔膜泵送来的电石渣溶液通过三通通断阀的第二个出口，全部返回到电石渣溶液的供给槽。用这样的方法控制电石渣溶液的添加量，既能满足生产要求，又可以确保管道、阀门不被电石渣溶液堵塞(见图 2 – 25)。

二次中和槽的混合液溢流到沉淀物浓密机。在浓密机里，沉淀物沉积在浓密机的底部，用气动隔膜泵送到渣浆槽，再用渣浆泵压进压滤机进行压滤，压滤机下面出来的就是没有用的中和废渣。

二次中和槽上面的废水溢流到中间槽，压滤机的滤液也流到中间槽，然后用中间槽排出泵送到薄膜液体过滤器去进行过滤。过滤产生的渣返回渣浆槽，而过滤后产生的工业废水则存贮在滤后液贮水池，用滤后液排出泵送到渣选矿车间作为熔炼炉渣缓冷用水。

在废水处理工序，pH 计是非常关键的仪表，对检测电极要每 8 个小时用稀盐酸溶液进行一次清洗，洗掉粘在上面的脏物，以提高其灵敏度，确保仪表的准确性。这些控制系统在中和系统是非常重要的控制系统，要确保运行可靠。

2.7.4 控制系统

1. AICA2901 1 号、AICA2902 2 号、AICA2903 3 号石膏反应槽出口 pH 控制系统

三种石膏反应槽出口 pH 控制系统完全相同，该系统由下列部分组成。

(1)检测仪表：pH 计，将 1 号石膏反应槽出口的 pH 转换成 4 ~ 20 mA DC 电流信号。

pH 计由两部分组成。

pH 计电极：将 1 号石膏反应槽出口的 pH 转换成 mV 信号。

pH 计变送器：将 pH 电极送来的 mV 信号转换成 4 ~ 20 mA DC 电流信号，量程是 0 ~ 7 pH。

(2)指示调节器：指示、控制 1 号石膏反应槽的 pH，量程是 pH 0 ~ 7，控制值是 pH 3.5。

调节器的动作方向为反作用(RA)。

(3)执行机构：气动顶部导向型调节阀，DN25，气开式(PO)。

由于石灰乳是用隔膜泵输送的，工作能源是压缩空气，压缩空气量越大，输送的石灰乳越多，故我们用 pH 计调节器的输出信号去控制隔膜泵的压缩空气量，以达到控制 pH 的目的。

2. AICA2951 一系列一次中和槽 pH 控制系统

该系统由下列部分组成。

(1)检测仪表：pH 计，将一系列一次中和槽的 pH 转换成 4 ~ 20 mA DC 电流信号。

pH 计由两部分组成。

pH 计电极：将一系列一次中和槽出口的 pH 转换成 mV 信号。

pH 计变送器：将 pH 电极送来的 mV 信号转换成 4 ~ 20 mA DC 电流信号，量程是 pH 0 ~ 14。

(2)指示调节器：指示、控制一系列一次中和槽的 pH，量程是 pH 0 ~ 14，控制值是 pH 7。指示调节器是由模拟调节器和占空比变换器组成，输出的信号是一个“脉冲”信号。动作方向为反作用(RA)。

(3)执行机构：气动三通通断阀，DN50，气开式(PO)。

由于电石渣容易堵塞管道，这里不用调节阀而用三通通断阀，加电石渣时全部加进中和槽，不加时全部返回电石渣槽，这样，就不会堵塞管道，并可以达到控制 pH 的目的。本系统的执行机构由气动三通通断阀和 1 个二位三通电磁阀组成。二位三通电磁阀接受的是指示调节器 AICA2951 输出的通断信号。

本控制系统有两大特点。

A. 选用非线性 PID 调节器，在进行中和反应过程中，当接近中点时，降低调节器的灵敏度，使反应速度减慢，不至于超调(见图 2 - 26)。

B. 将 PID 调节器输出的模拟信号，用占空比变换器转换成开关信号，控制三通通断阀的开、关时间，可以有效防止电石渣堵塞管道(见图 2 - 25)。

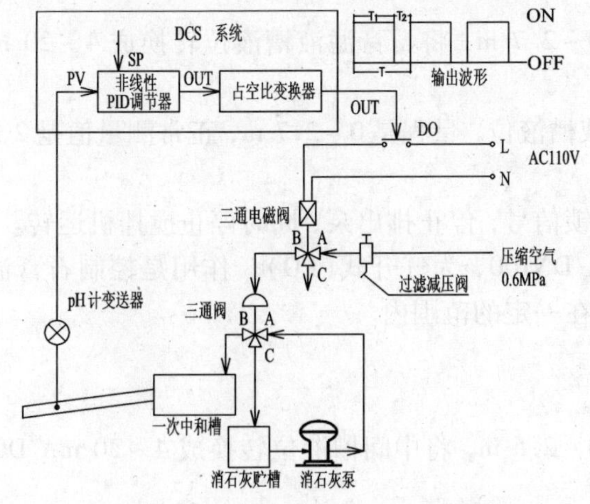

图 2 - 25　中和槽 pH 计控制原理

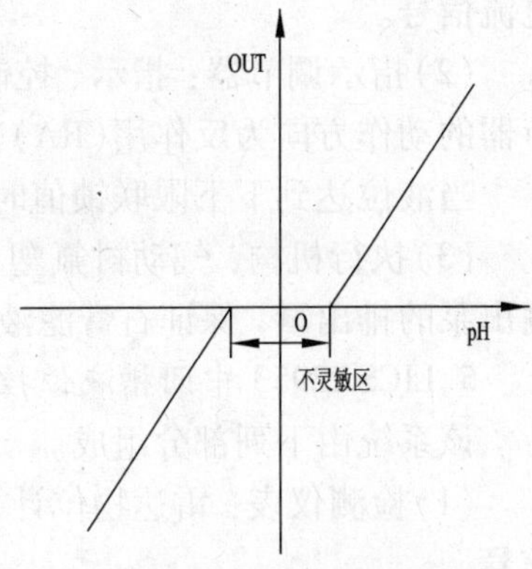

图 2 - 26　非线性 PID 调节器

工作原理说明：中和槽的 pH 测量值和设定值进行比较，如果有偏差，经 DCS 系统内的非线性 PID 调节器运算后，送给占空比变换回路，最终输出一个脉冲宽度为“T”的通断信号，去控制三通电磁阀的得电与失电。

在此脉冲中，“ON”的宽度为“T_1”，三通电磁阀得电；“OFF”的宽度为“T_2”，三通电磁阀失电。“T_1”、“T_2”的大小与偏差的大小有关：最大时，“T_1” = “T”，在“T”脉冲周期内，三通电磁阀一直得电；最小时，“T_2” = “T”，在“T”脉冲周期内，三通电磁阀一直失电。当调节器输出为 50% 时，“T_1” = “T_2”，在“T”脉冲周期内，三通电磁阀得电、失电各一半。

三通电磁阀得电后，“A”、“B”间通，其“B”端的压缩空气直接送到三通阀的膜头上，三通阀的“A”、“B”间通，电石渣泵抽出的电石渣下到中和槽，去中和废水中的酸；三通电磁阀失电后，“B”、“C”间通，三通阀膜头内的压缩空气经过三通电磁阀的“B”、“C”端放空，三通阀被弹簧复位，“A”、“C”间通，电石渣泵抽出的电石渣返回电石渣贮槽，完成一个控制周期。

3. AICA2953 一系列二次中和槽 pH 控制系统

该系统由下列部分组成。

(1)检测仪表：pH 计，将一系列二次中和槽的 pH 转换成 4 ~ 20 mA DC 电流信号。

pH 计由两部分组成。

pH 计电极：将一系列二次中和槽出口的 pH 转换成 mV 信号。

pH 计变送器：将 pH 电极送来的 mV 信号转换成 4 ~ 20 mA DC 电流信号，量程是 pH 0 ~ 14。

(2)指示调节器：指示、控制一系列二次中和槽的 pH，量程是 pH 0 ~ 14，控制值是 pH 9。指示调节器是由模拟调节器和占空比变换器组成，输出的信号是一个“脉冲”信号。动作方向为反作用(RA)。

(3)执行机构：气动三通通断阀，DN50，气开式(PO)。

二系列中和槽的 pH 控制系统与此完全一样。

4. LICSA2901 石膏滤液槽液位控制系统

该系统由下列部分组成。

(1)检测仪表：雷达物位计，量程是 0 ~ 2.7 m，将石膏滤液槽液位转换成 4 ~ 20 mA DC 电流信号。

(2)指示调节器：指示、控制石膏滤液槽液位，量程是 0 ~ 2.7 m，正常测量值是 2 m。调节器的动作方向为反作用(RA)。

当液位达到下下限联锁值时，输出联锁信号，停止排出泵，同时停止搅拌机运转。

(3)执行机构：气动衬氟塑调节蝶阀，DN100，为气开式(PO)。作用是控制石膏滤液槽输出泵的排出量，保证石膏滤液槽的液位在一定的范围内。

5. LICSA2953 中间槽液位控制系统

该系统由下列部分组成。

(1)检测仪表：雷达物位计，量程是 0 ~ 2.5 m，将中间槽液位转换成 4 ~ 20 mA DC 电流信号。

(2)指示调节器：指示、控制中间槽液位，量程是 0 ~ 2.5 m，正常测量值是 2 m。调节器的动作方向为反作用(RA)。

当液位达到下下限联锁值时，输出联锁信号，停止排出泵，同时停止搅拌机运转。

(3)执行机构：气动衬氟塑调节蝶阀，DN150，气开式(PO)。作用是控制中间槽输出泵的排出量，保证中间槽的液位在一定的范围内。

2.8 酸库系统

2.8.1 工序功能及工艺流程

酸库系统是用来贮存硫酸，装酸、卖酸的。工艺流程图见图 2－27。

2.8.2 主要设备

主要设备包括 12 个成品酸贮存槽、2 个装酸地下槽、4 个装酸高位槽。

2.8.3 工艺说明

从硫酸车间干吸工段成品酸中间槽送来的成品酸，贮存在这 12 个成品酸贮槽里，当要销售时，就从成品酸槽排放到装酸地下槽，再用酸泵打到高位槽。

2.8.4 控制系统

1. LICSA3013 1 号、LICSA3014 2 号装酸地下槽液位

该系统由下列部分组成。

(1)检测仪表：雷达液位计，量程是 0～2.2 m，将 1 号装酸地下槽液位转换成 4～20 mA DC 电流信号。

(2)指示调节器：指示、控制 1 号装酸地下槽液位，量程是 0～2.2 m，正常控制值是 1.8 m。调节器的动作方向为反作用(RA)。

液位控制在 H 和 L 之间，当液位下降到 LL 时，低液位报警，联锁停排酸泵。

(3)执行机构：气动衬氟塑蝶阀，DN300，气开式(PO)。作用是控制 1 号装酸地下槽的进酸量。

说明：装酸地下槽的进酸是依靠硫酸贮槽的高位重力而自流进入地下槽的。

2. LISA3015 1 号浓硫酸高位槽液位系统

该系统由下列部分组成。

(1)检测仪表：雷达液位计，量程是 0～6 m，将该槽液位转换成 4～20 mA DC 电流信号。

(2)指示报警仪：指示酸库 1 号浓硫酸高位槽液位，量程是 0～6 m，正常值是 5.0 m，上上限联锁值 HH＝5.2 m，上限报警值 H＝5.0 m，下限报警值是 L＝0.2 m，下下限联锁值是 LL＝0.0 m，液位控制在 H 和 L 之间。

(3)执行机构：本系统的执行机构由下列两个控制阀组成。

①进酸控制阀：气动衬氟塑切断蝶阀，DN200，作用是控制 1 号浓硫酸高位槽的进酸量。

②排酸控制阀：气动衬氟塑蝶阀，DN250，作用是控制 1 号浓硫酸高位槽的排酸量。

酸库有 4 个浓硫酸高位槽，故有 4 个液位控制系统，其液位控制系统和这个都一样。

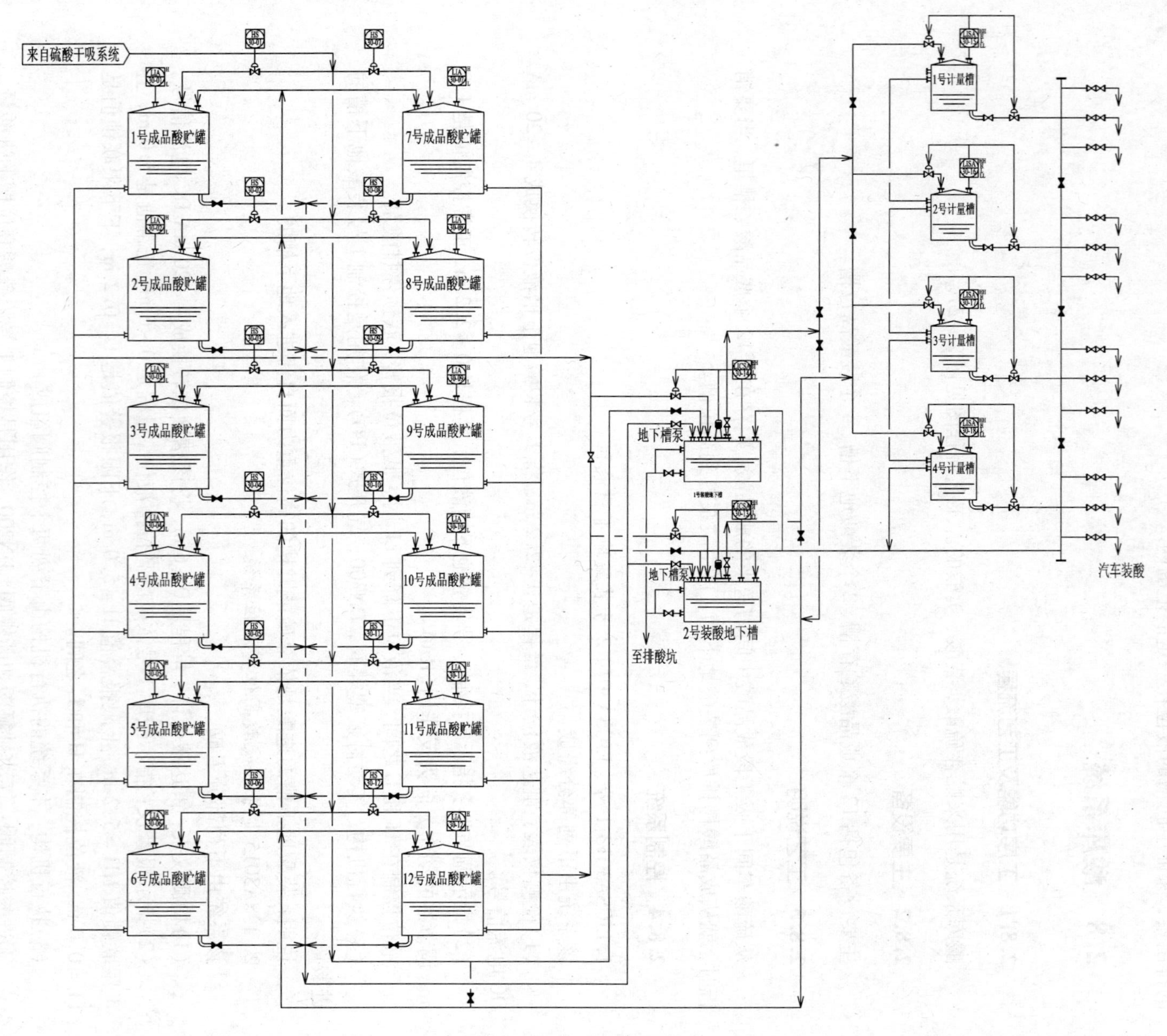

图2-27 酸库系统工艺流程图

第3章　选矿车间

闪速熔炼炉的炉渣中还含有2.3%的铜，故设置一个渣选矿车间，用于回收闪速熔炼炉炉渣中的铜。

渣选矿车间只有两个生产工序：炉渣缓冷工序和磨浮工序。本文将主要介绍磨浮工序的有关情况。

全车间用了一套DCS系统对炉渣缓冷和磨浮两个工序的生产过程进行监控。为了操作方便，设置了炉渣缓冷工序和磨浮工序两个仪表操作室。渣选矿车间DCS系统配置参见图3-1。

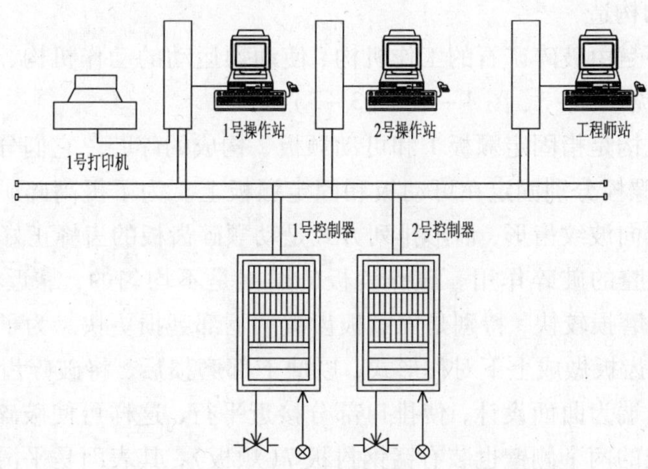

图3-1　渣选矿车间DCS系统配置图

3.1　缓冷系统

3.1.1　工序功能

缓冷系统是将闪速熔炼炉的炉渣进行缓冷。

3.1.2　主要设备

主要设备包括渣包车、渣包、水冷却系统。

3.1.3　工艺说明

闪速熔炼炉的炉渣流进渣包，用特殊的渣包车拉到缓冷现场；打开冷却水阀，进行48 h的缓冷，冷却时间到了后用渣包车将渣包内的炉渣倒进堆渣场。

3.2 磨浮系统

3.2.1 工序功能及工艺流程

将闪速熔炼炉的炉渣进行破碎、磨细、浮选，再经过浓密机浓缩和过滤机脱水后成为渣精矿，送到精矿库回收。本工序分破碎、研磨、浮选、脱水四个部分。工艺流程图见图3-2。

3.2.2 工序设备

主要设备包括振动棒条给料机、颚式破碎机、振动给料机、湿式半自磨机、直线振动筛、分级漩流器、溢流型球磨机、浮选机、鼓风机、浓密机、压滤机、过滤机、胶带运输机和各种泵等。

1. 颚式破碎机

1）颚式破碎机的构造

颚式破碎机主要是由破碎矿石的工作机构、使动颚运动的动作机构、排矿口的调整装置和轴承等部分组成（见图3-3、图3-4、图3-5）。

破碎机的工作机构是指固定颚板1和可动颚板2构成的碎腔。它们分别衬有高锰制成的破碎齿板5和6，用螺栓分别固定在可动板和固定颚板上。为了提高碎矿效果，两破碎衬板的表面通常都带有纵向波纹齿形，齿形排列方式是动颚碎齿板的齿峰正好对准固定颚板的齿谷，这样有利于破碎腔的破碎作用。破碎齿板的磨损是不均匀的，靠近给矿口部分磨损较慢，接近排矿口部分磨损较快，特别是固颚板齿板的下部磨损更快。为了延长破碎齿板的使用寿命，往往把破碎齿扳做成上下对称形式，以便下部磨损后，将破碎齿板倒向互换用。另外，动颚破碎齿板两端为曲面设计，使排口部分接近平行，这样可使破碎产品粒度均匀，排矿不易堵塞。破碎腔的两个侧壁也装有锰钢衬板7（颊板），其表面是平滑的，采用螺栓固定在侧壁上，磨损后更换。

可动颚板的运动是借助偏心轴3、肘板8等机构来实现的。它由飞轮、偏心轴、肘板组成。飞轮分别装在偏心轴的两端，偏心轴支承在机架侧壁的主轴承4中。动颚的下端由一块肘板支撑。肘板的一端嵌入肘座9中，另一端嵌入动颚下端的衬瓦中。当电动机通过皮带轮带动偏心轴旋转时，偏心轴带动动颚作复杂摆动。当动颚向前摆动时，水平拉杆通过弹簧10来平衡动噪声所产生的惯性力，使动颚和肘板连接点的张力减弱，当动颚后退时，弹簧又起协助作用。

由于颚式破碎机是间断工作的，即有工作行程（破碎）和空转行程（排矿），它的电动机的负荷极不均衡。为使负荷均匀，就在偏心轴两端各装设一个飞轮。当动颚向后移动时，把空转行程的能量储存起来，利用惯性原理，在工作行程时，再将能量全部释放出去。为了简化设备结构，通常都把其中一个飞轮兼作传递动力用的皮带轮。

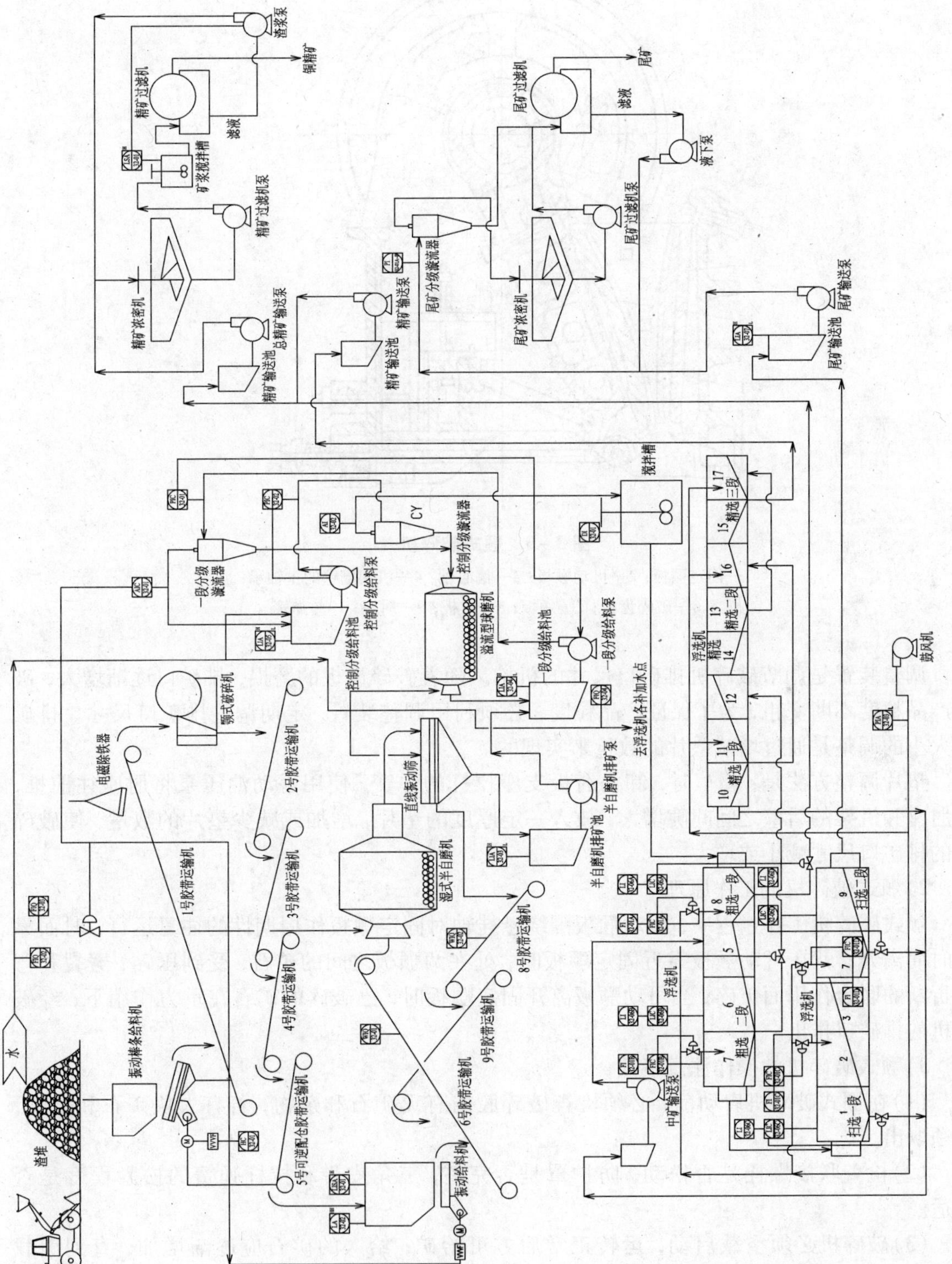

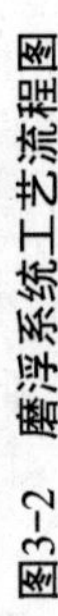

图3-2　磨浮系统工艺流程图

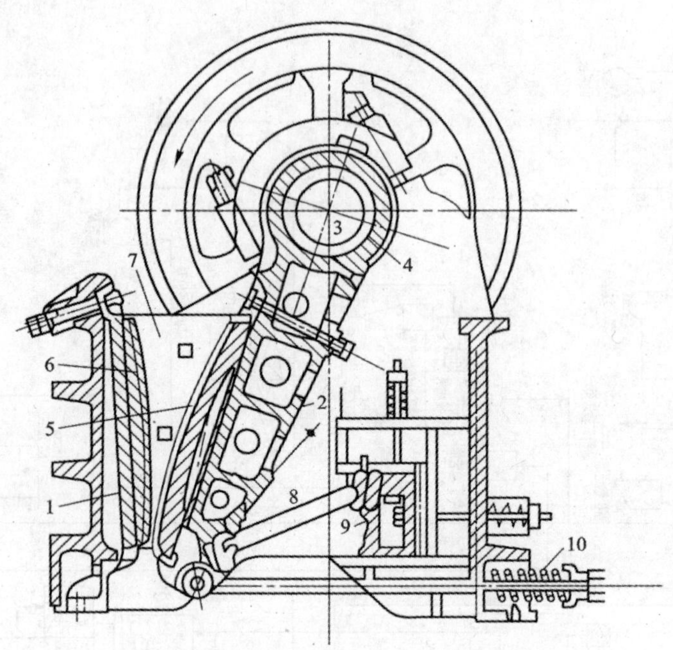

图 3－3　颚式破碎机

1—固定颚板；2—可动颚板；3—偏心轴；4—机架侧壁的主轴承；
5,6—破碎齿板；7—颊板；8—肘板；9—肘座；10—弹簧

调整装置是调节破碎机排矿口尺寸的机构。随着破碎齿板的磨损，排矿口逐渐增大，破碎产品粒度不断变粗，为了保证产品粒度，必须利用调整装置，定期调整排矿口尺寸。排矿口大小的调整是通过增减垫片的数量来实现的。

垫片调整方法是：停车时，卸松肘板支座拉杆的弹簧，使用手动油压泵将肘座往前推，使肘座和机架的后壁之间间隙增大，放入一定厚度的垫片，增加或减少垫片的数量，使破碎机的排矿口尺寸减小或增大。

2）颚式破碎机的工作原理

颚式破碎机工作过程中，可动颚板围绕悬挂轴对固定颚板作周期性的往复运行，时而靠近时而离开；就在可动颚板靠近固定颚板时，处在两颚板之间的矿石，受到压碎、劈裂和弯曲折断的联合作用而破碎；当可动颚板离开固定颚板时，已破碎的矿石在重力作用下，经破碎机的排矿口排出。

3）颚式破碎机的操作注意事项

（1）在颚式破碎机启动前，必须检查破碎腔内有无矿石和杂物，若有大块矿石和杂物，必须取出。

（2）检查联接螺栓是否松动，防护罩是否完整，三角皮带和拉杆弹簧的松紧程度是否合适。

（3）破碎机必须空载启动，运转正常后方可给矿；给入的矿石应逐渐增加，直到满载为止。

（4）操作中做到均匀给矿，防止矿石挤满破碎腔。若发生堵塞，应该暂停给矿，在设备继续运转的同时，使用工具疏通破碎腔内的矿石，待排空以后，再开始给矿。

(5)给矿时严防装载机的铲齿和大铁块、铜块进入破碎机。

(6)处理破碎机卡矿时，应使用工具进行，严禁直接用手去破碎腔内取物。

(7)定期检查破碎动、定齿板的磨损情况，调整好排矿口的间隙尺寸。

(8)定时检查颚式破碎机各部件的工作状况和轴承温度，发现异常敲击声后，应立即停车，查明原因，及时处理。

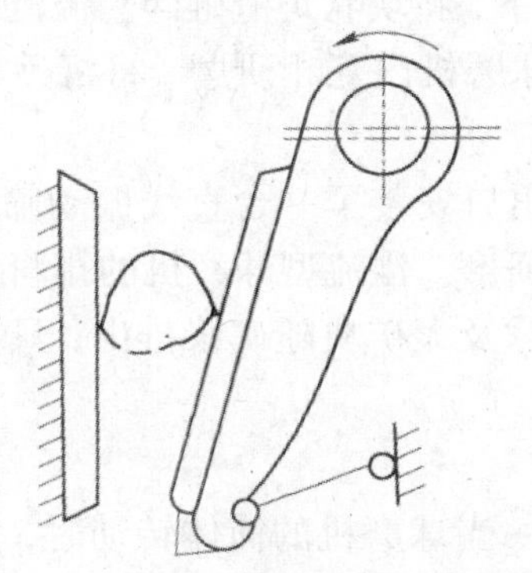

图 3－4　颚式碎矿机工作示意图

图 3－5　颚式碎矿机

2. 球磨机

1)湿式半自磨机的结构

湿式半自磨机(见图 3－6)是用厚钢板加工成的一个圆筒体，壳体内壁上衬装多块由特殊耐磨材料加工的呈“L”型衬板，磨机内装有耐磨钢球。筒体支承在两个滚圈上，由变频器控制的电动机通过驱动系统的大齿圈带动磨机筒体旋转，筒体从供料端向出料端倾斜。

图 3－6　湿式半自磨机

图 3－7　湿式半自磨机的进料系统

磨机的头部有一台进料小车，可以前后移动。生产时，进料小车的头部伸进磨机内，将待磨炉渣料送进磨机内，炉渣料是小于 150 mm 的块状物。进料小车的底板上也安装了多块耐磨衬板，处在高处的给料皮带将块状待磨炉渣通过加料仓抛到下面的进料小车里，然后滚进磨机里。在磨机的进料端口还接有一根进水管，在进料的同时还加进净化水。当停产检修更换衬板时，将进料小车移开，维修人员就可以自由进出磨机(见图 3－7)。

由于待磨的炉渣料块比较大，一次难以磨细，故在磨机的出口安装了一台直线振动筛，筛下物进入下一道工序，而筛上的粗物料则返回磨机再次进行研磨。

2）溢流型球磨机的结构

溢流型球磨机和湿式半自磨机的结构形式差不多。湿式半自磨机磨的是块状料，是从颚式破碎机出来的直径小于150 mm的块状物，在进料的同时用一根水管加水。溢流型球磨机磨的是由分级漩流器下部出来的沉砂状料，是连水带渣一起进去的。湿式半自磨机里只加进一种钢球，在进行研磨时钢球和块状物料同时从磨顶砸下，将块状炉渣砸碎。溢流型球磨机里加进三种不同规格的钢球，利用钢球和被研磨物在球磨机内互相研磨，将沉砂状料磨成细粉。

湿式半自磨机是边进料、边磨、边排料，在磨机的出口安装了一台直线振动筛，筛下物进入下一道工序，而筛上的粗物料则返回磨机再次进行研磨。溢流型球磨机的排料方式是溢流型，中空轴颈衬套内表面铸成螺纹线，它能阻止小钢球及大矿块随矿浆排出，只有磨好了的合格的产品才能出磨。

3）球磨机的工作原理

球磨机筒体内装有各种不同规格的钢球和研磨介质，当球磨机的筒体转动时，筒体内的钢球和研磨介质也要随筒体一齐转动；当提升到一定高度后，由于钢球和研磨介质受到地心引力，将会脱离筒体而自由落下，在研磨介质的升起和下落过程中，都会对筒体内的被磨物料起粉碎作用。

当球磨机转动时，筒体内研磨介质，例如钢球上升的高度要随筒体自身的转速而变。转速愈大，钢球提升的高度愈大，转速增至一定高度后，钢球自身将由于惯性离心力的增大与磨机筒体一块运转，在这种情况下球磨机将失去磨矿作用。

磨机的给料要求均匀连续，较大的波动会导致严重问题。若给料量太少，磨机内下落的磨碎介质会直接打在衬板上，使磨损加剧，过粉碎严重；而给料量过大时，又容易产生“胀肚”现象。所谓“胀肚”现象，就是磨机内的磨碎介质和被磨物料粘结在一起，使磨碎作用大大降低，它是磨机的常见故障之一，严重时需要停止生产，进行专门处理。

3. 水力旋流器

1）水力旋流器的构造

水力旋流器是一种离心分级设备，它的上部是一个中空的圆体，直径为50～500 mm；下部是一个与圆柱体相通的锥体，两者焊接成一个整体。锥体的锥角为15°～60°，一般为20°～30°。圆柱体上端切向装有给矿管，上端中心装有溢流管，圆锥的下端装有沉砂口，在设备最上部装有溢流导流管。

2）水力旋流器的分级原理

浆体在一定压力下通过给料管沿切向进入旋流器后，在旋流器内形成回转流，其切向速度在溢流管下口附近达最大值。同时，在后面浆体的推动下，进入旋流器内的浆体一面向下运动，一面向中心运动，形成轴向和径向流动速度，即浆体在旋流器内的流动属于三维运动。

浆体在旋流器内向下运动的过程中，因流动断面逐渐减小，所以内层浆体转而向上运动，即浆体在水力旋流器轴向上的运动是外层向下，内层向上，在任意一个高度断面上均存在着一个速度方向的转变点，在该点上浆体的轴向速度为零。把这些点连接起来，即构成一个近似锥形面，称为零速包络面。

位于浆体中的固体颗粒，由于离心惯性力的作用而产生向外运动的趋势，但由于浆体由外向内流动的阻碍，使得细小的颗粒因所受离心惯性力太小，不足以克服液流的阻力，而只能随向内的浆体一起进入零速包络面以内，并随向上的液流一起由溢流管排出，形成溢流产物。而较粗的颗粒则借较大的离心惯性力克服向内流动浆体流的阻碍，向外运动至零速包络面以外，随向下的液流一起由沉砂口排出，形成沉砂产物。

3.2.3　工艺说明

1. 研磨系统

缓冷后的炉渣堆在渣场里，采用移动式液压碎石机进行预处理，使入选物料粒度保证在 0 ~ 350 mm 左右。

用装载机将炉渣铲到给料仓里，给料仓下的振动棒条给料机将其送到 1 号胶带运输机上，然后送进颚式破碎机进行破碎，破碎后 80% 是 150 mm 的块状物料。破碎后的物料经 2 号 ~ 5 号胶带运输机转运，经振动给料机送到 6 号胶带运输机上，最后经进料小车加到湿式半自磨机里。

由于湿式半自磨机里装了耐磨钢球和“L”型衬板，磨机在转动的过程中，“L”型衬板将磨机内的钢球和待磨炉渣料从磨机下面带到磨机顶上，因自由落体而摔下来，钢球将炉渣料砸碎，从球磨机的排料口排出来。

在湿式半自磨机的出口装有一台直线振动筛，从磨机排料口排出来的物料经直线振动筛分级：直径大于 8 mm 的物料在筛上，经 8 号、9 号胶带运输机转运到 6 号胶带运输机上，再次送入球磨机里进行研磨；直径小于 8 mm 的物料在筛下，自流到半自磨机排矿池，经排矿泵抽进一段分级给料池，再经一段分级给料泵抽入一段分级漩流器进行分级，大于 75 μm 的物料从一段分级漩流器的底流自流进溢流型球磨机再次进行研磨。80% 小于 75 μm 的物料从一段分级漩流器溢流出来，进入控制分级给料池，经控制分级给料泵抽进控制分级漩流器进行分级：大于 40 μm 的物料从控制分级漩流器的底流自流进溢流型球磨机再次进行研磨。80% 小于 40 μm 的物料从控制分级漩流器溢流出来，经搅拌槽进入浮选系统的粗选一段进行浮选。

2. 浮选原理

浮选是选矿方法的一种，它是利用各种矿物表面物理化学性质的差异（主要是矿物表面对水的润湿性），从矿浆中借助于气泡的浮力，在气 - 液 - 固三相界面分选矿物的科学技术。因其实质是浮游矿物，即利用经药剂处理过的有用矿物能附着在气泡上的特性，从而将有用矿物和脉石矿物分离开来，所以叫浮游选矿，简称浮选。

经过磨矿分级已基本单体解离的矿物被调制成一定浓度的矿浆，与浮选药剂充分作用后，送入浮选机，进行机械搅拌的同时用鼓风机向浮选机内鼓入一定压力的空气，在矿浆中就产生了大量小而稳定的气泡，使表面已受捕收剂作用的矿粒附着在气泡上。这些气泡上升至矿浆表面，形成矿化泡沫，经刮板刮出或溢流而出，得到泡沫产品，剩下的矿物留在矿浆中随矿浆排出得到底流产品。这一工艺过程就叫做浮选工艺，浮选机是实现浮选工艺过程的主要机械。

从研磨工序经搅拌槽送来的浆料里面含有的铜品位比较高，在选矿药剂和鼓入空气的作用下，这些矿化泡沫从粗选一段的 8 号浮选机溢流而出，经精矿输送泵打到精矿浓密机进行脱水，然后用精矿过滤机泵将其底流送到精矿过滤机过滤，就得到含铜为 28% 及含水 12% 的渣精矿，用汽车送到铜精矿库贮存。现在用 LAROX 的压滤机效果较好。

剩下品位低一些的浆料从粗选一段的 8 号浮选机溢流到粗选二段的 6 号浮选机，浮选后，其矿化泡沫又溢流到精选一段的 12 号浮选机，浮选后，其矿化泡沫又溢流到精选二段的 16 号浮选机，再溢流到精选三段的 17 号浮选机。用精矿输送泵将此浆料打到总精矿输送池，和粗选一段的 8 号浮选机来的浆料一起，送到精矿浓密机进行脱水，然后用精矿过滤机过滤，得到最终产品，用汽车送到铜精矿库贮存。

从精选三段的 15 号浮选机溢流出来的矿化泡沫的铜品位，要比粗选一段的 8 号浮选机溢流出来的矿化泡沫的铜品位要低。

经过粗选的浆料含铜已经不多了，从粗选二段的 7 号浮选机溢流到扫选一段的 1 号浮选机，再从扫选一段的 3 号浮选机溢流到扫选二段的 9 号浮选机继续进行浮选。从这里溢流出来的矿化泡沫里含铜已经很低了，不能作为产品输出，将它们用中矿输送泵又打回到粗选一段的 5 号浮选机，和后面送来的品位较高的炉渣一起继续进行浮选。

从扫选二段的 9 号浮选机出来的浆料里，只含有 0.6% 左右的铜，再没有回收价值，经尾矿输送泵打到尾矿浓密机进行脱水，然后用泵将其底流送到尾矿过滤机过滤，就得到最终产品——含铜 0.7% 及含水 12% 的尾矿，送尾矿库贮存。现在用陶瓷过滤器的效果较好。

3.2.4 控制系统

1. AIC3201 一段分级漩流器溢流粒度控制系统

该系统由下列部分组成。

(1)检测仪表：粒度分析仪，该仪表由矿浆一次取样器和粒度仪主机组成。测量粒度范围是 31 ~ 600 μm(30 ~ 500 目)，输出两路标准的 4 ~ 20 mA DC 电流信号，采用标准的 MODBUS—RTU 通讯协议，将检测信号传送到 DCS 系统。

(2)指示调节器：指示、控制一段分级漩流器溢流粒度，量程是 31 ~ 600 μm(30 ~ 500 目)，调节器的动作方向为正作用(DA)。

(3)执行机构：由下列两个部分组成。

①控制加水量：执行机构是气动调节阀，DN100，气开式(PO)。作用是控制湿式半自磨机的加水流量。

②控制振动给料机的给料量：由变频器驱动的调速电机去控制振动给料机的速度，从而控制给料量，达到控制一段分级漩流器溢流粒度的目的。

2. FIC3201A 浮选机粗选一充气量控制系统

该系统由下列部分组成。

(1)检测仪表：气体质量流量计，DN250，将空气流量转换成 4 ~ 20 mA DC 的电流信号。

(2)指示调节器：指示、控制浮选机粗选一充气量，量程是 0 ~ 400 m^3/h(标况)，调节器的动作方向为反作用(RA)。

(3)执行机构：气动三维偏心蝶阀，DN250，气关式(PC)。

3. FIC3201B 浮选机粗选二充气量控制系统

该系统由下列部分组成。

(1)检测仪表：气体质量流量计，DN250，将空气流量转换成 4 ~ 20 mA DC 的电流信号。

(2)指示调节器：指示、控制浮选机粗选二充气量，量程是 0 ~ 400 m^3/h(标况)，调节器的动作方向为反作用(RA)。

(3)执行机构：气动三维偏心蝶阀，DN250，气关式(PC)。

4. FIC3201C 浮选机扫选一充气量控制系统

该系统由下列部分组成。

(1)检测仪表：气体质量流量计，DN250，将空气流量转换成4~20 mA DC 的电流信号。

(2)指示调节器：指示、控制浮选机扫选一充气量，量程是0~400 m^3/h(标况)，调节器的动作方向为反作用(RA)。

(3)执行机构：气动三维偏心蝶阀，DN250，气关式(PC)。

5. FIC3201D 浮选机扫选二充气量控制系统

该系统由下列部分组成。

(1)检测仪表：气体质量流量计，DN250，将空气流量转换成4~20 mA DC 的电流信号。

(2)指示调节器：指示、控制浮选机扫选二充气量，量程是0~400 m^3/h(标况)。调节器的动作方向为反作用(RA)。

(3)执行机构：气动三维偏心蝶阀，DN250，气关式(PC)。

6. LIC3206A 浮选机粗选一液位控制系统

该系统由下列部分组成。

(1)检测仪表：专用液位测量装置，由专用液位测量探头、探头支架、浮球、连杆、反射盘、冲水管等部件组成。作用是将矿浆液位转换成4~20 mA DC 的电流信号。

(2)指示调节器：型号是 UDC3200，HONEYWELL 公司生产，量程是0~500 mm。

(3)执行机构：由下列两种调节阀组成。

① 气动调节阀，由气动执行机构、锥阀和连杆组成，是主要的执行机构。

② 电动调节阀，由电动执行机构、锥阀和控制部分组成。电动执行机构的型号是DZW20，该部分是辅助的执行机构，当液位自动控制系统进行维护或出现故障时，可使用电动调节阀手动控制排矿量。

7. LIC3206B 浮选机粗选二液位控制系统

该系统由下列部分组成。

(1)检测仪表：专用液位测量装置，由专用液位测量探头、探头支架、浮球、连杆、反射盘、冲水管等部件组成，作用是将矿浆液位转换成4~20 mA DC 的电流信号。

(2)指示调节器：型号是 UDC3200，HONEYWELL 公司生产，量程是0~500 mm。

(3)执行机构：由下列两种调节阀组成。

① 气动调节阀，由气动执行机构、锥阀和连杆组成，是主要的执行机构。

② 电动调节阀，由电动执行机构、锥阀和控制部分组成。该部分是辅助的执行机构，当液位自动控制系统进行维护或出现故障时，可使用电动调节阀手动控制排矿量。

8. LIC3206C 浮选机扫选一液位控制系统

该系统由下列部分组成。

(1)检测仪表：专用液位测量装置，由专用液位测量探头、探头支架、浮球、连杆、反射盘、冲水管等部件组成。作用是将矿浆液位转换成4~20 mA DC 的电流信号。

(2)指示调节器：型号是 UDC3200，HONEYWELL 公司生产，量程是0~500 mm。

(3)执行机构：由下列两种调节阀组成。

① 气动调节阀，由气动执行机构、锥阀和连杆组成，是主要的执行机构。

② 电动调节阀，由电动执行机构、锥阀和控制部分组成。该部分是辅助的执行机构，当液位自动控制系统进行维护或出现故障时，可使用电动调节阀手动控制排矿量。

9. LIC3206D 浮选机扫选二液位控制系统

该系统由下列部分组成。

(1)检测仪表：专用液位测量装置，由专用液位测量探头、探头支架、浮球、连杆、反射盘、冲水管等部件组成，作用是将矿浆液位转换成4～20 mA DC的电流信号。

(2)指示调节器：型号是UDC3200，HONEYWELL公司生产，量程是0～500 mm。

(3)执行机构：由下列两种调节阀组成。

① 气动调节阀，由气动执行机构、锥阀和连杆组成，是主要的执行机构。

② 电动调节阀，由电动执行机构、锥阀和控制部分组成，该部分是辅助的执行机构，当液位自动控制系统进行维护或出现故障时，可使用电动调节阀手动控制排矿量。

注：上述设备都是浮选机设备制造厂制造的。

10. PIC3201A 一段分级漩流器给矿压力控制系统

该系统由下列部分组成。

(1)检测仪表：带远传装置的压力变送器，量程是0～0.15 MPa，作用是将一段分级漩流器给矿压力转换成4～20 mA DC电流信号。

(2)指示调节器：指示、控制一段分级漩流器给矿压力值，量程是0～0.15 MPa，调节器的动作方向为反作用(RA)。

(3)执行机构：由变频器驱动的调速电机去控制一段分级给料渣浆泵的转速，改变给料量。

PIC3201B 一段分级漩流器、PIC3202A、PIC3202B 控制分级漩流器给矿压力控制系统与PIC3201 A 一段分级漩流器的完全相同。

11. LISA3201 粉矿仓料位联锁系统

检测仪表是雷达物位计，量程是0～12 m，作用是将粉矿仓料位转换成4～20 mA DC电流信号。

上限联锁值H=17 m，下限报警值L=8 m。

第 4 章　电解车间

电解车间是闪速炼铜的关键生产车间，是出最终产品的车间。全车间只有 2 个生产工序：电解工序和净液工序，本书将分别进行介绍。

全车间用了 1 套 DCS 系统，对电解工序和净液工序的生产过程进行监控，为了操作方便，设置了电解工序和净液工序两个仪表操作室。电解车间 DCS 系统配置参见图 4－1。

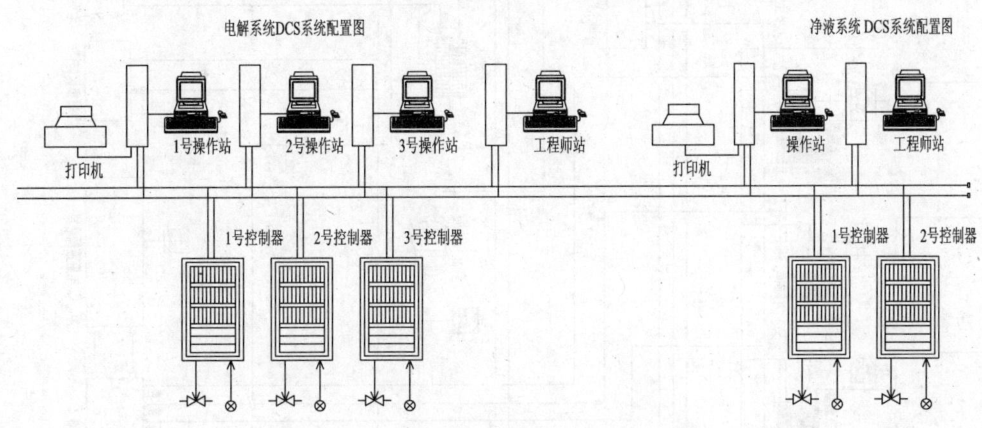

图 4－1　电解车间 DCS 系统配置图

4.1　电解系统

4.1.1　工序功能及工艺流程

将阳极精炼炉产出的阳极铜(阳极)和不锈钢板(阴极)放进铜电解槽，以硫酸铜溶液为电解质，在直流电的作用下，铜从阴极板上析出(>99.99% Cu)，成为最终产品。工艺流程图见图 4－2。

4.1.2　工序设备

通常电解系统都分成两个部分(设为东、西两个系列)，设备和配置基本一样。东系列主要有 400 个电解槽、1 个电解液高位槽、1 个电解液分配槽、2 个电解液循环槽、4 台板式换热器、阳极泥系统设备及其他一些辅助设备。西系列主要有 320 个电解槽、1 个电解液高位槽、1 个电解液分配槽、2 个电解液循环槽、4 台板式换热器、阳极泥系统设备及其他一些辅助设备。

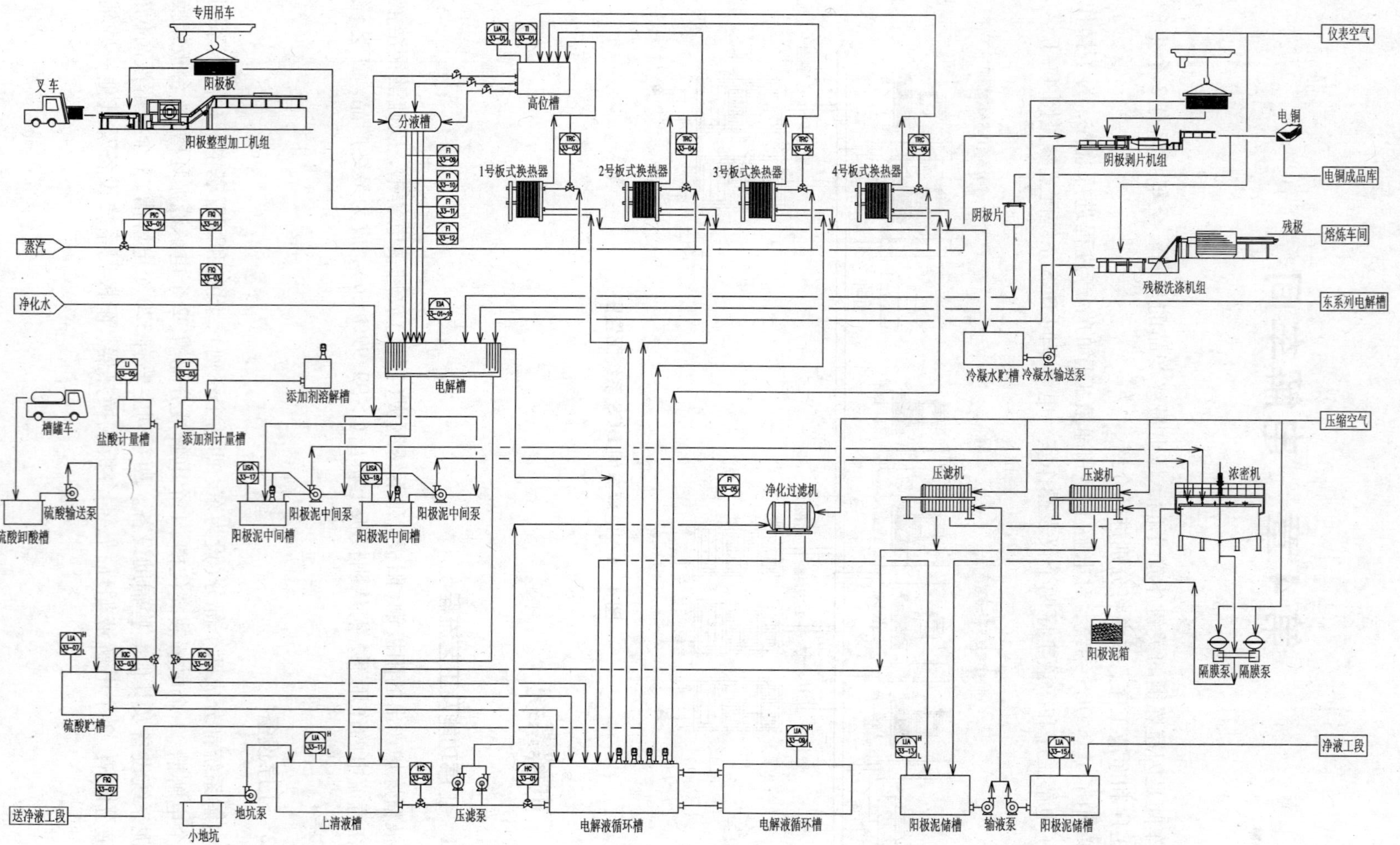

图4-2 电解系统工艺流程图

1 套加工机组(1 台阳极整形机组、2 台剥片机组、1 台残极洗涤机组)和 2 台行车是两个系列共用的。

电解车间的设备中，通常加工机组和行车都是进口的，其他设备则都是国产的。槽、罐、泵等都是一般的通用设备，钛板换热器和我们前面介绍过的热交换器大同小异，不再进行介绍。下面对行车和机组设备进行简单介绍。

1. 行车

行车是进口的，是为铜电解系统设计制造的专用行车(见图 4－3)，目前国内还没有类似的产品。

行车的主体部分和其他行车没有多大区别，关键在于它设计了一个吊装阳极板和阴极板的专用工具，可以一次同时吊起 55 块阳极板或 54 块阴极板，也就是说在进行装槽或出槽时只进行一次操作就可以完成，非常方便。

图 4－3　电解专用行车

在阴极铜和电解残极出槽时，行车将它们从电解槽里提上来，难免会带出一些电解液，这些电解液到处滴落一定会严重污染环境。在这台行车的下部设计了一个伸缩自如的专用托盘，用于接收这些滴落的电解液。当需要使用托盘时，就将托盘搁在阴极铜和电解残极的下面，若有电解液流下，则直接流到托盘里，这样就万无一失了。

这种专用行车设计的是全自动无人操作，用编码器进行精确定位。当需要时，生产工人只需输入一些参数：是装槽还是出槽，是装阳极板还是装阴极板，是出阴极铜还是出残极，再输入槽号，专用行车就会根据设定的程序按指定的路线进行全自动操作。

2. 阳极整形机组

从圆盘浇铸机浇铸出来的阳极板虽然是标准、统一的，但难免还是有毛刺，有的还不是很平整，这样的阳极板在放进电解槽时可能会产生短路，这是不允许的。故阳极板在进入电解槽时要先进入阳极整形机组进行加工，用机器将阳极板周边的毛刺去掉，用压力机将阳极板压平，尽量减少短路的发生。它具有对阳极板压平、矫正、铣耳、排距四大功能，其整形能力为 300 块/h，排距能力为 500 块/h，整列间距 100 mm，能同时对三块阳极进行铣耳。

3. 剥片机组(见图 4－4)

在以前的传统电解工艺中，电解的阴极采用始极片，是用阳极铜经专门电解制造的，故电解的第一道工序就是制造始极片，这属于电解的准备工作。在正常的电解过程中，溶解在电解液中的铜离子在直流电的作用下从阴极(始极片)析出，将始极片包在里面，经过一周左右的时间，阴极铜出槽，始极片也作为阴极铜的一部分被销售。

现在的电解新工艺再不用始极片了，用被称为“不锈钢永久阴极”的不锈钢板代替始极片作阴极，可以重复多次使用。在正常的电解过程中，溶解在电解液中的铜离子在直流电的作用下从不锈钢永久阴极析出，将不锈钢永久阴极包在里面，经过一周左右的时间，包着不锈钢永久阴极的阴极铜出槽。这时不锈钢永久阴极不能像始极片一样被卖掉，还要重复使用，故这里就要用到剥片机，将生长在不锈钢永久阴极上的阴极铜剥下来。

剥片机组的结构比较复杂，是由 PLC 系统控制的全自动机械装置，在机组上方的前后两边有两把“铲子”。

图 4-4 剥片机组

图 4-5 残极洗涤机组

当阴极铜要出槽时，行车将一槽阴极铜(54 块)整体吊出，放进剥片机组的进料架上，经传动带的移动，将阴极铜带到清洗箱，将带压力的热水喷射到阴极铜的四周，将阴极铜上从电解槽里带出的电解液清洗干净。

当等待剥片的包着不锈钢永久阴极的阴极铜被传动带输送到剥片机时，先经绕曲机构，使不锈钢永久阴极上部两边露出缝隙，随后两把铲子从缝隙处从上往下直插下来，将不锈钢永久阴极前后两边的阴极铜都剥下来。剥下的阴极铜被传动带带到前面，堆垛、打包、称重、出厂，而被剥去阴极铜的不锈钢永久阴极则被传动带输送到另一个方向的架子上存放起来，以备下一次使用。

4. 残极洗涤机组(见图 4-5)

阳极板在经过三周时间的电解后，绝大多数阳极铜都变成阴极铜而从不锈钢永久阴极上析出，剩下的不适于继续电解，就成了残极。

当残极要出槽时，行车将一槽残极(55 块)整体吊出，放进残极洗涤机组的进料架上，经传动带的移动，将残极带到清洗箱，将带压力的热水喷射到残极的四周，将残极上从电解槽里带出的电解液清洗干净。之后送上传送带，堆垛起来，最后用叉车送到熔炼车间的竖炉系统。

由于残极洗涤机组不是很复杂，故现在都是在国内定做的。为了使行车行走的路线最短，一般将这些加工机组放在两组电解槽的中间。

5. 电解槽

电解槽是钢筋混凝土制作的长方形外框，槽内衬玻璃钢以防腐蚀，电解槽放置于钢筋混凝土的横梁上，槽子底部与横梁之间要用橡胶板绝缘。电解槽的一头接上液管道，管道的材质一般是聚氯乙烯，用一个手动塑料球阀控制。进液管从槽上伸到槽的底部，从槽头延伸到槽尾，管的两头各钻有 6 个孔，电解液从孔内喷出。电解槽的两头上方各有一个溢流口，在下面进液的同时，上面会不停地溢流，以保证电解液的质量。

电解槽的底部从槽头到槽尾有一些倾斜，在槽头有一个比底部稍高的出液口，用于排出电解液；在槽尾最低处有一个出液口，用于排出阳极泥。这样设计的目的是防止在排液时将阳极泥也带走。

电解槽的中间空出部分是装阳极板和阴极板的，搁置阳极板和阴极板的地方是用橡胶板互相绝缘的，一般每20个电解槽为一组，每组电解槽的前面一个槽和后面一个槽的两侧边都有导电铜排，用于和其他组的导电铜排相连接，槽内是靠阴极板和阳极板导电的。电解槽的结构参见图4-6、图4-7。

图4-6 电解槽

图4-7 电解槽的结构

4.1.3 工艺说明

1. 铜电解精炼的理论

铜的电解精炼是以火法精炼的阳极板为阳极，纯铜片为阴极，在硫酸铜和硫酸电解液中通直流电电解，根据电化学性质的不同，杂质进入阳极泥或保留在电解液中，而在阴极则产出纯铜，我们称为“电铜”或“阴极铜”。

电解精炼的电极反应：

铜电解精炼是在硫酸铜和硫酸溶液中进行的，在这个溶液中，根据电离理论，存在 H^+、Cu^{2+}、SO_4^{2-} 和水分子等，因此在阳极和阴极之间施加一定的直流电压时，将发生相应的反应。阳极上进行的反应是：$Cu-2e \longrightarrow Cu^{2+}$（$E^0_{Cu/Cu^{2+}}=0.34\ V$）。

根据标准电位次序表，只有比铜电位低的（$<0.34\ V$）金属才会失去电子进入溶液，这些金属大多数在火法精炼时已经除去，少量进入溶液积累，使电解液变得不纯，因此要定期抽出一部分电解液进行净化。大于0.34 V的金属通常为贵金属，则不溶解而成为阳极泥沉落于电解槽底部，因此阳极主要反应是铜的溶解。

阴极上进行的反应是：$Cu^{2+}+2e \longrightarrow$（$E^0_{Cu/Cu^{2+}}=0.34\ V$）。

根据标准电位次序表，只有标准电位大的金属离子能够优先进行还原，但这些金属在阳极不溶解，因此只有铜离子还原是阴极的主要反应。

2. 铜电解精炼的条件控制

1）电解液成分

工业上采用的电解液除 $CuSO_4$ 和 H_2SO_4 外，还有少量溶解的杂质和有机添加剂。电解液成分的控制就是要保证足够的铜离子和 H_2SO_4 浓度。铜离子浓度高可以防止杂质析出，硫酸浓度高导电性好。但这两个条件是互相制约的，即 H_2SO_4浓度大时，铜的溶解度降低，反之则升高。通常铜离子浓度为40～50 g/L，酸度为180～240 g/L。要求电解液中的杂质尽量少，但长期积累也会升高，因此电解液必须净化，一般是根据具体情况将其定时抽出，并补充新的电解液。

2)电流密度

我们将每平方米阴极表面通过的电流安培数称之为电流密度，显而易见，电流密度愈大，生产率愈高。电流密度的选择应考虑两个因素，即技术和经济两方面。从技术方面说，因为电解时溶解和沉积速度总是超过铜离子迁移速度，电流密度大时，由于浓差不同会产生阳极钝化，而阴极则结晶粗糙，甚至出现粉状结晶。从经济方面说，电流密度过大，电压增加，电耗增大；同时由于提高电流密度，电解液循环量增大，会增大阳极泥的损失。最佳电流密度应根据具体条件选择，我国目前大都是采用310～350 A/m^2。

3)槽电压

铜电解精炼的槽电压为0.2～0.25 V，主要是由电解液电阻、导体电阻和浓差极化引起的电压所组成。电解液的电阻与溶液成分和温度等有关，酸度大、温度高则电阻小，反之则电阻大。导体电阻与接触点电阻和阳极泥电阻有关。而浓差极化是由于阴、阳极电解液成分不同所引起的，结果是产生与电解施加电压方向相反的电动势。根据研究，电解液电阻是最大的，占槽电压的50%～70%，浓差极化引起的电压降占20%～30%，而导体的电阻电压降只占10%～25%。

4)电流效率

电流效率是指实际阴极产出铜量与理论上通过1 A·h电量应沉积的铜量之比的原分数。电流效率通常只有92%～98%。电流效率降低的原因是漏电，阴、阳极间短路，副反应如铁离子的氧化还原作用和铜的化学溶解等。

铜电解精炼的指标：直流电耗230～260 kW·h/t·Cu，残极率14%～16%，直接回收率85%，电解总回收率99.9%，硫酸消耗4～5 kg/t·Cu，蒸汽消耗1～1.6 t/t·Cu。

3. 电解液的配制

净液工段有一个重溶槽，就是专门生产硫酸铜电解液的。电解工段开始生产用的电解液就是由这个重溶槽提供的，配制方法如下：

根据重溶槽的直径、硫酸铜的成分和要求配制电解液的成分。先将槽内装入一定高度的净化水，启动搅拌机，将经过计算的定量硫酸铜粉末慢慢加入到重溶槽里。为了加快溶解速度，可通入一定量的蒸汽，经过一段时间反应，电解液就配制好了。工艺要求的电解液成分是180～240 g/L H_2SO_4、45～50 g/L Cu，应由人工进行分析，若有误差可增减某种原料，保证配制合格的电解液。

将配制好的电解液用泵送到电解工段的循环槽。由于重溶槽的体积较小，而需要的电解液量比较多，故要配制多槽才能满足需要。将循环槽的电解液用循环泵经过板式换热器用蒸汽加热后送到高位槽，温度控制在50℃左右，再经分液槽送到各个电解槽。

4. 铜的电解

将经过整形的55块阳极板和54块不锈钢永久阴极板，相间地装入电解槽内，在直流电(DV 210 V、40000 A)的作用下，阳极上的铜和电位较负的贱金属溶解进入溶液，而贵金属和某些金属(硒、碲等)不溶，成为阳极泥沉入电解槽底。溶液中的铜在阴极上优先析出，而其他电位较负的贱金属不能在阴极上析出，存留于电解液中，在进行净化时除去。阴极上析出的就是高纯度的铜，叫阴极铜或电解铜，简称电铜。

阳极铜和不锈钢永久阴极板装入电解槽后，经过7天的电解，首批阴极铜就可以出槽；而一块阳极铜可以电解出三块阴极铜，故阳极铜进槽21天后才能作为残极出槽。

为了降低电解铜的杂质，提高电解铜的品位，还要往电解液里加一些盐酸和添加剂等。电解液中的添加剂为表面活性物质，包括骨胶、硫脲和干酪素等，其作用是吸附在晶体凸出部分增加局部的电阻，保证阴极致密平整。

在电解过程中，各种贵重金属不溶于电解液，作为阳极泥都沉积在电解槽的底部。定期将阳极泥从电解槽排放到阳极泥中间槽，然后用泵打到浓密机进行浓缩，将浓缩后的底流用气动泵打到压滤机进行压滤，就得到含贵重金属金、银的阳极泥。滤液则贮存在上清液槽，经净化过滤机过滤后再次返回电解液循环槽。

4.1.4 控制系统

1. PIC3301 西区蒸汽总管压力控制系统

该系统由下列部分组成。

(1)检测仪表：压力变送器，量程是0~0.5 MPa，作用是将蒸汽压力值转换成4~20 mA DC电流信号。

(2)指示调节器：作用是指示、控制蒸汽总管压力值，量程是0~0.5 MPa，调节器的输出是反作用(RA)。

(3)执行机构：高性能气动蝶阀，DN300，气开式(PO)。作用是控制蒸汽总管流通能力，将其压力控制在一定的范围内。

2. TRC3303 1号板式换热器溶液出口温度控制系统

该系统由下列部分组成。

(1)检测仪表：铂电阻温度计，将板式换热器溶液出口温度变成电阻信号。

(2)指示调节器：指示、控制板式换热器溶液出口温度，量程是0~100℃。调节器的输出是反作用(RA)。

(3)执行机构：气动顶部导向型调节阀，DN150，气开式(PO)。作用是控制蒸汽流量，以达到控制板式换热器溶液出口温度的作用。

3. TRC3304 2号、TRC3305 3号、TRC3306 4号板式换热器溶液出口温度控制系统

电解车间共有8个板式换热器，都是用于给电解液加温的，控制方案完全一样。

4. LISA3317 1号、LISA3318 2号阳极泥中间槽液位检测

电解车间共有5个中间槽液位检测系统，控制方案完全一样。该系统由下列部分组成。

(1)检测仪表：雷达液位计，量程是0~2 m，将该槽液位转换成4~20 mA DC电流信号。

(2)指示报警器：指示1号阳极泥中间槽液位值，量程是0~2 m，正常值是1.2 m，液位控制在H和L之间，即液位高于H时启动泵，液位低于L时停止泵；当液位低于LL时联锁停搅拌机，液位高于HH时报警。

4.2 净液系统

4.2.1 工序功能及工艺流程

对铜电解过程中所使用的电解液进行净化处理，去掉有害杂质，保持一定的 Cu^{2+}、H^{+} 离子浓度，是电铜生产过程中不可缺少的辅助系统。工艺流程图见图 4 - 8。

4.2.2 工序设备

主要设备包括真空蒸发器、板式换热器、水冷结晶槽、带式真空过滤机、脱铜电解槽、脱铜压滤机、各种贮槽、泵等。

净液工段所用设备大都是一般的常用设备，没有什么特别的地方，技术含量不是很高，全是国内生产的。只有真空蒸发器是近年来才推出来，用于电解液浓缩的设备，这里将其结构和工作原理进行简单介绍。

1. 真空蒸发器

真空蒸发器是一个圆柱体，为了进出物料方便，上下部分做成半球体。顶上是排水出口，底下是排料出口，中间是物料进口。

因为电解液主要是稀硫酸，腐蚀性非常强，不锈钢都无法承受其腐蚀性，故真空蒸发器整体设备全都是用抗腐蚀能力强的钛合金制造，成本是非常高的。

真空蒸发系统的自动化程度非常高，有液位自动控制系统、压力自动控制系统、温度自动控制系统和密度自动控制系统。

待蒸发的废电解液接到循环泵的进口，经板式换热器用蒸汽加热后从中部加入到真空蒸发器内，加液量的多少是由循环泵进口的调节阀控制的，而这台调节阀又是受真空蒸发器的液位控制器控制的。

真空蒸发的效果与电解液的温度有关，若温度太低，溶液会结晶，容易堵塞管道。温度太高了也不好，一方面是浪费能源，另外，温度高会增强电解液的腐蚀性。蒸发器内溶液的温度是靠板式换热器用蒸汽加热，循环泵的循环使其温度均匀的。

真空蒸发器的动力来自于水力喷射泵。水力喷射泵是一个双层结构的圆筒体，圆筒体的内层里面是空的，上面接来自于水泵的压力水，下面是喇叭口形的排水口。圆筒体的外层上面是封死的，下面和内层的喇叭口形排水出口相通，中间有一个接口。当来自于循环水泵的压力水从上面进入水力喷射泵，从下面喷射流出时，由于空间突然增大，水的压力大大降低，在那个外层接口处就会产生一个负压。负压的大小是与水力喷射泵的结构、循环水泵的压力和流量成正比的。

我们将真空蒸发器顶上的出口管道与水力喷射泵的中间接口连接起来。当启动下面的循环水泵时，在水力喷射泵的中间接口处就产生强大的负压，将真空蒸发器内上面的水和汽都吸出来，与水力喷射泵出口的水一起排到地面的热水槽，经板式冷却器用冷水冷却后再返回冷水槽循环使用。

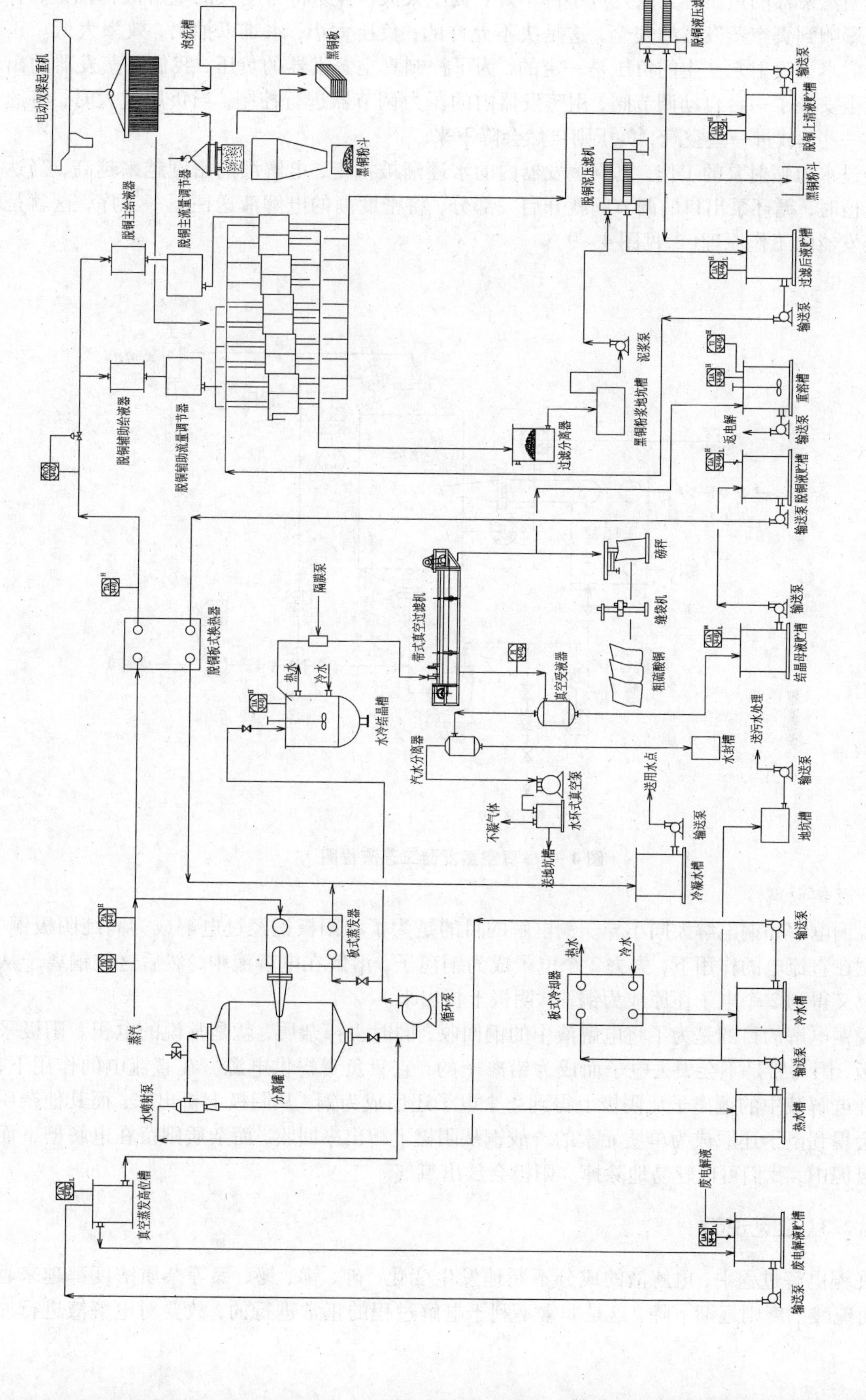

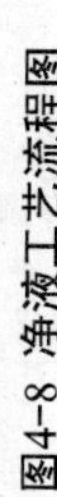
电动双梁起重机
洗涤槽
黑铜板
黑铜粉斗
脱铜主给液器
脱铜主流量调节器
脱铜辅助给液器
脱铜辅助流量调节器
过滤分离器
黑铜粉浆地坑槽
泥浆泵
脱铜液压滤机
黑铜粉斗
脱铜上清液贮槽
输送泵
脱铜液压滤机
过滤后液贮槽
输送泵
返电解
重溶槽
输送泵
脱铜液贮槽
输送泵
磅秤
缝袋机
粗硫酸铜
带式真空过滤机
隔膜泵
真空受液器
脱铜板式换热器
水冷结晶槽
热水
冷水
汽水分离器
水环式真空泵
不凝气体
送地坑槽
冷凝水槽
输送泵
送用水点
水封槽
送污水处理
结晶母液贮槽
输送泵
地坑槽
输送泵
板式蒸发器
循环泵
蒸汽
分离罐
水喷射泵
真空蒸发高位槽
板式冷却器
热水
冷水
冷水槽
输送泵
热水槽
输送泵
废电解液
废电解液贮槽
输送泵

图4-8 净液工艺流程图

真空蒸发器的负压过大或是过小都不好：负压太大，容易将密度大的电解液都抽走，有时甚至影响到真空蒸发器的安全，这是决不允许的；负压太小，水难以抽出，效率太低。正常生产时水力喷射泵产生的负压是一定的，为了控制真空蒸发器的负压，我们在蒸发器的出口管道上安装了一台自动调节阀，用蒸发器内的压力调节器进行控制，当负压过大时，将此阀开启一些，放进一些空气，负压则自然会降下来。

经过水力喷射泵的工作，真空蒸发器内的水逐渐被抽走，电解液的密度越来越高，当达到设定值时，循环泵出口的调节阀就开启一部分，将密度高的电解液送往下一工序，这就是真空蒸发器的工作原理(参见图4-9)。

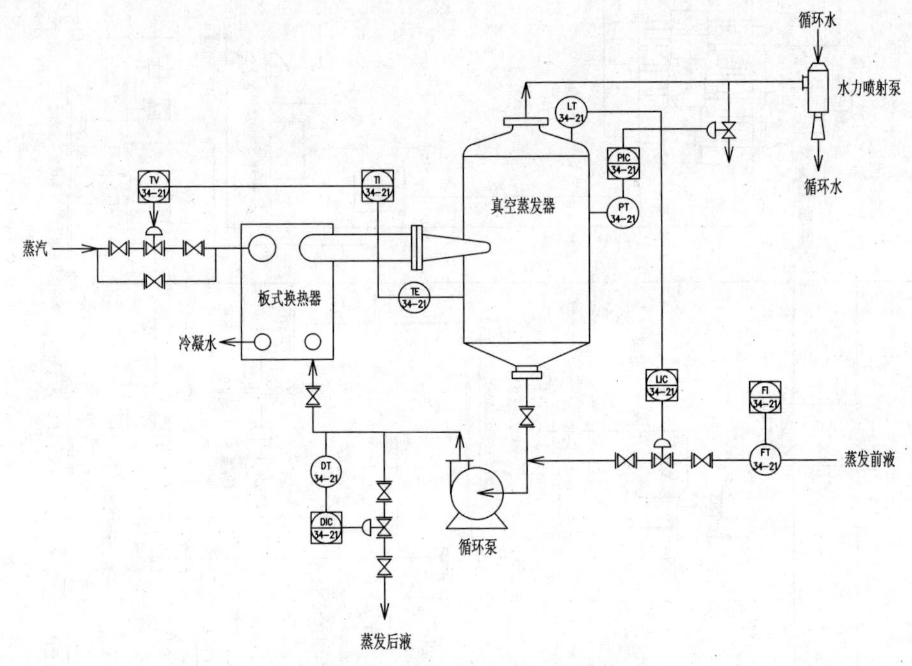

图4-9 真空蒸发器工艺流程图

2. 脱铜电解

脱铜电解和铜电解大同小异。铜电解的目的是为了将阳极铜经过电解成为高纯阴极铜。阳极铜在直流电的作用下，失去2个电子成为铜离子，溶解在电解液中，然后这些铜离子从阴极上又得到2个电子还原成为铜，从阴极上析出来。

脱铜电解的目的是为了将电解液中的铜回收，同时去掉杂质，就是常说的电积。阳极采用铅板，因为铅是不会失去电子而成为铅离子的，它只负责提供电源。在直流电的作用下，溶解在电解液中的铜离子从阴极上得到2个电子还原成为铜，从阴极上析出来；而其他杂质是不会得到电子还原成为单质元素的。故铜从阴极上析出来回收，而杂质则留在电解槽下面的阳极泥中，我们可以轻易地除掉。阳极会放出氧气。

4.2.3 工艺说明

在铜电解过程中，电解液的成分不断地发生变化，砷、锑、铋、镍等杂质浓度都越来越高，而硫酸浓度则逐渐下降，这是非常不利于电解过程的正常进行的，故要对电解液进行净化处理。从循环槽抽出一定量的电解液送到净液工段，然后向电解液循环系统补充相应的净化水和硫酸，以保持电解液的成分和体积不变。

将电解工序来的废电解液，贮存在废电解液贮槽里，用输送泵打到真空蒸发器的高位槽，经过真空蒸发器浓缩后，泵入水冷结晶槽进行冷却降温，经过带式真空过滤机过滤，就制成了硫酸铜，可以销售。

将真空过滤器的滤液经板式换热器用蒸汽加温后，用输送泵送到脱铜电解槽进行电解。电解时用铅板作阳极，而阴极要用始极片，若没有始极片用电解残极也可以替代。在直流电的作用下，溶解在电解液中的铜离子都从阴极(残极)析出，生成黑铜板，这样可以回收铜。

将脱铜电解槽下的泥浆用泥浆泵打到脱铜泥压滤机进行压滤，得到黑铜粉，砷、锑、铋、镍等杂质都在里面，可以送到冶炼系统回收其中的铜。但这样会使这些杂质进行内部循环，并没有什么好处，最好是将其另外进行处理，再回收里面的有价金属。滤液则用泵打到脱铜电解槽循环使用。

本工序还有一个重溶槽，将生产的硫酸铜溶解，或将脱铜后的脱铜终液生产硫酸铜溶液，供给电解工序作电解液。

4.2.4 控制系统

1. FRCQ3402 脱铜电解液流量控制系统

该系统由下列部分组成。

(1)检测仪表：电磁流量计，量程是 0 ~ 15 m^3/h，作用是将脱铜电解液流量转换成 4 ~ 20 mA DC 电流信号。

(2)指示调节器：指示、控制脱铜电解液流量值，量程是 0 ~ 15 m^3/h，控制值是 8 m^3/h。调节器的动作方向为反作用(RA)。

(3)执行机构：气动衬氟塑蝶阀，DN65，气开式(PO)。作用是控制脱铜板式换热器的排出量。

2. DIC3421 蒸发后液密度控制系统

该系统由下列部分组成。

(1)差压式密度计：用罗斯蒙特公司生产的双法兰差压变送器测量上下两部分的差压，换算出真空蒸发器的密度。

(2)指示调节器：指示、控制蒸发后液密度值，量程是 1.000 ~ 1.500 g/cm^3，控制范围是 1.25 ~ 1.39 g/cm^3。调节器的动作方向为正作用(DA)。

(3)执行机构：气动单座调节阀，DN50A，气开式(PO)。

3. LIC3421 分离器液位控制系统

该系统由下列部分组成。

(1)检测仪表：雷达液位计，安装在真空蒸发器顶上。

(2)指示调节器：指示、控制分离器液位值，量程是 0 ~ 1500 mm，调节器的动作方向为反作用(RA)。

(3)执行机构：气动单座调节阀，DN50A，气开式(PO)。

4. PIC3421 分离器真空度控制系统

该系统由下列部分组成。

(1)检测仪表：带远传装置的绝压变送器，安装在真空蒸发器的上部。

(2)指示调节器：指示、控制分离器真空度，量程是0～0.1 MPa，调节器的动作方向为反作用(RA)。

(3)执行机构：气动单座调节阀，DN25A，气开式(PO)。

5. TIC34211 真空蒸发器温度控制系统

该系统由下列部分组成。

(1)检测仪表：铂电阻温度计，安装在真空蒸发器下部。

(2)指示调节器：指示、控制真空蒸发器的温度，量程是0～100℃，调节器的动作方向为反作用(RA)。

(3)执行机构：全功能超轻型调节阀，DN200，气开式(PO)。

第 5 章　金银车间

铜矿中除含有铜、硫等元素外，还伴生有金、银、铂、钯等多种贵重金属元素和其他一些杂质元素。在铜冶炼过程中，这些贵重金属元素经过火法三大炉的冶炼和湿法电解，最后存在于电解后的阳极泥中。金银车间的任务就是提纯、回收这些贵重金属。

金银车间有铜浸出、卡尔多炉熔炼、烟气净化及尾气处理、硒回收、银电解、金精炼和废水处理 7 个子系统，本书将分别进行简单介绍。

国外公司给卡尔多炉熔炼、烟气净化及银精炼系统配备了一套西门子公司生产的 PCS7 系列集散型控制系统，对其进行过程控制。国内在配套部分也配备了一套相同的集散型控制系统，对其余部分进行过程控制。三个控制器都挂在一条网络上，各控制器独立控制，但可以互相监视。

金银车间共有三个仪表控制室：卡尔多炉熔炼控制室、银精炼控制室、金精炼控制室。DCS 系统配置见图 5 - 1。

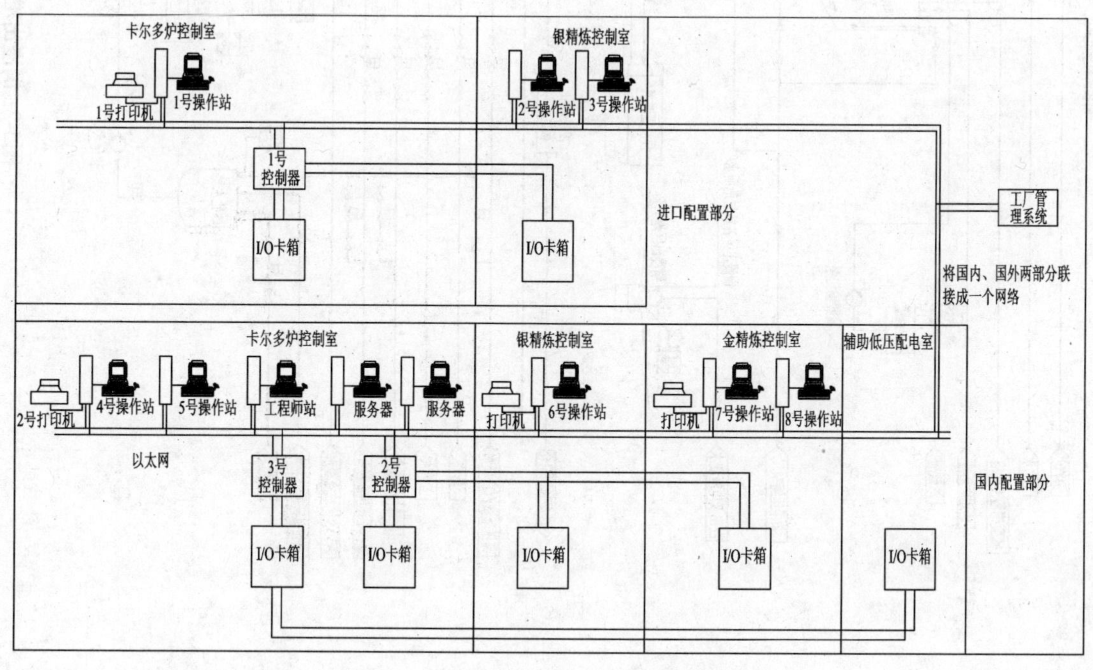

图 5 - 1　金银车间 DCS 系统配置图

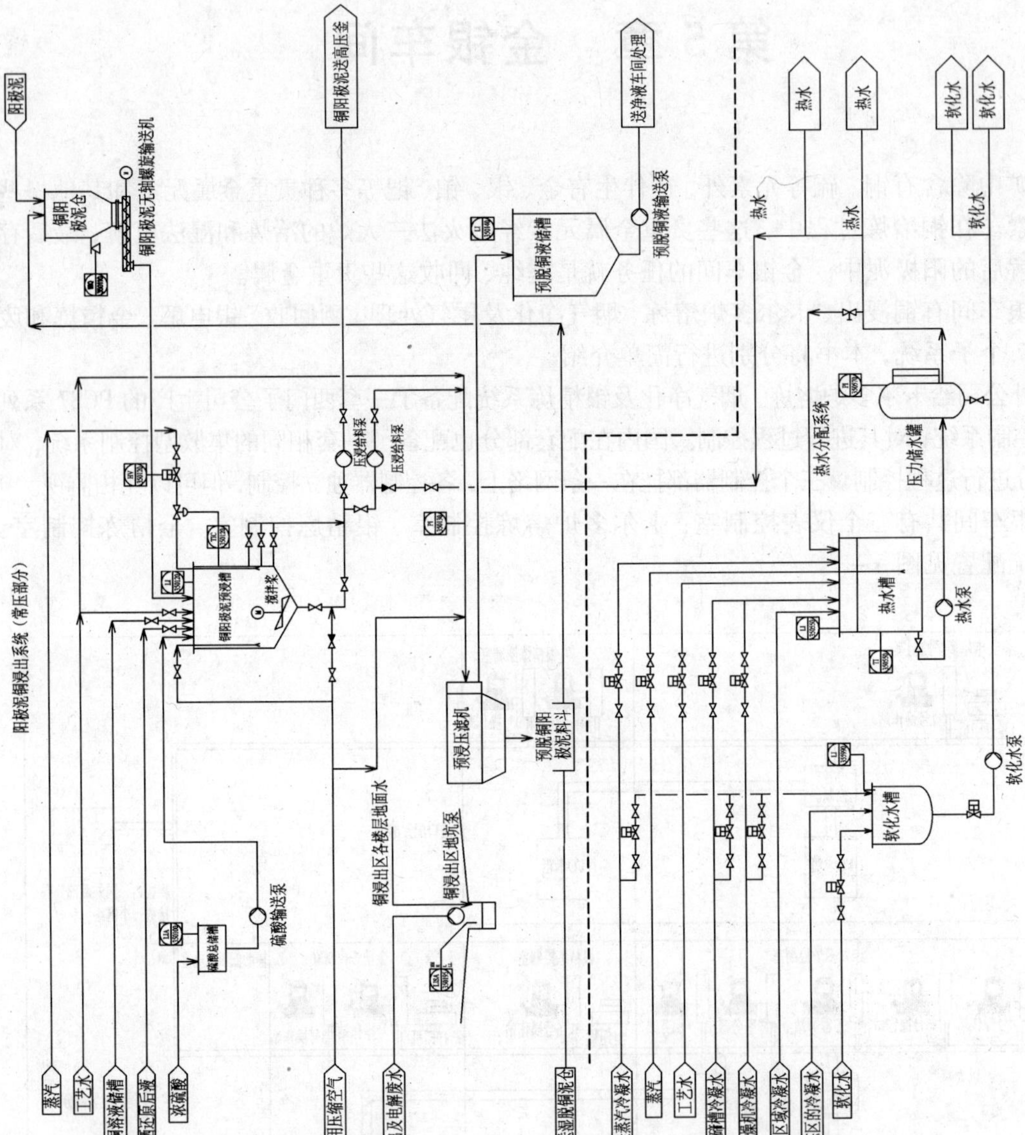

图5-2 铜浸出准备部分工艺流程图

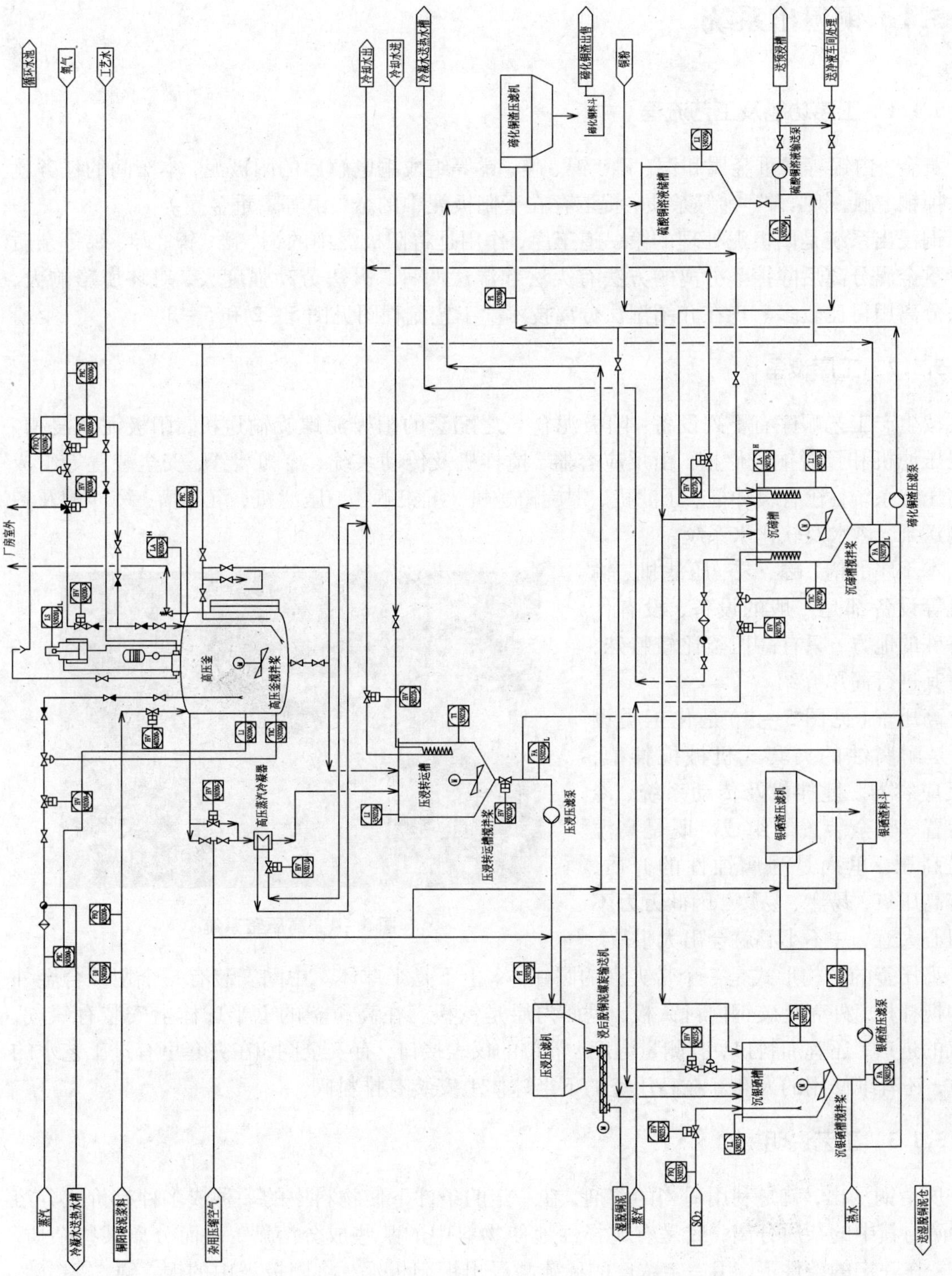

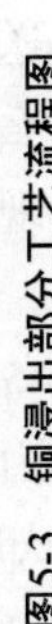

图5-3　铜浸出部分工艺流程图

5.1 铜浸出系统

5.1.1 工序功能及工艺流程

黄金、白银等贵重金属和铜、硒、镍、砷、锑等组成铜电解后的阳极泥，本车间的任务就是除掉铜、硒、镍、砷、锑等杂质，提取存在于阳极泥中的金、银等贵重金属。

铜浸出系统是阳极泥处理的第一道工序，作用是将阳极泥中的铜、硒、镍、砷、锑等杂质与贵重金属分离后除掉。分离的方法有火法和湿法两种，火法劳动强度大、对环境影响大，湿法分离用得比较多。现在介绍湿法分离技术。工艺流程图见图5-2和5-3。

5.1.2 工序设备

按生产工艺顺序有下列设备：阳极泥仓与之配套的阳极泥螺旋输送机，阳极泥预浸槽、预浸压滤机和预脱铜液储槽，由反应容器、搅拌机及传动系统、冷却装置、安全装置等组成的高压釜系统，还有缓冲槽、压滤机、螺旋输送机，沉银硒槽、压滤机，沉碲槽、缓冲槽及各种输送泵、热水及软化水系统。

本工序的槽、罐、泵、压滤机、输送机等设备都是一般的设备，没有什么特殊的地方，只有高压釜比较特殊，现对其进行简单介绍。

图5-4 高压釜系统

高压釜（见图5-4）是化工类设备，是耐腐蚀的夹套式机械搅拌槽，由反应容器、搅拌机及传动系统、冷却装置、安全装置等组成。既是高温又是高压，里面是强腐蚀性的介质，还有高压氧，易燃、易爆，因此万万不可粗心大意，一不小心就会出大事故。

高压釜的结构形式是一个带夹套的圆柱体，上下是半球体。中间安装有一个用钛合金外包的搅拌机，外壳是碳钢内衬钛板，里面内层是钛板。在高压釜的上半球体上安装有氧气、蒸汽的进口，还有加料口，有测量温度、液位的仪表接口，有安全阀，在夹套里有进工艺水的地方，还有维修用的人孔。在高压釜的下半球体上安装有排料阀。

5.1.3 工艺说明

所谓铜浸出，就是利用适当的溶剂，在一定的条件下使物料中的一种或多种有价成分溶出，而与其中的杂质分离；或是有选择性地使物料中的某些成分溶解，从而分离某些杂质。例如：在一定的条件下，用一定浓度的稀硫酸浸出铜阳极泥，将阳极泥中的铜、硒、镍、砷、锑等杂质分离出来，留下的是金、银等贵重金属等。

铜浸出系统分为铜浸出准备系统和铜浸出系统两个部分。铜浸出准备系统就是常压浸出，也称为预脱铜系统，可以脱去一部分的铜；铜浸出系统就是加压铜浸出系统，在预脱铜的基础上进行加压铜浸出，可以脱去大部分的铜。脱去铜的阳极泥经浸出压滤机压滤脱水后送往卡尔多炉系统处理。

先在阳极泥预浸槽里配制好一定浓度的稀硫酸，配制方法是先加入一定量的净化水，再启动搅拌机，最后加入一定量的浓硫酸。

电解车间送来的阳极泥贮存在阳极泥仓，经阳极泥螺旋输送机送到阳极泥预浸槽，在机械搅拌、蒸汽加热、鼓入空气的条件下，使部分铜氧化且溶解成为硫酸铜，留在溶液中。主要反应如下：

$$Cu + 1/2O_2 + H_2SO_4 \longrightarrow CuSO_4 + H_2O$$

将该槽底部的浆料用压浸给料泵送到预浸压滤机压滤后就脱去了部分铜及其他杂质，送到蒸汽干燥系统的湿脱铜泥仓。压滤机的滤液溢流到预脱铜液储槽，用输送泵送到电解车间净液工段处理。

这里向槽内通入蒸汽加温，提高反应温度，或向槽内通入压缩空气，加强搅拌强度，都是为了提高氧化反应速度，加快铜的浸出。同时，该槽底部的浆料也可用另一台给料泵送到高压釜系统。

高压釜系统的脱铜浸出原理和阳极泥预浸槽的脱铜浸出原理完全一样，但高压釜里的温度更高，达 180℃。在高压釜内通入的不是普通的空气，而是压力高达 1.2 MPa 的纯氧气，在此条件下阳极泥中的铜、镍等迅速溶解，其主要反应如下：

$$Cu + 1/2O_2 + H_2SO_4 \longrightarrow CuSO_4 + H_2O$$

$$NiO + H_2SO_4 \longrightarrow NiSO_4 + H_2O$$

$$Ag_2Se + 3/2O_2 + H_2SO_4 \longrightarrow Ag_2SO_4 + H_2SeO_3$$

$$Ag_2Te + 3/2O_2 + H_2SO_4 \longrightarrow Ag_2SO_4 + H_2TeO_3$$

$$Cu_2Se + 2O_2 + 2H_2SO_4 \longrightarrow 2CuSO_4 + H_2SeO_3 + H_2O$$

$$Cu_2Te + 2O_2 + 2H_2SO_4 \longrightarrow 2CuSO_4 + H_2TeO_3 + H_2O$$

高压釜的优点是脱铜、脱镍效果好，同时还能脱除砷、锑等杂质，且硒溶解很少。

反应完后，打开高压釜底部阀门，让底部的浆料自流到压浸转运槽，用冷却水进行降温，然后用压滤泵送到压滤机压滤后就脱去绝大部分铜及其他杂质，用螺旋输送机送到蒸汽干燥系统的湿脱铜泥仓。压浸压滤机的滤液溢流到沉银硒槽。

在高压釜进行压浸过程中不仅将其中的大部分铜溶解进入溶液，还有部分银、硒、碲等在高温、高压、强氧化条件下也溶解进入了溶液，对这些贵重金属要进行回收。

在装有脱铜滤液的沉银硒槽里通入蒸汽，启动搅拌机，再通入 SO_2 气体进行还原，使银、硒变成金属元素被置换出来。

主要反应如下：

$$SO_3^{2-} + H_2O + 2Ag^+ \longrightarrow SO_4^{2-} + 2Ag + 2H^+$$

$$2SO_2 + H_2O + H_2SeO_3 \longrightarrow 2H_2SO_4 + Se$$

在沉银硒槽里通蒸汽、启动搅拌系统，目的都是加快置换反应的速度，尽快将银、硒置换出来。

将该槽的底流用银硒压滤泵打到银硒渣压滤机进行压滤，滤渣送回蒸汽干燥系统的湿脱铜泥仓，回收其中的银和硒。银硒渣压滤机的滤液溢流进沉碲槽。在此滤液中还溶解有碲，也应该回收。其方法是往沉碲槽里加入铜粉，将碲置换出来。在沉碲槽里通蒸汽、启动搅拌系统，目的都是加快置换反应的速度，尽快将碲置换出来。

其主要反应如下：

$$H_2TeO_3 + 4Cu + 2H_2SO_4 \longrightarrow Cu_2Te + 2CuSO_4 + 3H_2O$$

将该槽的底流用压滤泵打到碲化铜渣压滤机进行压滤，滤渣就是碲化铜，可以用于出售。滤液溢流到硫酸铜溶液储槽，用泵打到预浸槽，或送净液车间处理。

5.1.4 控制系统

1. FICQ340200 - 2 高压釜氧气通入量控制系统

该系统由下列部分组成。

(1)检测仪表：热式气体质量流量计，量程是0 ~ 60 m^3/h(标况)。

(2)指示调节器：指示、控制高压釜氧气通入量，量程是0 ~ 60 m^3/h(标况)。调节器的动作方向为反作用(RA)。

(3)执行机构：上部导向型单座调节阀，DN25，气开式(PO)。作用是控制进高压釜氧气通入量。

2. PIC340200 - 2 高压釜氧气总管进口压力控制系统

该系统由下列部分组成。

(1)检测仪表：压力变送器，量程是0 ~ 1.6 MPa，作用是将高压釜氧气总管进口压力转换成4 ~ 20 mA DC电流信号。

(2)指示调节器：作用是指示、控制高压釜氧气总管进口压力，量程是0 ~ 1.6 MPa，控制值是1.1 MPa。该调节器为通断作用。

(3)执行机构：气动切断球阀，DN25，气开式(PO)。作用是控制进高压釜的氧气流量。

3. TIC340120 铜阳极泥预浸槽温度控制系统

该系统由下列部分组成。

(1)检测仪表：铂电阻温度计，将铜阳极泥预浸槽的温度转换成电阻信号。

(2)指示调节器：指示、控制铜阳极泥预浸槽温度，量程是0 ~ 150℃，正常值80℃。调节器的动作方向为反作用(RA)。

(3)执行机构：笼式导向型单座调节阀，DN50，气开式(PO)。作用是控制进阳极泥预浸槽的蒸汽流量。

4. TIC340200 高压釜料浆温度控制系统

该系统由下列部分组成。

(1)检测仪表：铂电阻温度计，将高压釜料浆温度转换成电阻信号。

(2)指示调节器：指示、控制高压釜料浆温度，量程是0 ~ 200℃，正常值120℃。调节器的动作方向为反作用(RA)。

(3)执行机构：上部导向型单座调节阀，DN65，气开式(PO)。作用是控制进高压釜的蒸汽流量。

5. TIC340235 沉银硒槽料浆温度控制系统

该系统由下列部分组成。

(1)检测仪表：铂电阻温度计，将沉银硒槽料浆温度转换成电阻信号。

(2)指示调节器：指示、控制沉银硒槽料浆温度，量程是0 ~ 100℃，正常值60℃。调节器的动作方向为反作用(RA)。

(3)执行机构：笼式导向型单座调节阀，DN65，气开式(PO)。作用是控制进沉银硒槽的蒸汽流量。

6. TIC340270 沉碲槽料浆温度控制系统

该系统由下列部分组成。

(1)检测仪表：铂电阻温度计，将沉碲槽料浆温度转换成电阻信号。

(2)指示调节器：指示、控制沉碲槽料浆温度，量程是0～100℃，正常值60℃。调节器的动作方向为反作用(RA)。

(3)执行机构：笼式导向型单座调节阀，DN65，气开式(PO)。作用是控制进沉碲槽的蒸汽流量。

5.2 卡尔多炉熔炼系统

5.2.1 工序功能及工艺流程

将脱铜浸出渣用蒸汽干燥机干燥后放进卡尔多炉进行熔炼，还原熔炼是用还原的方法将脱铜阳极泥中的金、银富集起来，形成贵铅；氧化精炼是用氧化的方法将贵铅进一步除去杂质，得到(Au+Ag)≥98%的朵尔金银合金板。工艺流程图见图5-5～图5-7。

5.2.2 工序设备

该系统主要由下列设备组成。

(1)干燥及配料系统：湿脱铜泥仓和螺旋输送机，双螺旋蒸汽干燥机，脱铜泥刮板输送机、脱铜泥提升机，脉冲收尘器、干燥收尘风机。

(2)加料系统：物料仓、烟灰仓、熔剂仓(苏打仓、石英砂仓、焦粉仓、氧化铅仓)、混合加料仓及多台螺旋输送机等。

(3)卡尔多炉熔炼系统：卡尔多炉及配套液压动力装置、天然气阀组及燃烧系统、喷枪装置、冷却水系统、渣包车运输系统，朵尔合金圆盘浇铸机等。

(4)朵尔合金浇铸系统：朵尔合金中频炉、朵尔合金中频炉液压站、中频炉事故水箱、朵尔合金圆盘浇铸机、溜槽烧嘴等。

1. 双螺旋蒸汽干燥机

1)双螺旋蒸汽干燥机的结构

从图5-8可以看出，它的外形是一个近似的圆柱体，由耐酸钢制作的外壳里面包着一个夹套，夹套的材质是不锈钢，夹套里面有两个并排安装的螺旋，整体横向卧着固定在基座上。干燥机的机头上面是进料口，干燥好的物料从机尾下面的排料口排出。

从图5-9可以看出，双螺旋干燥机的轴和螺旋叶片都是空心的，轴的前端和蒸汽管相连，轴的尾部和冷凝水系统相连。在双螺旋的尾部有一个挡板，将干燥好的阳极泥排到排出口下面去。

双螺旋蒸汽干燥机的两台螺旋是并排安装的，电动机用链条带动一个螺旋旋转，通过安装在两个螺旋上的齿轮，带动另一个螺旋反向旋转。

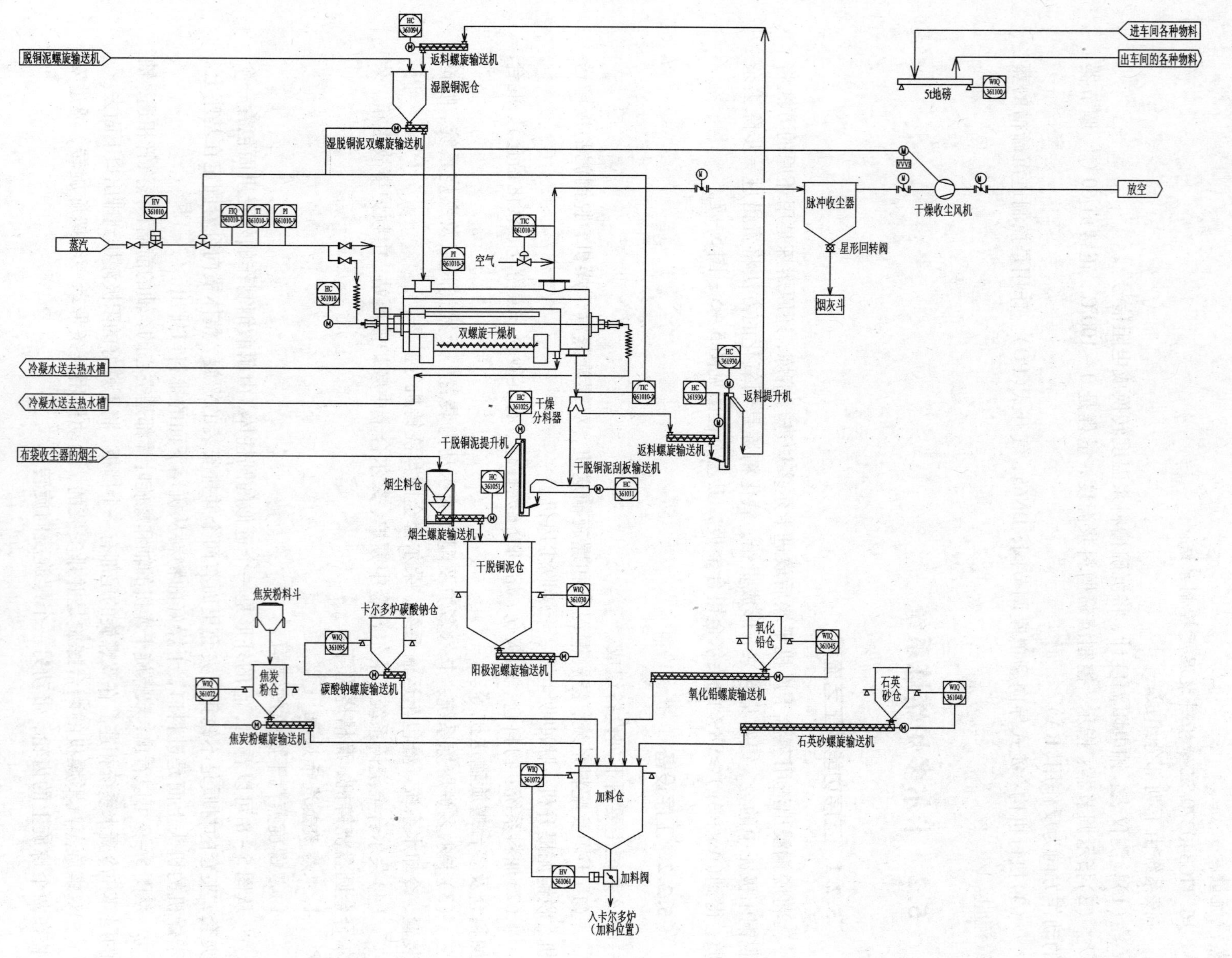

图5-5 蒸汽干燥及配料系统工艺流程图

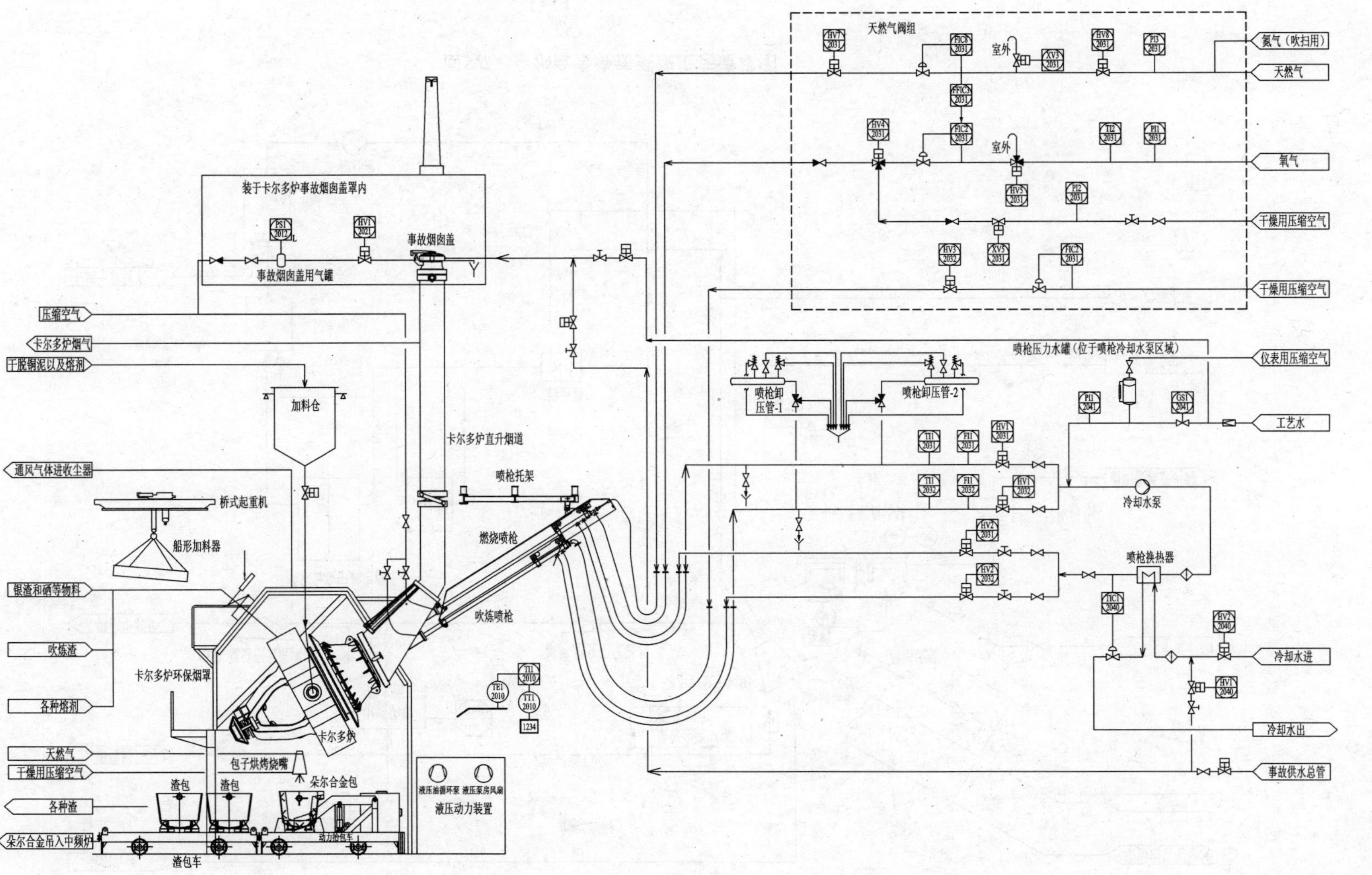

图5-6 卡尔多炉熔炼系统工艺流程图

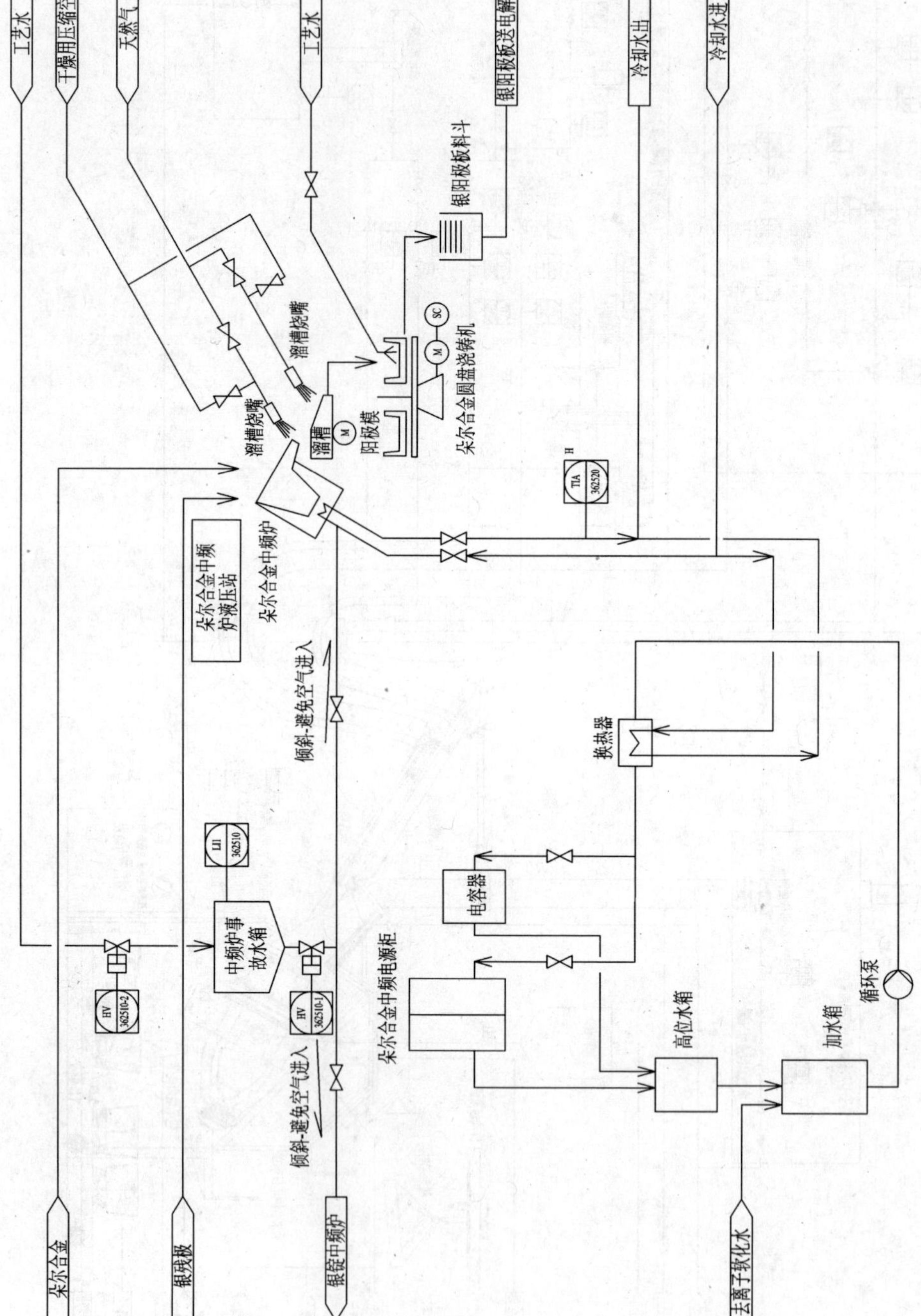

图5-7 朵尔合金浇铸系统工艺流程图

图5-8 双螺旋蒸汽干燥机

图5-9 双螺旋蒸汽干燥机机内

干燥机的工作能源是蒸汽，蒸汽从两个地方通入：其一是从双螺旋干燥机的前面轴管中心通入，这是主要的工作蒸汽；另一个是从蒸汽干燥机两边的外壳同时加到干燥机的夹套里。蒸汽用过后变成冷凝水，从机尾轴中排到冷凝水系统。阳极泥经干燥后，阳极泥里面的水蒸气经布袋收尘器收尘后由排风机排向大气。

2）双螺旋蒸汽干燥机的干燥原理

干燥用蒸汽从双螺旋蒸汽干燥机的前端轴内通向干燥机系统，同时，在干燥机的夹套里也通入了蒸汽。当被加热的阳极泥从干燥机机头上面的进料口加入到蒸汽干燥机里时，随着双螺旋蒸汽干燥机的旋转，干燥机轴和叶片里面蒸汽的热量传递给外面的阳极泥，阳极泥中所带的水分被蒸汽蒸发后由排风机排向大气。

由于并排安装的两个螺旋是通过齿轮传动的，两个螺旋的旋转方向是相反的。阳极泥随着双螺旋蒸汽干燥机的旋转，所带水分被蒸发，干燥后的阳极泥慢慢从机尾的下部排出。

2. 卡尔多炉熔炼系统

1）卡尔多炉的特点

卡尔多炉（见图5-10）与传统转炉相比有如下优点：

（1）炉口大，炉膛深，处理量大。

（2）在单一炉体中就可以全部完成还原熔炼和氧化吹炼、精炼过程，作业周期短。

（3）氧利用率高，燃料燃烧完全，能耗低。

（4）配有环保烟罩等密闭收尘系统，收尘通风良好，生产操作条件好。

（5）返料积压量少，可随时入炉处理，金银积压量低。

图5-10 卡尔多炉

（6）炉子冶炼工作时，能以炉体纵轴360°旋转，可以起到搅拌炉内熔体的作用，熔体内部各项反应加快，也可以在垂直方向360°旋转，便于加料、出渣和出炉。

(7)由于炉体可旋转，炉内没有固定渣线，耐火材料磨损均匀，炉子使用寿命长。

2)卡尔多炉熔炼系统的组成

卡尔多炉熔炼系统由卡尔多炉本体、喷枪装置和配套的液压装置组成。

(1)卡尔多炉

卡尔多炉属于一种顶吹转炉，主要包括炉体，炉体悬架、倾动和旋转的驱动装置及支撑机构。炉子的倾动和旋转的速度都是可以调整的，倾动和旋转的驱动均采用液压马达(见图 5-11)。

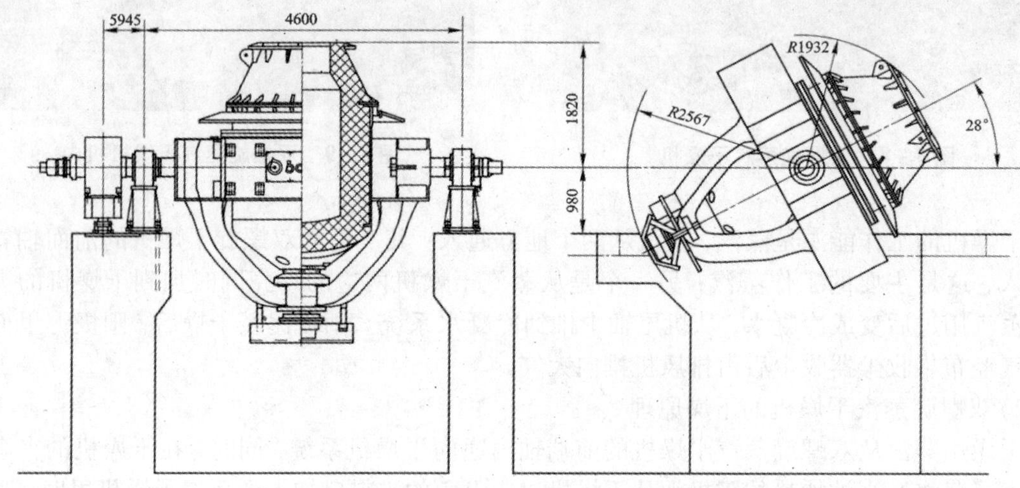

图 5-11　卡尔多炉倾动和旋转图例

卡尔多炉正常操作时，炉体倾斜角度 28°。在此操作位置上时，炉体按照工艺要求的速度围绕纵轴旋转，转动轮支撑在托轮的两个支撑轮及炉体下部旋转驱动轴上，旋转速度在 0.5 ~ 20 r/min 之间可以任意调整。炉体下部的驱动轴安装在一个中央支架上，此支架通过四个支撑臂焊接在托轮上。带扭臂的液压马达安装在炉体下部的驱动轴上。液压马达和旋转轴承带防护板以避免受到炉体和下部渣包车辐射热的影响。托轮上装有两个倾动轴，轴上装有倾动支架，支架安装在两个支架基座上，位于炉子底座上。倾动驱动装置及其扭臂位于延长的倾动轴上，扭臂也紧固在炉子底座上。

在停电或紧急停车时，喷枪会自动从炉内收回，炉子可手动倾斜到希望位置。

(2)喷枪

卡尔多炉所使用的喷枪有两支：一支是燃烧喷枪，一支是吹炼喷枪。

两支喷枪安装在喷枪支架上，支架固定在支撑框上，每支喷枪依靠液压马达可沿支架单独移动。喷抢支架表面带有机械支撑轮和齿条，喷枪支架和喷枪的相对水平角度是 32°。

燃烧喷枪的高效喷嘴可使天然气和氧气充分完全燃烧，喷嘴、枪管均采用水冷。燃烧喷枪的主要作用是加热、升温，熔炼阳极泥等金银物料。

喷吹空气/氧气的吹炼喷枪具有高效喷嘴，空气/氧气能以超音速离开喷嘴，喷嘴、枪管均采用水冷。吹炼喷枪主要是氧化液态朵尔合金液中杂质，起强氧化除杂作用。重要作用有：① 吹炼风速快，可以强烈搅拌熔体，甚至可以穿透至熔体内部，氧化造渣反应完全。② 可以大范围将液面渣层吹起，不断露出新鲜液面，连续氧化吹炼。③ 空气中氧利用率较高，整个吹炼过程平均氧利用率可达到 40%。

(3)液压动力装置

液压系统主要具有4种功能：①支持喷枪操作；② 支持卡尔多炉倾转；③ 支持卡尔多炉旋转；④ 应急倾转炉子和应急喷枪驱动。

所有功能均在控制台上操作，由地面层的液压箱驱动。所有控制、炉子驱动、泵、液压槽、过滤器和阀的液压设备等都安装在一个液压站内。

液压系统主要为卡尔多炉的各种功能提供动力。

3)卡尔多炉作业过程描述

(1)熔炼过程

卡尔多炉熔炼实质是属于还原熔炼，主要目的是把脱铜浸出渣中的金、银富集起来，形成贵铅，使杂质进入渣中或挥发进入烟尘中而除去，达到金、银与杂质的初步分离，并为金、银与杂质的进一步分离做好准备。

(2)吹炼过程

熔炼作业结束后，可以提取贵铅样化验分析，根据贵铅成分通过冶金计算确定加入熔剂(铅块、石英沙)量。排出最后一批熔炼渣后，倾转卡尔多炉返回操作位置(28°)。插入燃烧喷枪，启动加热升温系统。插入吹炼喷枪，喷嘴与熔体表面之间距离约15 cm，整个吹炼过程都要保持这个间距，启动吹炼风按钮，压缩空气以超音速离开喷嘴吹向熔体，开始进行吹炼作业。

3. 朵尔合金板浇铸系统

1)朵尔合金板浇铸系统的组成

朵尔合金板浇铸系统主要由可倾动感应电炉、中频炉液压站、中频电源系统、中频炉事故水箱、圆盘浇铸机等组成。

可倾动感应电炉用于装载朵尔合金熔体，由中频电源提供能源给朵尔合金熔体保温。中频炉液压站给可倾动感应电炉提供倾动动力。中频电源系统给可倾动感应电炉提供保温能源和驱动动力。中频炉事故水箱给可倾动感应电炉提供冷却水系统。圆盘浇铸机是全手动操作。

2)朵尔合金出炉及浇铸

卡尔多炉出炉时，电动抬包车驶入渣道，将朵尔合金包置于炉子正下方，启动朵尔合金包加热燃烧系统，便于加热保温熔体。倾动炉口向下，将炉内合金熔体一次性倒入朵尔合金包。倾倒熔体时，速度尽可能要快，主要是尽量避免已渗入炉衬内的杂质被冲刷溢出，进入熔体而影响合金质量。

用吊车将装满合金熔体的朵尔合金包送至浇铸台，将熔体倒入可倾动感应电炉内，启动电炉电源，重新加热熔体。当炉内温度升至1150～1200℃时，表明可以出炉浇铸。往炉内熔体表面覆盖一层草木灰，主要是降低熔体含氧量；如熔体含氧过多，那么浇铸出来的合金板发脆易断，不利于银电解精炼。

合金板浇铸采用手动圆盘浇铸机，模具水平放置，浇铸出来的合金板单重约12 kg。浇铸过程多为手动操作，因此，操作工的熟练程度对合金板物理规格、废品率有决定性影响。锭、模采用喷水冷却，手工脱模，目视检查合金板外观，剔除飞边毛刺，将合格合金板送入银电解工序进一步处理。

5.2.3 工艺说明

由脱铜泥螺旋输送机将脱铜泥输送到湿脱铜泥仓，再由湿脱铜泥仓下的双螺旋输送机送进双螺旋干燥机，在蒸汽的干燥作用下，成为干燥的脱铜泥($1\% < H_2O < 3\%$)。干燥机出口的干脱铜泥经干燥分料器分成两路：一路经干脱铜泥刮板输送机、干脱铜泥提升机送到干脱铜泥仓，再由阳极泥螺旋输送机输送到混合加料仓；另一路则经返料螺旋输送机、返料提升机返回到湿脱铜泥仓。

焦炭粉、碳酸钠、氧化铅、石英砂分别用各自的料斗称计量后，再用自配的螺旋输送机一起输送到混合加料仓。加料仓的混合物料经加料阀加入卡尔多炉，在卡尔多炉里主要是进行两步冶炼。还原熔炼：主要目的是把脱铜浸出渣中的金、银富集起来，形成贵铅(含金、银35%～50%)，使杂质进入渣中或进入烟尘中除去，达到金、银与杂质初步分离的作用。

氧化吹炼：主要目的是利用氧化法把贵铅中的杂质除去，达到金、银与杂质进一步分离的作用，最后得到(Au + Ag)≥98%的朵尔金银合金板。卡尔多炉冶炼合格的产品就是朵尔金银合金，将朵尔金银合金用专用包子倒入可倾动感应电炉进行加热、保温，再倒入手动圆盘浇铸机，浇铸成朵尔金银合金阳极板。卡尔多炉每炉可产朵尔合金1.5～2 t，可浇铸阳极板125～166块/炉。

5.2.4 控制系统

这部分是金银生产的主要工序，包括硬件和控制系统软件是由国外引进的，国内只是提供配套部分的控制系统。

1. PIC361010－3 双螺旋干燥机负压控制系统

该系统由下列部分组成。

(1)检测仪表：差压变送器，量程是0～25 kPa，作用是将双螺旋干燥机负压转换成4～20 mA DC电流信号。

(2)指示调节器：作用是指示、控制双螺旋干燥机负压，量程是0～25 kPa，调节器的动作方向为正作用(DA)。

(3)执行机构：由变频器控制的干燥收尘风机。

该系统是这样工作的：当双螺旋干燥机的压力增大(减小)时，指示调节器将输出一个增大(减小)的电流信号给变频器，变频器则输出增大(减小)的频率，干燥收尘风机则增大(减小)风机转速，增大(减小)风机的抽力，使双螺旋干燥机的压力回到原来的设定值。

2. TICA361010－2 干燥机出料温度控制系统

该系统由下列部分组成。

(1)检测仪表：铂电阻温度计，将干燥机出料温度转换成电阻信号。

(2)指示调节器：指示、控制干燥机出料温度，量程是0～200℃，正常值是95℃。调节器的动作方向为反作用(RA)。

(3)执行机构：上部导向型单座调节阀，DN80，气开式(PO)。作用是控制进干燥机的蒸汽流量。

3. TICA361010－3 干燥机尾气温度控制系统

该系统由下列部分组成。

(1)检测仪表：铂电阻温度计，将干燥机尾气温度转换成电阻信号。

(2)指示调节器：指示、控制干燥机尾气温度，量程是 0 ~ 200℃，正常值是 95℃。调节器的动作方向为正作用(DA)。

(3)执行机构：气动高性能调节蝶阀，DN150，气开式(PO)。作用是控制干燥机的进风量。

4. TIC362040 喷枪换热器热侧出水温度控制系统

该系统由下列部分组成。

(1)检测仪表：铂电阻温度变送器，将喷枪换热器热侧出水温度转换成 4 ~ 20 mA DC 电流信号。

(2) 指示调节器：指示、控制喷枪换热器热侧出水温度，量程是 0 ~ 200℃，调节器的动作方向为正作用(DA)。

(3)执行机构：气动高性能调节蝶阀，DN100，气开式(PO)。作用是控制喷枪换热器的进水量。

5. TIC360235 沉银硒槽料浆温度控制系统

该系统由下列部分组成。

(1)检测仪表：铂电阻温度计，将沉银硒槽料浆温度转换成电阻信号。

(2)指示调节器：指示、控制沉银硒槽料浆温度，量程是 0 ~ 100℃，正常值是 60℃。调节器的动作方向为反作用(RA)。

(3)执行机构：笼式导向型单座调节阀，DN65，气开式(PO)。作用是控制进沉银硒槽的蒸汽流量。

6. TIC360270 沉碲槽料浆温度控制系统

该系统由下列部分组成。

(1)检测仪表：铂电阻温度计，将沉碲槽料浆温度转换成电阻信号。

(2)指示调节器：指示、控制沉碲槽料浆温度，量程是 0 ~ 100℃，正常值是 60℃。调节器的动作方向为反作用(RA)。

(3)执行机构：笼式导向型单座调节阀，DN65，气开式(PO)。作用是控制进沉碲槽的蒸汽流量。

5.3　烟气处理系统

5.3.1　工序功能及工艺流程

将卡尔多炉烟气中的硒制成文丘里泥，贮存在沉文丘里泥槽中，以便下一道工序回收硒；用文丘里洗涤器处理卡尔多炉烟气，用碱液吸收处理尾气。工艺流程图见图 5 – 12。

5.3.2　工序设备

该系统主要设备有文丘里洗涤器(由骤冷器、文丘里管和气液分离器三部分组成)、湿式电除尘、文丘里风机、二氧化硫吸收塔、碱液循环槽、烟气洗涤液循环槽、沉文丘里泥槽、文丘里泥压滤机、循环泵等。

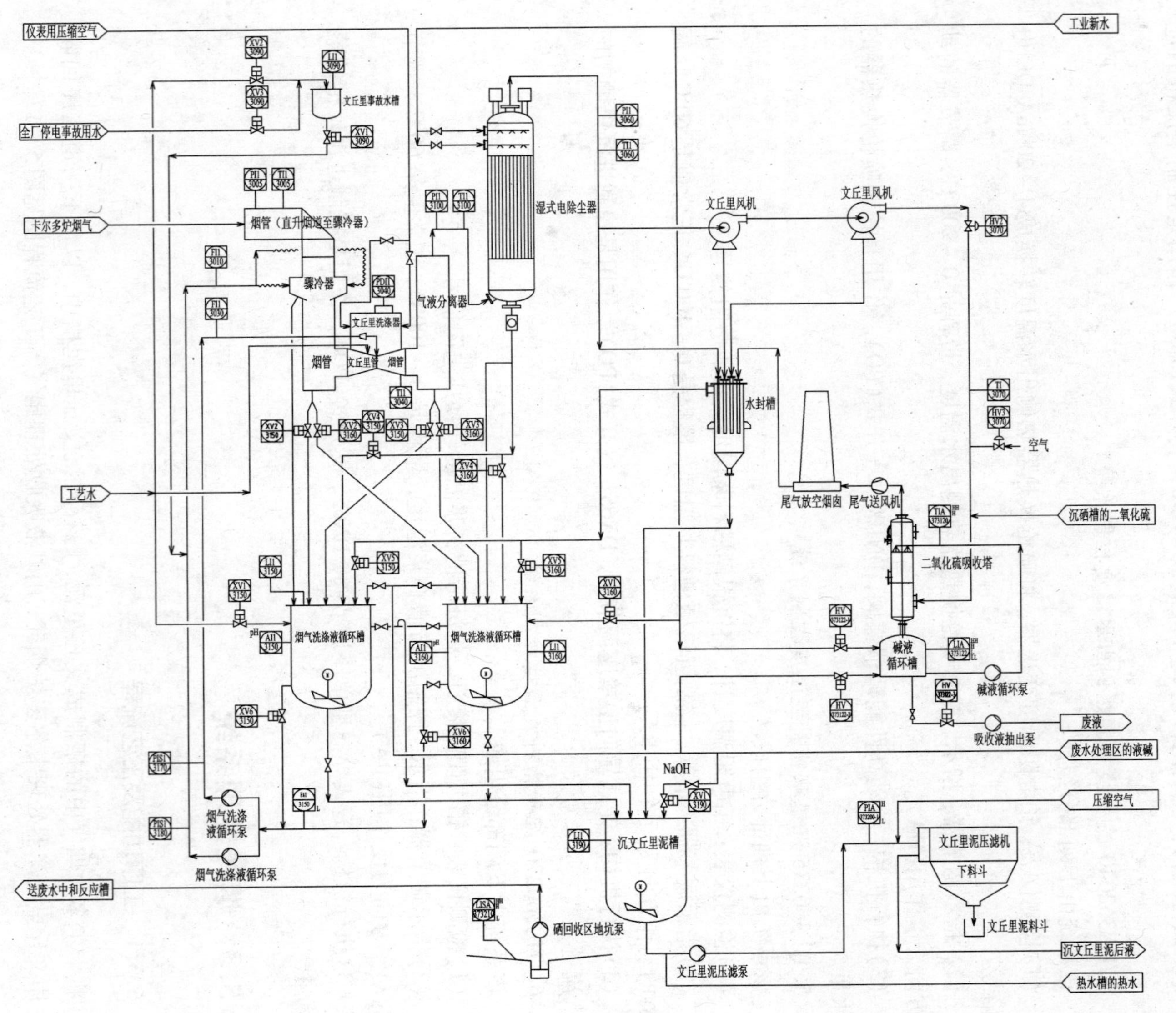

图5-12　烟气处理系统工艺流程图

以下对进口的文丘里洗涤器系统进行说明。

文丘里洗涤器是水力除尘器的一种，由骤冷器(简易文丘里管)、文丘里管、液滴分离器三部分组成(参见图5-13)。

文丘里洗涤器净化烟气分为三步：冷却-文丘里-旋风除雾。

第一步在垂直骤冷器中：循环液沿切线方向进入骤凝器以保证能湿润整个骤冷器内部，烟气与循环液接触迅速冷却。烟气通过水分蒸发被冷却到饱和温度，一部分烟尘被洗涤收集，多余的水分与收集物料从骤冷器连续排放到循环槽。

第二步在文丘里管中：进一步进行颗粒净化。水被引向文丘里管，气体在文丘里管的入口处被加到很高速度，此高速气体会将水分粉化得非常细，烟尘颗粒会碰撞成为液滴，在文丘里管后面的放大管处，高速气体减速，重新获得了部分静压力。

第三步是气体旋风除雾，即液滴分离器：烟气沿正切线方向进入旋风收尘器圆柱形底部，产生的离心力和重力作用使得液滴与气体分离。清洁的气体在分离器持续上行，液体和捕集的颗粒沉降至旋风收尘器圆锥形底部，并连续排向循环槽。

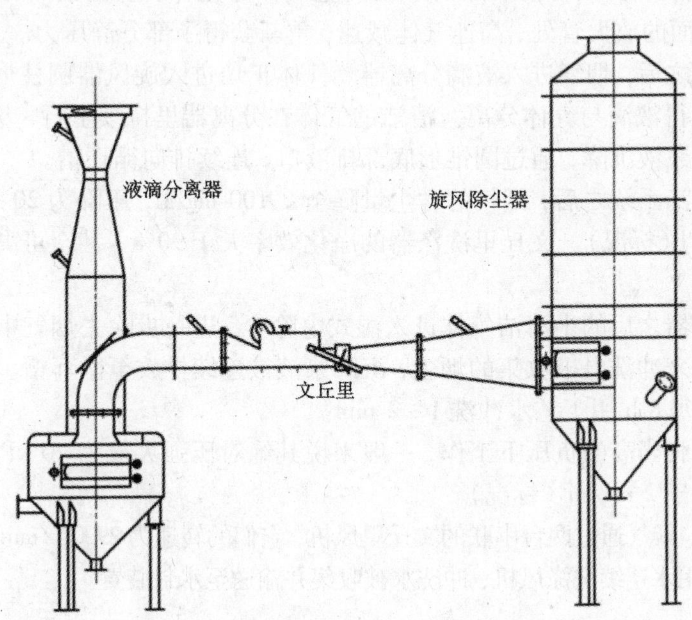

图5-13　文丘里洗涤器

文丘里洗涤器的净化效率大于90%，甚至可高达99%。经过文丘里系统净化处理后的烟气含尘小于100 mg/m^3(标况)。

5.3.3　工艺说明

卡尔多炉熔炼、吹炼作业时，炉内物料反应会产生大量烟气(其中夹杂有少量物料颗粒)，烟气顺着炉口，排烟道进入文丘里洗涤器进行净化处理。

烟气含尘量约为5%，此外含有SeO_2、As_2O_3、TeO_2、SO_2等酸性气体，烟气量约为4000 m^3/h(标况)，文丘里洗涤器烟气入口温度一般为600℃。

1. 文丘里洗涤器烟气净化处理

文丘里洗涤系统由骤冷器、文丘里管、液滴分离器等组成。

烟气洗涤循环液沿切线方向进入垂直骤冷器以保证能湿润整个冷凝器内部，进入骤冷器的烟气在骤冷器顶部与循环液接触迅速冷却。烟气通过水分蒸发被冷却下来，一部分烟尘和气体被洗涤收集，沉降浆液从下部排液口连续排入循环槽中。烟气通过骤冷器后压降为2～3 kPa，烟气温度降至60～70℃。

不过在干、湿区域的分界处可能会有沉积物堆积，因此骤冷器这一区域必须定期检查，以防止骤冷器堵塞。

循环槽内的水溶液用于整个文丘里洗涤系统，循环液流量15 m^3/h。由于烟气中有大量酸性气体SO_2等，循环液pH值会越来越低，不利于净化作业。因此必须经常检测循环槽内溶液的pH值，可以采用加碱液（NaOH）的方式来调节循环液的pH值，一般pH值为3～4。

文丘里管主要由收缩管、喉管、放大管三部分组成。

经过骤冷器之后，烟气由垂直方向变为水平方向。烟气通过文丘里管时，在收缩管处气体被加速到很高速度，在喉管前引入的水被高速气体雾化，烟尘被数以百万计的小液滴捕获，在文丘里管后面的放大管处，高速气体减速，重新获得了部分静压力。

经过文丘里管之后，烟气进入液滴分离器。气体正切进入旋风器圆柱形底部，产生的离心力和重力作用使得液滴与气体分离。清洁的气体在分离器里持续上行，从顶部排出；液体和捕集的颗粒形成浆液沉降，通过圆锥形底部排液口，连续排向循环槽。

通过文丘里洗涤系统之后，烟气的含尘量降至< 100 mg/L，压降为20～30 kPa，出口烟气量约为5600 m^3/h（标况）。文丘里洗涤器的净化效率大于90%，甚至可高达99%。

2. 湿式电除尘

经过液滴分离器之后的半清洁气体进入湿式电除尘，进一步除去烟气中的烟尘。湿式电除尘采用定期喷水来冲洗电极收集的烟尘，沉降浆液被连续排放至循环槽。其喷水方式采用间歇式喷水，大概每8 h用工艺水冲洗1～2 min。

湿式电收尘在相当高的负压下工作，一般来说其绝对压强大概为70 kPa，湿式电收尘出口的烟气含尘量小于2 mg/m^3（标况）。

湿式电除尘后，烟气通过两台串联的文丘里风机，它们的转速为2900 r/min，它们提供文丘里系统的所有负压。用水连续洗涤风机，冲洗水被收集并输送至水封装置。

3. 吸收塔

经过文丘里风机后，烟气进入吸收塔。若文丘里风机出现故障，烟气必须通入吸收塔。烟气经过吸收塔处理，可以除去烟气中残余的SO_2和其他杂质。在吸收塔里循环的是氢氧化钠溶液，每班必须测定一次循环液的pH值，要是pH值小于7，必须加入氢氧化钠溶液将循环液的pH值调节到10。

要定期测定循环液的浓度，如溶液含固量超过1100 g/L，就要将全部溶液排放到废水处理工序储存。向循环槽里加入水和氢氧化钠溶液，重新配制循环液（pH为10）。也要经常取样分析循环液中的硫酸钠浓度，如溶液含硫酸钠达到100 g/L，也要重新更换循环液。最终清洁烟气通过风机和烟囱排空。

4. 洗涤液系统

文丘里洗涤系统的洗涤液经控制阀定期自流到烟气洗涤液循环槽，湿式电除尘器的清洗液也自流到烟气洗涤液循环槽，由烟气洗涤液循环泵送到文丘里洗涤系统，循环使用。

烟气洗涤液循环槽底部污泥定期排放到沉文丘里泥槽，用文丘里泥压滤泵压送到文丘里泥压滤机，其滤液就是沉文丘里泥后液，将送往硒回收工序回收硒。

5.4 硒回收系统

5.4.1 工序功能及工艺流程

将SO_2气体通入装有亚硒酸溶液的一次沉硒槽，SO_2气体就将亚硒酸溶液还原成硒沉淀析出。工艺流程图见图5－14。

5.4.2 工序设备

本工序设备有一次沉硒槽、一次沉硒压滤机、二次沉硒槽、二次沉硒压滤机等。两个沉硒槽和两个压滤机完全一样，是最基本的设备，非常简单。

5.4.3 工艺说明

在卡尔多炉吹炼时，大部分硒以SeO_2的形式挥发进入烟气系统，这些烟气在进行湿式净化除尘时，其中的SeO_2与水接触，形成亚硒酸溶液。经文丘里泥压滤机压滤后，亚硒酸溶液成为沉文丘里泥后液。

将沉文丘里泥后液泵入一次沉硒槽，启动机械搅拌器，直接通入蒸汽加热。沉硒作业最适宜的温度是(80±2)℃。

当温度升至70℃左右时，开始向一次沉硒槽中通入二氧化硫。在通入二氧化硫初期，所有的二氧化硫几乎全部都会被吸收，稍后随着溶液含硒量下降，一部分二氧化硫会穿过溶液到达通风装置排走，二氧化硫的流量为15～20 m^3/h(标况)。在溶液中的硒浓度达到大约2 g/L之前，二氧化硫的利用率是90%～100%；之后二氧化硫的利用率开始逐渐下降，在硒的浓度为0.1 g/L时，利用率大约为10%，在硒的浓度为0.02 g/L时，二氧化硫的利用率下降到0。

当溶液中的硒浓度为0.02 g/L时，表明到达一次沉硒作业终点，停止通入二氧化硫，一次沉硒作业结束，一次沉硒时间控制大约10 h。

还原反应方程式如下：

$$2SO_2 + H_2O + H_2SeO_3 \longrightarrow 2H_2SO_4 + Se\downarrow$$

加强机械搅拌、通入蒸汽加热，目的都是为了提高反应速度。

一次沉硒作业结束后，开启沉硒槽底排液阀门，用泵把浆液泵入压滤机中进行固液分离，通常当压滤机泵的压力达到500～600 kPa时，表明压滤结束。当压滤结束后冲洗滤饼(粗硒)，洗涤的目的主要是洗净滤饼中夹杂的硫酸液。在洗涤作业时，要及时提取洗涤后液样，往其中加入几滴氯化钡溶液，查看白色沉淀物(硫酸钡)量的多少；如白色沉淀物较多，表明没有洗净；如白色沉淀物已很少，则表明可以结束洗涤。一般来说洗涤水的用量是滤饼体积的5～10倍，冲洗次数大约为10次。

滤饼用水冲洗干净，就成了半成品粗硒，可以出售或进一步精炼成精硒。

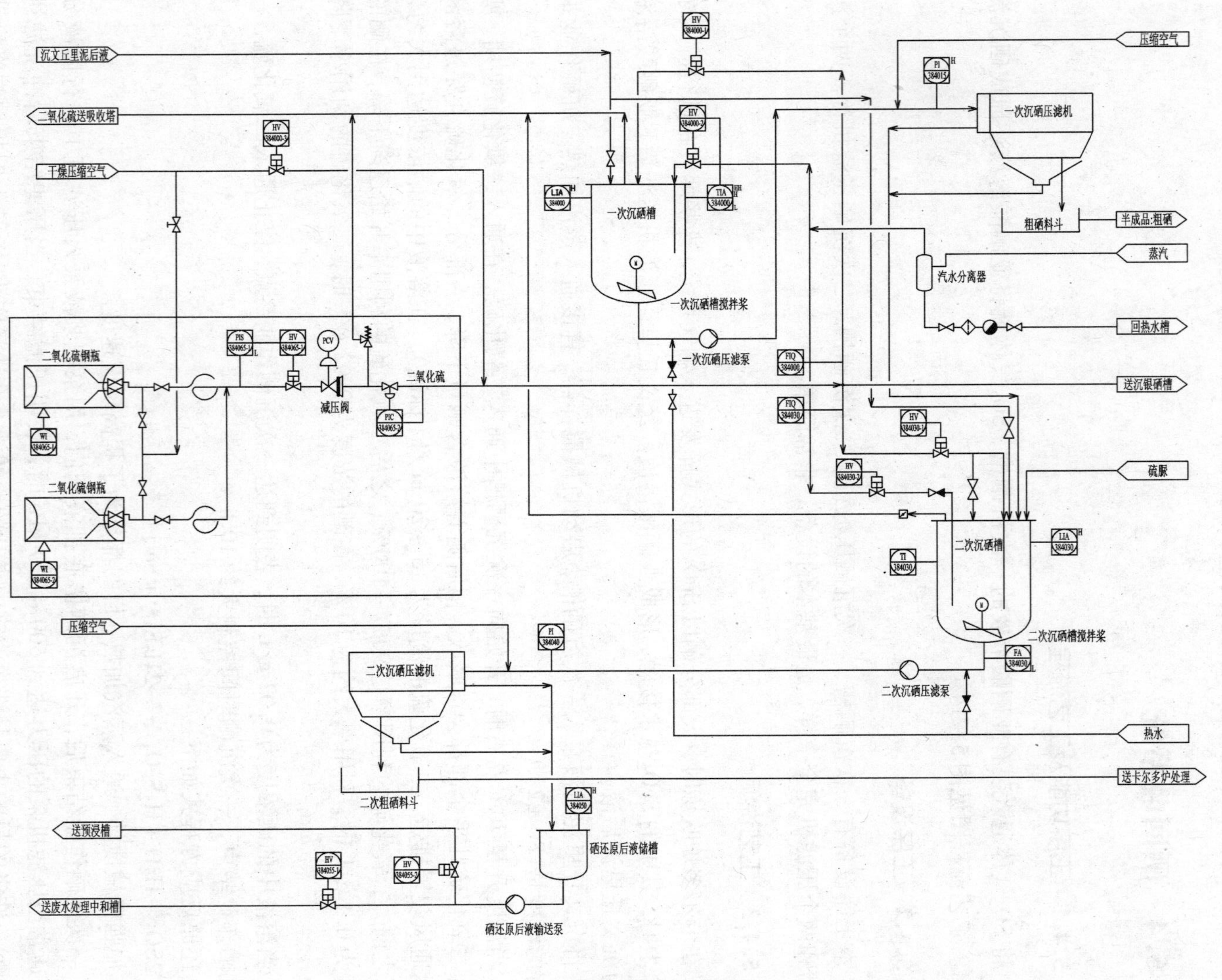

图5-14 硒回收系统工艺流程图

将一次沉硒压滤机的滤液泵入二次沉硒槽，进行相同的操作，也可以得到半成品粗硒，但由于二次粗硒的品位较低，只能再送卡尔多炉进行回收处理。

5.4.4　控制系统

PIC384065 - 2 二氧化硫减压后压力控制系统由下列部分组成。

(1)检测仪表：带远传装置的压力变送器，量程是0 ~ 0.6 MPa。

(2)指示调节器：作用是指示、控制二氧化硫减压后压力，量程是0 ~ 0.6 MPa，调节器的动作方向为反作用(RA)。

(3)执行机构：防腐型单座调节阀，DN40，气开式(PO)，作用是控制二氧化硫管道调压后的管径。

5.5　银电解精炼系统

5.5.1　工序功能及工艺流程

将朵尔金银合金板(阳极)和阴极板(不锈钢板)放进银电解槽，以硝酸和硝酸银水溶液为电解液，在直流电的作用下，银从阴极板上析出(>99.99% Ag)，成为最终产品。工艺流程图见图5 - 15 ~ 图5 - 18。

5.5.2　工序设备

该系统设备主要有银电解槽、银电解液循环槽、银电解液循环泵、硝酸银溶液储槽、银粒中频炉、银锭中频炉、银锭浇铸机、残极洗涤装置、废银电解液置换槽、银阳极泥真空过滤器等。

1. 银电解槽设备

银电解精炼相关主要设备包括硅整流装置、阳极吊装装置、电解槽和阴极自动刮板装置。其中阳极吊装装置、电解槽(包括阴极板和阳极袋)、阴极自动刮板装置均是进口的。

银电解精炼所采用的电解槽是从国外进口的莫斯比立式电解槽，共16个，分为两组四列，每列4个电解槽。每个电解槽内垂直吊挂7块不锈钢阴极、6个双层阳极袋和6组阳极。每组阳极包括2块朵尔合金阳极板(12 kg/块)，2块阳极板分别用银钩子吊挂在导电棒上组成一组阳极。装槽作业时，使用阳极吊装装置可以将6组阳极同时吊装入电解槽内的阳极袋内，一组阳极对应一个双层阳极袋，每个双层阳极袋上都装有支撑杆(木质)，支撑杆悬挂在槽面上，阳极袋采用特殊合成纺织品制成(见图5 - 19)。

银电解以硅整流器(能力：2000 A × 50 V)输出直流电作为电源。电解槽内的阴极和阳极，以及电解槽间的连接方式，采用复联式。所谓复联式，是指在同一槽内，阴极和阳极均采用并联，而电解槽间采用串联。阴极和阳极在槽中，均作等距离排列，每两组阳极之间放一块阴极，每槽中阴极比阳极多一块。复联式的电流走向，是使电流从母线极流到电解槽的各组阳极上，再从每组阳极通过电解液流到相对应的阴极上，一直流回母线板返回电源。

1)电解槽

莫斯比电解槽是矩形立式电解槽，包括槽面母线系统支撑部件、电解液循环进出法兰，电解槽底部有一个阴极银和电解液排放法兰。在电解槽底部装有槽支撑机构，在电解槽内有一系列漏电防护板。槽底排放法兰带有气动阀门，从电解槽上部操作。

2)阴极自动刮板装置

为防止阴极上析出阴极银结晶过长，引起短路，阴极上会配备自动刮板装置。电解作业时，紧贴阴极板面的塑料刮刀来回运动，将析出的阴极银结晶及时刮落到电解槽底部。

每列(4 个)电解槽配备一台，主要包括：落千丈支撑架，在槽下部中心，支撑滑动机械轴承，移动机械带轴、曲柄装置、滑动轴承、轮车释放装置和驱动装置；移动轮车，每个槽一个，包括支撑塑料刮板(刮刀)和滑动旋钮的金属框，每个轮车在运行时都可以单独断开连接。

2. 电解液循环系统

为保持电解槽内电解液的成分均匀、温度稳定，电解作业时电解液要连续循环。电解液循环系统设备主要包括：一个电解液循环槽(10 m^3)和 6 台泵。其中 4 台泵是电解液循环泵；另外两台，一台泵是排放泵，当循环槽内电解液含杂质超标，启动这台泵将循环槽内部分电解液送去处理；一台泵是电解液冷却循环泵，电解精炼采用的是高阳极电流密度(1000 A/m^2)，每个电解槽平均产生热量 2 ~ 3 kW，电解槽内电解液温度会很快上升，因此回到循环槽的电解液需要降温处理后才能返回电解槽供生产使用，这台泵的主要作用就是将返回循环槽的电解液泵去热交换器进行降温处理。

电解槽的电解液循环走向采用下进上出方式，新配制好的电解液加入循环槽中，循环泵负责将循环槽内电解液泵入电解槽供电解生产使用，每一台循环泵承担一列电解槽(包括 4 个电解槽)的电解液供应任务。

3. 银浇铸系统

银锭浇铸系统和朵尔合金板浇铸系统的设备和方法基本是一样的，都是全手工操作，这里不再重复说明。

5.5.3 工艺说明

直流电通过电解质溶液或熔融电解质而在阴、阳两极引起氧化还原反应，叫做电解。在电解中，电能变成化学能，这种变化发生在电解池或电解槽中。跟直流电源负极连接的是电解池的阴极(发生还原反应)，跟直流电源正极连接的是电解池的阳极(发生氧化反应)。标准电极电位大的阳离子优先在阴极上放电(被还原)，而标准电极电位小的阴离子优先在阳极上放电。

电解过程是十分复杂的，实际操作中的各种因素如电流密度、温度、搅拌情况，还有溶液中离子浓度、电极材料及表面状态等都会影响离子在电极表面的放电。在电解时，电解质必须先电离成能自由移动的离子，在通直流电后，阴、阳离子才能分别移向两极而放电。因此，电解质的电离是电解的基础。

银电解精炼是以铜阳极泥熔炼所得的朵尔合金阳极板为阳极，以不锈钢片为阴极，以硝酸、硝酸银的水溶液为电解液，在莫斯比电解槽中通以直流电进行电解。

银电解精炼的电解过程，可视为下列电化学系统中所发生的过程：

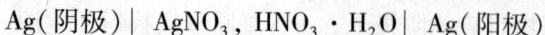

Ag(阴极) | $AgNO_3$，$HNO_3 \cdot H_2O$ | Ag(阳极)

阳极(朵尔合金阳极板)主要反应：

$$Ag - e = Ag^+$$

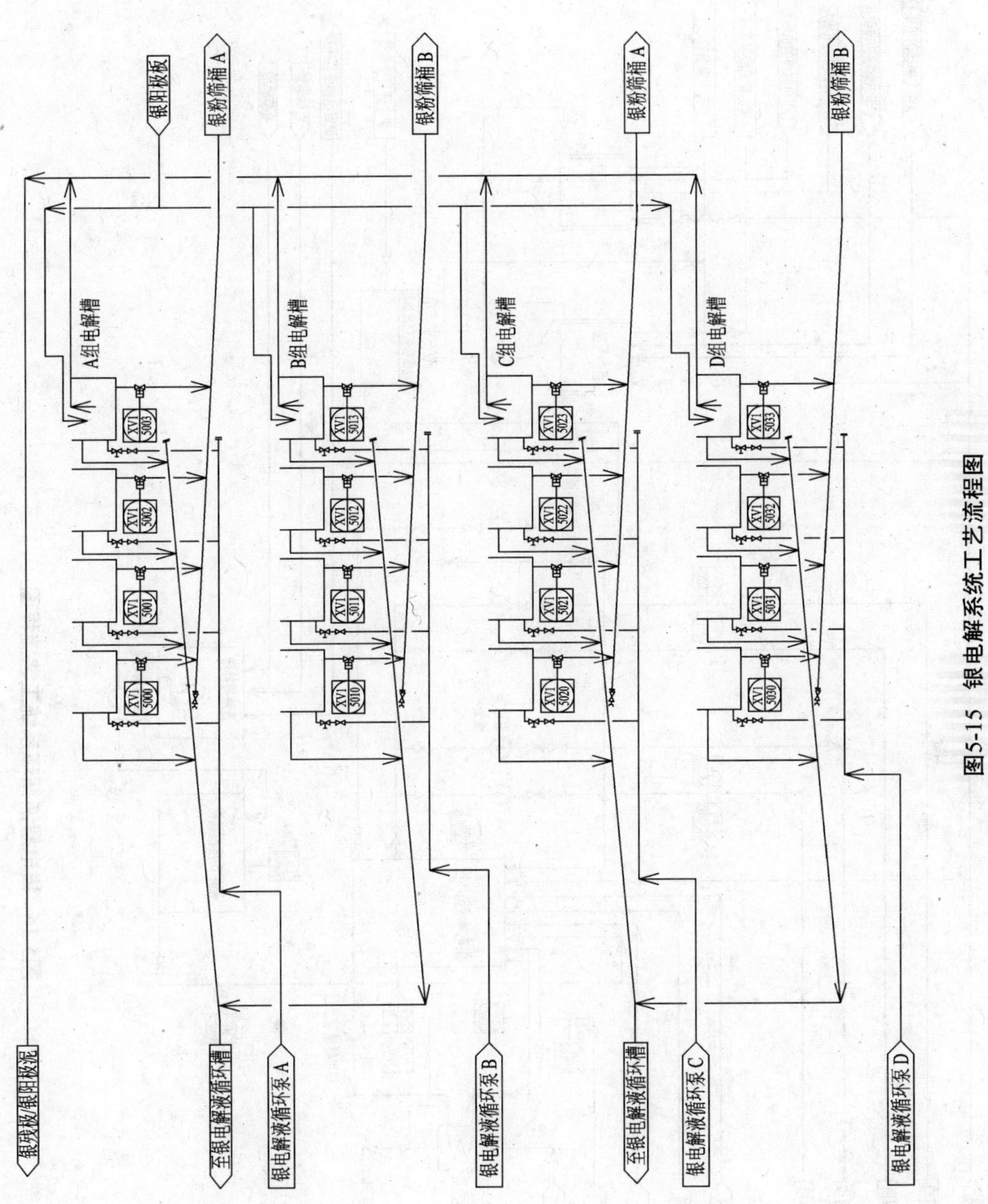

图5-15　银电解系统工艺流程图

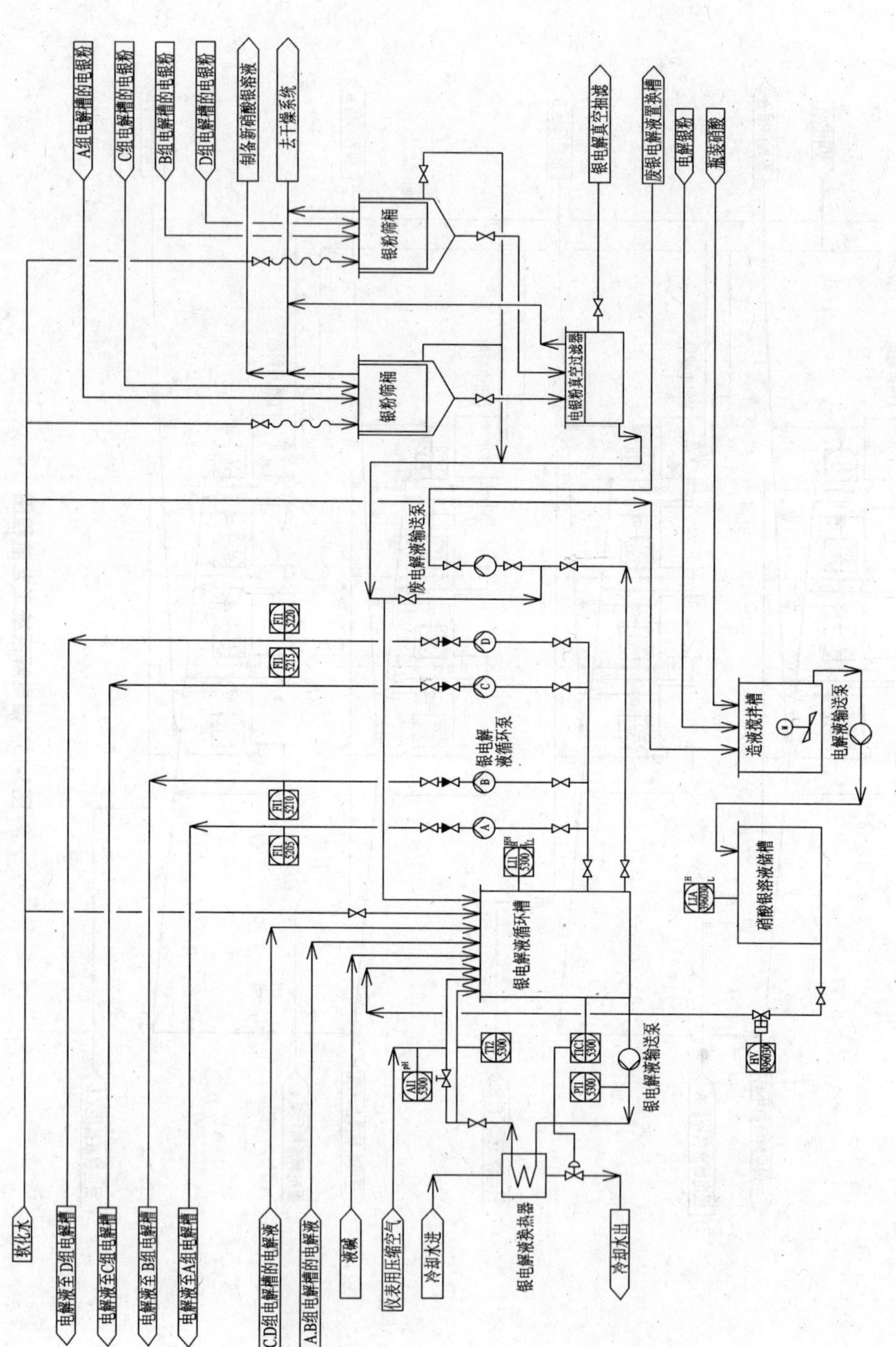

A组电解槽的电银粉
C组电解槽的电银粉
B组电解槽的电银粉
D组电解槽的电银粉
制备新硝酸银溶液
去干燥系统
银粉筛桶
银粉筛桶
电银粉真空过滤器
银电解真空抽滤
废银电解液置换槽
电解银粉
蒸发硝酸
废电解液输送泵
银电解液循环泵
造液搅拌槽
电解液输送泵
硝酸银溶液储槽
银电解液循环槽
银电解液输送泵
银电解液换热器
软化水
电解液至D组电解槽
电解液至C组电解槽
电解液至B组电解槽
电解液至A组电解槽
C.D组电解槽的电解液
A.B组电解槽的电解液
液碱
仪表用压缩空气
冷却水进
冷却水出

图5-16 银电解液循环系统工艺流程图

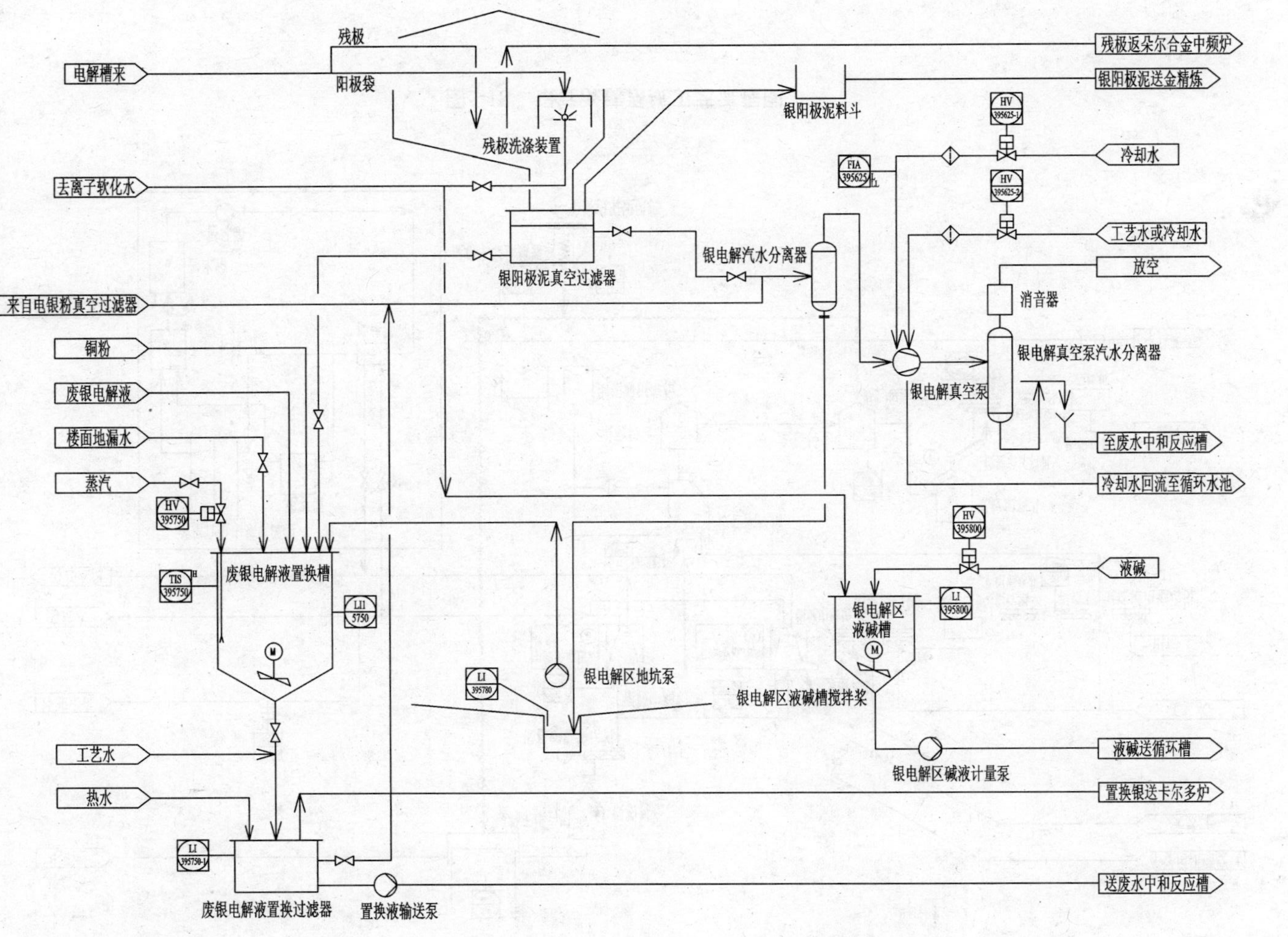

图5-17 废银电解液处理系统工艺流程图

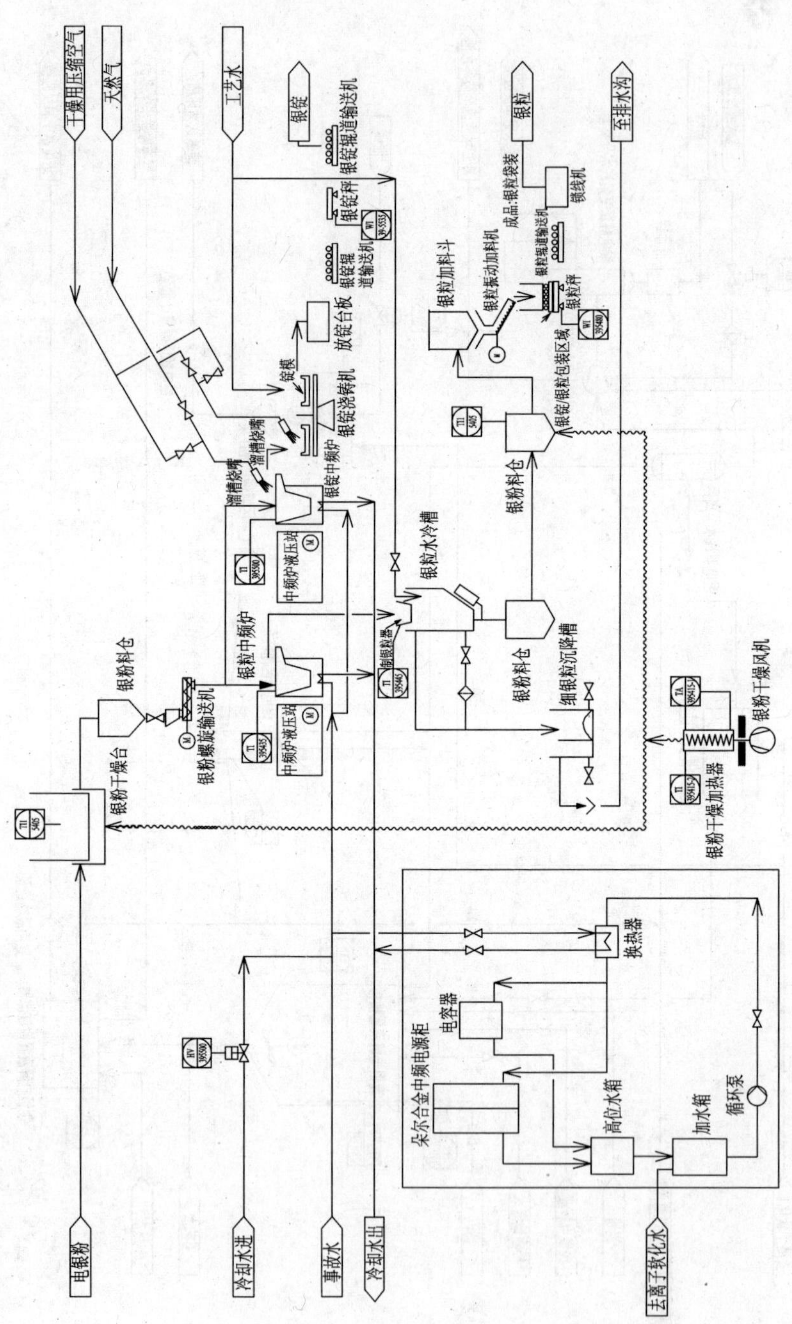

图5-18 银锭浇铸系统工艺流程图

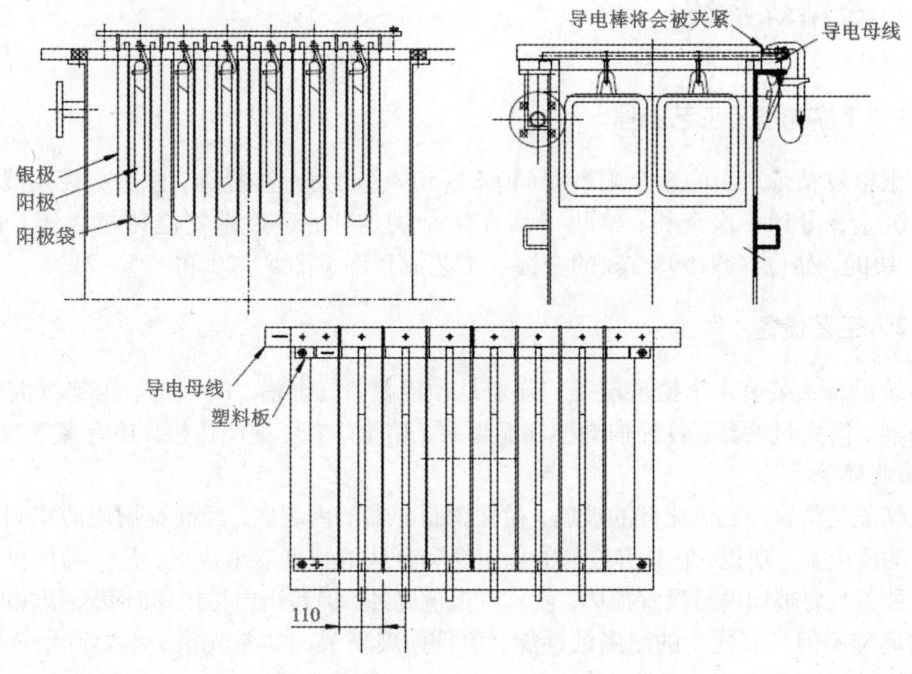

图 5-19 银电解槽简图

阴极(不锈钢板)主要反应:

$Ag^+ + e = Ag$

电解液中的各组分,按下式进行电离:

$AgNO_3 = Ag^+ + NO_3^-$

$HNO_3 = H^+ + NO_3^-$

$H_2O = H^+ + OH$

在直流电的作用下,阳极发生电化学溶解,阳极板中的银被氧化成1价银离子,阴极上银离子放电析出金属银。常常需要往硝酸银电解液中补加硝酸。

为了缩短银电解周期,银电解一般采用较高的电流密度,这样就使阴极上析出银的速度较快,沉积物疏松,成粒状、片状、针状或树枝状。

由硝酸和硝酸银的水溶液配制成的银电解液由循环泵泵入银电解槽,每个电解槽内垂直吊挂7块不锈钢阴极,6个双层阳极袋和6组阳极,每组阳极包括2块朵尔合金阳极板(每块12 kg)。在直流电(DV 50 V、2000 A)的作用下,阳极上的银失去电子变成银离子溶解在电解液中,而溶解在电解液中的银离子则从阴极得到电子变成银从阴极上析出。阴极上生成的银被刮刀刮到电解槽的下部,经洗涤、干燥后可送去浇铸。铜和其他金属杂质则溶解进入电解液,在电解液净化系统被去掉。金富集于阳极泥中,成为“金泥”,下落到双层阳极袋中,送到金精炼系统进一步进行处理。

银电解的周期是20 h,生产周期是24 h。

5.6 金精炼系统

5.6.1 工序功能及工艺流程

对从银电解精炼产出的含金阳极泥(40% ~50% Au)进一步提纯，经过金泥预浸、氯化分金、还原沉金，得到一次金粉；经烘干后在熔金炉熔化，经过金锭浇铸机浇铸，最终产出12.5 kg一块的，品位 >99.99% Au 的金锭。工艺流程图见图 5 - 20 和图 5 - 21。

5.6.2 工艺设备

该系统设备主要有 4 个搪玻璃釜：分别是预浸槽、分金槽、沉金槽、铂钯沉淀槽。还有真空过滤器、筒式过滤器，各种辅助槽和循环泵，熔金炉，金锭浇铸机，还有氯气吸收系统。

1. 搪玻璃釜

搪玻璃釜是将含高二氧化硅的玻璃，衬在钢制容器的内表面，经高温灼烧而牢固地附着于金属表面的反应釜。所以，它具有玻璃的稳定性和金属的强度双重优点，是一种优良的耐腐蚀设备。这种釜只要玻璃内衬没有损坏，就可以抵抗腐蚀，但是当内衬损坏时就会很快腐蚀。

搪玻璃釜不但具有优良的耐腐蚀性能，而且搪玻璃表面非常光滑，不会产生金银物料粘结现象，并且很容易清洗，利于操作。

2. 过滤设备

金精炼的过滤设备有两种：真空过滤器和筒式过滤器。

1)真空过滤器

真空过滤器是以真空负压为推动力实现固液分离的设备。金精炼区域共有 4 个真空过滤器，分别用于预浸出、氯化分金液、沉金作业和铂钯沉淀的固液分离。

2)筒式过滤器

筒式过滤器是以重力为推动力实现固液分离的设备。金精炼区域有两个筒式过滤器。一个是用来过滤氯化银滤饼的洗涤液及分金槽洗涤液中细的氯化银渣。另一个是用来分离经真空过滤后的二次沉金后液中的细颗粒，其中主要是氯化银。

5.6.3 工艺说明

铜阳极泥经过加压氧化酸浸脱铜，卡尔多炉熔炼、吹炼，银电解精炼，金泥含金量已经富集了数十倍以上，有利于进行金精炼作业。

目前，国内外金精炼提纯工艺主要有：电解法、王水法、氯化法。只有氯化法操作简单，投资少，不积压资金，对原料适用性好，是目前较先进的黄金提纯工艺。

1. 氯化分金

金泥中金、铂、钯一般都以金属状态存在，为使它们进入溶液，一般采用水溶液氯化法，即在加温(88 ~90℃)搅拌的盐酸介质中通入氯气，使金泥中 98% 以上的 Au 及绝大部分 Pt、Pd 溶解，生成四氯金酸、四氯铂酸和四氯钯酸进入溶液，而其中的 Ag 生成 AgCl 进入渣中，Pb、Cu、Se、Te、Sb 和 Zn 等杂质溶解进入溶液。其主要反应式如下：

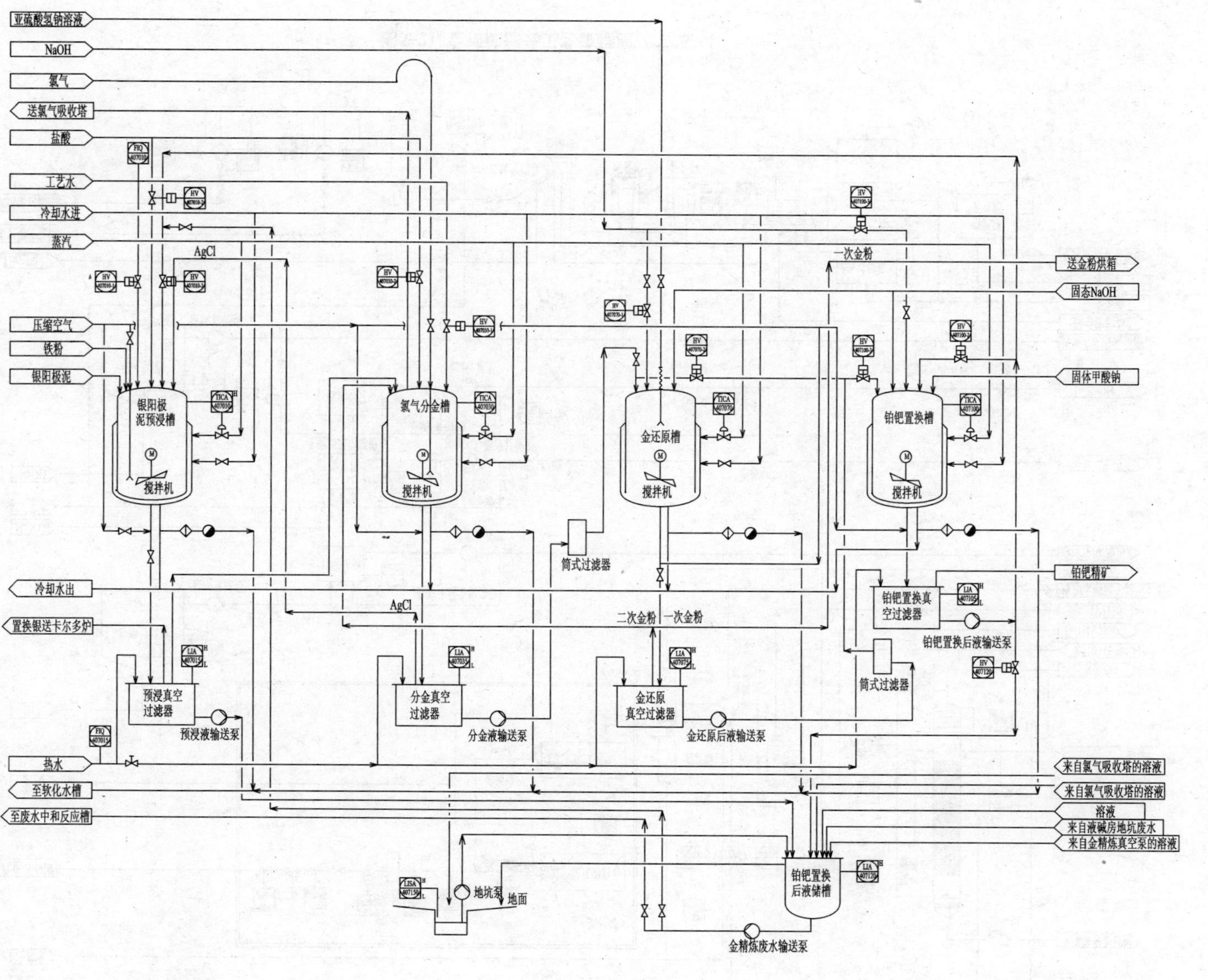

图5-20　金精炼部分工艺流程图（一）

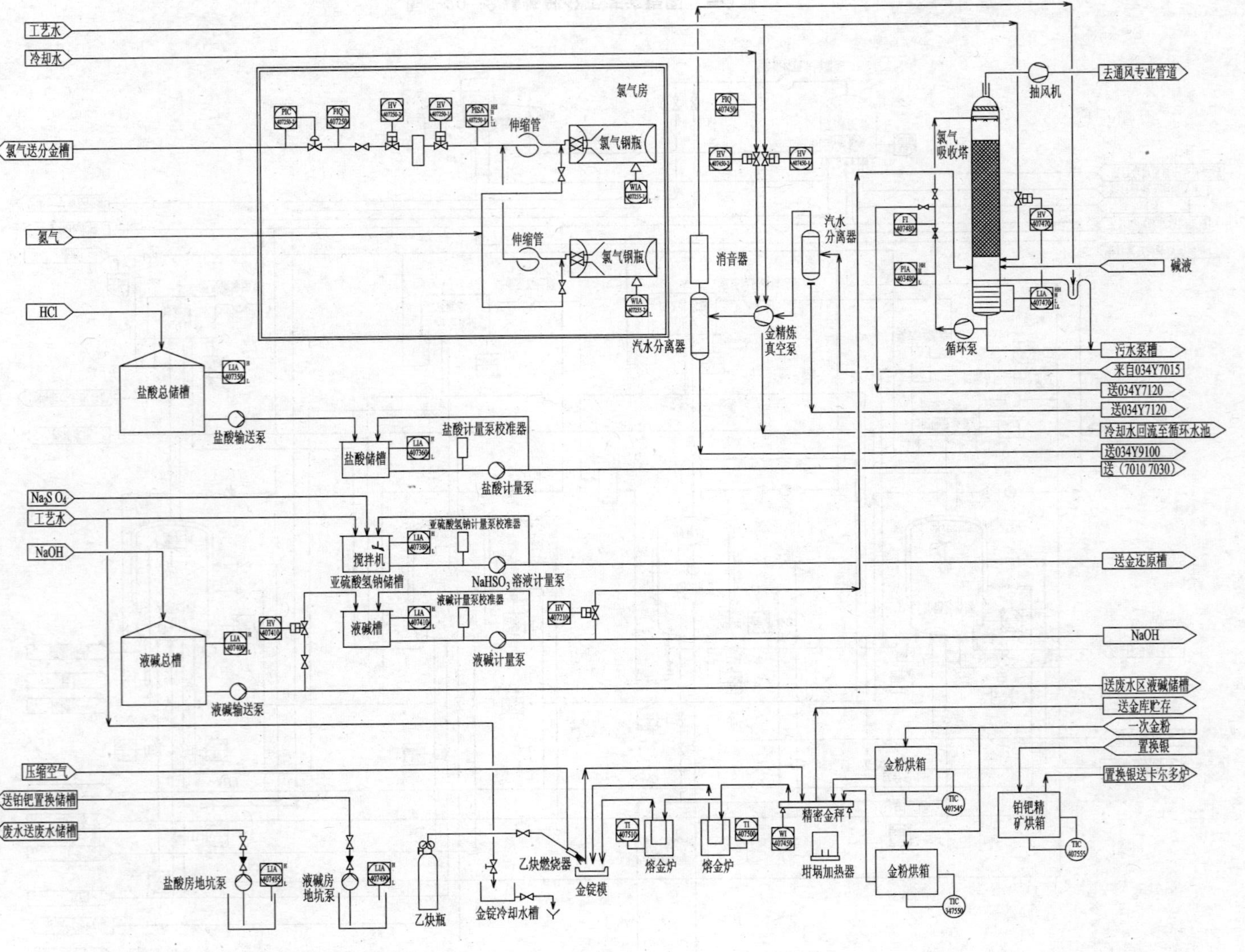

图5-21 金精炼部分工艺流程图（二）

$2Au + 2HCl + 3Cl_2 \longrightarrow 2HAuCl_4$

$Pd + 2HCl + 2Cl_2 \longrightarrow H_2PdCl_6$

$Pt + 2HCl + 2Cl_2 \longrightarrow H_2PtCl_6$

$2Ag + Cl_2 \longrightarrow 2AgCl\downarrow$

2. 还原沉金

氯化分金液还原沉金，一般分为两种：一种是"饱和还原法"，即加入过量还原剂（亚硫酸氢钠），通过一次还原就可将含金液中金全部沉淀，但缺点是还原金品位很难达到99.99%，含杂质较高。另一种是"饥饿还原法"，即还原剂（亚硫酸氢钠）分两次加入，还原作业分两步进行，通过一次还原可将含金液中85%～90%金还原沉淀，还原金品位可达到99.99%；第二次还原可将剩余金全部还原沉淀，但还原金品位<99.99%，含杂质较高，可送去氯化分金重新处理。其主要反应式如下：

$2HAuCl_4 + 3NaHSO_3 + 3H_2O \longrightarrow 2Au\downarrow + 11H^+ + 8Cl^- + 3SO_4^{2-} + 3Na^+$

3. 铂、钯沉淀

还原沉金作业尾液中，还含有少量的Pt、Pd，应加以回收。可以采用还原剂（甲酸钠）来还原沉淀。Pt、Pd在溶液中主要以2价存在，其反应方程式如下：

$H_2PdCl_4 + NaCOOH \longrightarrow Pd\downarrow + CO_2\uparrow + 3H^+ + Na^+ + 4Cl^-$

$H_2PtCl_4 + NaCOOH \longrightarrow Pt\downarrow + CO_2\uparrow + 3H^+ + Na^+ + 4Cl^-$

5.6.4 金精炼作业过程描述

金精炼作业采用批量处理即间歇式操作，银电解精炼产出的金泥（银阳极泥）送入金精炼工序，等积攒到一定量后，再进行处理。

金精炼工序主要分为以下几个过程进行。

1. 金泥预浸

在预浸槽中加入600 L的水，启动机械搅拌，加入含金125～200 kg的湿金泥混浆。在夹套中通入蒸汽加热，当槽内温度达到60～70℃时，加入5 L左右浓盐酸（HCl为35%～37%），反应10 min左右，用便携式pH计测量溶液的pH值，当pH值稳定在1时，可视为到达浸出作业终点。

浸出作业结束后，开启预浸槽底排液阀门，金泥浆液排入真空过滤器进行过滤，滤液泵入废液缓冲槽储存，金泥滤饼用去离子水洗净后用吊车送到氯化分金系统处理。

2. 氯化分金

往氯化分金槽内加入水和浓盐酸（HCl为35%～37%）配制浸出液（HCl为175～225 g/L），启动机械搅拌，当搅拌器转速达到最高时，加入金泥滤饼。在夹套中通入蒸汽加热，当槽内温度达到85～90℃时，开启氯气阀，直接往浆液中缓慢通入氯气进行反应，槽内浆液温度达到88～90℃时是最佳操作温度。

氯化作业时，氯气通入量要按照"小—大—小"来操作。在开始阶段，氯化浸出率低，因此氯气通入量为0～10 m^3/h；在浸出中期，随着氯化浸出率升高，氯气通入量达到50 m^3/h；在浸出后期，随着金泥中含金量降低，氯化浸出率逐渐降低，氯气通入量减至2～3 m^3/h。

氯化分金作业时，消耗1 kg氯气可浸出1.2～1.4 kg金，以此作为氯化作业终点的判断依据。也可以参照另一个重要操作控制参数：氯化作业结束时，分金液中游离HCl浓度应在

50 ~ 75 g/L，含金 150 ~ 300 g/L。

氯化作业结束，停止通入氯气，打开气体密闭阀，将槽内残余氯气排至吸收塔去净化处理。开启分金槽底排液阀门，将浆液排入真空过滤器去固液分离，滤液送入筒式过滤器进一步过滤溶液中夹杂的氯化银细粒，然后送入沉金槽处理。

3. 还原沉金

还原沉金分两步进行：一次沉金可还原沉淀分金液中 85% ~95% 的金，产出品位为 99.99% 的金沙；二次沉金可将剩余金量全部沉淀，但二次还原金沙含金 <99.9%，含杂质较高，需要返回氯化分金槽重新处理。

1）一次还原沉金

将氯化分金滤液加入金还原槽，启动机械搅拌，在夹套中通入蒸汽加热，将沉金液温度升至 55 ~ 57℃。启动计量泵，往沉金槽内加入已配好的 $NaHSO_3$ 溶液（密度：1.319 kg/L，$NaHSO_3$浓度：450 g/L），加入量控制在 60 ~ 100 L/h。

还原沉金作业时，若沉金液的氧化还原电位已达到 690 ~ 700 mV，说明沉金液中 85% ~90% 的金量已被还原沉淀，表明已经到达还原沉金作业终点。开启沉金槽底部排液阀门，浆液排入真空过滤器去固液分离，用去离子水冲净槽内金沙，还原金沙（Au：99.99%）用热去离子水洗净，干燥、取样化验分析、过磅后送去浇铸金锭。

2）二次沉金

二次沉金的方法和一次沉金相似。二次沉金作业终点时的氧化还原电位约为 390 mV。二次还原金砂品位较低（Au：<99.9%），含杂质较高，可与下一批物料一同加入氯化浸出槽重新处理。

4. 金锭浇铸

金锭浇铸采用小型坩埚浇铸，每个坩埚每次只能铸一块金锭（12.5 kg）。

用长不锈钢铲把事先称好的 12.510 kg 的干燥金砂（Au：99.99%）和少量的苏打玻璃加入到事先预热好的坩埚中（700℃），坩埚放在电炉上继续加热升温熔化物料。苏打玻璃与金砂中杂质反应生成浮渣漂浮在金熔体表面，当炉温升至 1300 ~ 1325℃时，则可以出炉浇铸，一般浇铸一块金锭的周期大约是 2 h。

金锭模采用梯形模，水平放置。在浇铸前要用乙炔燃烧喷枪进行熏模作业，脱模剂采用乙炔。通过熏模可在金锭模内表面形成一层乙炔涂层，避免在浇铸时影响金锭外观及损伤锭模。熏模作业必须在通风罩下进行，因为作业时产生许多黑烟。

浇铸时，开启乙炔燃烧喷枪烘烤模子，先用专用扒渣工具扒尽金熔体表面浮渣，从熔化炉内用特殊工具取出坩埚，将坩埚口对准模心，小心地把金液倒入模内；金液会缓慢凝固，大约 2 min 后关闭喷枪，浇水冷却。最终成为 12.5 kg 一块的品位 >99.99% Au 的金锭，送金库储存。

5. 铂、钯沉淀

将含 Pd、Pt 溶液加入铂钯沉淀槽后，启动机械搅拌，在夹套中通入蒸汽加热，当溶液温度达到 90℃时，加入 NaOH 溶液，将含 Pd、Pt 溶液的 pH 中和到 2.5 ~ 3.0。采用人工加料方式，将甲酸钠（NaCOOH，固态）分批加入槽内，当含 Pd、Pt 溶液的氧化还原电位 <0 时，则表明已到达作业终点。开启沉淀槽底排液阀门，浆液排入真空过滤器去固液分离，滤饼即为铂钯精矿，干燥、过磅后可出售或进一步精炼。

5.6.5 控制系统

1. PIC407250-2 氯气贮罐调压后压力控制系统

该系统由下列部分组成。

(1)检测仪表：带远传装置的压力变送器，量程是0~0.8 MPa。

(2)指示调节器：作用是指示、控制氯气贮罐调压后的压力，量程是0~0.8 MPa，调节器的动作方向为反作用(RA)。

(3)执行机构：防腐型单座调节阀，DN25，气开式(PO)。作用是控制氯气贮罐调压后的管径。

2. TICA407010 银阳极泥预浸槽反应温度控制系统

该系统由下列部分组成。

(1)检测仪表：铂电阻温度计，将银阳极泥预浸槽反应温度转换成电阻信号。

(2)指示调节器：指示、控制银阳极泥预浸槽温度，量程是0~100℃，正常值是60℃。调节器的动作方向为反作用(RA)。

(3)执行机构：笼式导向型单座调节阀，DN50，气开式(PO)。作用是控制进银阳极泥预浸槽的蒸汽流量。

3. TICA407030 分金槽反应温度控制系统

该系统由下列部分组成。

(1)检测仪表：铂电阻温度计，将分金槽反应温度转换成电阻信号。

(2)指示调节器：指示、控制分金槽温度，量程是0~100℃，正常值是90℃。调节器的动作方向为反作用(RA)。

(3)执行机构：笼式导向型单座调节阀，DN50，气开式(PO)。作用是控制进分金槽的蒸汽流量。

4. TICA407070 金还原槽反应温度控制系统

该系统由下列部分组成。

(1)检测仪表：铂电阻温度计，将金还原槽反应温度转换成电阻信号。

(2)指示调节器：指示、控制金还原槽温度，量程是0~100℃，正常值是50℃。调节器的动作方向为反作用(RA)。

(3)执行机构：笼式导向型单座调节阀，DN50，气开式(PO)。作用是控制进金还原槽的蒸汽流量。

5. TICA407100 铂钯置换槽反应温度控制系统

该系统由下列部分组成。

(1)检测仪表：铂电阻温度计，将铂钯置换槽反应温度转换成电阻信号。

(2)指示调节器：指示、控制铂钯置换槽温度，量程是0~100℃，正常值是55℃。调节器的动作方向为反作用(RA)。

(3)执行机构：笼式导向型单座调节阀，DN50，气开式(PO)。作用是控制进铂钯置换槽的蒸汽流量。

5.7 废水处理系统

5.7.1 工序功能及工艺流程

处理全车间的废水，回收有价金属，将尾液再送往厂中央废水处理系统进行处理。工艺流程图见图 5 - 22。

5.7.2 工艺设备

该系统的设备有浸出及电解废水储槽、碳酸钠仓、液碱储槽、中和反应槽、压滤机、重金属离子废水储槽等。这些设备都是一般的通用设备，不另外进行说明。

5.7.3 工艺说明

将金精炼区废水、银电解过滤器的废水、铜浸出区地坑废水用输送泵送到废水中和反应槽，往槽中加入碳酸钠和液碱，启动反应槽搅拌机，一段时间后液渣则会沉淀下来，将其用泵送入压滤机进行压滤，渣中含有有价金属，送往铜熔炼系统；滤液和车间内的其他废液则送往重金属离子废水储槽，用泵送往厂中央废水处理系统进行处理。

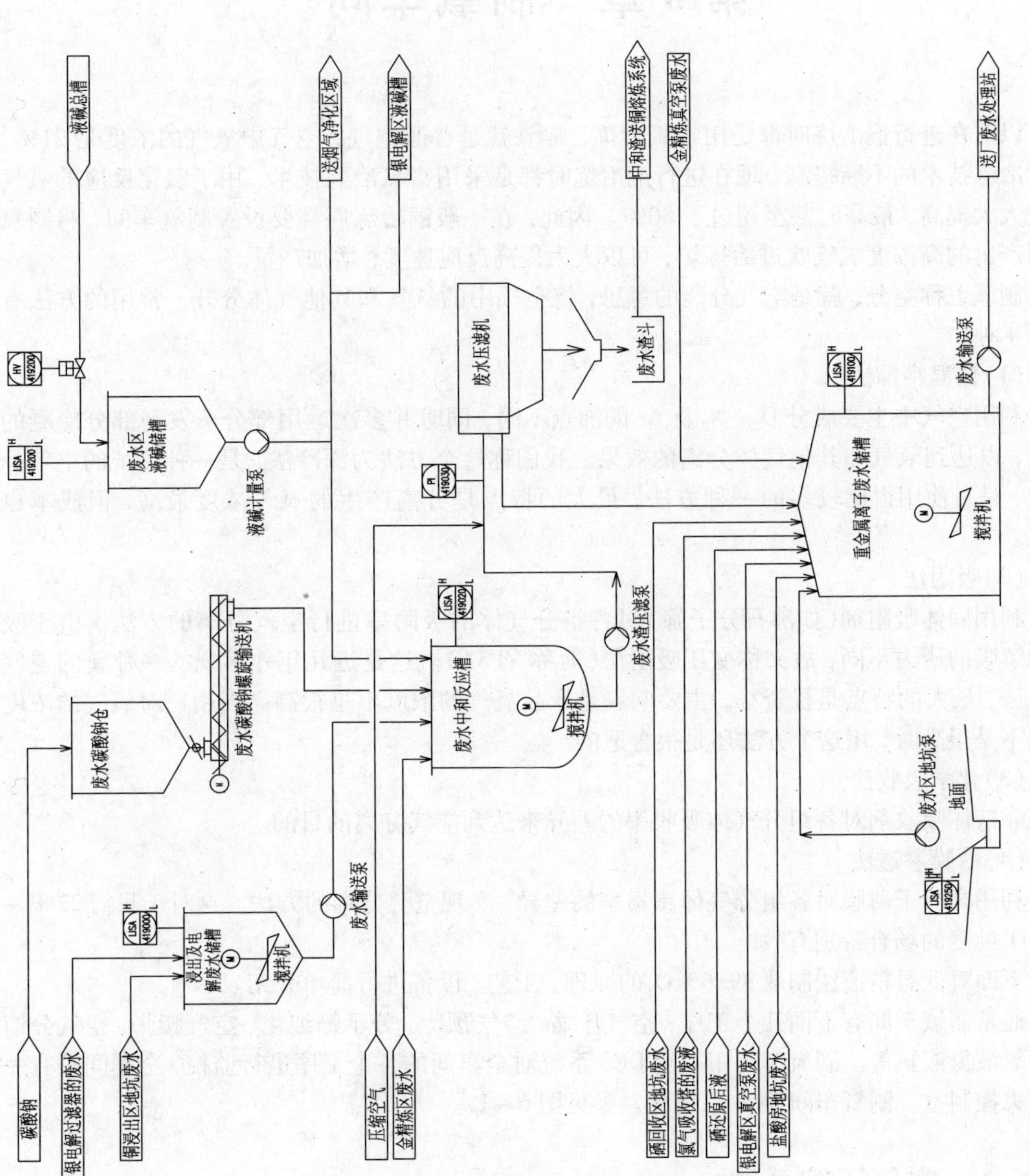
液碱总槽
送烟气净化区域
银电解区液碱槽
中和渣送铜熔炼系统
金精炼真空泵废水
送厂废水处理站
HV 419200
LISA 419200
废水区液碱储槽
液碱计量泵
废水压滤机
废水渣斗
PI 419030
LISA 419100
重金属离子废水储槽
搅拌机
废水输送泵
废水碳酸钠仓
废水碳酸钠螺旋输送机
LISA 419020
废水中和反应槽
搅拌机
废水渣压滤泵
废水区地坑泵
地面
LISA 419250
LISA 419000
浸出及电解废水储槽
搅拌机
废水输送泵
碳酸钠
银电解过滤器的废水
铜浸出区地坑废水
压缩空气
金精炼区废水
硒回收区地坑废水
氯气吸收塔的废液
硒还原后液
银电解区真空泵废水
盐酸房地坑废水

图5-22 废水处理系统工艺流程图

第 6 章　制氧车间

以前在进行铜冶炼时都是用常氧冶炼，常氧就是普通空气，空气中氧气的浓度是 21%。随着冶炼技术的不断提高，现在进行铜冶炼时都是采用富氧冶炼技术，用于氧化反应的氧气浓度大大提高，最高时甚至超过了 80%。因此，在一般铜冶炼厂都要设置制氧车间，将制氧车间产出的高浓度氧气吹进冶炼炉，可以大大提高反应速度，增加产量。

制氧也称空分，就是空气分离的意思，将空气中的氧气和其他气体分开。常用的方法有以下 4 种。

(1)低温精馏法

利用空气中主要成分 O_2、N_2及 Ar 的沸点不同，同时并多次运用部分蒸发与部分冷凝的过程，以达到氧气和其他气体分离的效果。我们称这个方法为深冷法，是一种传统的空气分离法，是目前用得比较多的一种方法，最大的特点是分离产生的氧气浓度最高，但成本也最高。

(2)吸附法

利用固体吸附剂(如沸石分子筛)对各组分气体的吸附率进行空气分离的方法。由于吸附和解吸的压力不同，故又称变压吸附法(简称 VPSA)。这是近几年才出现的一种新的空气分离法，最大的特点是投资小，主要问题是产品氧气的浓度不是很高。当用户对氧气的浓度要求不是很高时，用这个方法还是很合适的。

(3)化学吸收法

靠液体吸收剂对各组分气体吸收率的差异来达到空气分离的目的。

(4)薄膜渗透法

利用高分子薄膜对各组分气体渗透率的差异，实现空气分离的方法。这对于只需 22% ~ 30% O_2纯度的场合特别有效。

下面对低温精馏法制取 99.6% O_2的原理、工艺、设备进行简单介绍。

通常制氧车间有下面几个工序：空气压缩、空气预冷、分子筛纯化、空气膨胀、空气分馏和液氧液氮液氩等。制氧车间用一套 DCS 系统对全车间的各个工序进行监控，全车间只有一个中央控制室。制氧车间 DCS 系统配置参见图 6 - 1。

6.1　空气压缩系统

6.1.1　工序功能及工艺流程

本工序的主要作用是压缩空气。工艺流程图见图 6 - 2 和图 6 - 3。

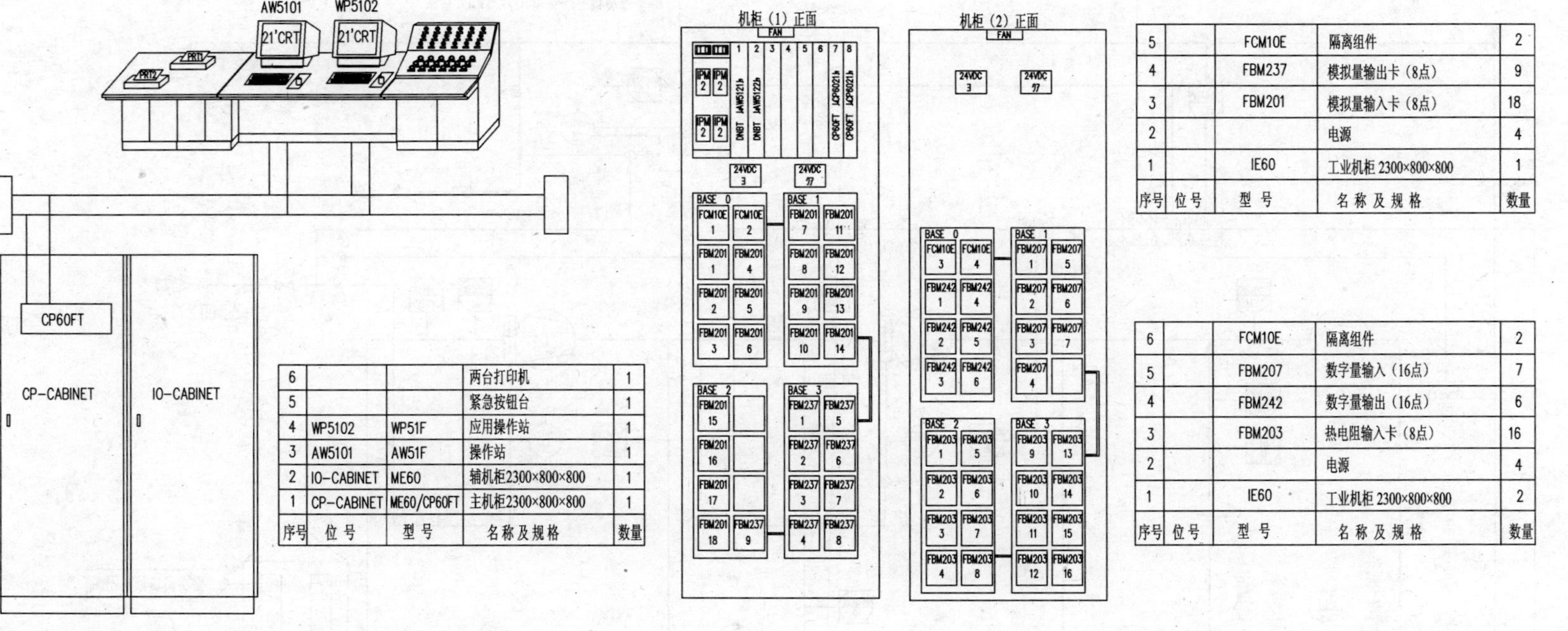

序号	位号	型号	名称及规格	数量
6			两台打印机	1
5			紧急按钮台	1
4	WP5102	WP51F	应用操作站	1
3	AW5101	AW51F	操作站	1
2	IO-CABINET	ME60	辅机柜2300×800×800	1
1	CP-CABINET	ME60/CP60FT	主机柜2300×800×800	1

序号	位号	型号	名称及规格	数量
5		FCM10E	隔离组件	2
4		FBM237	模拟量输出卡（8点）	9
3		FBM201	模拟量输入卡（8点）	18
2			电源	4
1		IE60	工业机柜 2300×800×800	1

序号	位号	型号	名称及规格	数量
6		FCM10E	隔离组件	2
5		FBM207	数字量输入（16点）	7
4		FBM242	数字量输出（16点）	6
3		FBM203	热电阻输入卡（8点）	16
2			电源	4
1		IE60	工业机柜 2300×800×800	2

图6-1　制氧车间DCS系统配置图

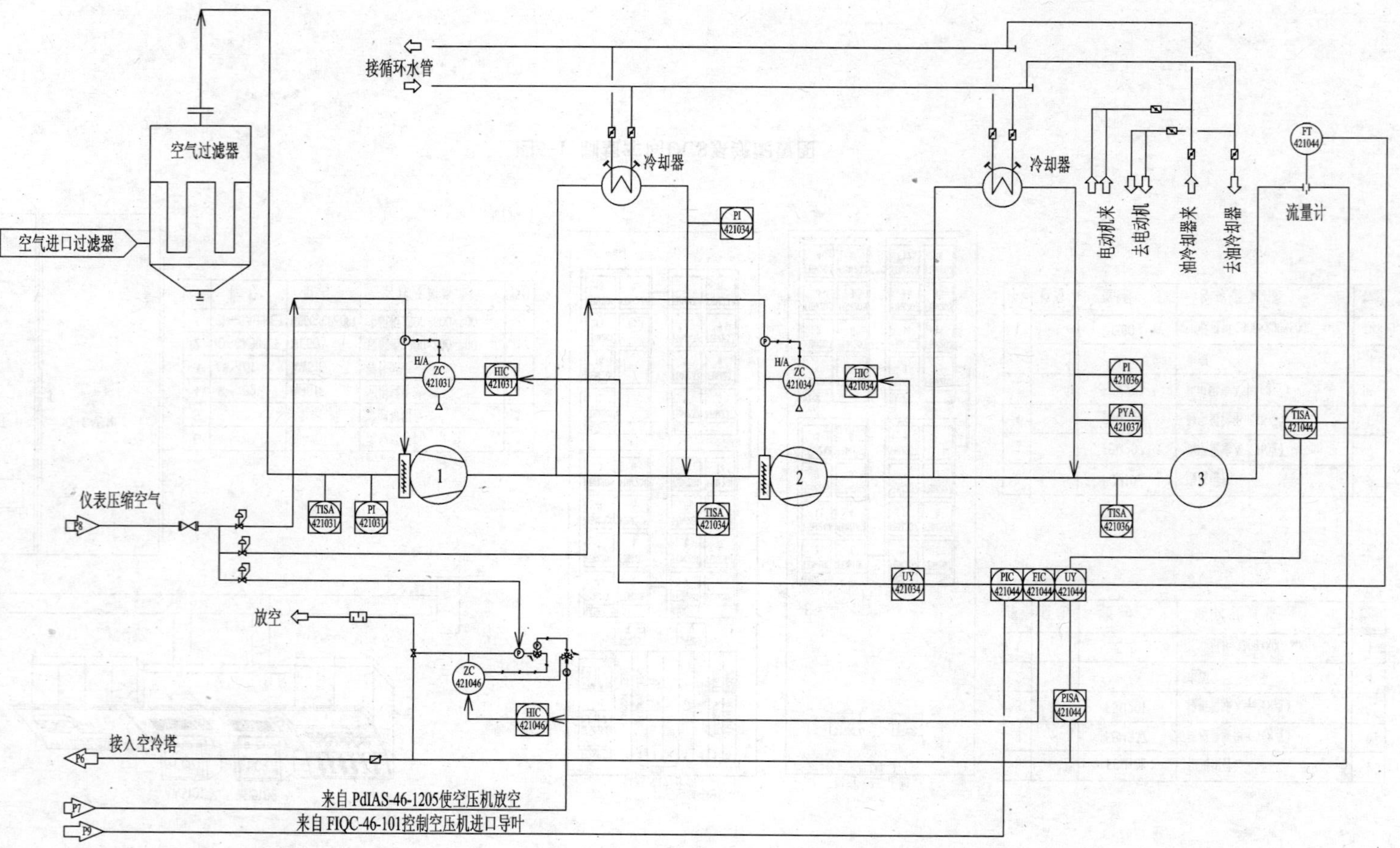

图6-2　空气压缩系统工艺流程图

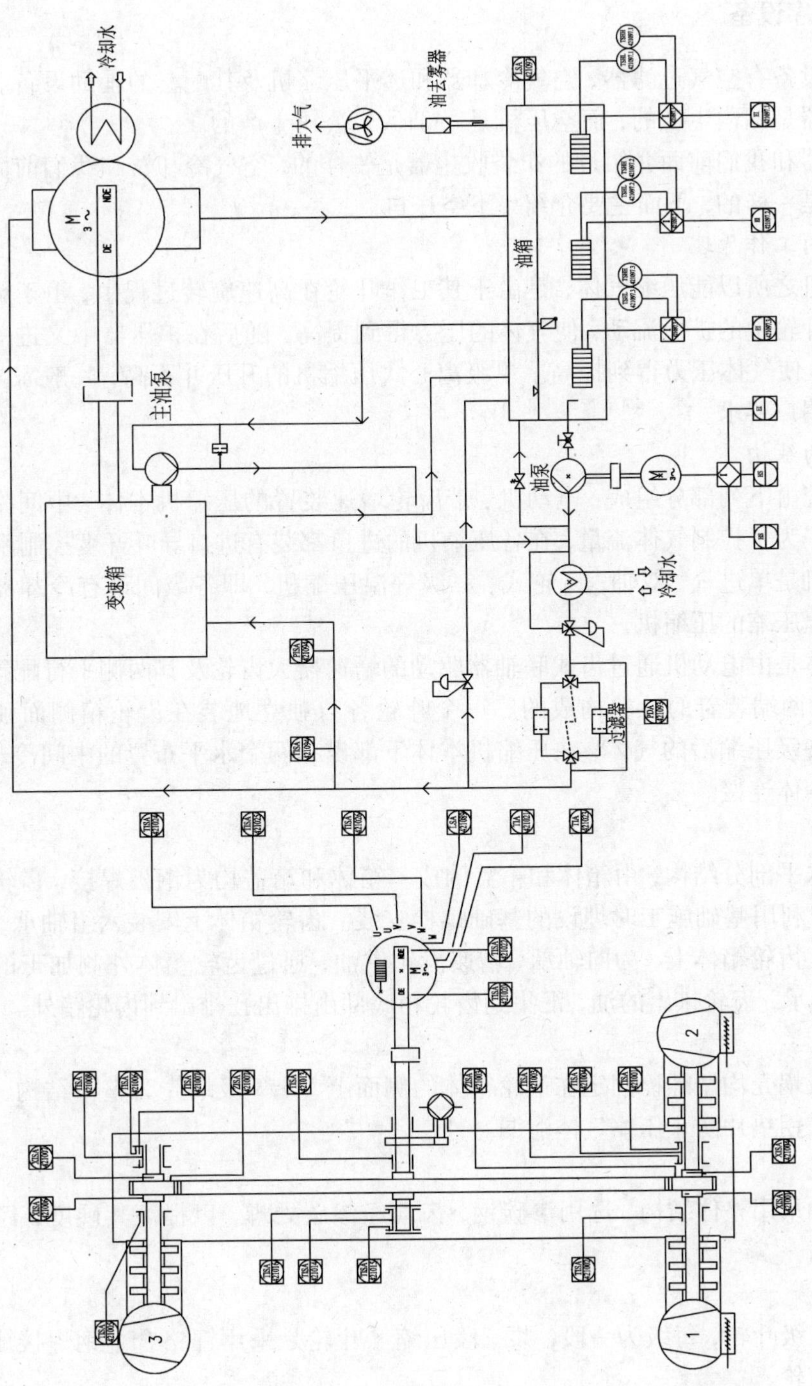

图6-3 空气压缩机系统工艺流程图

6.1.2 工序设备

这部分的设备有空气过滤器、空气冷却器和透平压缩机及其配套的辅助设备。空气过滤器和空气冷却器是国内生产的，而空压机是“ATLAS”公司生产的。

空气过滤器和我们前面介绍过的布袋收尘器是一样的，空气冷却器和我们前面介绍过的换热器的原理是一样的，下面主要介绍一下空压机。

1. 空压机的工作原理

离心压缩机之所以能压缩气体，是由于其工作叶轮在高速旋转过程中，由于旋转离心力的作用及工作叶轮中的扩压流动，使气体的压力得到提高，随后在扩压器中又进一步把动能转换为压力能，使气体压力得到提高。单级离心式压缩机的升压并不高，一般需要进行多级压缩才能达到用户要求。

2. 空压机的结构

空压机系统由下列部分组成：电动机、带齿轮增速装置的压缩机本体、中间冷却器和润滑油四个部分。为了控制气体流量，在各压缩机的进口都装有进口导叶开度控制系统。

透平压缩机是单进气、双轴、齿轮式、三级等温压缩机，即各级间设有冷却器使压缩过程尽量接近等温压缩的压缩机。

压缩机本体是由电动机通过齿式联轴器驱动的增速器大齿轮及其两侧平行配置两个从动小齿轮轴，轴的两端装着的叶轮构成的。三个叶轮各自独立地装在齿轮箱侧面独立的蜗壳内。为了冷却各级压缩后的气体，在压缩机本体下部设有两个水平布置的中间冷却器，通过管道与压缩机本体连接。

1）齿轮箱

齿轮箱是水平剖分结构，由箱体和箱盖构成。箱体和箱盖均为钢板焊接，齿轮箱体水平安装在基础上，利用基础施工时埋设的基础螺栓安装。齿轮箱体上安装六组轴承，用各自的轴承压盖固定在齿轮箱体上，为向轴承、增速齿轮供油，通过齿轮箱体外侧加工的孔向各供油口供油，各轴承，齿轮排出的油，汇集到齿轮箱底部由排出孔排出到齿轮箱外。

2）蜗壳

压缩机三级蜗壳均用螺栓固定在齿轮箱体的侧面上，1～3 级蜗壳为整体结构，在蜗壳和进气管接合而采用垫片防止压缩气体泄漏。

3）增速齿轮

大齿轮及轴采用整体结构，选用渗碳钢，齿面经渗碳处理，以提高其硬度，经磨后提高精度。

4）叶轮

压缩机共三级叶轮，每级为一段，共三段压缩。叶轮是采用镍铬合金钢焊接成的，三个叶轮均为三元叶轮。

5）轴承

原设计为整体浇铸的刚性瓦，后经实践后改为可倾瓦。

6）齿轮联轴器

压缩机大齿轮轴与电动机主轴的联结使用齿轮联轴器；为向齿轮联轴器齿面供油将润滑油装在齿轮联轴器里；为防止润滑油外漏，使用 O 型环密封。

7)中间冷却器

压缩机共有两个中间冷却器，冷却器壳体为钢板焊接，冷却水走管内，空气流过冷却器管外进行冷却。另外一、二级中间冷却器中在管末的气体出口侧装有除去水分的水汽分离器，将冷凝水分离出来。

8)进口导叶调节器

压缩机进口装有调节风量用的进口导叶调节装置。进口导叶共有11支叶片，放射性地装在调节器壳上。进口导叶的叶片使用球形接头的连杆机构被整体驱动。

叶片调节器有现场开度指示器，0°为叶片全闭，90°为叶片全开。但要注意，如开度过头，则叶片会出现过头反转故障。

9)套装节头和伸缩节

压缩机的管路由于运行中热变形，所以采用套装节头和伸缩节吸收这些变形量。

10)逆止阀

为防止压缩机排气管中的气体倒流而引起压缩机反转事故，在排气管路上装有自重式逆止阀，在压缩机停车或管网事故时，该阀能够自动关闭。

6.1.3 工艺说明

原料空气在过滤器中除去灰尘和机械杂质后，进入空气透平压缩机的第一级压缩系统的进口，空气被压缩后压力提高了，但气温也有很大提高；将第一级压缩机出口的高温空气经水冷却系统降温后，再进入压缩机的第二级压缩系统的进口，空气被进一步压缩，出口压力更高了，同样气温也有很大的提高；将第二级压缩机出口的高温空气经水冷却系统降温后，再进入压缩机的第三级压缩系统的进口。最终，将空气压缩机出口的压力控制到约0.62 MPa。

6.1.4 控制系统

1. FIC421044 空压机出口流量控制系统

该系统由下列部分组成。

1)检测仪表

检测仪表由阿钮巴流量传感器和差压变送器组成。

阿钮巴流量传感器：将空压机出口流量转换成差压信号，量程是0~62.3 kPa。

差压变送器：作用是将阿钮巴流量传感器检测出的0~62.3 kPa的差压信号转换成4~20 mA DC的电流信号。

2)指示调节器

指示、控制空压机出口流量，量程是0~200000 m^3/h(标况)，控制值是153500 m^3/h(标况)，调节器的输出是反作用(RA)。

3)执行机构

本控制系统的执行机构由下列部分组成。

(1)电气定位器：电气定位器有三个功能。

① 电气转换功能：将调节器输出的4~20 mA电流信号转换成20~100 kPa的气信号，通过气动薄膜控制阀杆上下移动，也就是控制阀门的开度，移动距离是0—35—135 mm。

② 阀门定位功能：使控制阀根据输入信号的大小，稳定在某一个固定的位置。

③ 位置传送功能：将代表放空阀开度的0—35—135 mm 距离转转换成4～20 mA DC 电流信号，送到DCS 系统，显示阀门的开度。

（2）阀门控制气源回路：由两个气动放大器（增速器）和两个三通阀组成，接受电气定位器来的控制信号，输出两个气信号，去控制阀门的开度，加快阀门动作速度。

（3）联锁保护系统：由联锁电磁阀和三通阀组成，平时不起作用，联锁信号来时才动作。

（4）执行机构：气动薄膜调节阀，DN600，气关式（PC）（FO）。接受阀门控制气源回路的气信号，改变其开度。

制氧站空压机放空阀（防喘震）动作说明（见图6－2 空气压缩系统工艺流程图）如下。

A. 正常生产时（无联锁信号）（PdIAS－42－1205＝0）。FIC421044（DCS 系统）输出一个4～20 mA DC 电流信号给电气定位器，电气定位器就输出一个控制气信号，送到气动放大器（增速器）的控制输入端，根据这个控制气信号的大小，气动放大器就输出一个控制气源给三通阀的输入端；由于没有联锁信号，联锁电磁阀失电，电磁阀无输出信号，则三通阀控制端没有信号，其IN 端和OUT 端是相通的（放空端被堵死），故这个控制气源就送到调节阀的膜头上，调节阀就根据这个信号来控制其开度。

注：这个阀的膜头上有两个气源输入终端，故要接两个气源信号，原因是为了使阀门的动作加快，尤其是在紧急放空时。

B. 有联锁信号（PdIAS－42－1205＝1）。当系统出现联锁信号时（PdIAS－42－1205＝1），联锁电磁阀得电，其输出信号（就是气源）就是三通阀的控制信号，此时，三通阀的IN 端被堵死，OUT 端和放空端接通，调节阀膜头内的压缩空气通过三通阀的放空端排放到大气中。由于此阀是气关式，膜头内没有控制的压缩空气，阀门就全开了，用两个接气端是为了快速放空。

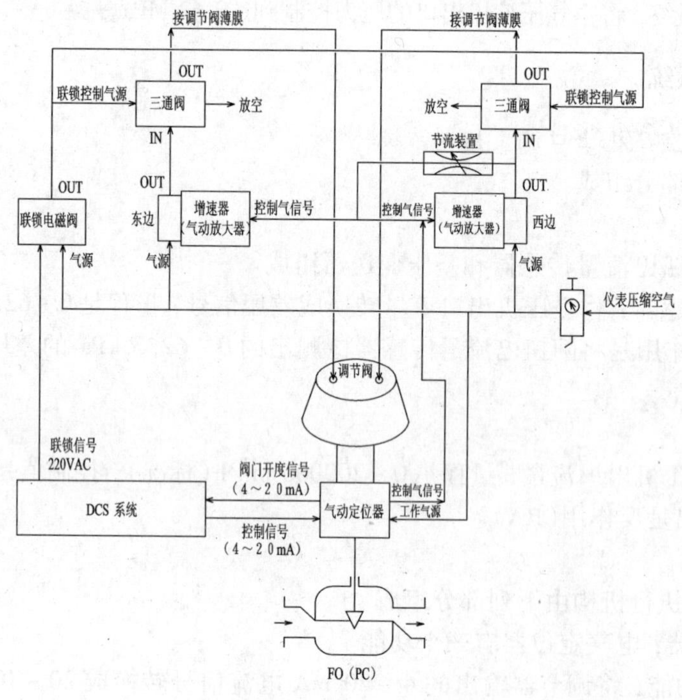

图6－4　执行机构配置图

执行机构及其配置图见图6－4、图6－5。

2. PIC421044 空压机出口压力控制系统

该系统由下列部分组成。

(1) 检测仪表：压力变送器，量程是 0 ~ 1 MPa，作用是将压缩空气压力值转换成 4 ~ 20 mA DC 的电流信号。

(2) 指示调节器：作用是指示、控制空压机出口压力，量程是 0 ~ 1 MPa，控制值是 0.538 MPa，调节器的输出是反作用(RA)。

(3) 执行机构：本控制系统的执行机构是风机的进口导叶，由于本空压机是三级压缩，前两级的压缩系统都有进口导叶。

图 6 - 5　执行机构

执行机构的组成如下。

①手操器：输出 4 ~ 20 mA DC 电流信号，用于控制进口导叶的开度，有手动、自动切换机能。开车时用于现场控制进口导叶的开度，正常生产时，将 DCS 系统来的 4 ~ 20 mA DC 电流信号直接送给电气定位器，控制进口导叶的开度，是安装在现场控制盘上的常规仪表。

②电气定位器：将手操器输出的 4 ~ 20 mA DC 电流信号转换成 20 ~ 100 kPa 的气信号，通过气动薄膜控制阀杆上下移动，也就是控制进口导叶的开度，移动距离是 0—35—135 mm，有手动、自动切换机能，手动时直接控制进口导叶的开度；正常生产时，接受手操器 HIC421031 来的 4 ~ 20 mA DC 电流信号，控制进口导叶的开度。

③进口导叶：气开式(PO)，接受电气定位器 ZC421031 来的气信号，改变进口导叶的角度。

④位置变送器：将代表进口导叶开度的 0—35—135 mm 距离转转换成 4 ~ 20 mA DC 电流信号。

⑤开度指示：接受位置变送器的 4 ~ 20 mA DC 电流信号，指示进口导叶的开度，在启动空压机时应关到最小。

注：①空压机第二级压缩系统的进口导叶控制和第一级完全一样，只是工位号不一样。②本压力控制系统正常时是一个串级控制系统，用进空分的流量信号(FIQ42101)作为压力控制系统的远方设定值(RSP)。

6.2 空气预冷系统

6.2.1 工序功能及工艺流程

本工序的主要作用是将空气冷却降温。工艺流程图见图 6 - 6。

6.2.2 工序设备

主要设备是空冷塔、水冷塔、循环水泵等。

1. 空冷塔

1) 空冷塔的冷却原理

利用低温水和高温的压缩空气，在空冷塔内进行逆流热交换，将高温空气的热量带走，使空冷塔出口空气的温度大大降低。

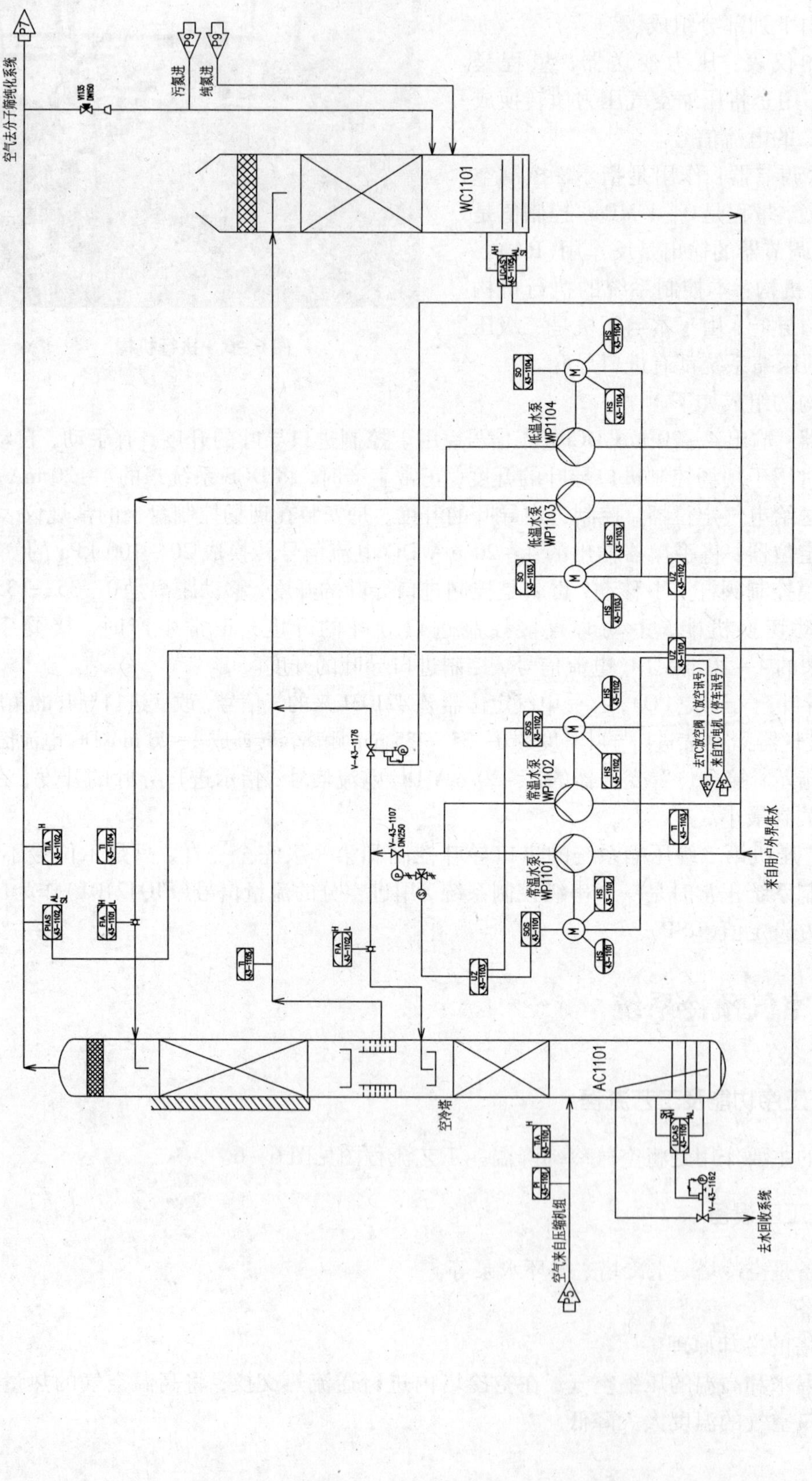

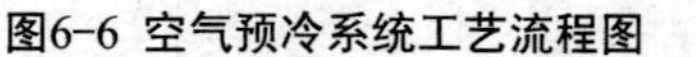

图6-6 空气预冷系统工艺流程图

2)空冷塔的结构

空冷塔是一个高高的非常耐压的钢制圆柱体，里面分为上、下两个部分，上部是冷段，为逆流式大孔径筛板塔，安装了一只布水器，五块大孔径塔板。下部是热段，安装了一只布水器，九块大孔径塔板。冷却水通过布水器，均匀分布在塔板上，气液通过筛孔，逆流热交换，使空气冷却。

为降低能耗，在塔中部(冷段底部)设置了中心筒，水从中部排出循环使用。为使气液在塔内充分接触，塔内设有均液盘，为防止雾状液体带出塔外，顶部设置除雾器，冷段塔体需保温。

高温空气从塔的下部进入水冷塔的热段，被水冷却降温后从位于水冷塔冷段的顶部排出来。水冷塔的冷却水有两部分：低温水泵将水冷塔的冷水压到塔的上部，从上往下喷淋，从塔中部返回水冷塔；常温水泵将常温循环水从空冷塔的中部，从上往下喷淋，从塔的下部经液位控制阀返回循环水系统。

2. 水冷塔

1)水冷塔的冷却原理

将极低温度的污氮和较高温度的水，在水冷塔内进行逆流热交换，极低温度的污氮将高温水的热量带走，使水冷塔的出口水温大大降低。

2)水冷塔的结构

水冷塔是一个不高的常压钢制圆柱体，里面采用逆流式大孔径筛板塔，塔内设有10块不锈钢塔板，一部分水通过布水器，均匀流到塔板上；另一部分进入水冷塔上部与氮气热交换，顶部设有除雾器。

压力氮和污氮从塔的下部进入水冷塔，和水交换热量后，从塔的顶部排出放空；从空冷塔返回的热水从塔的上部进入水冷塔，降温后存放在水冷塔的下部，由低温水泵压到空冷塔冷却高温空气。

6.2.3 工艺说明

本系统串接于空气压缩机与分子筛吸附器之间，以降低进入分子筛吸附器前空气的温度和含水量。合理的使用空气预冷系统可以减轻分子筛吸附器的热负荷和吸附水分的负担，延长空分装置的运转周期，特别是高温季节尤显重要。

由空压机来的含湿热空气(<100℃)进入空冷塔下部逆流向上，与冷却水在塔下段先进行初步冷却，然后上升到塔上段，与冷冻水再进行热交换，使空气充分冷却到8℃出塔，到分子筛吸附器。空冷塔下段的冷却水来自于水冷塔，由水泵 WPl101(WPl102)增压至 1.2 MPa 时入空冷塔，与空气换热后从塔的下部经液位控制阀返回循环水系统。空冷塔上段冷冻水来自冷水机组，温度为5℃，在塔上段参与热交换后，在中心筒处排出，再经水泵 WPl103(WPl104)增压进入冷水机组冷却，进入空冷塔上段循环使用。

外界供水先进入水冷塔，与来自空分塔的氮气在水冷塔进行热量交换，氮气吸收水分和热量后从塔顶部排入大气，而水本身蒸发，温度降低。

从空冷塔返回的热水从塔的上部进入水冷塔，通过筛板往下部喷淋；从冷箱来的压力氮和污氮从塔的下部进入水冷塔，在和热水交换热量后经设在顶部的除雾器而排空，这样将热水的温度大大降低。

6.2.4 控制系统

1. LICA431101 空冷塔液位控制系统

该系统由下列部分组成。

(1)检测仪表：法兰式液位变送器，量程是 0 ~ 1800 mm，转换成的差压信号是 0 ~ 17.6 kPa，将空冷塔液位转换成 4 ~ 20 mA DC 的电流信号。

(2)指示调节器：指示、控制空冷塔液位，量程是 0 ~ 1800 mm，控制值是 1200 mm。调节器的输出是正作用(DA)。

(3)执行机构：套筒导向单座调节阀，DN200，气开式(PO)，接受调节器输出的 4 ~ 20 mA DC 电流信号，控制空冷塔的排水量，将液位控制在一定的范围内。

2. LICA431105 水冷塔液位控制系统

该系统由下列部分组成。

(1)检测仪表：法兰式液位变送器，量程是 0 ~ 1800 mm，转换成的差压信号是 0 ~ 17.64 kPa，将水冷塔液位转换成 4 ~ 20 mA DC 的电流信号。

(2)指示调节器：指示、控制空冷塔液位，量程是 0 ~ 1800 mm，控制值是 1200 mm。调节器的输出是反作用(RA)。

(3)执行机构：套筒导向单座调节阀，DN20，气开式(PO)，接受调节器输出的 4 ~ 20 mA DC 电流信号，控制空冷塔的进水量，将液位控制在一定的范围内。

6.3 分子筛纯化系统

6.3.1 工序功能及工艺流程

本工序的主要作用是除去压缩空气中的水分、CO_2、C_2H_2等不纯物质。分子筛纯化系统工艺流程图见图 6 - 7，其实体图见图 6 - 8。

6.3.2 工序设备

分子筛吸附器、蒸汽加热器、汽液分离器及程序控制切换阀等。现对分子筛吸附器进行介绍。

1. 空气净化的原因

空气中除氧、氮外，还会有少量的水蒸气、二氧化碳、乙炔和其他碳氢化合物等气体，以及少量的灰尘等固体杂质。它们经空气冷却器和空气预冷系统处理后有很大一部分已经被水分带走。即使如此，每小时带入空分装置的水分还有 200 kg，每天随空气吸入的灰尘达 4.8 ~ 9.6 kg。这些杂质对空分装置都是有害的：水分和 CO_2 冻结后会堵塞低温管道和阀门，乙炔集聚在液氧中有爆炸的危险，灰尘会磨损运转机械，并在空透中结垢，堵塞中间冷却器，减少流通面积，所以一定要去掉这些空气中的异物。

空气净化设备种类很多，较好的和应用最多的就是分子筛吸附器。

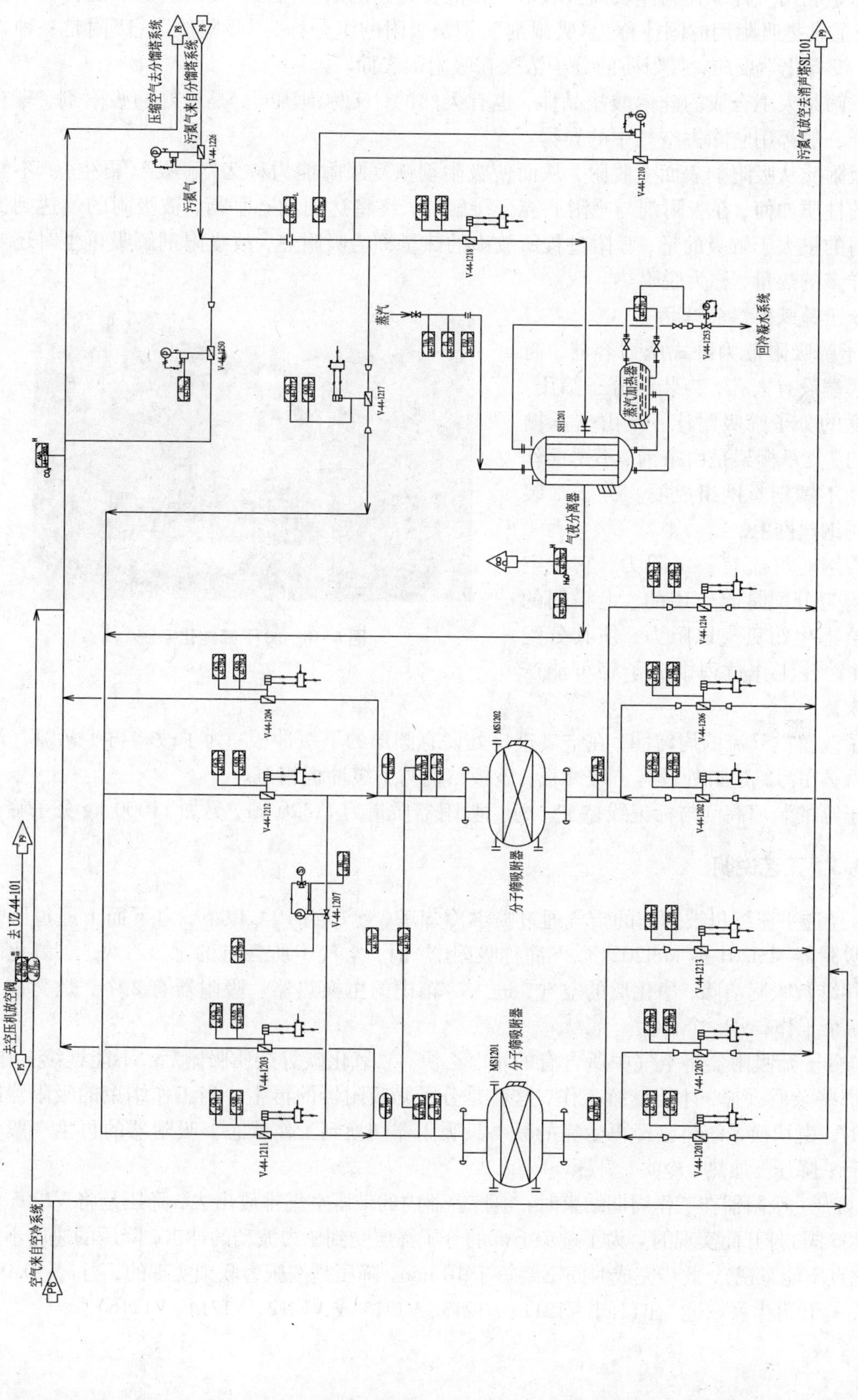

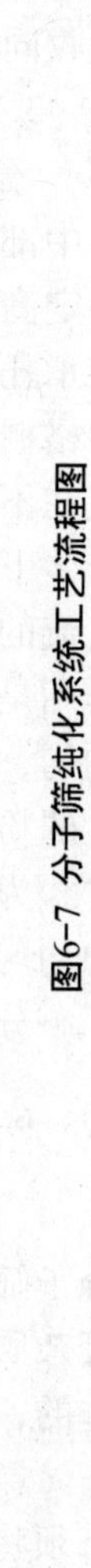

图6-7 分子筛纯化系统工艺流程图

2. 分子筛吸附机理

吸附是利用一种多孔固体表面去吸取气体混合物中的某些组分，使该组分从混合物中分离出来，通常把吸附用的固体称为“吸附剂”，把被吸附的组分称为“吸附质”。吸附是一种物理现象，没有化学反应，吸附质的分子浓聚在吸附剂表面。

分子筛是人工合成的硅铝酸盐晶体，也有天然的，又称泡沸石，是最好的吸附剂，现在制氧系统一般都用它除去空气中的异物。

使吸附质从吸附剂表面上脱附，从而使吸附剂恢复吸附能力称为“解吸”（再生）。不管吸附剂的性质如何，在吸附剂与吸附质充分接触后，终将达到动态平衡，被吸附的量达到饱和前吸附的量大于解吸的量，吸附过程所放出的热量称为吸附热，故吸附剂解吸再生时还要吸收同样多的热量，称为脱附热。

3. 分子筛吸附器的结构

分子筛吸附器为卧式压力容器，筒体中部两端设有人孔，为装卸分子筛用。一定高度的分子筛吸附床，是由支承栅架承托的，支承栅架是由条钢、不锈钢丝网格栅和不锈钢丝网组成的。分子筛装填在不锈钢丝网上。

图 6-8　分子筛纯化系统

下筛网对气流有一定阻力，它对空气流的均匀分配是起作用的，上筛网的作用是给再生污氮气以阻力，使其分配均匀，并挡住工作过程中分子筛可能产生的粉末。

为了改善空气流的均匀性，在空气进口处设有圆形的下缓冲板；为了改善再生污氮气流的均匀性，在污氮进口处设有上缓冲板，该板结构与下缓冲板相似。

分子筛的装填高度与标记线持平。每只吸附器质量为 11320 kg，另加 11000 kg 分子筛。

6.3.3　工艺说明

（1）经透平压缩机被升缩的空气通过喷淋冷却塔，冷却到 10℃以下，自下而上通过卧式分子筛吸附器 MSl201 或 MSl202（以下简称吸附器）时，空气中所含有的水、乙炔、二氧化碳等杂质相继被吸附清除，净化后的空气，进入冷箱中的主换热器。吸附器有 2 个，是交替工作的，一个工作，另一个再生。

（2）分子筛吸附器将空气中所含有的水、乙炔、二氧化碳等杂质吸附后，不能继续工作。必须将那些杂质去掉，才能继续工作，这就是分子筛吸附器的再生。当工作结束的吸附器准备再生时，由切换系统将已经再生完的另一只吸附器切换到工作状态。吸附器的再生一般分四步进行：降压、加热、冷吹、升压。

① 降压：吸附器在工作周期结束时，须将容器内的带压空气排放出去，降压是将 V1205 阀（或 V1206 阀）打开而实现的。为了避免上部的分子筛层受到压力波动的冲击，降压的速度不能太快（此点不能忽视），此步完成时间不要短于 10 min，降压是按压力联锁实现的，当 $p_s \to 0.015$ MPa 时，打开再生氮气进、出口阀（V1211、V1213、V1215 或 V1212、V1214、V1216）。

② 加热：打开 V1218 阀，相应地关闭 V1217 阀，使出主换热器的污氮气经蒸汽加热器 SHl201 被加热到 170℃以上，干燥的热污氮气在吸附入口处温度在 155℃左右，自上而下通过吸附器，时间为 30 min。

③ 冷吹：打开 V1217 阀，相应地关闭 V1218 阀，使再生污氮气不经过蒸汽加热器而旁通。冷吹用污氮气在吸附器入口处温度与出主换热器的温度相等，最高为 13℃。冷吹期内，污氮气出吸附器温度起初继续上升，上升到 120℃左右，然后逐渐下降。冷吹末期，污氮出吸附器的温度应低于 30℃以下。

④ 升压：打开 V1207 阀，使正在工作的一只吸附器中的空气充入再生的一只吸附器中，当压差联锁 PDS→0 时，说明再生吸附器的压力与工作吸附器的压力已经均衡，升压便告结束。为避免气流冲击分子筛床层，使床层发生移动或摩擦，故升压要缓慢，此步完成时间不要短于 10 min。再生四步骤结束后，该吸附器就投入工作。

(3) 各切换阀门的动作都是由时间程序控制的。工作的吸附器，空气入口温度为 10℃，由于吸附热的关系，刚开始投入工作的瞬间，出口温度比入口温度高约 20℃，工作周期之末，要高 6℃。分子筛出口 AIA101 一般情况显示值是不变的，如果该值急剧上升，则表明分子筛很可能已经带水，应及时确认处理，否则，十多分钟便会使板式换热效果变差，导致被迫停车加温的严重后果。

如果分子筛带水，应及时关阀 V101，空透放空，同时打开 V1250 阀，对分子筛进行解析再生，直至完全恢复正常后才能送气入塔。为防止分子筛切换时对工况的干扰，升压结束空气阀切换开关加装了延时，降压结束也加装了延时。另外，若加热数分钟蒸汽加热器出口温度仍低，也会发出"加热温度未到"报警。

如果有阀门出现微漏，则升压结束或降压结束压差达不到规定值，除了发出报警外，分子筛将拒绝切换，这时必须及时处理，按软开关进行强制切换，否则，某台分子筛长期工作超负荷而无法吸附，将导致水进入空分塔。分子筛的正常运行与否，直接关系到空分系统是否能长期稳定顺行，因此，必须精心维护操作。

(4) 装置启动时，尚无可供再生用的氮气，可用部分已被净化的空气再生。部分空气经 V1250 阀减压后作再生气体用。在再生气体进入分子筛吸附器前的管路上设有安全阀 V1230。如果减压后空气的压力 >0.15 MPa，安全阀就起跳排压。

(5) 由于装入的分子筛刚开始使用，故应较彻底地进行活化，此时活化温度应尽量高些，活化时间也应长些，一般不少于正常工作时间的 3 倍。

(6) 低压饱和蒸汽被送入蒸汽加热器 SHl201，再生的空气、污氮气被加热，蒸汽被冷凝成水，经气液分离器 WSl201 和疏水器等排至管网或地沟。

6.3.4　控制系统

1. FIC441201 污氮进 MC 流量控制系统

该系统由下列部分组成。

(1) 检测仪表：检测仪表由威力巴和差压变送器组成。

威力巴：将污氮进 MC 的流量转换成差压信号，转换成的差压信号是 0 ~ 1000 Pa。

差压变送器：将威力巴流量传感器检测出的0～1000 Pa的差压信号转换成4～20 mA DC电流信号。

(2)指示调节器：指示、控制污氮进MC的流量，量程是0～35000 m^3/h(标况)，正常流量是30800 m^3/h(标况)。调节器的输出是反作用(RA)。

(3)执行机构：气动控制蝶阀，DN600，气开式(PO)。作用是接受调节器输出的4～20 mA DC电流信号，控制污氮进MS量。

2. LIC441201 蓄水池液位控制系统

该系统由下列部分组成。

(1)检测仪表：差压变送器，将蓄水池液位转换成4～20 mA DC电流信号，液位量程是0～500 mm，转换成的差压信号是0～4.9 kPa。

(2)指示调节器：指示、控制蓄水池液位，量程是0～500 mm，控制值是300～400 mm，调节器的输出是正作用(DA)。

(3)执行机构：顶部导向型单座调节阀，DN25，气开式(PO)。接受调节器输出的4～20 mA DC电流信号，控制冷凝水的排出量，将液位控制在一定的范围内。

6.4 空气膨胀系统

6.4.1 工序功能及工艺流程

本工序的主要作用是“增压”、“降温”。膨胀机出口的体积急剧膨胀，使得压力迅速下降的同时，其温度也很快降低，工艺流程图见图6-9。

6.4.2 工序设备

主要设备是两台膨胀机、两台增压机和供油装置、流量调节阀、紧急切断阀、增压机出口气体冷却器、增压机回流阀等。

1. 膨胀机降温的原理

从主换热器来的增压空气，进入膨胀机的进口，由于进口面积小，压力高；在膨胀机的出口，由于面积突然加大很多倍，体积急剧膨胀，而使得压力迅速下降。由于是在绝热状态，故其温度也很快降低，降低的程度符合气体热力学定律：$PV/T=R$(常数)。

增压机是为膨胀机服务的，进入膨胀机的压力越高、温度越低，则膨胀机出口的温度就越低，故将进入膨胀机的气体先进行加压，然后再进入主换热器进行降温。

注：增压机不需要能源，是靠膨胀机带动的，两者是同轴连接。故只要关闭膨胀机的进气阀，膨胀机就会停下来，增压机也会停下来，但由于惯性太太，增压机很难立即停下来，故要靠电机制动。

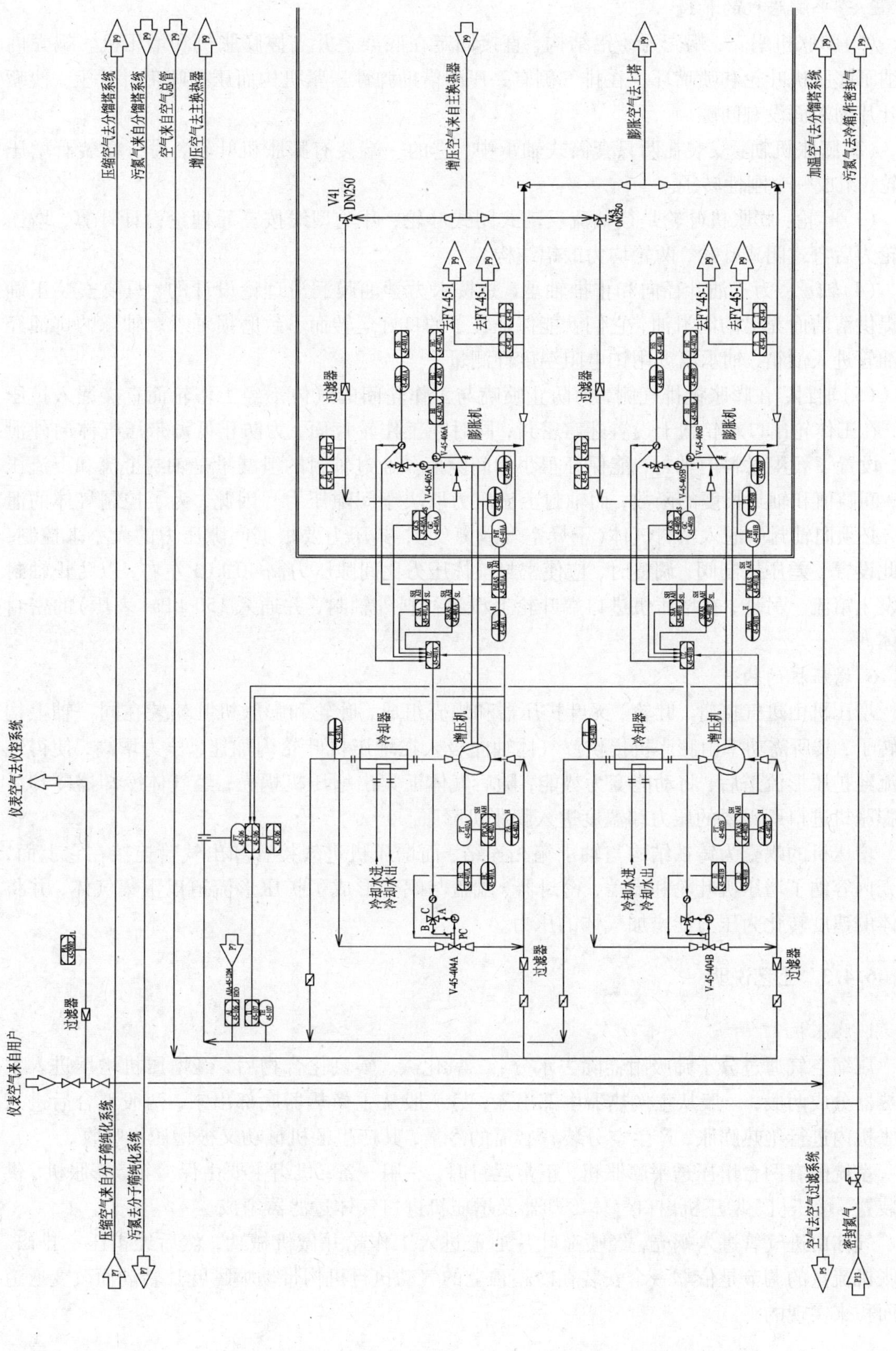

图6-9 膨胀机系统工艺流程图

2. 透平膨胀机的构造

(1)膨胀机蜗壳：蜗壳为铸铝结构，直接固定在底架上并支撑膨胀机和增压机。蜗壳内容纳了膨胀机叶轮和喷嘴环。在排气侧有一压圈借助弹性压紧机构而压在喷嘴叶片上，使喷嘴叶片的端面没有间隙。

(2)膨胀机轴：安装在两只套筒式轴承中，它的一端装有膨胀机叶轮，另一端装有增压机轮，组成一个刚性转子。

(3)叶轮：膨胀机叶轮是径轴流反动式闭式叶轮，叶轮型线按三元理论设计计算，增压机轮为后弯式闭式叶轮，两轮均为锻铝结构。

(4)轴承：为三油叶径向和止推轴承，是按水力学油膜润滑理论设计的，只要安装正确并提供清洁而充足的润滑油，它们就能保证转子的良好运转而不致磨损轴承。轴承的排油经回油管进入油箱，轴承温度用铂电阻温度计测量。

(5)轴封：在膨胀机排气侧，为防止喷嘴与工作轮间的气体不经工作轮而直接漏入扩压室，在工作轮出口端轮盖上设置迷宫密封，同时在工作轮背面，为防止低温带压气体向外泄漏，设置了石墨衬料内轴封，能保证很小的间隙值。通过轴封的泄漏量是轴封上流和下流压力，间隙值和轴封长度的函数，而轴封上流压力取决于间隙压力。因此，为了控制气体的泄漏，必须向轴封中通入密封气体(干燥空气或氮气)，其压力要根据间隙压力的大小来控制，因此设置一差压控制阀，调整时，应使密封气体压力比间隙压力高 40 kPa 左右，以防止轴封中发生窜流。另外，在增压机进口端叶轮上设置衬料外轴封，并通入 150 kPa(表压)的密封气体。

3. 增压机的构造

增压机由进气接管、叶轮、无叶扩压器和蜗壳组成，叶轮和膨胀机叶轮装在同一轴上构成转子，其所需功率由膨胀机提供。气体轴向吸入在增压机叶轮内加速，压力增高，使得气体流经扩压形流道后，将动能变为势能，随后气体汇集出增压机蜗壳；经气体冷却器冷却后以膨胀机进口所需要的压力和温度进入膨胀机膨胀。

增压机的蜗壳为铸铁结构与轴承箱相连结，而增压机进气接管和出气管连接在它上面，蜗壳内容纳了增压机叶轮和端盖，密封器、端盖与蜗壳形成了扩压形流道以汇集气体，并将气体的速度转化为压力能增加气体的压力。

6.4.3 工艺说明

1. 膨胀机

压缩空气通过分子筛吸附器除去水分、二氧化碳、碳氢化合物后，经增压机增压进入主换热器分成两股，一股从主换热器中部出来，另一股从主换热器底部出来，两股汇合后进入膨胀机内进行绝热膨胀，产生空分装置必需的冷量，其产生的机械功又被增压机吸收。

系统配有两台增压透平膨胀机，正常运行时，一用一备；机组主要由保冷箱、膨胀机、供油装置、增压机、增压机出口气体冷却器及增压机进口气体过滤器组成。

气体由进气管进入蜗壳，经喷嘴叶片通道进入工作轮并做机械功，然后经扩压室排出。膨胀机流量的调节是依靠一个安装在冷箱顶上的气动执行机构带动喷嘴叶片转动而改变通道截面积来实现的。

2. 供油装置

润滑油自油箱由油泵输入进油管，经油冷却器和切换式过滤器后，分配到各润滑点，再经回油管回到油箱。另外，设置一压力油箱，在泵开动时自行充油，用以保证油压降低联锁停车时必要的润滑，通过油泵安全阀可以调整油压。为保持机器和车间的清洁，要求将油蒸气从油气分离接管到户外放空。

润滑油泵要求使用符合 GB 2537—81 标准的 HU—20 汽轮机油。为保证机器用油的品质，在运行 200 h 后要进行第一次油更换，此后在滤油器清洁的前提下，才可延长换油时间。

3. 流量调节阀和紧急切断阀

膨胀机流量调节是通过一气动薄膜执行机构改变喷嘴角度来实现的，可以在机旁柜或中控室来控制。

在膨胀机进口处设置一个紧急切断阀，其目的是在膨胀机处于危险状态时，能在很短时间(1s)内切断气源而使其快速停车，起到安全保护作用。紧急切断阀工作所用的仪表空气是通过三通电磁阀供应的。

在事故情况下，切断电磁阀电源，紧急切断阀气动薄膜下侧的空气通过两个快速排气阀泄至大气，于是弹簧力的作用使阀门快速关闭，与此同时增压机回流阀自动全开，以防止增压机喘震。

4. 增压机出口气体冷却器

为了将增压机出口高温气体冷却以达到空分流程的要求，设置了一台卧式冷却器，冷却水采用冷冻机来的冷冻水，调节进水量可以达到调节出口气体温度的目的。

5. 增压机回流阀

设置该阀有以下三个用途。

① 压力调节：根据空分流程的要求，一般要求增压机出口压力保持恒定，该阀可在机旁柜或中控室操作，亦可在增压机出口压力设定的情况下投入自控。

② 防喘震：当增压机进口压力、转速和阀门开度一定的情况下，其出口压力上升到一定值时，机器会发生喘震，压力、流量会大幅度波动，并发出强烈的“喘震”声响和振动，将使机器损坏。为防止这种情况出现，该阀会在压力达到一定值时自动全开。

③ 当刚开车时，由于转速低，轴承难形成油膜，为了减小止推轴承负荷，增压机应从大气吸气，因此压力空气可以经该阀旁通而到达膨胀机。

6.4.4　控制系统

1. PICAS45402A 1 号增压机出口压力控制系统

该系统由下列部分组成。

(1)检测仪表：压力变送器，量程是 0 ~ 1.6 MPa，将增压机出口压力转换成 4 ~ 20 mA DC 电流信号。

(2)指示调节仪表：由三部分组成。

①指示调节器：指示、控制 1 号增压机出口压力，量程是 0 ~ 1.6 MPa，控制值是0.87 MPa。调节器的输出是反作用(RA)。当压力达到上限报警值 H 时将增压机的回流阀全部打开。

②报警器：压力大于 0.91 MPa 时在现场盘上的报警。

③手操器：有手动、自动切换机构。手动时，输出 4 ~ 20 mA DC 电流信号，送到调节阀

的定位器，控制阀门的开度；自动时，将 PICAS42402A 输出的 4～20 mA DC 电流信号直接送到调节阀的定位器，控制阀门的开度。

(3)执行机构：套筒导向型单座调节阀，DN150，气闭式(PC)。接受调节器输出的 4～20 mA DC 电流信号，控制 1 号增压机出口的回流量。

2. PICAS45402B 2 号增压机出口压力控制系统

同上。

6.5 空气分馏系统

6.5.1 工序功能及工艺流程

本工序的主要作用是"气体分馏"，在极低温度下，将空气中的 O_2、N_2、Ar 等分馏出来，产出高纯度的 O_2、N_2、Ar。工艺流程图见图 6－10～图 6－12。

6.5.2 工序设备

主要设备是换热器、过冷器、分馏塔、液氧蒸发器、汽液分离器、粗氩塔、精氩塔等。

1. 分馏塔

分馏塔是直立圆柱形筒体，内装有水平放置的筛孔板，由下塔、上塔和上下塔之间的冷凝蒸发器组成，上塔采用规整填料。

2. 换热设备

1)板翅式换热器

板翅式换热器是一种全铝金属结构的新型组合式换热器，它的基本结构是由隔板、翅片、封条三部分组成。它的主要作用是使空气与返流气体(O_2、N_2)之间进行热交换，将空气冷却到接近于液化温度，而后进入下塔，反流气体(O_2、N_2)复热到常温，离开装置，回收冷量。

2)过冷器

板式过冷器，结构与板式换热器相同，其作用是回收上塔氮气冷量，使下塔来的液空、液氮过冷，以减少液体的气化损失。

6.5.3 工艺说明

1. 空气的分馏原理

空气中 N_2最多，占 78%以上，O_2约占 21%，其次是 Ar，占 0.93%。对于纯组分而言，在标准大气压下，O_2被冷却到 90 K，N_2被冷却到 77 K，Ar 被冷却到 87 K，可分别变成液体。即 O_2和 N_2的沸点约差 13 K，N_2和 Ar 则差 10 K，这是能够用低温分馏法将空气中的 O_2、N_2、Ar 分离的基础。

2. 液体空气的部分蒸发和部分冷凝

如果当液体蒸发时，把产生的蒸汽连续不断地从容器中引出，这种蒸发过程称部分蒸发，随着蒸发的进行，液相中 O_2浓度不断提高。

如果在空气定压冷凝过程中，将所产生的冷凝液连续不断地从容器中导出，这种冷凝过程称为部分冷凝，随着冷凝的进行，气相中 N_2浓度不断提高。

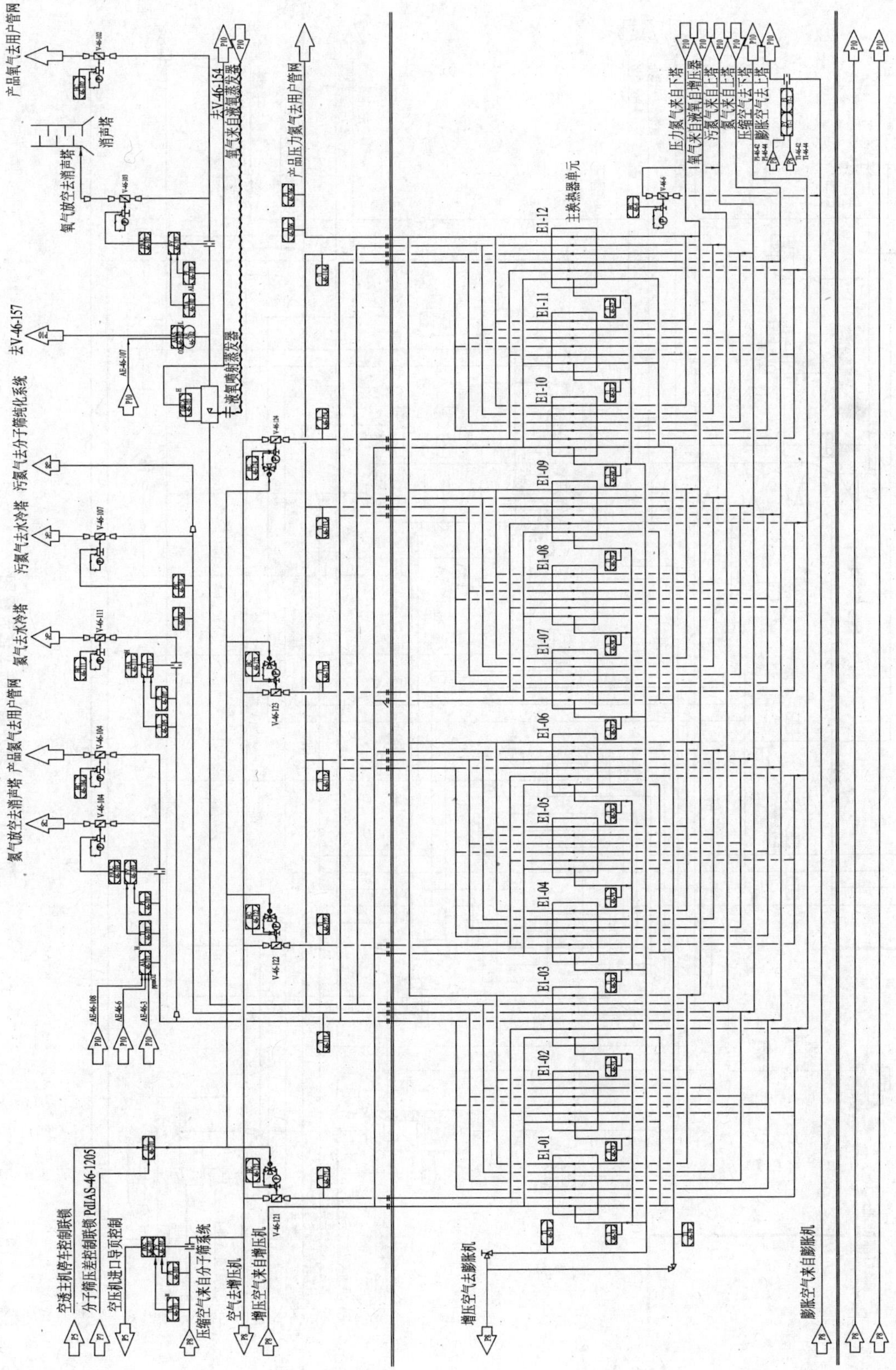

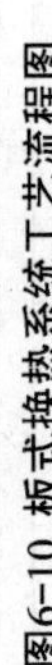

图6-10 板式换热系统工艺流程图

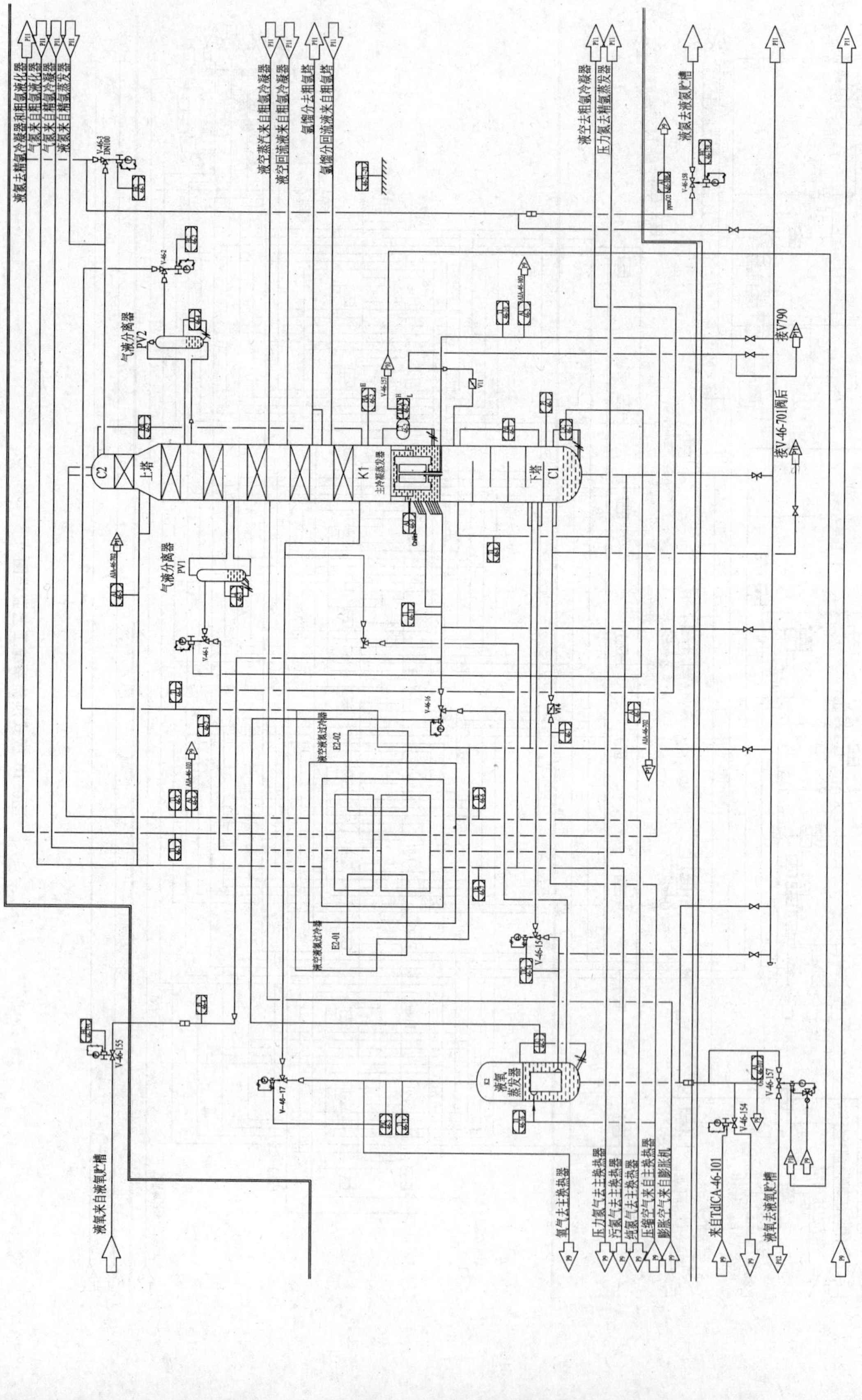

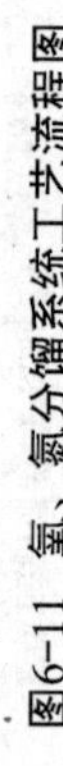

图6-11 氧、氮分馏系统工艺流程图

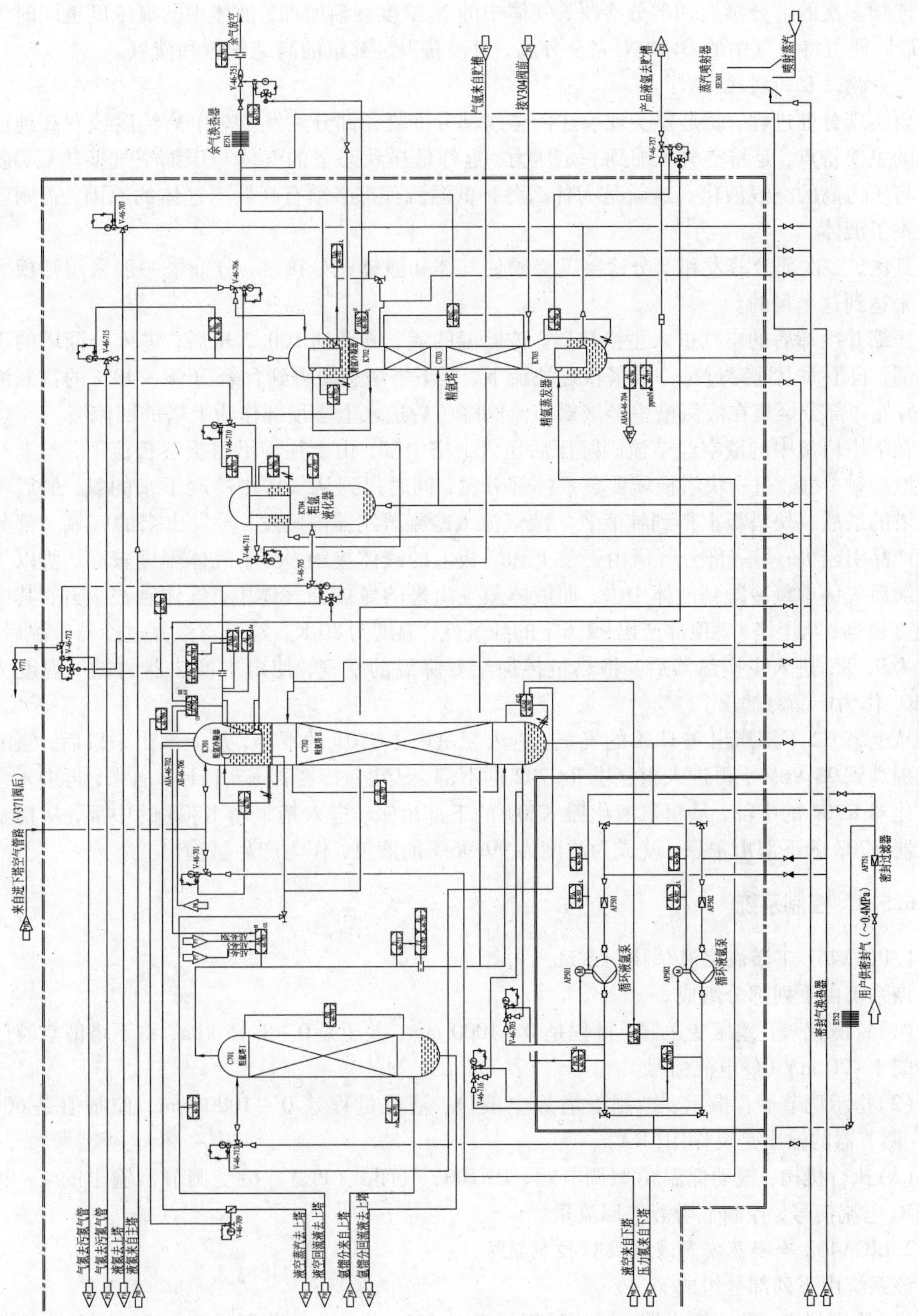

图6-12 氩精馏系统工艺流程图

连续多次的部分蒸发和部分冷凝，气体中的N_2浓度逐渐增加，液体中的氧浓度也同时增加，最后便可将空气中的O_2和N_2完全分离，可以获得足够量的高纯气氮和液氧。

3. 分馏过程的实现

要实现分馏过程，就是要实现前述的多次部分冷凝和部分蒸发。对单高纯度或双高纯度产品的主要特点，是将空气压缩到一定压力，这样低压状态下的气体与压缩空气换热后，就可以将压力高的空气液化。这就是为什么各种低温流程都必须有高低压气体的原因，否则就产生不了液体。

其次，多次部分蒸发和部分冷凝就必须使气体和液体充分接触，分馏塔一般采用筛板和填料来达到这个目的。

压缩并冷却后的空气进入主换热器，被低温的氧、氮降到100.2 K后，进入分馏塔的下塔底部，自下而上地穿过每一块塔板逐块流下，至下塔塔釜便得到含氧36%～40%的富氧液空；另外一部分聚集在液氮槽中经液氮节流阀降压后送入上塔顶部作为上塔的回流液。

在下塔塔釜中的液空经节流阀降压后送入上塔中部，由上往下沿塔板逐板流下，与上升的蒸汽接触，每经过一块塔板就要蒸发掉部分氮，同时得到从气体中冷凝下来的氧，最后可在上塔的最后一块塔板上得到纯液氧。液氧流入冷凝蒸发器内蒸发，蒸发出来的气氧一部分作为产品引出去；另一部分气氧由下往上和塔板上的液体接触，由于气体温度较高，所以气液接触后气体中氧冷凝到液体中去，而液体蒸发出来的氮掺到气体中，气体越往上升，其中N_2纯度愈高，从上塔C2顶部产出99.6%的纯气氮，温度为80 K。经液空液氮过冷器升温后，温度为98 K，进入主换热器后，将热量传递给要降温的空气，使出主换热器的氮气温度为297 K，作为产品氮输出。

从上塔C2下部产出9.18%的气氩，进入粗氩塔ⅠC701的下部，从上部出来以后，氩的浓度提高到98.96%；再进入粗氩塔ⅡC702的下部，从粗氩冷凝器K701上部出来，再进入粗氩液化器K704的中部，从粗氩液化器K704的下部出来，进入精氩塔K703的中部，从精氩蒸发器K703的下部出来后，就成为浓度为99.96%的液氩，作为产品氩输出。

6.5.4 控制系统

1. LICA461 下塔液空液位控制系统

该系统由下列部分组成。

(1)检测仪表：差压变送器，量程是0～1000 mm，差压是0～8.15 kPa，将下塔液空液位转换成4～20 mA DC电流信号。

(2)指示调节器：指示、控制下塔液空液位，液位量程是0～1000 mm，控制值是600 mm。调节器的输出是反作用(RA)。

(3)执行机构：气动低温角型调节阀，DN100，气闭式(PC)。接受调节器输出的4～20 mA DC电流信号，控制上塔液空回流量。

2. LICA462 冷凝蒸发器液氧液位控制系统

该系统由下列部分组成。

(1)检测仪表：差压变送器，液位量程是0～6000 mm，差压范围是0～65.91 kPa，将冷凝蒸发器液氧液位转换成4～20 mA DC电流信号。

(2)指示调节器：指示、控制冷凝蒸发器液氧液位，量程是0～6000 mm，控制值是

2300～4000 mm。调节器的输出是反作用(RA)。

(3)执行机构：气动控制阀，DN25，气开式(PO)。作用是接受调节器输出的4～20 mA DC电流信号，控制液氧去液氧贮槽的排放量。

3. LIC465 液氧自增压器液氧液位控制系统

该系统由下列部分组成。

(1)检测仪表：差压变送器，液位量程是0～3000 mm，差压范围是0～32.96 kPa，将液氧自增压器液氧液位转换成4～20 mA DC电流信号。

(2)指示调节器：指示、控制液氧自增压器液氧液位，量程是0～3000 mm，控制值是1500 mm。调节器的输出是反作用(RA)。

(3)执行机构：气动低温角型调节阀，DN150，气开式(PO)。接受调节器输出的4～20 mA DC电流信号，控制主冷凝蒸发器向液氧自增压器的排出量。

4. PIC463 液氧自增压器氧气压力控制系统

该系统由下列部分组成。

(1)检测仪表：压力变送器，量程是0～0.15 MPa。将液氧自增压器氧气压力转换成4～20 mA DC电流信号。

(2)指示调节器：指示、控制液氧自增压器氧气压力，量程是0～0.15 MPa，控制值是0.077 MPa，调节器的输出是反作用(RA)。

(3)执行机构：气动低温角型调节阀，DN80，气闭式(PC)。接受调节器输出的4～20 mA DC电流信号，控制其排出量。

5. TIC4614 液空出液氧自增压器温度控制系统

该系统由下列部分组成。

(1)检测仪表：铂电阻温度计，将液空出液氧自增压器温度转换成电阻值。

(2)指示调节器：指示、控制液空出液氧自增压器温度，量程是-200～50℃，控制值是98.1K。调节器的输出是正作用(DA)。

(3)执行机构：气动低温角型调节阀，DN150，气闭式(PC)。接受调节器输出的4～20 mA DC电流信号，控制液空去分馏塔下塔的量。

6. FIQC46101 进冷箱空气流量控制系统

该系统由下列部分组成。

(1)检测仪表：检测仪表由流量孔板和差压变送器组成，将流量信号转换成4～20 mA DC电流信号。

(2)指示调节器：指示、控制进冷箱空气流量值，量程是0～200000 m^3/h(标况)，控制值是151100 m^3/h(标况)。调节器的输出是反作用(RA)。

(3)执行机构：空压机进口导叶，接受调节器输出的4～20 mA DC电流信号，控制空压机进口导叶的开度。

7. FRQC46102 产品氧气流量控制系统

该系统由下列部分组成。

(1)检测仪表：检测仪表由流量孔板和差压变送器组成，将流量信号转换成4～20 mA DC电流信号。

(2)指示调节器：指示、控制产品氧气流量，量程是0～38000 m^3/h(标况)，控制值是

30000 m^3/h(标况)。调节器的输出是反作用(RA)。

(3)执行机构:气动调节蝶阀,DN300,气开式(PO)。接受调节器输出的4~20 mA DC电流信号,控制产品氧的放空量。

8. FRQC46103 产品氮气流量控制系统

该系统由下列部分组成。

(1)检测仪表:检测仪表由流量孔板和差压变送器组成,将流量信号转换成4~20 mA DC的电流信号。

(2)指示调节器:指示、控制产品氮气流量值,量程是0~15000 m^3/h(标况),控制值是10000 m^3/h(标况)。调节器的输出是正作用(DA)。

(3)执行机构:气动调节蝶阀,DN350,气闭式(PC)。接受调节器输出的4~20 mA DC电流信号,控制产品氮的放空量。

9. PIC46104 污氮气出冷箱压力控制系统

该系统由下列部分组成。

(1)检测仪表:压力变送器,量程是0~0.04 MPa,将污氮气压力转换成4~20 mA DC电流信号。

(2)指示调节器:指示、控制污氮气出冷箱压力,量程是0~0.04 MPa,控制值是0.017 MPa。调节器的输出是反作用(RA)。

(3)执行机构:气动调节蝶阀,DN700,气开式(PO)。接受调节器输出的4~20 mA DC电流信号,控制向水冷塔的排出量。

10. TdIC46101 液氧喷射蒸发器温差控制系统

该系统由下列部分组成。

(1)检测仪表:铂电阻温度计,有两支铂电阻温度计,将液氧喷射蒸发器两个温度转换成电阻值。

(2)指示调节器:指示、控制液氧喷射蒸发器温差,量程是-5~5℃,控制值是3~4 K,最高温度为5 K。调节器的输出是正作用(DA)。

(3)执行机构:气动调节阀,DN40,气开式(PO)。接受调节器输出的4~20 mA DC电流信号,控制液氧蒸发器向液氧喷射蒸发器的排出量。

11. FIC46701 粗氩流量控制系统

该系统由下列部分组成。

(1)检测仪表:检测仪表由流量孔板和差压变送器组成,将流量信号转换成4~20 mA DC电流信号。

(2)指示调节器:指示、控制粗氩流量,量程是0~1200 m^3/h(标况),控制值是930 m^3/h(标况)。调节器的输出是反作用(RA)。

(3)执行机构:本系统是一个分程控制系统,共有两台调节阀。

① 气动低温角型调节阀:DN150,气开式(PO),接受调节器输出的(0%~50%)4~12 mA DC电流信号,控制粗氩的排出量。

② 气动低温角型调节阀:DN100,气开式(PO),接受调节器输出的(50%~100%)12~20 mA DC电流信号,控制粗氩的放空量。

12. LIC46701 粗氩塔冷凝器液空液位控制系统

该系统由下列部分组成。

(1)检测仪表：差压变送器，液位量程是 0 ~ 3000 mm，差压范围是 0 ~ 29.98 kPa，将粗氩塔冷凝器液空液位转换成 4 ~ 20 mA DC 电流信号。

(2)指示调节器：指示、控制粗氩塔冷凝器液空液位，量程是 0 ~ 3000 mm，控制值是 600 ~ 1200 mm，最大值为 2000 mm。调节器的输出是反作用(RA)。

3)执行机构：气动低温角形调节阀，DN100，气开式(PO)。作用是接受调节器输出的 4 ~ 20 mA DC 电流信号，控制分馏塔下塔来的液空量。

13. LICAS46702 粗氩塔Ⅱ底部液氩液位控制系统

该系统由下列部分组成。

(1)检测仪表：差压变送器，液位量程是 0 ~ 3000 mm，差压范围是 0 ~ 40.34 kPa，将粗氩塔Ⅱ底部液氩液位转换成 4 ~ 20 mA DC 电流信号。

(2)指示调节器：指示、控制粗氩塔Ⅱ底部液氩液位，量程是 0 ~ 3000 mm，控制值是 400 ~ 800 mm。调节器的输出是正作用(DA)。

(3)执行机构：气动低温角形调节阀，DN100，气开式(PO)。作用是接受调节器输出的 4 ~ 20 mA DC 电流信号，控制粗液氩进粗氩塔的量。

14. LIC46703 精氩塔冷凝器液氮液位控制系统

该系统由下列部分组成。

(1)检测仪表：差压变送器，液位量程是 0 ~ 1500 mm，差压是 0 ~ 11.55 kPa。将精氩塔冷凝器液氮液位转换成 4 ~ 20 mA DC 电流信号。

(2)指示调节器：指示、控制精氩塔冷凝器液氮液位，量程是 0 ~ 1500 mm，控制值是 300 mm，最大值 1000 mm。调节器的输出是反作用(RA)。

(3)执行机构：气动低温角形调节阀，DN40，气开式(PO)。作用是接受调节器输出的 4 ~ 20 mA DC 电流信号，控制进精液塔液氮量。

15. LIC46704 精氩塔蒸发器液氩液位控制系统

该系统由下列部分组成。

(1)检测仪表：差压变送器，液位量程是 0 ~ 2500 mm，差压范围是 0 ~ 33.08 kPa，将精氩塔蒸发器液氩液位转换成 4 ~ 20 mA DC 电流信号。

(2)指示调节器：指示、控制精氩塔蒸发器液氩液位，量程是 0 ~ 2500 mm，控制值是 1000 ~ 1350 mm，最大值为 2000 mm。调节器的输出是正作用(DA)。

(3)执行机构：气动调节阀，DN25，气开式(PO)。作用是接受调节器输出的 4 ~ 20 mA DC 电流信号，控制产品液氩去贮槽。

16. LIC46706 粗氩液化器液氮液位控制系统

该系统由下列部分组成。

(1)检测仪表：差压变送器，液位量程是 0 ~ 1000 mm，差压范围是 0 ~ 7.6 kPa，将粗氩液化器液氮液位转换成 4 ~ 20 mA DC 电流信号。

(2)指示调节器：指示、控制粗氩液化器液氮液位，量程是 0 ~ 1000 mm，控制值是 300 ~ 400 mm，最大值为 550 mm。调节器的输出是反作用(RA)。

(3)执行机构：气动低温角形调节阀，DN40，气开式(PO)。作用是接受调节器输出的

4～20 mA DC 电流信号，控制分馏塔来的液氮量。

17. PIC46703 粗氩液化器氩侧压力控制系统

该系统由下列部分组成。

(1)检测仪表：压力变送器，量程是 0～0.04 MPa，将粗氩液化器氩侧压力转换成4～20 mA DC 电流信号。

(2)指示调节器：指示、控制粗氩液化器氩侧压力，量程是 0～0.04 MPa，控制值是0.017 MPa，调节器的输出是反作用(RA)。

(3)执行机构：气动低温角形调节阀，DN80，气开式(PO)。作用是接受调节器输出的 4～20 mA DC 电流信号，控制粗氩液化器液氮的排出量。

18. PICAS46704 精氩塔上部压力控制系统

该系统由下列部分组成。

(1)检测仪表：压力变送器，量程是 0～0.1 MPa，将精氩塔上部压力转换成 4～20 mA DC 电流信号。

(2)指示调节器：指示、控制精氩塔上部压力，量程是 0～0.1 MPa，控制值是 0.02～0.03 MPa，调节器的输出是正作用(DA)。

(3)执行机构：气动调节阀，DN25，气开式(PO)。作用是接受调节器输出的 4～20 mA DC 的电流信号，控制余气放空量。

19. PICA46705 粗液氩泵 AP501 出口压力控制系统

该系统由下列部分组成。

(1)检测仪表：压力变送器，量程是 0～1.6 MPa，将 AP501 出口压力转换成 4～20 mA DC 电流信号。

(2)指示调节器：指示、控制 AP501 出口压力，量程是 0～1.6 MPa，控制值是 0.8 MPa，调节器的输出是正作用(DA)。

(3)执行机构：气动低温角形调节阀，DN50，气闭式(PC)。作用是接受调节器输出的 4～20 mA DC 电流信号，控制粗液氩的返回量。

20. PIC37706 精氩冷凝器氮侧压力控制系统

该系统由下列部分组成。

(1)检测仪表：压力变送器，量程是 0～0.1 MPa，将精氩冷凝器氮侧压力转换成 4～20 mA DC 电流信号。

(2)指示调节器：指示、控制精氩冷凝器氮侧压力，量程是 0～0.1 MPa，控制值是0.058 MPa。调节器的输出是反作用(RA)。

(3)执行机构：气动低温角形调节阀，DN80，气闭式(PC)。作用是接受调节器输出的 4～20 mA DC 电流信号，控制精氩冷凝器氮气的排出量。

21. PIC46709 粗氩冷凝器液空蒸汽侧压力控制系统

该系统由下列部分组成。

(1)检测仪表：压力变送器，量程是 0～0.08 MPa，将粗氩冷凝器液空蒸汽侧压力转换成 4～20 mA DC 电流信号。

(2)指示调节器：指示、控制粗氩冷凝器液空蒸汽侧压力，量程是 0～0.08 MPa，控制值是 0.039 MPa。调节器的输出是反作用(RA)。

(3)执行机构：气动低温调节阀，DN600，气闭式(PC)。作用是接受调节器输出的4～20 mA DC电流信号，控制液空去上塔的排出量。

22. PICA46710 粗液氩泵AP502出口压力控制系统

该系统由下列部分组成。

(1)检测仪表：压力变送器，量程是0～1.6 MPa，将AP502出口压力转换成4～20 mA DC电流信号。

(2)指示调节器：指示、控制AP502出口压力，量程是0～1.6 MPa，控制值是0.8 MPa，调节器的输出是正作用(DA)。

(3)执行机构：气动低温角形调节阀，DN50，气闭式(PC)。作用是接受调节器输出的4～20 mA DC电流信号，控制粗液氩的返回量。

23. PdIC37703 精氩塔阻力控制系统

该系统由下列部分组成。

(1)检测仪表：差压变送器，量程是0～20 kPa，将精氩塔阻力转换成4～20 mA DC电流信号。

(2)指示调节器：指示、控制精氩塔阻力，量程是0～20 kPa，控制值是6～8 kPa。调节器的输出是反作用(RA)。

(3)执行机构：气动低温角形调节阀，DN40，气闭式(PC)。作用是接受调节器输出的4～20 mA DC电流信号，控制去上塔的液氮量。

6.6 液氧及氮、氩系统

6.6.1 工序功能及工艺流程

本工序的主要作用是"贮存液氧"和将"液氧气化"。工艺流程图见图6-13和图6-14。

6.6.2 主要设备

主要设备是液氧贮槽、水浴式汽化器、液氧蒸发器、液氧泵、氮气储罐、氮压机等。

6.6.3 工艺说明

液氧贮槽存贮1000 m^3的液氧，在制氧机停机时经水浴式汽化器气化后供生产用。另外，液氧、液氩是氧气生产过程中的副产品，也是经济价值很高的商品。

6.6.4 控制系统

1. PICAS471701 液氧贮槽压力控制系统

该系统由下列部分组成。

(1)检测仪表：压力变送器，量程是0～30 kPa，将液氧贮槽压力转换成4～20 mA DC电流信号。

(2)指示调节器：指示、控制液氧贮槽压力，量程是0～30 kPa，控制值是10 kPa。调节器的输出是反作用(RA)。

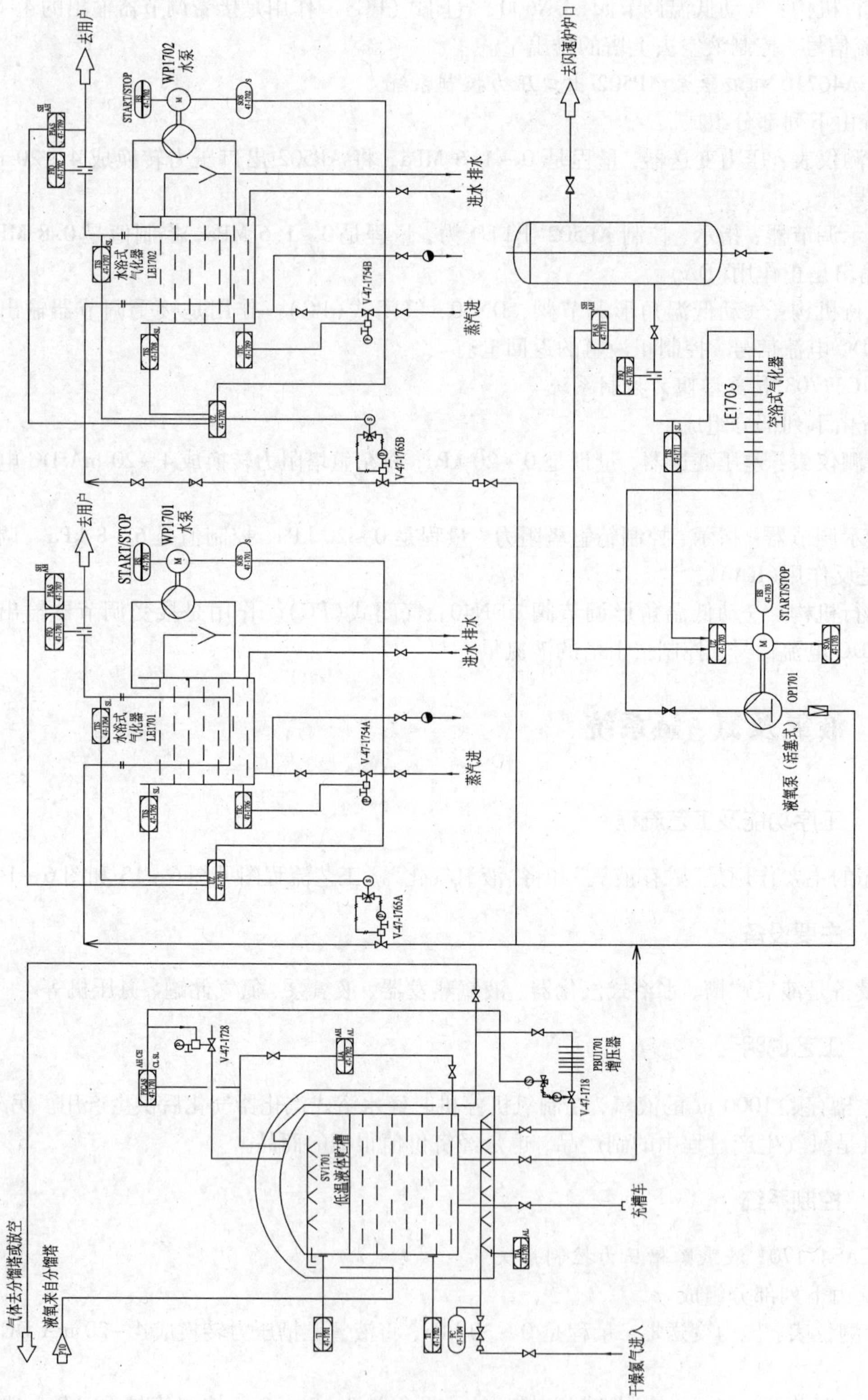

图6-13 液氧贮槽系统工艺流程图

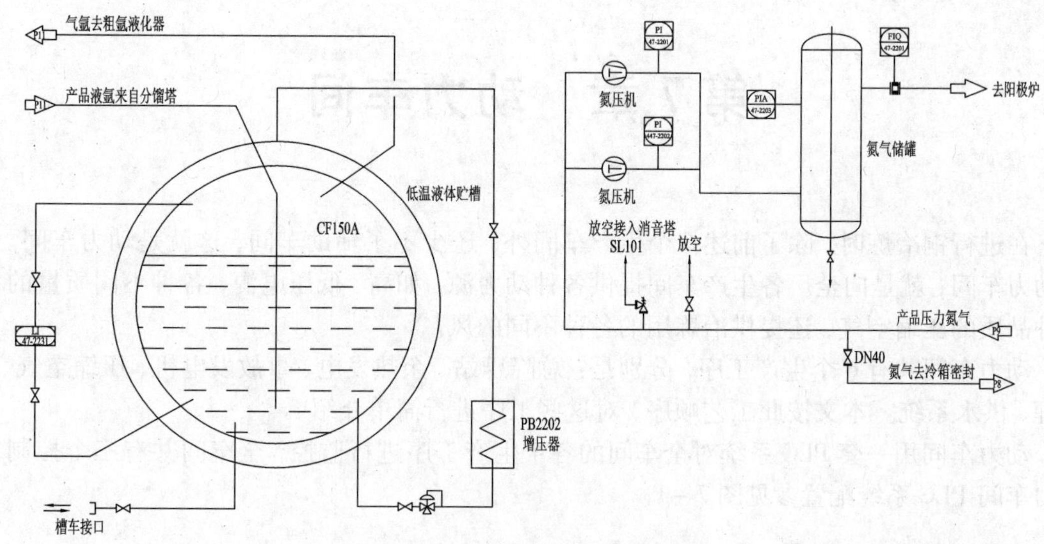

图 6－14　氮、氩系统工艺流程图

(3)执行机构：本控制系统的执行机构由两台调节阀组成。

① 通断控制阀，DN20，气开式(PO)，作用是接受调节器输出的 DO 信号，控制去分馏塔或放空量。压力大于 12 kPa 时报警；小于 0 kPa 时打开 V471718 阀。

② 顶部导向型单座调节阀，DN40，气开式(PO)，作用是接受调节器输出的 4～20 mA DC 电流信号，控制放空量。压力大于 10 kPa 时开 V471728 阀；小于 8 kPa 时关 V471718 阀。

2. TIC471706 LE1701 蒸发器水温控制系统

该系统由下列部分组成。

(1)检测仪表：铂电阻温度计，作用是将 LE1701 蒸发器水温转换成电阻值。

(2)指示调节器：指示、控制 LE1701 蒸发器水温，量程是 0～100℃，控制值是 60℃，调节器的输出是反作用(RA)。

(3)执行机构：顶部导向型单座调节阀，DN80，气开式(PO)。作用是接受调节器输出的 4～20 mA DC 电流信号，控制蒸汽的添加量。

3. TIC471709 LE1702 蒸发器水温控制系统

该系统由下列部分组成。

(1)检测仪表：铂电阻温度计，作用是将 LE1702 蒸发器水温转换成电阻值。

(2)指示调节器：指示、控制 LE1702 蒸发器水温，量程是 0～100℃，控制值是 60℃，调节器的输出是反作用(RA)。

(3)执行机构：顶部导向型单座调节阀，DN80，气开式(PO)。作用是接受调节器输出的 4～20 mA DC 电流信号，控制蒸汽的添加量。

第 7 章　动力车间

在进行铜冶炼时，除了前述 6 个生产车间外，还少不了辅助车间，这就是动力车间。所谓动力车间，就是向全厂各生产车间提供各种动力源，如高、低压电源，各种不同质量的水，各种品质的压缩空气，还提供冶炼用的各种不同的风。

动力车间共有 6 个生产工序，分别是：总降压站、余热发电、事故发电机、压缩空气、水处理、供水系统。本文按此工艺顺序，对这些工序进行简单介绍。

动力车间用一套 PLC 系统对全车间的各个生产工序进行监控，全车间共有三个控制室。动力车间 PLC 系统配置参见图 7 - 1。

7.1　总降压站

总降压站负责给全厂供电。主要设备是三台主变压器及其控制设备。

总降压站将供电局送来的 110 kV 的高压电进行降压，使之成为 10 kV 的次高压电，送往各车间的用电设备。双回路供电，两路 110 kV 输入，降压后送到各车间用电设备也是两路 10 kV 次高压。

总降压变压站选择 3 台 110 kV/10 kV，40 MVA 主变压器，1 台变压器备用，3 台 40 MVA 主变压器采用有载调压变压器。

7.2　余热发电系统

7.2.1　工序功能及工艺流程

在闪速冶炼过程中会产生大量高温烟气，利用余热锅炉，生成高温高压蒸汽。余热发电系统就是利用余热锅炉中回收的高温高压蒸汽发电。本系统由两部分组成：余热发电系统和汽轮发电机组。工艺流程图见图 7 - 2。

7.2.2　工序设备

余热发电系统设备包括：汽轮发电机组、除氧器系统、高压给水泵、磷酸盐加药装置、冷凝器、冷凝水泵等。汽轮发电机组设备包括：汽轮发电机、油泵、油箱、紧急切断阀等。

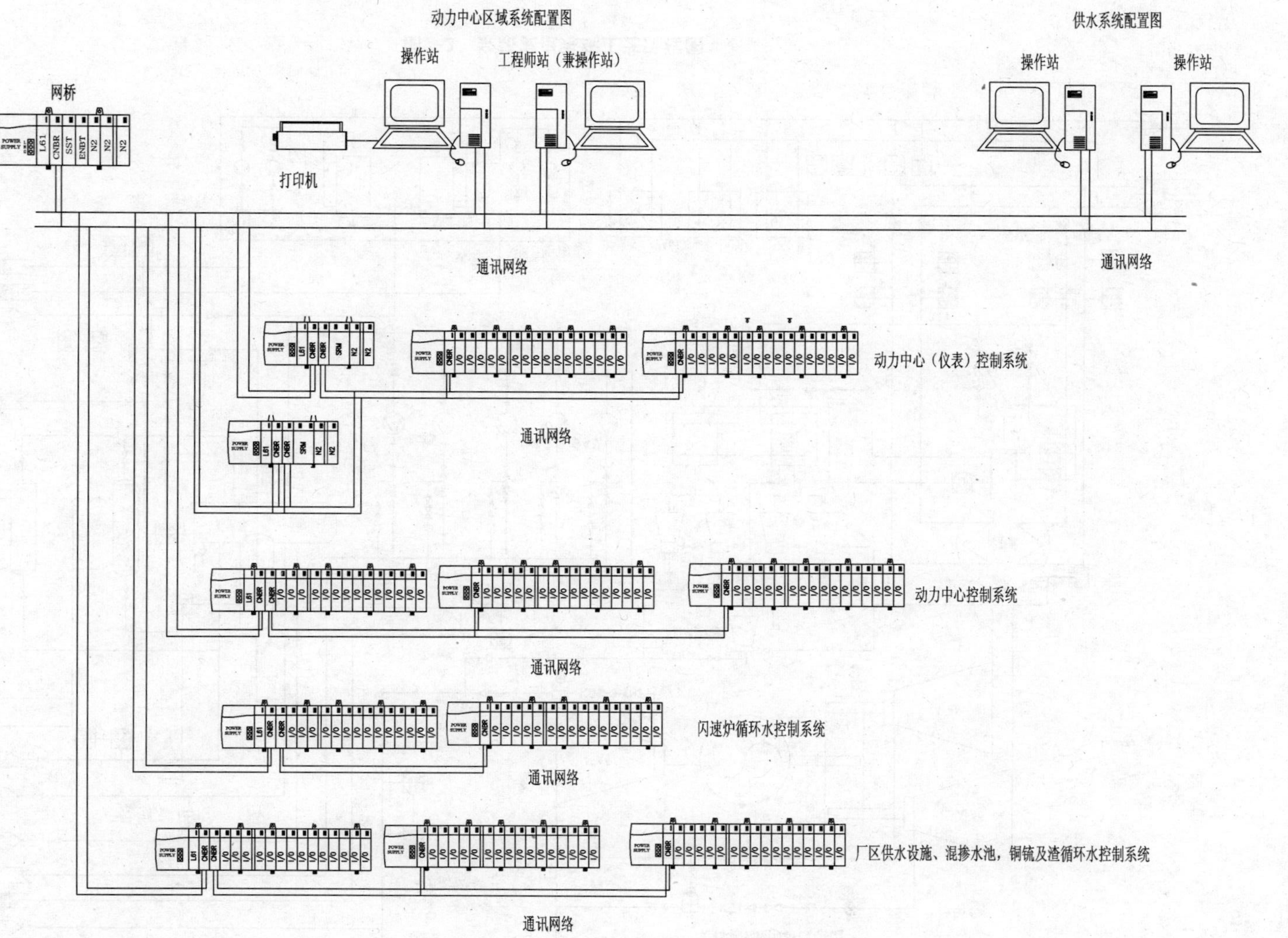

图7-1　动力车间PLC系统配置图

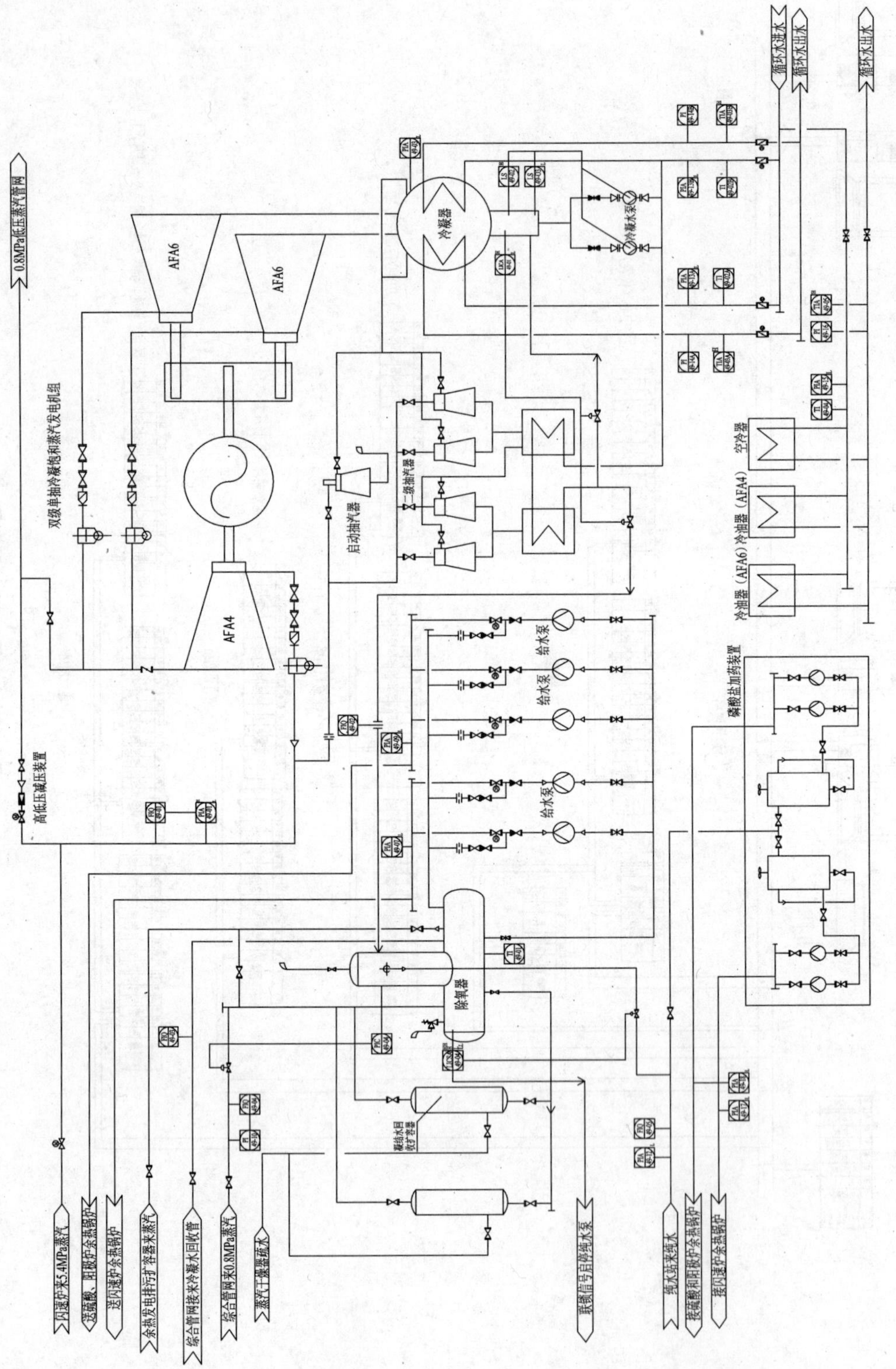

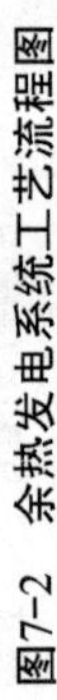

图7-2 余热发电系统工艺流程图

1. 透平发电机

1）设备用途

透平发电机利用闪速炉的高温烟气经余热锅炉回收热量所产生的饱和蒸汽发电。根据余热发电的特点，设有卸载冷凝器系统、主蒸汽旁路系统、补充蒸汽系统、抽汽系统、复水系统、给水系统，以满足不同情况下主工艺生产的需要，并且采用了自动调压装置，能使发电量随着余热锅炉产汽量的变化而变化。因此具有适应性强、热效率高等特点。发电机是采用无刷励磁，并设有功率因素自动调节装置。

2）汽轮机设备的组成

（1）汽轮机本体

汽轮机本体由静体部分和转体部分组成。

静体部分：包括汽缸、隔板、喷管、汽封、轴承及支座等部件。

转体部分：包括轴、叶轮、工作叶片及靠背轮等部件。

（2）调速油系统

调速油系统主要包括调速汽阀、油泵、调速器、调速传动机构及安全保护装置。

（3）辅助设备

辅助设备主要有凝汽器、抽汽器、除氧器、加热器、冷凝水泵及循环水泵等设备。

（4）热力系统

热力系统包括新蒸汽系统、凝汽系统、给水回热加热系统、给水除氧系统、供水系统。

3）汽轮机的工作原理

在汽轮机中，一圈工作叶片和与之相配合的一列喷管组成一级。由许多级串联起来，组成多级汽轮。

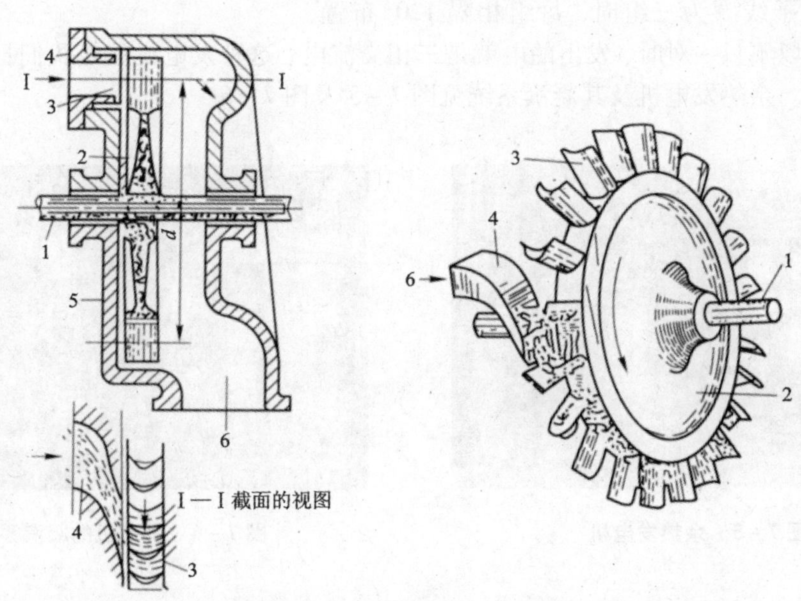

图7-3　汽轮机的基本工作原理图

1—轴；2—叶轮；3—叶片；4—喷管；5—汽缸；6—排汽管

如图7-3所示是简单的汽轮机，其能量转换过程如下：新蒸汽从进汽管引入汽轮机，首先通过喷管4，在喷管出口处变成速度很高的气流，高速汽流冲击叶片3，转动叶轮2和轴1，再拖动发电机发电。因此，汽轮机一级内能量的转换过程分两步进行：第一步，蒸汽在喷管中热能转变为动能；第二步，高速蒸汽冲击叶片，在叶片中把蒸汽动能转变为机械能使叶轮和轴旋转。

图7－3所示机组是11个压力级的冲动凝汽式汽轮机，在转子上装有11个叶轮，每一对叶轮前面装有一排喷嘴，一排喷嘴和一排叶片合起来叫做一级。高压新蒸汽，先进入第一级喷嘴，膨胀一次压力降低一些(只降低整个压力层的部分)，而速度则提高一些，喷在第一个叶轮的叶片上。在第一级叶片里压力是不变的，而速度则因为蒸汽做功推动了叶轮的关系，而降低。然后进入第二级喷嘴，再膨胀一次，压力又降低一些，速度又增加。这样直到11级后，蒸汽压力才完全低下来。

4)发电机的工作原理

发电机是利用电磁感应原理把机械能转换成电能的装置。导体在外力作用下，在磁场中运动，切割磁力线，在导体两端感应出电动势。发电机即是利用上述原理制成的。图7－4是同步发电机的工作原理。当转子线圈通电以后，转子就会建立磁场(这种方法我们称之为发电机的励磁)，此时如转子磁极在外力(透平机)作用下旋转，则转子磁场也跟着旋转，那么嵌在定子里的导体(线圈)相对于旋转磁场来说做相对运动，于是导体便切割磁力线，定子里的导体(线圈)就感生出电动势。

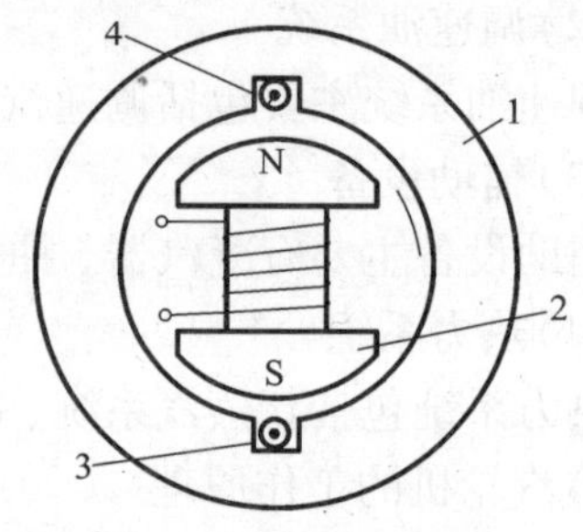

图7－4　同步发电机的工作原理

1—定子；2—磁极；3、4—导体

上述是发电机只有一组线圈的情况，即单相交流发电机。当定子线圈为三组时，每组相隔120°布置，转子磁极也可以不只一对时，发出的电就是三相交流电，这种发电机就是我们日常见到的三相交流发电机。余热发电机及其凝汽系统见图7－5及图7－6。

图7－5　余热发电机

图7－6　发电机的凝汽系统

2. 除氧器

锅炉给水中溶解有各种气体，其中危害最大的是氧气，它会导致锅炉给水系统和热网系统的金属发生腐蚀。在锅炉给水和热网系统中，由于水温较高，腐蚀速度加快，所以氧腐蚀往往很严重。因此，对给水进行除氧是防止锅炉给水系统金属腐蚀的基本方法，也是确保热网设备安全运行的重要措施。

水中除氧的途径有以下三种：

① 加热水，减少氧气在水中溶解度，使氧气逸出。

② 排除水面的氧气，减少水面气体中氧气的分压，使氧气逸出。

③ 使水中氧气与其他金属或药剂化合成稳定的化合物而消耗掉。

与此相应，给水除氧的方法有热力除氧，解除吸氧和化学除氧，下面着重介绍热力除氧的原理和特点。

1）热力除氧原理

氧气在水中的溶解度决定于气体的性质、在水面上的分压和水的温度。当温度不变时，某种气体在水中的溶解度与该气体在水面上的分压成正比（亨利定律）。由此可知，当水面上某种气体的分压降低时，它在水中的溶解度将减小；当其分压降为零时，该气体在水中的溶解度也将减少到零。

加热水时，水面上的水蒸气分压将增加，当水被加至沸腾时，水蒸气的分压将增加到实际上等于原混合物的总压力，即 $p_{H_2O}=p_O$；此时，水面上其他气体的分压将降为零，它们在水中的溶解度也都将减少到零，从而使各种气体不再溶于水，而从水中逸出。热力除氧正是根据这一原理，它把水加热到沸点，并使水不断保持沸腾状态，从而使水中溶有的各种气体都从水中逸出而除去。

2）热力除氧特点

① 不仅能除氧，而且能除 CO_2、NH_3、H_2S 等各种气体，故热力除氧器又有热除气器之称。

② 除氧效果比较稳定，可使水中含氧量降至0.03 mg/L以下，游离 CO_2 含量低于2 mg/L。

③ 除氧后水中含盐量并不增加。

④ 需用蒸汽，且耗量较多。

⑤ 提高了进入省煤器的给水温度，从而使锅炉排烟温度升高，影响排烟废热利用。

⑥ 负荷变动时不易调整。

热力除氧有大气式、真空式和压力式几种，工业锅炉多采用大气式热力除氧，其除氧器的压力一般为10～20 kPa，相应的饱和水温为102～104℃。采用比大气压力高出10～20 kPa的过剩压力，是为了使逸出的气体便于从器内向外排出。真空式热力除氧维持在器内压力为-40～-10 kPa，压力式热力除氧为0.5～1.5 kPa。

7.2.3 工艺说明

从余热锅炉的汽包中送来的压力为5.4 MPa、温度为265℃、流量为50 t/h的高温高压蒸汽，进入透平汽轮机高压部分（AFA4）的输入端，使透平汽轮机以近6900 r/min的转速旋转，带动联接在同一轴上的发电机以1500 r/min的转速旋转，从而发电。

当发电机系统故障时，此蒸汽旁路，即经减压为0.8 MPa后，并入工厂的蒸汽管网。

从AFA4出来的背压蒸汽（低压蒸汽，2.5 MPa）进入两个并联的低压透平汽轮机（AFA6）的输入端，和高压透平汽轮机（AFA4）一起，带动发电机发电。在满负荷下，发电的功率是

6621 kW，电压是 10 kV，并到工厂的二次侧。

从低压透平汽轮机（AFA6）出来的低压蒸汽（-0.05 MPa），进入冷凝器，在冷凝器内，用循环水进行冷却降温，变成冷凝水；然后用二级抽汽器的低压蒸汽进行加热，再送回到除氧器循环使用。

图 7-7　锅炉高压给水泵

除氧器的水通过给水泵（见图 7-7）送给 2 台闪速炉余热锅炉、2 台阳极炉余热锅炉、2 台硫酸余热锅炉。这些软化水在循环使用过程中，失去的部分由水处理系统进行补充。

磷酸盐加药装置都在动力中心厂房内，药品配制好后由专用泵送到 2 台闪速炉余热锅炉、2 台阳极炉余热锅炉、2 台硫酸余热锅炉。

7.2.4　控制系统

1. LICA4901 凝汽器热井液位控制系统

该系统由下列部分组成。

（1）检测仪表：液位变送器，范围是 0～356 mm（设备自带）。

（2）指示调节器：指示、控制凝汽器热井液位值，量程是 0～356 mm，调节器的动作方向为正作用（DA）。

（3）执行机构：该系统配有两台气动调节阀。

①循环阀：作用是将一部分水反馈到凝汽器热井，保证水泵有一定的水量。

②排放阀：作用是控制排到除氧器水箱的水量（设备自带）。

注：此水泵抽的是饱和水，若水量太小则容易汽化，在凝汽器热井液位较低时，排出的水量必然少，这时饱和水就容易汽化，故让一部分水循环到凝汽器热井里。此系统要很好地调试，保证水泵有一定的流量，又要控制好凝汽器热井的液位。

2. LICA4904 除氧器水箱水位控制系统

该系统由下列部分组成。

（1）检测仪表：差压变送器，量程是 0～25.48 kPa，作用是将除氧器水箱水位转换成 4～20 mA DC 电流信号。

（2）指示调节器：指示、控制除氧器水箱水位，量程是 0～2.6 m，控制值是 2.3 m，上限报警值 H=2.5 m，下限报警值 L=2.1 m，调节器的动作方向为正作用（DA）。水位达到 H 时停止纯水泵，当水位达到 L 时启动纯水泵。

（3）执行机构：气动套筒导向型阀，DN100，气关式（PC）。作用是控制纯水站来的给水量，保证除氧器水箱水位在一定的范围内。

3. PIC4904 除氧器蒸汽压力控制系统

该系统由下列部分组成。

（1）检测仪表：压力变送器，量程是 0～0.1 MPa，作用是将除氧器蒸汽压力转换成 4～20 mA DC 电流信号。

(2)指示调节器：指示、控制除氧器蒸汽压力，量程是0~0.1 MPa。调节器的动作方向为正作用(DA)。

(3)执行机构：气动套筒导向型阀，DN200，气关式(PC)。作用是控制低压管网0.8 MPa低压蒸汽量的大小，保证除氧器蒸汽压力在一定的范围内。

7.3　事故柴油发电机

7.3.1　工序功能及设备

当全厂突然停电时(也就是事故时)柴油发电机自动启动发电，分期分批向全厂所有一级负荷设备供电，其主要设备为柴油发电机(见图7-8)。

7.3.2　工艺说明

在铜冶炼厂有很多设备是不能停电的，我们称这些设备为“一级负荷”，例如，锅炉的供水泵，循环水泵，闪速炉的冷却水系统等。若这些设备因停电而停止运行，则会给生产和设备带来很大的危害。

图7-8　事故柴油发电机

每个冶炼厂都装有一定功率的柴油发电机，它们平时并不工作，只有在全厂停电时(也就是事故时)才自动启动发电，我们称之为“事故柴油发电机”。

柴油发电机组在事故应急时使用，2台机组并机供电，从市电断电到并机直至带电力负荷时间小于30 s，机组一次加载率大于60%。模拟负荷率大于60%，发电功率曲线满足“特别重要一级负荷启动曲线”要求。采用闭式水冷，自带冷却风扇。

机组控制器采用英国Deepsea公司的DSE5220控制器，提供RS485通讯接口，可提供远传机组使用状态和故障报警，并提供完整Modbus通讯协议。

采用高容量的蓄电池组，可保证机组能连续启动6次，每次启动的间隔期不小于20 s，蓄电池的浮充装置具备浮充恒流型自动充电功能。在自动模式下，当市电失压时，提供一个无源触点信号给PLC系统，PLC系统控制机组自动启动，自动控制开关合闸，并提供同期投入信号给同期专用模块，自动控制机组达到同期状态，自动开关合闸完成并机操作，机组自动平均分配负载，市电恢复时由人工手动解列停机，同时系统可以手动并机操作。

自动启动发电机组工作方式：在选定工作方式为自动后，机组便自动工作。

内置的微电脑不断监测市电情况，若电网电压低至设定值，经0~60 s(可调)防电网电压偶然变动延时后，自动启动发电机组。再经0~60 s(可调)延时后，发出转换指令，自动转换柜执行，改由发电机组供电。由电网失电至由发电机组供电，整个过程需时不大于12 s。

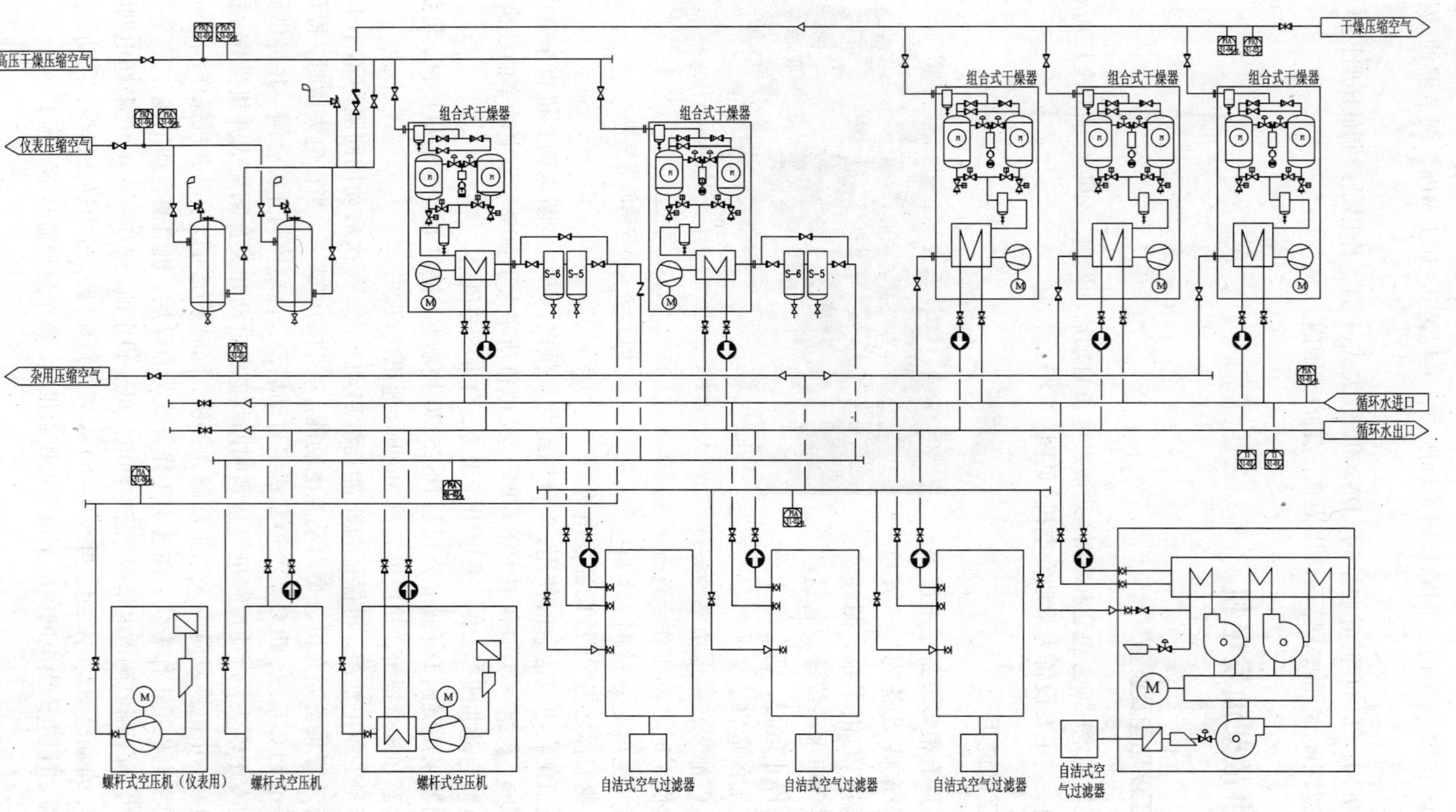

图7-9 压缩空气系统工艺流程图

在电网电压恢复正常再经 10～270 s(可调)延时等待后，自动转换柜接令自动转换，改由电网供电。发电机组在空转 10～270 s(可调)冷却后，自动停机。机组可连续启动3次(次数可调)。若启动不成功，则控制箱报警，锁机。当选定工作方式为“试验”时，机组可作自启动试验，但不能转换。在试验期间若电网失电，则控制箱会向自动转换柜发出转换指令。

7.4 压缩空气系统

7.4.1 工序功能及工艺流程

本部分是向全厂提供各种压缩空气，有杂用风，干燥风，仪表专用空气等。工艺流程图见图 7－9。

7.4.2 主要设备

主要设备有 4 台离心式空气压缩机(见图 7－10)、4 台自洁式空气过滤器、5 台组合式空气干燥器(见图 7－11)、2 台螺杆式空压机(高压，铜锍输送专用)、1 台仪表用螺杆式空压机等。

图 7－10 离心式空气压缩机

图 7－11 空气干燥机

7.4.3 工艺说明

4 台离心式空压机将经自洁式空气过滤器过滤后的空气进行 3 级压缩(每次压缩后由于温度会升高，都要用循环水进行降温)，其中一部分作为杂用压缩空气进入杂用压缩空气管网，另外一部分经3 台组合式空气干燥器干燥后，作为干燥压缩空气进入干燥压缩空气管网。

2 台螺杆式空压机将过滤后的空气进行压缩，经 2 台组合式空气干燥器干燥后，送入高压干燥压缩空气管网，专门用于铜锍输送。

仪表用螺杆式空压机将过滤后的空气进行压缩，经其中 1 台组合式空气干燥器干燥，再进行高效除油过滤器除油、主管路过滤器过滤后，存入仪表压缩空气储罐，送入仪表压缩空气管网。

7.5 水处理系统

7.5.1 工序功能

本工序的任务是向全厂循环水系统提供补充水、向全厂锅炉提供纯水。

这部分是某水处理公司的交钥匙工程，工艺比较复杂，与整个闪速炼铜主工艺没有太大的关系，故这里不对其进行过多的说明，只是简单地介绍一下。

7.5.2 主要设备

本工序主要设备有：生水加热器，加氧化剂装置，加混凝剂装置，多介质过滤器，$NaHSO_3$还原装置，加阻垢剂装置，保安过滤器，反渗透脱盐装置，化学清洗系统，除二氧化碳器，加碱装置，混床，混床再生装置，加氨装置，浓水反渗透系统配套装置等。

7.5.3 工艺说明

本系统工艺设计采用世界上最先进的反渗透处理工艺，以反渗透技术作为脱盐核心，提供高达98%以上的脱盐效率；采用氧化剂、混凝剂加药装置、多介质过滤器及还原剂、阻垢剂加药装置作为预处理设备，用于满足反渗透系统的进水要求及正常运行；反渗透装置的初步除盐水一部分经加碱调节 pH 后，作为全厂冷却塔循环水系统的补充水，剩余部分经混床精处理并加氨调节后，作为锅炉补给水；经一级反渗透浓缩的浓盐水，进一步进行反渗透脱盐处理，回收后的淡水通过回用水泵外送给用户，浓水用于多介质过滤器的反洗。

7.5.4 电气控制系统说明

系统控制采用全自动控制和手动控制两种方式，各个系统可以在现场控制面板上做“自动/停/手动”选择。

系统处于自动控制状态时，采用可编程控制器(PLC)和上位机(IPC)实现自动控制。系统由多套 PLC 和两台工业计算机组成总线网络，PLC 根据当前现场数据输入，自动控制设备执行部件按程序运行。PLC 与上位机交换数据，上位机可动态显示当前设备的运行状况，监视设备的运行参数。可保存运行数据和系统报警，方便报表的打印和保存。

上位机可在线显示过滤器进水及反洗流量、反渗透进/产/浓水流量、混床进水流量、反渗透总进水电导率、反渗透产水电导率、混床产水电阻率、纯水硅含量及其他在线仪表的显示值。

处于手动控制状态时，对水泵采用直接开关控制。对于电动阀门，既可采用直接开关控制，也可手动操作。

上位机设两台，一工一备，当一台出现故障时，另一台自动投入运行，保证整套自控系统的正常运行。

7.6 供水系统

7.6.1 工序功能及工艺流程

主要是向全厂提供工业新水。工艺流程图见图 7－12。

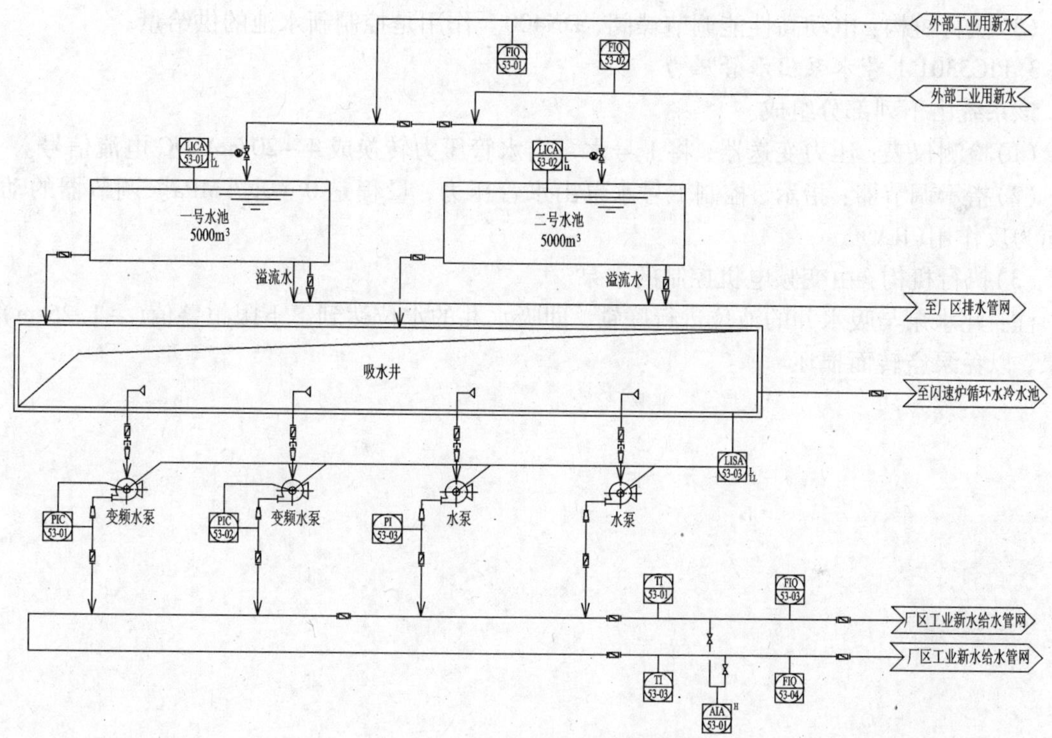

图 7－12　供水系统工艺流程图

7.6.2 主要设备

主要设备包括两个 5000 m^3的水池、一个吸水井、二台变频水泵和二台普通水泵。

7.6.3 工艺说明

将外部来的工业新水，贮存在 2 个 5000 m^3的水池内，再用水泵送到新水供给管网。

7.6.4 控制系统

1. LICA5301 1 号水池水位控制系统

该系统由下列部分组成。

(1)检测仪表：超声波液位计，将 1 号水池水位转换成 4 ~ 20 mA DC 电流信号。

(2)指示调节器：指示、控制 1 号水池水位，量程是 －1.25 ~ 4.55 m，正常控制值是

3.8～4.05 m。调节器的动作方向为反作用(RA)。

(3)执行机构：电动高性能调节蝶阀，DN400。作用是控制新水池的供给量。

2. LICA5302 2号水池水位控制系统

该系统由下列部分组成。

(1)检测仪表：超声波液位计，将2号水池水位转换成4～20 mA DC电流信号。

(2)指示调节器：指示、控制2号水池水位，量程是－1.25～4.55 m，正常控制值是3.8～4.05 m。调节器的动作方向为反作用(RA)。

(3)执行机构：电动高性能调节蝶阀，DN400。作用是控制新水池的供给量。

3. PIC5301 1号水泵出水管压力

该系统由下列部分组成。

(1)检测仪表：压力变送器，将1号水泵出水管压力转换成4～20 mA DC电流信号。

(2)指示调节器：指示、控制1号水泵出水管压力，量程是0～0.7 MPa。调节器的动作方向为反作用(RA)。

(3)执行机构：由变频电机控制的水泵。

注：此水泵与吸水井的液位进行联锁，即吸水井的水位达到下下限报警值(－1.25 m)时停泵，以免泵空转而损坏。

附　录

附录1　仪表基础知识

1.1　仪表工位号说明

就像每个人都有一个名字一样，每一个仪表检测、控制系统都有一个名称，我们称之为工位号。工位号在一个工厂中是唯一的，是由设计院在进行设计之前由总图定下的，不能重复。仪表工位号由几个英文字母及阿拉伯数字组成，一般最多 8 位，如：PICA0501、LICA1302、TICA1503 等。

第一个字母是参数符号，代表生产过程中的各种参数，如：温度、压力、流量、液位等；后面的英文字母叫功能符号，代表该仪表系统的各种功能，如：指示、记录、调节、报警等；前面 2 位阿拉伯数字一般代表生产工序，如：熔炼蒸汽干燥系统是"03"，硫酸转化系统是"15"等；后面 2 位阿拉伯数字一般代表该工序该参数的序号。

当工位号的长度超过 8 位时，可以去掉某些功能符号。

参数符号说明：

A：成分分析（包括所有分析仪表，如：酸浓、SO_2、O_2，pH 等）；B：烧嘴、火焰；C：电导率；E：电压；F：流量；G：可燃气体；H：手操；I：电流；J：功率；K：时间；L：液位；M：水分、湿度；P：压力；Pd：压差；R：电阻、核辐射；S：转速、频率；T：温度；Td：温差；V：阀门；W：质量；X：位移；Z：振动、开度等。

功能符号说明：

A：报警；C：调节；E：检测元件；G：现场监视；I：指示；Q：累积；R：记录；S：联锁；T：变送；X：任意；Y：运算；Z：紧急等。

不只是仪表检测控制系统有工位号，设备也有工位号。设备的工位号大多用于 DI、DO 类型点（一般用该设备英文名称的第一个字母表示）。例如：P：泵；B：风机；A：搅拌机。

工位号的后缀：主要是用于设备的 DI、DO。有些设备有多种工作状态，都要在 DCS 系统里体现出来，而在 DCS 系统里，工位号又不能相同，故在原工位号后面加后缀，以示区别。

例如，某硫酸车间净化工序一级动力波 1 号循环泵，其工位号为 P1301。

P：泵；13：硫酸车间净化工序的子项号；01：1 号循环泵；P1301A：1 号循环泵运转；P1301B：1 号循环泵故障。

1.2　常用符号说明

I/O：输入/输出；A/M：自动/手动切换；L/R：本机/远方切换（机旁/中控室切换）

AI：模拟输入信号；AO：模拟输出信号

DI：开关（数字）输入信号；DO：开关（数字）输出信号

PV：仪表测量值；SP：仪表设定值；OP：仪表输出值

LSP：本机设定值(平时只写 SP)；RSP：远方设定值

DA：正作用；RA：反作用(调节器和阀门都适用)

PO：气开式；PC：气关式(阀门)；FC：故障关；FO：故障开(阀门)

H：上限；HH：上上限；L：下限；LL：下下限

P：气源(电源)；E：电信号；P：气信号

E/P(I/P)：电/气转换器；P/E(P/I)：气/电转换器

P：盘面安装；PB：盘后安装；L：现场安装；LB：现场盘安装

P：比例调节；PI：比例积分调节；PID：比例积分微分调节

1.3 仪表标准信号

(1)电动仪表的标准信号：4 ~ 20 mA DC；1 ~ 5 V DC

(2)气动仪表的标准信号：0.02 ~ 0.1MPa(20 ~ 100 KPa)

1.4 仪表的质量指标

1)仪表的量程

每个用于测量的仪表都有测量范围，它是该仪表按规定的精度进行测量的被测变量的范围。测量范围的最小值和最大值分别称为测量下限和测量上限，简称下限和上限。

仪表的量程可以用来表示其测量范围的大小，是其测量上限值与下限值的代数差，即：

量程 = 测量上限值 - 测量下限值

2)零点迁移和量程迁移

在实际使用中，由于测量要求或测量条件的变化，需要改变仪表的零点或量程，为此可以对仪表进行零点和量程的调整。通常将零点的变化称为零点迁移，而量程的变化则称为量程迁移。

零点迁移和量程迁移可以扩大仪表的通用性。但是，在何种条件下可以进行迁移，能够有多大的迁移量，还需视具体仪表的结构和性能而定。

3)仪表的误差

仪表指示装置所显示的被测值称为示值，它是被测真值的反映。严格地说，被测真值只是一个理论值，因为无论采用何种仪表测到的值都有误差。实际中常用适当精度的仪表测出的或用特定的方法确定的约定真值代替真值。例如使用国家标准计量机构标定过的标准仪表进行测量，其测量值即可作为约定真值。

绝对误差 = $M-\mu$(仪表的指示值与其真值之差)

相对误差 = $(M-\mu)/\mu \times 100\%$

绝对误差通常可简称为误差，通常用相对误差表示其测量误差的大小，有正负误差之分，当误差为正时表示仪表的示值偏大，反之偏小。

例如：测得某处温度为1645℃，而此处的真实温度为1650℃，则其绝对误差为 -5℃(偏低5℃)，而相对误差为 -0.3%；若测得其温度为1655℃，则其绝对误差为5℃(偏高5℃)，而相对误差为0.3%，这都在允许误差范围之内。若测得其温度为1660℃，则其绝对误差为10℃(偏高10℃)，而相对误差为0.6%，则这次测量超过允许误差范围(工业测量时通常允许误差为 ±0.5%)。

被测物的真实值是不知道的，都用标准仪表测得的值代替这个值，标准仪表的精度都很高，要远高于一般检测仪表。

检测仪表要定期用标准仪表来校正(一般工厂是每年大修前校正一次)，而这个标准仪表过一段时间之后又要到上级计量部门去，用更高精度的标准仪表去校正。

4)仪表的精度(准确度)

任何仪表都有一定的误差。因此，使用仪表时必须先知道该仪表的精确程度，以便估计测量结果与约定真值的差距，即估计测量值的大小。仪表的精确度通常是用允许的最大引用误差去掉百分号(%)后的数字来衡量的。

按仪表工业规定，仪表的精确度划分成若干等级，简称精度等级，如0.1级、0.2级、0.5级、1.0级、1.5级、2.5级等。由此可见，精度等级的数字越小，精度越高。

以仪表量程范围的百分值表示的仪表误差称为仪表误差的折合值(也就是仪表的精度)。

仪表误差的折合值 = ±仪表量程范围内指示值的最大绝对误差/(标尺上限值 - 标尺下限值)×100%。

仪表指示误差越小，其精度则越高，一般用±%来表示。

一般工业用的仪表误差为±0.5%(±5‰)(精度0.5级)，精度太高没有必要，成本会高。不过，现在一些变送器的精度都达到了0.075~0.25级，价格也没有大的提高。

但是，用于商用的仪表，则精度要高，国家规定不能低于0.1级，还要每年送检一次。例如：某厂用管道输送硫酸卖給相邻的化肥厂，其流量计就用精度为0.1级的质量流量计，每年还要送到厂家校验一次。

一般分析仪表的误差都比较大，能达到1级(误差±1%)就不错了。

有些分析仪表不用这种方式表示精度，而用实际指示值的最小刻度表示。例如：pH计的最小刻度是0.1pH，它就说最小误差是0.1pH。

一般仪表的精度是与其测量量程是分不开的，相同的误差，量程越小，显示的精度越低；量程越大，显示的精度越高。例如：一个温度检测系统，仪表的测量量程是0~100℃，其检测精度是0.5级，则在满量程范围内，其误差都不能超过±0.5℃；而仪表的测量量程若是0~1000℃，其检测精度还是0.5级，则在满量程范围内，其误差就是不能超过±5℃。

1.5 电气的基本知识

1) 二极管、三极管的基本知识(略)

2) 继电器、接触器的基本知识

(1) 继电器

① 继电器的组成结构

继电器由线圈、磁铁、触头(动触头、定触头)、接线端子和外壳组成(见附图1)

② 继电器的工作原理(见附图1 继电器的工作原理)

当开关K接通时,电源加到继电器的线圈上,由于电磁铁的作用,使动触头产生切换,常开触点变成闭合,常闭触点变成断开,完成触点功能的转换。由接线端子将此状态接到电气的控制回路。

继电器是电气控制回路中很重要的一个控制原件,起信号转换、放大、隔离等作用,一般称中间继电器。

继电器的线圈可以加交流电源,也可以加直流电源,加交流电源的称为交流继电器,加直流电源的称直流继电器。

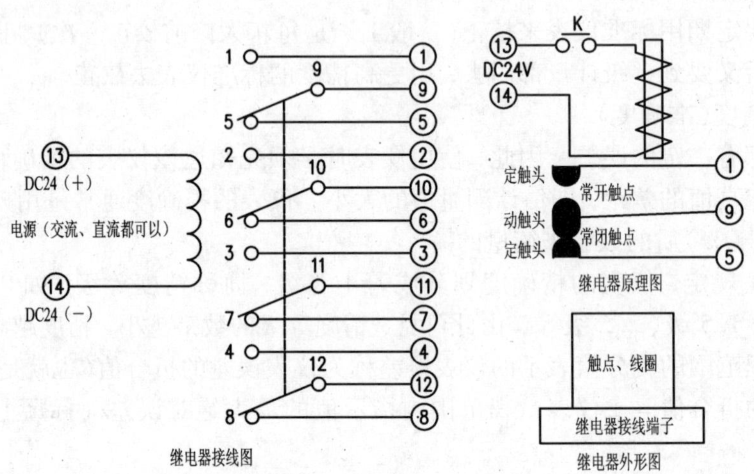

附图 1　继电器的工作原理

继电器的触点上没有电，叫干触点，也称无源接点，继电器的触点数都是成对的（常开/常闭），最少一对，最多四对。

（2）接触器

接触器的结构、工作原理和继电器的完全一样，只是功率要比继电器的大得多。主要是用于控制电器设备的启动与停止，常称交流接触器。交流接触器有三对容量比较大的主触点，用于控制电气设备的 A、B、C 三相电源；还有若干对小的辅助触点，用于自保、信号转换、放大和隔离等。

（3）常用逻辑功能符号说明

常用逻辑功能符号见附图 2。

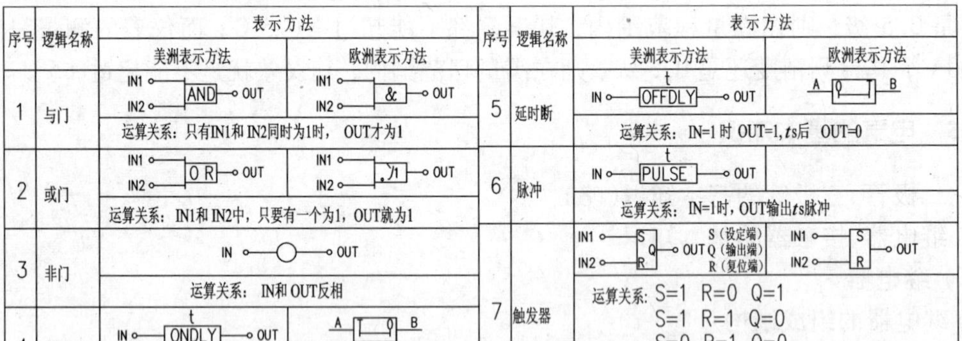

序号	逻辑名称	表示方法		序号	逻辑名称	表示方法	
		美洲表示方法	欧洲表示方法			美洲表示方法	欧洲表示方法
1	与门	IN1 IN2 AND OUT	IN1 IN2 & OUT	5	延时断	IN t OFFDLY OUT	A B
		运算关系：只有IN1和IN2同时为1时，OUT才为1				运算关系：IN=1 时 OUT=1，*t*s后 OUT=0	
2	或门	IN1 IN2 O R OUT	IN1 IN2 ≥1 OUT	6	脉冲	IN t PULSE OUT	
		运算关系：IN1和IN2中，只要有一个为1，OUT就为1				运算关系：IN=1时，OUT输出*t*s脉冲	
3	非门	IN OUT		7	触发器	IN1 IN2 S R Q OUT　S（设定端）Q（输出端）R（复位端）	IN1 IN2 S R OUT
		运算关系：IN和OUT反相				运算关系：S=1 R=0 Q=1 S=1 R=1 Q=0 S=0 R=1 Q=0 S=0 R=0 Q=K-1（前次输出值）	
4	延时通	IN t ONDLY OUT	A B				
		运算关系：IN=1 时 OUT=0，*t*s后 OUT=1					

附图 2　逻辑功能符号图

（4）电气的控制回路

动作说明（见附图 3）：在现场操作箱上有一个转换开关，进行本地/远方控制转换，还有两个启动、停止按钮和运行/故障指示灯。正常生产时“转换开关”应放置于“远方”位置，由中控室进行自动控制和联锁；检修时“转换开关”应放置于“本地”位置，进行现场操作。

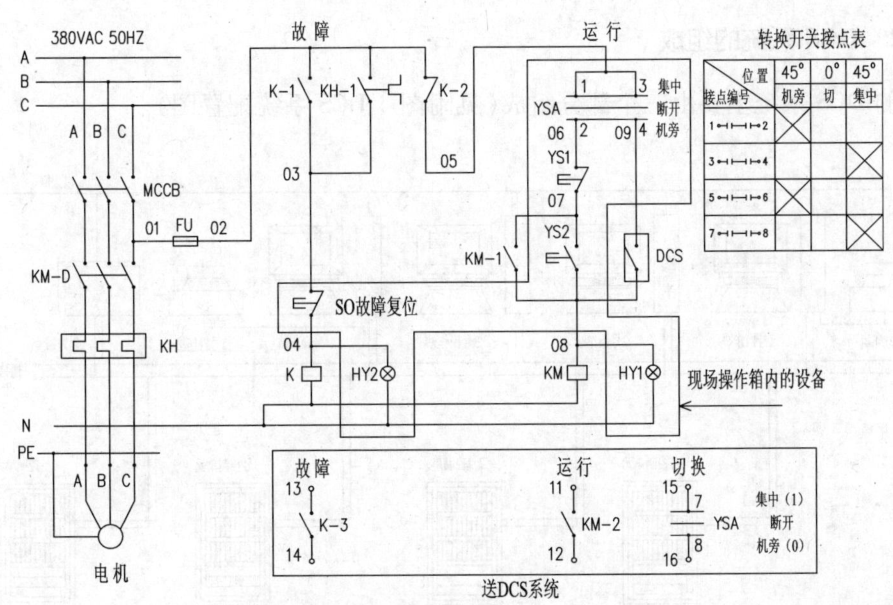

接点编号＼位置	45° 机旁	0° 切	45° 集中
1—2	╳		
3—4			╳
5—6	╳		
7—8			╳

附图 3　电机控制一般原理图

① 手动操作。手动操作时，将操作箱上的“转换开关”置于“本地”位置，按下操作箱上的启动按钮“YS2”，则交流接触器“KM”的线圈得电，三对主触点“KM－D”闭合，设备得电开始运行。

交流接触器的辅助触点“KM－1”使“KM”自保，现场操作箱上的运行指示灯“HY1”亮。

若按下操作箱上的停止按钮“YS1”，则交流接触器“KM”的线圈失电，三对主触点“KM－D”断开，设备失电停止运行。

故障时（热继电器“KH”动作），其触点“KH－1”闭合，使中间继电器“K”的线圈得电，其常闭触点“K－2”断开，切断控制回路的电源，设备停止运行。同时现场操作箱上的故障指示灯“HY2”亮。

只有当故障恢复正常，按下复位按钮“SO”后，系统才能够恢复正常，可以重新启动。

有三个信号可以进到 DCS 系统，进行设备的状态显示。

② 自动控制。自动控制时，将操作箱上的“转换开关”置于“远方”位置，则通过 DCS 系统对该设备进行自动控制（和手动时一样）。

附录 2　DCS、PLC 系统的有关知识

2.1　DCS 系统

2.1.1　什么是 DCS 系统

DCS 系统是“数字控制系统”的简称，也叫“集散系统”，即分散控制、集中管理。

DCS 系统集中了常规仪表的所有功能，也就是说仪表控制系统所要求的指示、调节、报警、记录、累积、联锁等功能，在一个基本的 DCS 系统里都能实现。

2.1.2 DCS系统的组成

基本的DCS系统主要由三个部分组成(见附图4 DCS系统配置图)。

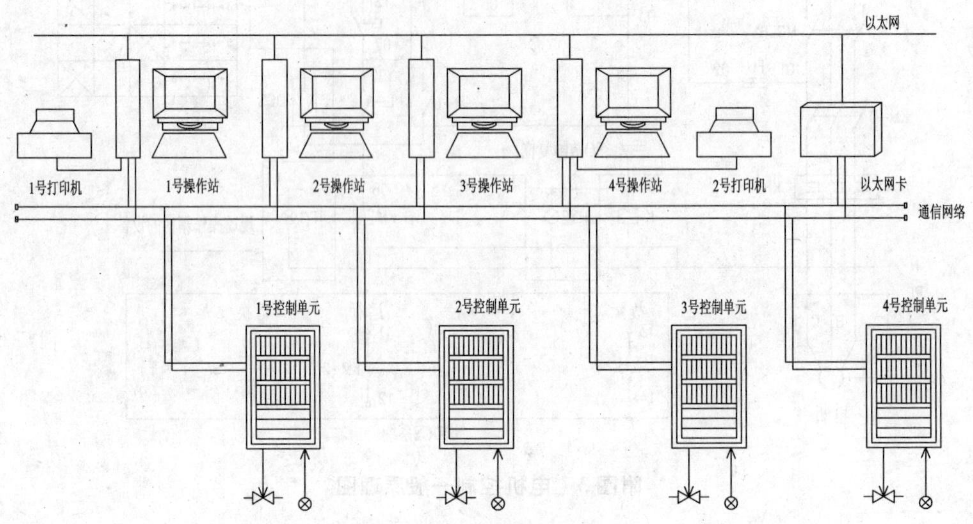

附图4　DCS系统配置图

1. 现场控制单元

现场控制单元是DCS系统的核心部分。所有的信号都在这里进行处理，例如：系统的PID控制、超过设定值报警、仪表趋势信号记录、流量值累积、设备安全联锁等功能，都在现场控制单元内执行。

为了安全起见，一般现场控制单元都是冗余配置，即同时安装2个性能完全一样的现场控制单元，万一一台因故停止运行，备用的马上自动投用。

现场控制单元都安装在控制柜内，一般是安装在仪表控制室内。现场仪表的输入、输出信号卡件(简称I/O卡)都装在该控制柜内。最小的控制系统是一对冗余配置的现场控制单元，大系统则根据需要可以接多个冗余配置的现场控制单元。

2. 操作站

操作站就是人机接口，由操作工人进行所有操作。例如：监示工艺参数的指示、改变控制系统的设定值、报警值的修改、手操的输出等。另外，还在这里打印各种报表、信息。

3. 通信网络

通过通信网络将所有的现场控制单元和操作站联成一个网。使工艺的参数值通过现场控制单元、通过通信网络，传到操作站去，让操作工能看得见；使操作工在操作站上将控制系统修改后的设定值通过通信网络，传到现场控制单元去，经控制运算后再送到现场的执行机构，去改变工艺的参数。

一般的情况下，一个生产车间或一个生产工序用一套DCS系统。但这个生产车间或这个生产工序和其他的某一个生产车间或某一个生产工序之间有着非常紧密的联系，于是我们就用通信网络将这有联系的两个单位连接起来，使它们之间都可以互相看到对方的生产工艺参数和有关设备的运行情况，但只能监视，不能操作。例如，熔炼车间和硫酸车间就是这样。

另外，还有以太网接口。多用于和上位机连接，将所有信号传到上位机去。

2.2 PLC 系统

可编程序控制器，简称 PLC 系统。有些类似于 DCS 系统。但容量一般比 DCS 系统小，多用于电气专业的控制，主要用于 DI/DO 点控制，模拟点不能太多，否则成本太高。和 DCS 系统一样，PLC 系统同样是由三个部分组成(参见附图 5 PLC 系统配置图)。

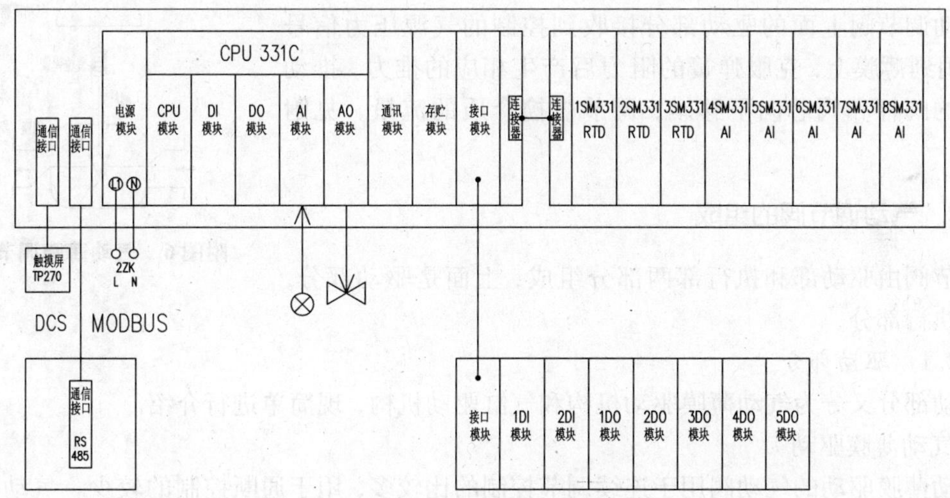

附图 5 PLC 系统配置图

现场控制单元就是该图中的 CPU(主机)，和 DCS 系统完全一样。

操作站就是人机接口，小系统只配一个触摸屏(如图所示)，大些的 PLC 系统就配 PC 机作为操作站。

通信网络：同于 DCS 系统还可以通过以太网将 PLC 系统和 DCS 系统连起来。CPU：主机(有的还内置一定量的 I/O 卡件)。

通信接口：用于接上位机、显示器、PC 机、扩展模块。

通信模块：用于通信。

电源模块：用于系统供电。

接口模块：用于扩展槽的连接。

存贮模块：用于数据的存贮。

打印机：打印各种报表、各种信息。

I/O 模块：输入输出信号用。

附录3 执行机构有关知识

执行机构的种类很多，风机、泵、加热器、控制阀门等都可以作为控制仪表的执行机构，但以调节阀为多，在冶金、化工等行业，由于生产现场腐蚀性气体比较多，故大部分用的是气动调节阀。这里主要简单介绍有关气动调节阀的一些知识。

3.1 气动调节阀的工作原理

气动调节阀上面的驱动部分接收到控制的气源压力信号后，作用到薄膜上，克服弹簧的阻力后产生相应的推力，推动调节阀的阀杆和阀芯向下移动，调节被控介质的流量。见附图6。

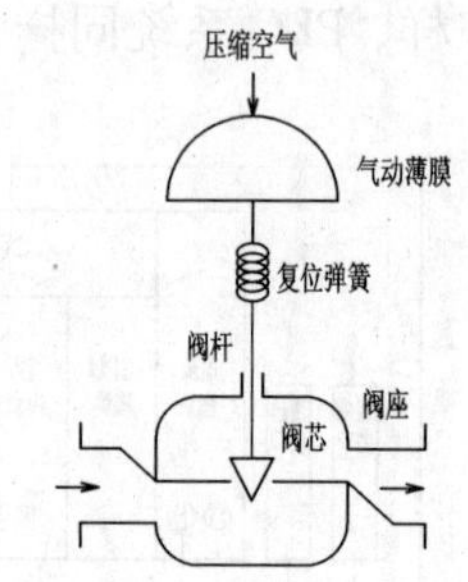

附图6 气动薄膜调节阀

3.2 气动调节阀的组成

调节阀由驱动部和执行部两部分组成，上面是驱动部分，下面是执行部分。

3.2.1 驱动部分

驱动部分又分为气动薄膜驱动机构和气缸驱动机构，现简单进行介绍。

1)气动薄膜驱动

气动薄膜驱动的气动阀用于连续调节控制的比较多，用于通断控制的较少。气动薄膜调节阀的几种组成形式见附图7。

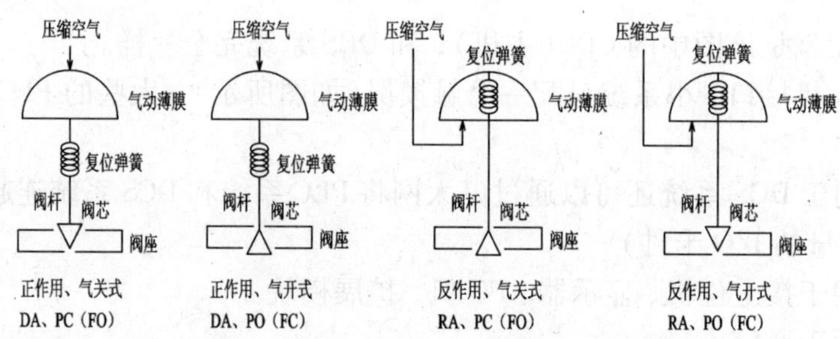

附图7 气动薄膜调节阀的几种组成形式

正作用方式：控制气源从上面接入，用DA表示。

反作用方式：控制气源从下面接入，用RA表示。

气开式：阀门随着信号的加大而开大，20 mA时全开，用PO表示。

气关式：阀门随着信号的加大而关小，20 mA时全关，用PC表示。

故障时开：正常时自动控制，故障时全开，用FO表示。(等于气关式PC)

故障时关：正常时自动控制，故障时全关，用FC表示。(等于气开式PO)

2)气缸驱动

气缸驱动的气动阀用于通断控制的比较多，但近来用于连续调节控制的也不少。

(1)单作用气缸执行机构，多用于通断控制，用两位三通电磁阀控制，弹簧复位。见附图8。

(2)双作用气缸驱动机构。既可作通断控制用，也可作连续调节控制用。作通断控制用时，用两位五通电磁阀控制，自动复位；作连续调节控制用时，用电气定位器控制。见附图9。

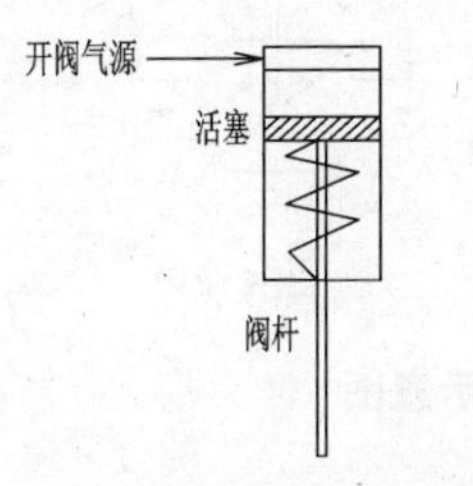

附图8 单作用气缸驱动机构

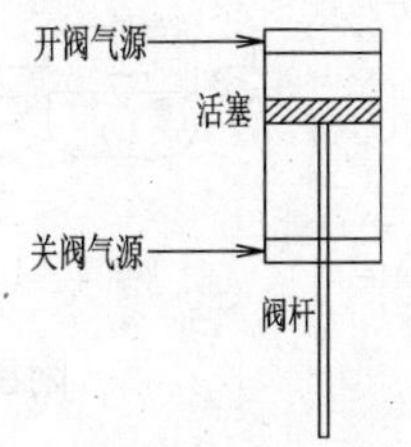

附图9 双作用气缸驱动机构

3.2.2 执行部分

执行部分直接与操作介质接触，长期受高温、高压、腐蚀和摩擦的作用，工作条件非常恶劣，它的质量好坏直接关系到控制系统的品质，关系到生产的正常运行。

执行部分常用的有蝶阀，单、双座阀，球阀，隔膜阀，等等。

1)直通单座阀

阀体内只有一个阀芯阀座。这种阀结构简单，价格便宜，泄漏量小；但当流体流通时在阀座前后产生压力差，产生的不平衡力大。这种调节阀只适用于要求泄漏量小，阀前后压差小，管径小的场合。

2)直通双座阀

阀体内有两个阀芯和阀座。流体作用在上、下阀芯上的推力因方向相反可以大致相互抵消，所以阀芯所受的不平衡力小，多用于阀前后压差大的场合，关闭时泄漏量较大。

3)蝶阀

蝶阀结构简单，多用于低压差、大流量的气体输送场合，泄漏量较大。现在做成软密封后，泄漏量大大减少，也有用于小管道的液体控制。

4)球阀

球阀结构简单，泄漏量较小，大多用于小管道时的流量控制。

5)隔膜阀

隔膜阀由耐腐衬里的阀体和耐腐蚀的隔膜组成，由隔膜的上下运动来控制管道的流通面积。这种阀流体阻力小，耐腐蚀，流通能力大，适应于强腐蚀性的流体控制。

6)三通阀

这种阀有三个出入口与管道相连，按作用的不同可分为分流式、合流式和切换式三种，适用于液体的配比控制。

部分执行部分的结构类型示意图见附图10。

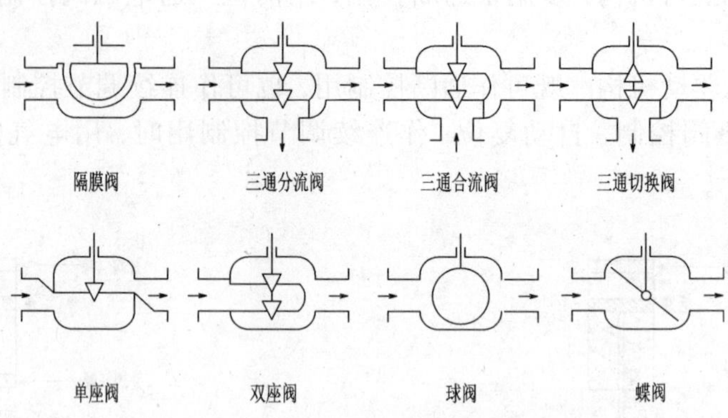

附图 10　部分执行部分的结构类型示意图

3.3　气动调节阀的附件

只有气动调节阀本体是不能正常工作的,还必须有必要的附件配合才能完成控制任务。气动调节阀的附件很多,要根据工艺控制要求进行选择配用才能更好地完成控制作用。常用的附件有定位器、过滤减压阀,两位三通电磁阀、两位五通电磁阀、阀位开关、手操轮等。

3.4　气动调节阀的选用原则

调节阀大多为气动控制的，也有电动控制的。在冶金、化工行业，由于现场有腐蚀性气体，故用气动调节阀较多。

气动调节阀的驱动部分和执行部分组合成各种各样的形式，例如：执行部分有气开式(PO)和气关式(PC)；驱动部分有正作用(DA)和反作用(RA)。

首先要从工艺的安全角度考虑选择是用气开式(PO)阀、还是用气关式(PC)阀，再根据工艺的需要来选择阀门的作用方式和调节器的动作方式。

例如，在控制锅炉汽包水位时，加水阀就要选用气闭式(PC)，当出故障时，此时阀门全开，多加水，不会出大的故障；若用气开式(PO)，当出故障时，此时阀门全关，不加水，锅炉就有可能烧干，会出大故障。

对硫酸车间吸收塔硫酸浓度控制是控制加水量，在选择加水阀时就要选气开式(PO)，当出故障时，此时阀门全关，不加水，浓度会升高，但不会出大故障；若用气闭式(PC)，当出故障时，此时阀门全开，大量加水，硫酸就会稀释，出大故障。

3.5　电动执行机构

电动执行机构包括电动调节阀、电动阀、电动执行器等。

电动调节阀在现代工厂中作为控制系统的执行机构也越来越多，尤其是在没有压缩空气的场合，都用电动调节阀作为调节系统的执行机构。两种调节阀的执行部分是一样的，只是驱动部分不同：气动调节阀是以压缩空气作为调节阀的工作动力，其驱动部分是气动薄膜或气缸；而电动调节阀则是以 AC 220 V 的电力为调节阀的工作动力，其驱动部分是电动头。电动调节阀可以进行通断控制，当接受 4 ~20 mA DC 的控制信号时也可以进行连续控制。

电动阀主要是作通断控制用，工作动力是 AC 380 V 的交流电，执行部分大多是大口径的蝶阀，控制信号是 ON－OFF 信号，控制烟气量的较多。

另外，还有一种电动执行器，也用来作控制系统的执行机构，工作动力是 AC 220 V 的交流电，控制信号是 4～20 m ADC 电流信号，不过它不是驱动阀门之类的执行机构，而是驱动一个连杆，用来带动其他设备，例如，控制风机进口导叶的开度等。

附录 4　控制系统有关知识

4.1　基础知识

控制系统一般由三个部分组成：检测仪表、调节仪表和执行机构，这就是组成自动控制系统的三个基本部分。

其中调节器起着指挥机构的作用，为系统的核心组成部分。

指示、调节仪表(简称调节器)内部由 4 个部分组成：指示部分、比较部分、放大部分、输出部分。

指示部分：指示该点的测量值(PV)。

比较部分：将仪表的测量值(PV)与操作人员预先设定的设定值(SP)进行比较，得出偏差值“e”(e＝SP－PV)。

放大部分：将偏差值“e”进行放大。

输出部分：将放大后的信号再进行功放、隔离处理后，输出一个控制信号(OP)，去控制执行机构作相应的动作，改变工艺的某些物理量，最后，使其测量值(PV)等于设定值(SP)(e＝0)，过程控制系统又达到一个新的平衡，这就达到了自动控制的目的。见附图 11 控制系统的组成。

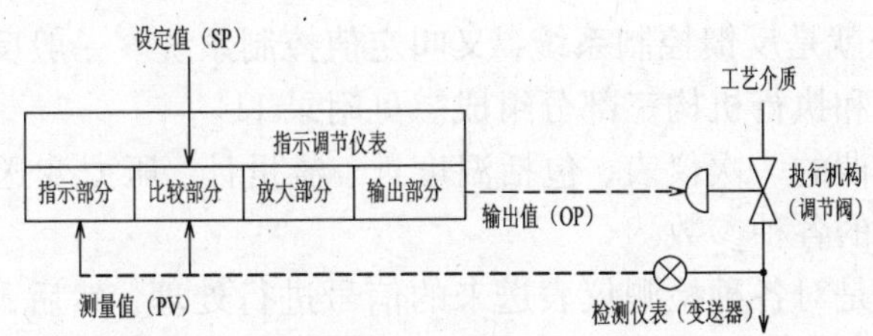

附图 11　控制系统的组成

调节器(或 DCS 系统的内部仪表)的输出有正作用和反作用两种：

正作用：测量值(PV)－设定值(SP)＞0 时，输出值(OP)增加；

反作用：测量值(PV)－设定值(SP)＞0 时，输出值(OP)减少。

正、反作用要根据工艺的需要，在选择了阀门的工作状态以后再进行选择。

以前面举过的两个硫酸浓度控制系统为例：在吸收塔硫酸浓度控制系统中，由于调节阀已选为气开式(PO)，故调节器的输出应选为正作用；在干燥塔硫酸浓度控制系统中，由于调节阀已选为气闭式(PC)，故调节器的输出也应选为正作用，其原因是控制对象不同。

4.2 控制系统的投运

这里以闪速炉反应塔烧嘴富氧压力控制系统为例，对单回路系统的使用进行说明：

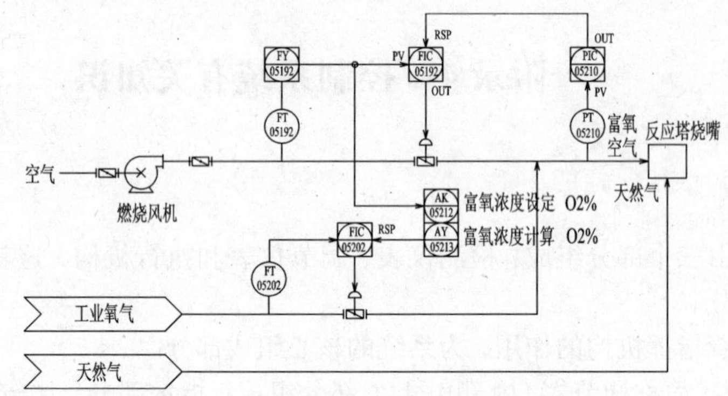

附图 12　反应塔烧嘴富氧压力控制系统图

附图 12 中 FIC05192(燃烧风机出口总管流量控制系统)为例：

(1)做好准备工作，检测仪表投用，将控制系统置于手动状态(M)。

(2)手动改变调节器的设定值(SP)，使这一值为正常控制时的值。

(3)手动改变调节器的输出(OUT)，使 PV = SP(要等待一段时间)。

(4)将控制系统由手动状态切换到自动状态(M→A)(无扰动切换)。投运结束。

4.3 控制系统的分类

4.3.1 基本控制系统

最基本的控制系统就是反馈控制系统，又叫定值控制系统。一般反馈控制系统都是由检测仪表、指示调节仪表和执行机构三部分组成。见附录 11。

检测仪表：就是所谓的一次仪表，包括温度计、流量计、压力变送器等安装在现场的仪表，负责检测工艺介质的各种参数。

指示调节仪表：就是对各种检测仪表送来的信号进行处理，然后，以各工艺参数的形式显示一定的量；有控制功能的仪表，还会输出一个信号去驱动执行机构，改变某些工艺过程量，使测量值达到用户要求的设定值。此种仪表以前多为单体系列仪表，例如：DDZⅢ型仪表、数显仪等，现多为 DCS、PLC 系统取代。

执行机构：接受调节器输出的控制信号，改变工艺量，多为调节阀。

4.3.2 复杂控制系统

一般复杂控制系统有串级调节系统、比值调节系统、前馈调节系统、分程调节系统和选择调节系统等，下面简单进行介绍。

(1)串级调节系统

在控制系统中有两个调节器，但只有一个执行机构，主调节器是控制的中心，它没有执行机构，它的输出作为副调节器的远方设定值(RSP)；执行机构接在副调节器的输出回路。是一种闭环调节系统,见附图 13。

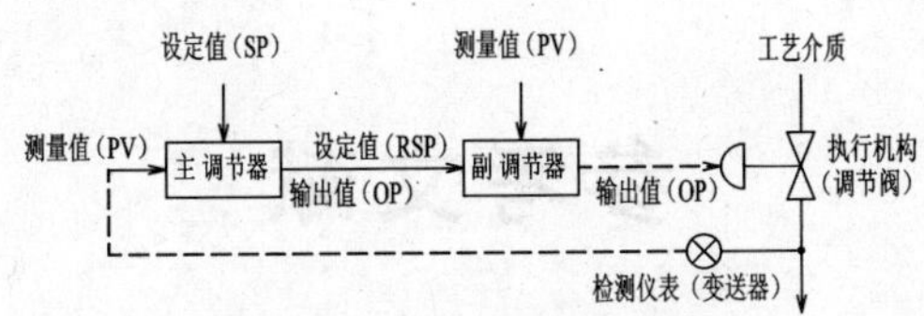

附图 13　串级控制系统的组成

(2)比值调节系统

将工艺的两种参数按一定的比率进行控制，就是比值调节系统。见附图 14。

(3)前馈调节系统

前馈调节系统是一种能对“干扰量的变化”进行补偿的调节系统。前馈控制的基本原则是根据干扰进行控制，是一种开环调节系统，一般不单独使用，常和反馈调节系统一起，组成前馈加反馈的复合调节系统。见附图 15。

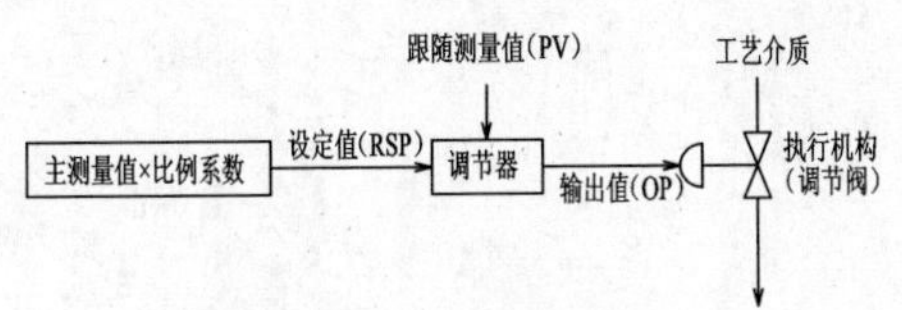

附图 14　比值控制系统

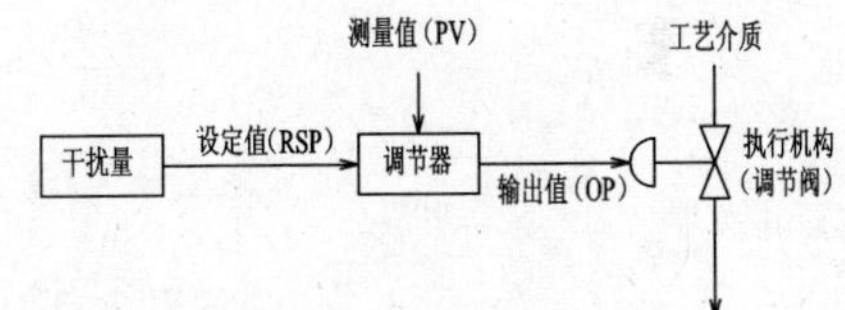

附图 15　前馈控制系统的组成

(4)分程调节系统

一个调节器同时控制两个以上的执行机构，就是分程调节系统,见附图 16。

(5)选择调节系统

选择调节系统有多种情况：对输入信号进行选择、对设定值进行选择、对执行机构进行选择。根据工艺的需要来进行选择控制,见附图 17。

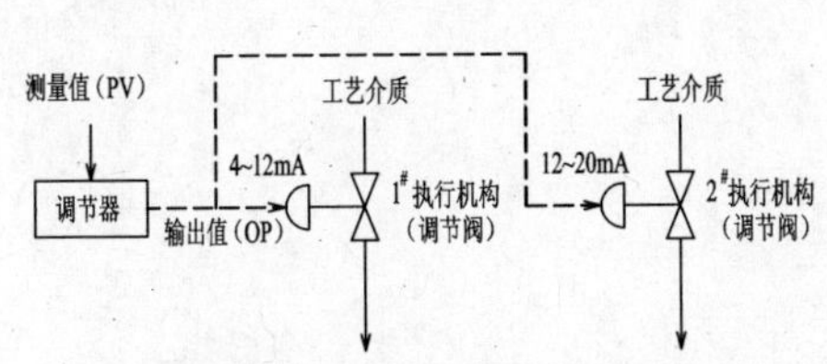

附图 16　分程控制系统的组成

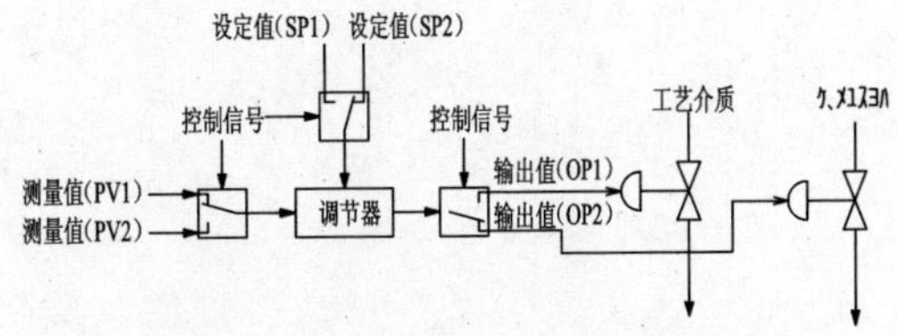

附图 17　分程控制系统的组成

参考文献

[1] 刘元扬. 有色金属生产过程自动化. 长沙：中南工业大学出版社,1990
[2] 朱祖泽,加家齐. 现代铜冶金学. 北京：科学出版社,2003